Franz von Kobell

Die Mineralogie

Leichtfasslich dargestellt mit Rücksicht auf das Vorkommen der Mineralien

Franz von Kobell

Die Mineralogie
Leichtfasslich dargestellt mit Rücksicht auf das Vorkommen der Mineralien

ISBN/EAN: 9783743652965

Hergestellt in Europa, USA, Kanada, Australien, Japan

Cover: Foto ©berggeist007 / pixelio.de

Weitere Bücher finden Sie auf **www.hansebooks.com**

Die Mineralogie.

Von

Franz von Kobell.

Die

Mineralogie.

Leichtfaßlich dargestellt

mit Rücksicht auf

das Vorkommen der Mineralien, ihre technische Benützung, Ausbringen der Metalle ꝛc.

Von

Franz von Kobell.

Vierte vermehrte Auflage.

Mit 5 Tafeln Abbildungen.

Leipzig.

Friedrich Brandstetter,

1871.

Vorwort zur 4. Auflage.

Die gegenwärtige Auflage hat mit Rücksicht auf den neuesten Stand der Wissenschaft mehrfache Bereicherung erhalten und sind manche Artikel, so von der Polarisation des Lichtes, ausführlicher als früher geschehen, bearbeitet worden. Auch die Zahl der aufgenommenen Mineralspecies wurde vermehrt, um das Buch als Handbuch dienlich zu machen. Dem Lehrer muß natürlich überlassen bleiben, je nach dem Zwecke seiner Vorlesungen von dem Mitgetheilten angemessenen Gebrauch zu machen.

München, im November 1870.

v. Kobell.

Inhalt.

	Seite
I. Terminologie	1
Von den physischen Eigenschaften der Mineralien	2—80
1. Von der Gestalt	2—45
A. Von den einfachen Krystallgestalten und ihren Combinationen	3—40
§. 1—6. Krystallographische Terminologie, Winkelmessung, Krystallisationsgesetze	3—14
§. 7. Das tesserale Krystallsystem	15
§. 8. Das quadratische System	22
§. 9. Das hexagonale System	25
§. 10. Das rhombische System	28
§ 11. Das klinorhombische System	31
§. 12. Das klinorhomboidische System	34
Krystallbezeichnung	35
B. Von den Unvollkommenheiten der Krystalle	40
C. Von den Verbindungen der Krystalle	41
D. Von den Pseudomorphosen	44
2. Von der Spaltbarkeit und dem Bruche	45
3. Von der Härte und Verschiebbarkeit	47

	Seite
4. Vom specifischen Gewichte	49
5. Pellucidität, Asterismus, Strahlenbrechung, Polarisation des Lichtes	51
6. Vom Glanze	69
7. Von der Farbe. Pleochroismus	70
8. Phosphorescenz, Elektricität, Galvanismus, Magnetismus	74
9. Kennzeichen des Geruchs, Geschmacks und Anfühlens	79
Von den chemischen Eigenschaften der Mineralien	80
A. Von den chem. Eigenschaften auf trockenem Wege	80—85
B. Von den chem. Eigenschaften auf nassem Wege	85—89
C. Von der chemischen Constitution. Isomorphie, Atomvolum, Polymerie, Dimorphismus, Paramorphismus	90—107
II. Systematik	107—111
III. Nomenklatur	111—113
IV. Charakteristik und Physiographie	114
Anhang: Formeln zur Berechnung der Krystalle	257

Die Produkte der Natur sind entweder organische, d. h. solche, welche mit verschiedenartigen zu einem Entwicklungs- und Lebensproceß nothwendigen Theilen (Organen) versehen sind, Thiere und Pflanzen, oder sie sind unorganische, denen keine Entwicklung und kein Leben und daher auch keine solche Organisation eigenthümlich ist.

Diese unorganischen Naturprodukte, in so ferne sie die feste Erdrinde bilden, heißen Mineralien und die Wissenschaften, die sich mit ihnen beschäftigen, sind vorzüglich die Mineralogie, Geognosie und Geologie. Die Mineralogie betrachtet die aus (physisch) gleichartigen Theilen bestehenden oder die einfachen Mineralien und zwar nur an sich oder unter solchen Verhältnissen, welche zu ihrer Bestimmung und Unterscheidung dienen, die Geognosie und Geologie betrachten sowohl die einfachen Mineralien, als auch ihre Gemenge in dem Vorkommen in der Natur und letztere beschäftigt sich insbesondere mit der Art ihrer Entstehung und Veränderung.

Der Granit besteht aus Quarz, Glimmer und Feldspath. Jeder dieser Gemengtheile für sich ist Gegenstand der Mineralogie, das Gemenge selbst (der Granit) Gegenstand der Geognosie. — Es ist klar, daß die Mineralogie der Geognosie vorausgehen müsse und daß diese ohne jene nicht bestehen könne, wohl aber umgekehrt.

Die Mineralogie zerfällt in den vorbereitenden und angewandten Theil. Der erstere begreift die Terminologie, Systematik und Nomenklatur, der letztere die Charakteristik und Physiographie.

I. Terminologie.

Die Terminologie charakterisirt, benennt und klassificirt die Eigenschaften im Allgemeinen, welche zur Erkennung und Unterscheidung der Mineralien dienen. Diese Eigenschaften sind physische oder solche, welche unmittelbar oder nur durch mechanische Mittel an den Mineralien wahrgenommen werden, und chemische, welche nur durch Veränderung des innern materiellen Wesens der betreffenden Substanz aufzufinden sind. Zu den physischen Eigenschaften, welche bei den Mineralien vorzüglich in Betracht kommen, gehören: Gestalt, Spaltbarkeit und Bruch, Härte und Verschiebbarkeit, specifisches Gewicht, Pellucidität und Strahlenbrechung, Glanz, Farbe, Phosphorescenz, Elektricität und Magnetismus, Geruch, Geschmack und Anfühlen.

Von den physischen Eigenschaften der Mineralien.

1. Von der Gestalt.

Die Mineralien kommen entweder **krystallisirt** oder **amorph** vor. Unter **Krystallen** versteht man feste Körper, welche bei ihrer Bildung mit einer bestimmten Anzahl gesetzmäßig zu einander geneigter Flächen begränzt wurden. Den Akt der Entstehung der Krystalle nennt man **Krystallisation**. — Der **Amorphismus** ist der Zustand des Starren ohne Krystallisation. Wenn z. B. flüssiges Fichtenharz allmälig erstarrt, so haben die Theilchen der Masse nur ihre Beweglichkeit verloren, es zeigt sich aber dabei keine krystallinische Gestaltung an denselben; wenn aber geschmolzenes Schwefelantimon allmälig erstarrt, so tritt mit dem Erstarren eine regelmäßige Gestaltung der Massentheilchen ein, eine Krystallisation derselben — Beispiele von amorphen Mineralien sind: Opal, Chrysokoll, Obsidian, Pittizit ꝛc. — Der Amorphismus ist zuerst nach allen seinen Beziehungen von **Fuchs** nachgewiesen worden.

Krystalle bilden sich auf sehr verschiedene Weise, aus Auflösungen, aus dem Schmelzflusse, aus dem dampfförmigen Zustande, aus dem amorphen ꝛc. So krystallisiren z. B. Kochsalz, Alaun ꝛc. aus der wässrigen Auflösung beim Verdampfen des Wassers, Chlorsilber aus der ammoniakalischen Auflösung, Schwefel aus der Auflösung im Schwefelalkohol; aus dem Schmelzflusse krystallisiren Schwefelantimon, Kochsalz, Schwefel ꝛc.; aus dem dampfförmigen Zustande krystallisiren durch Erkalten: arsenichte Säure, Jod, Salmiak ꝛc. — Schwefel, Zucker ꝛc. gehen allmälig aus dem amorphen Zustande, wenn sie in diesem dargestellt werden, in den krystallisirten über. Ein interessantes Beispiel dieses Ueberganges führt **Hausmann** an. Ein Stück amorpher glasartiger arsenichter Säure hatte nach einigen Jahren nicht allein eine stängliche Structur und porcellanartiges Ansehen bekommen, sondern es wurden später daran sogar auf der freien Oberfläche viele deutliche Oktaeder sichtbar. Hermann beobachtete, daß eine ursprünglich plastische Masse ohne Spur von Krystallisation (aus dem Basalt von Stolpen in Sachsen) allmälig in ein Aggregat nadelförmiger Krystalle von Natrolith sich umwandelte. Bei raschem Erkalten geschmolzener Substanz entstehen öfters amorphe Massen, während sich beim langsamen Abkühlen krystallisirte bilden, so beim Schwefelantimon, Schwefel u. a. Krystallbildungen sind ferner durch langsame Wirkung galvanischer Ströme beobachtet worden. Becquerel experimentirte mit einer in Uform gebogenen Röhre, welche er an der Biegung mit Thon oder Sand (als Diaphragma) füllte und in die beiden Schenkel verschiedene Flüssigkeiten goß, die er mit einem Kupferstreifen verband. Er erhielt in dieser Weise Krystalle verschiedener Salze und Schwefelverbindungen. Ebelmen löste künstliche Mischungen im Schmelzflusse in Borsäure und verflüchtigte in anhaltender gesteigerter Hitze das gebrauchte Lösungsmittel, er stellte auf diese Weise Krystalle dar von Spinell, Gahnit, Chrysoberill ꝛc. oder es krystallisirten die gelösten Mischungen aus dem Lösungsmittel im Schmelzflusse durch Ausscheidung beim Erkalten, so erhielt Manroß Krystalle von Baryt durch Zusammenschmelzen von schwefelsaurem Kali und Chlorbaryum, ebenso Krystalle von Cölestin und Anhydrit. Durch Zersetzung flüchtiger Substanzen bei erhöhter Temperatur oder deren Einwirkung auf bestimmte Mischungen wurden ebenfalls Krystalle erhalten, so von Wöhler Krystalle von Chromoxyd durch Zersetzung des Dampfes von Chromsuperchlorid im Glühen; von Taubrée Krystalle von Wollastonit, Disthen, Diopsid, Orthoklas ꝛc. durch Einwirkung von Chlorsilicium auf die rothglühenden basischen Mischungstheile dieser Mineralien u. s. w. — Eine und dieselbe Species kann auf sehr verschiedene Weise in Krystallen erhalten werden. — Eine langsame Krystallisation giebt immer vollkommener ausgebildete Krystalle, als eine beschleunigte.

Die Lehre von den Krystallen heißt **Krystallographie**.

A. Von den einfachen Krystallgestalten und ihren Combinationen.

§. 1. Bei der Bestimmung der Krystalle kommen in Betracht:
1. die **Flächen** oder die Ebenen, die einen Krystall umschließen,
2. die **Kanten** oder die Durchschnittslinien zweier zu einander geneigten Flächen,
3. die **Ecken** oder die Durchschnittspunkte von drei oder mehr Flächen, die sich gegen einander neigen,

4. die **Axen** oder geraden Linien, welche durch den Mittelpunkt eines Krystalls gehen und sich in zwei gegenüberstehenden Flächen, Kanten, oder Ecken endigen: **Flächenaxen, Kantenaxen, Eckenaxen.**

Wenn man von der Summe der Zahl der Ecken und der Zahl der Flächen 2 abzieht, so erhält man die Zahl der Kanten.

Diese Begränzungselemente, wie auch die Axen, sind an einem Krystalle entweder **gleichartig** oder **ungleichartig**. Die gleichartigen müssen sich, unter denselben Verhältnissen betrachtet, **gleich** verhalten, die Flächen also dieselbe Form und Lage (auch physische Beschaffenheit) zeigen, die Kanten dieselben Bildungsflächen und Winkel, die Ecken ebenfalls dieselben Bildungsflächen, Kanten, Winkel ꝛc. **Gleichartige Axen** sind diejenigen, welche sich in gleichartigen Krystalltheilen endigen.

Am Würfel oder Hexaeder Fig. 1 sind die Flächen alle gleichartig, ebenso die Kanten und ebenso die Ecken, am Trapezoeder Fig. 10 sind die Flächen gleichartig, die Kanten zweierlei, a die längern und b die kürzern; die Ecken dreierlei, e von den gleichartigen Kanten a gebildet, g von den gleichartigen Kanten b gebildet und f von zwei Kanten a und zwei Kanten b gebildet. — Fig. 23 zeigt dreierlei Flächen, h, d und o, deren Verschiedenartigkeit leicht zu erkennen ist.

Wenn an den Ecken nur einerlei Kanten zusammenstoßen, so heißen diese Ecken **einkantige**, stoßen aber zwei= oder dreierlei ꝛc. zusammen, so nennt man sie **zweikantige, dreikantige** ꝛc. Fig. 10 sind die Ecken e und g einkantige (obwohl unter sich verschieden), die Ecken f aber zweikantige. Bei der Beschreibung der Krystalle wird die Gestalt in eine solche Lage gebracht, daß eine bestimmte Axe vertikal steht, welche man die **Hauptaxe** nennt. Bei denjenigen Krystallen, in welchen drei rechtwinklich aufeinanderstehende und **gleichartige** Axen vorkommen, kann jede von diesen Hauptaxe sein; bei den übrigen ist immer eine solche Axe Hauptaxe, welche die einzige ihrer Art in der Gestalt ist. Dergleichen Axen heißen **einzelne**. Wo unter mehreren solchen die Wahl bleibt, wird derjenigen für die Hauptaxe der Vorzug gegeben, welche für die Betrachtung des Krystalls, seine Bezeichnung ꝛc. die geeignetste ist.

Beim Oktaeder Fig. 9 gehen drei rechtwinklich auf einander stehende Axen durch die Ecken und sind wie diese selbst gleichartig. Das Oktaeder wird daher bei der krystallographischen Betrachtung nach einer dieser Axen vertikal gestellt und es ist gleichgiltig, nach welcher von diesen dreien. Bei der Quadratpyramide Fig. 24 sind die durch die Ecken gehenden Axen auch rechtwinklich auf einander, aber sie sind nicht gleichartig, da nur 4 Ecken (r) unter sich gleichartig sind und die übrigen 2 (s) davon verschieden. Hier ist die Axe, welche durch die Ecken s geht, die einzige ihrer Art in der Gestalt und daher die Hauptaxe.

Diejenigen Krystallgestalten, in welchen ein Axenkreuz von drei gleichartigen rechtwinklichen Axen gefunden werden kann, heißen Polyaxieen, die übrigen Monoaxieen. Fig. 1—23 sind Polyaxieen, Fig. 24—54 Monoaxieen. An den Polyaxieen kommen keine einzelnen Axen vor.

Bei den Monoaxieen erhalten die Flächen, Kanten und Ecken je nach ihrer Lage zur Hauptaxe noch besondere Benennungen. Flächen, in welchen sich die Hauptaxe endigt, heißen Endflächen, auch basische Flächen, solche Kanten Endkanten und solche Ecken Scheitelecken oder Scheitel. Flächen und Kanten, welche die Scheitelecken bilden, also in ihnen zusammenstoßen, heißen Scheitelflächen und Scheitelkanten. Flächen und Kanten, welche der Hauptaxe parallel liegen, heißen Seitenflächen oder prismatische und Seitenkanten. Kanten, welche der Hauptaxe nicht parallel liegen, sie aber bei gedachter Verlängerung auch nicht schneiden (wie die Scheitelkanten), heißen Randkanten und Ecken, in welchen (nebst andern) solche Randkanten zusammenstoßen, heißen Randecken.

Fig. 36 geht die Hauptaxe (die einzige ihrer Art) durch die Ecken s, diese sind also die Scheitelecken und daher p die Scheitelflächen und t die Scheitelkanten. Die der Hauptaxe parallelen Flächen m sind Seitenflächen oder prismatische und die ebenso liegenden Kanten q Seitenkanten; die Kanten d sind Randkanten und die Ecken r Randecken.

Schnitte heißen die Ebenen, die eine Krystallform halbiren. Wird dabei keine Kante durchschnitten, so heißt der Schnitt ein Hauptschnitt, sonst ein Querschnitt. Fig. 1 ist der Schnitt aaaa ein Hauptschnitt, der Schnitt bbbb ein Querschnitt.

Horizontale Projection heißt die Figur, welche entsteht, wenn man aus den Ecken einer Gestalt in aufrechter Stellung Perpendikel auf eine horizontale Ebene fällt und die dadurch bestimmten Punkte mit Linien verbindet.

§. 2. Es giebt Krystallgestalten, welche als die Hälften oder auch als die Viertel von andern erscheinen, solche heißen hemiedrische oder tetartoedrische. Die Hemiedrie findet gesetzmäßig in der Weise statt, daß an einer vollzähligen (holoedrischen) Gestalt die abwechselnden Flächen, Flächenpaare oder Flächengruppen wachsen und dadurch die übrige Hälfte verdrängt wird, und daß dabei Gestalten entstehen, deren Flächen einen Raum vollkommen umschließen.

Wenn am Oktaeder Fig. 9 (mit 8 gleichseitigen Dreiecken) die abwechselnden Flächen zum Verschwinden der übrigen vergrößert werden, so entsteht ein Körper von 4 gleichseitigen Dreiecken begränzt, das Tetraeder Fig. 15, und je nachdem man so die eine oder die andere Hälfte wachsen oder verschwinden läßt, müssen zwei solche Tetraeder zum Vorschein kommen, die sich nur, in Beziehung auf das Oktaeder, aus dem sie hervorgehen, in der Stellung unterscheiden, wie die Fig. 16 und 17 zeigen.

§. 3. Krystallgestalten, welche ungleichartige Flächen zeigen, heißen Combinationen, und die Verschiedenheit der Flächen kündet verschiedene Formen an, die in der Combination vereinigt sind. Diese Formen werden erkannt und damit die Combination entwickelt, wenn man der Reihe nach die gleichartigen Flächen so vergrößert, daß sie zum Durchschnitt kommen und alle übrigen verdrängt werden. Eine Combination von zweierlei Flächen enthält also zwei Gestalten und heißt eine zweizählige, eine von dreierlei Flächen enthält drei Gestalten und heißt dreizählig u. s. w.

Fig. 6 zeigt eine zweizählige Combination. Werden, um sie zu entwickeln, die gleichartigen Flächen h zum Durchschnitt gebracht, so entsteht die Gestalt Fig. 1, werden aber die Flächen d zum Verschwinden der Flächen h vergrößert, so entsteht die Gestalt Fig. 13. Diese beiden Gestalten bilden daher die Combination. Fig. 23 zeigt eine dreizählige Combination. Die Flächen h gehören dem Hexaeder Fig. 1, die Flächen d dem Rhombendodekaeder Fig. 13 und die Flächen o dem Oktaeder Fig. 9.

Man hat sich bei Entwicklung von Combinationen zu erinnern, daß 2 Flächen, welche sich zusammenneigen, bei ihrer Vergrößerung, bis sie sich schneiden, eine Kante bilden müssen, 3, 4 oder mehrere sich unter gleichen Winkeln zusammenneigende Flächen aber Ecken hervorbringen, welche sonach 3flächig, 4fl., nfl. sein werden. Man hat ferner zu beachten, daß wenn sich Flächen gegen eine und dieselbe Axe oder Linie unter ungleichen Winkeln neigen, bei der Vergrößerung diejenigen eher zum Durchschnitt kommen müssen, welche unter dem stumpferen Winkel zu dieser Axe geneigt sind, als die unter dem spitzeren Winkel zu ihrer geneigten. So geschieht es, daß 4 Flächen, die bei gleicher Neigung und ihrer Vergrößerung ein 4fl. Eck bilden würden, bei zweierlei Neigung kein Eck, sondern eine Kante bilden.

Gestalten mit gleichartigen Flächen heißen einfache und umschließen entweder einen Raum vollständig oder nicht. Erstere heißen geschlossene, letztere offene Gestalten.

Wie in den Combinationen offene Prismen und einzelne Flächenpaare zu deuten sind, wird bei den Krystallsystemen angegeben werden. Einfache Gestalten sind Fig. 1, 9, 10, 11, 12, 22, 32, 33 2c.

Bildet sich eine Combination, so werden die Krystalltheile einer einfachen Gestalt verändert und diese Veränderung besteht in Abstumpfung, Zuschärfung und Zuspitzung.

Wenn an die Stelle eines Eckes oder einer Kante eine Fläche kommt, so heißt diese Veränderung Abstumpfung. Fig. 1 ist in Fig. 2 mit abgestumpften Ecken, in Fig. 6 mit abgestumpften Kanten dargestellt.

Wenn eine Abstumpfungsfläche mit den anliegenden Flächen gleiche Winkel bildet so sind diese Flächen gleichartig, bildet sie mit ihnen verschiedene Winkel so sind die Flächen ungleichartig, es wäre denn daß die Abstumpfungsfläche einer halben Zuschärfung entspräche, d. i. einer hemiedrischen Gestalt angehörte. S. §. 5.

Wenn an die Stelle eines Eckes oder einer Kante zwei gleichartige sich zusammenneigende und also eine Kante bildende Flächen treten, so heißt dieses Zuschärfung. Fig. 1 ist in Fig. 7 mit zugeschärften Kanten, Fig. 9 in Fig. 22 mit zugeschärften Ecken dargestellt.

Die Zuschärfungsflächen bilden mit den Flächen oder Kanten, auf welchen sie ruhen, immer gleiche Winkel; sind letztere nicht gleich, so ist keine eigentliche Zuschärfung vorhanden, sondern nur eine scheinbare, entstanden durch zwei ungleichartige Abstumpfungsflächen. Aehnliches gilt von der Zuspitzung. Die Zuspitzflächen bilden mit den Flächen, auf welchen sie ruhen immer gleiche Winkel; sind diese nicht gleich, so ist die scheinbare Zuspitzung durch verschiedene ungleiche Abstumpfungsflächen entstanden oder auch durch zweierlei Zuschärfungen.

Wenn an die Stelle eines Eckes drei oder mehr gleichartige Flächen treten, die also ein neues (stumpferes) Eck bilden, so heißt diese Veränderung Zuspitzung.

Bei Zuschärfung und Zuspitzung beachtet man auch, ob die neuen Flächen auf den Flächen der veränderten Gestalt oder auf den Kanten derselben aufsitzen und unterscheidet danach **von den Flächen aus** oder **von den Kanten aus** zugeschärft oder zugespitzt.

Fig. 1 ist in Fig. 3 an den Ecken 3flächig **von den Flächen aus**, Fig. 4 ebenso **von den Kanten aus zugespitzt** dargestellt.

Bei combinirten Gestalten beobachtet man auch ihre gegenseitige Stellung, wie bei den Krystallsystemen weiter angegeben ist.

Ein Complex von mehreren Flächen, welche sich in lauter parallelen Kanten schneiden, heißt eine Zone und die Linie, welche die Lage dieser Kanten bestimmt, Zonenlinie oder Zonenaxe. Fig. 52 bilden die Flächen l, m, o eine Zone; eine andere wird gebildet von den Flächen l, k, p.

§. 4. **Winkelmessen.** Um eine Krystallgestalt speciell und genau zu bestimmen, sind Winkelmessungen erforderlich. Man mißt die Neigungswinkel der Flächen und berechnet daraus die ebenen Winkel, die Axenlängen ꝛc. Die dazu dienenden Instrumente heißen Goniometer und sind deren zweierlei, das **Anleggoniometer** und das **Reflexionsgoniometer**. Das Anleggoniometer zeigt Fig. 67 tab. III. Es ist eine Scheere mit einem graduirten Bogen verbunden. Die Arme der Scheere werden beim Messen der Krystallfläche genau angelegt und so, daß sie auf der Kante, deren Winkel bestimmt werden soll, rechtwinklich stehen (in der Lage, wo der Winkel am größten ist). Um dieses auszuführen, ist der Arm ab am Bogen herum beweglich, der Arm cd aber nur in einer Richtung verschiebbar, um ihn länger oder kürzer zu machen. Die Krystalle, welche mit diesem Instrument gemessen werden sollen, dürfen natürlich nicht zu klein sein. Die Messungen sind nur annähernd genau. Bei weitem genauere Resultate erhält man mit dem Reflexionsgoniometer Fig. 80 tab. IV. Es besteht in einem verticalen, in Grade getheilten, Kreisbogen von Metall, welcher um die horizontale Axe beweglich und mit einem feststehenden Nonius zum Ablesen versehen ist. In der Richtung der Axe kann der zu messende Krystall so befestigt werden, daß die Kante, deren Winkel bestimmt werden soll, in diese Axe fällt. Man läßt nun von der einen Krystallfläche das Bild eines entfernten Gegenstandes, z. B. eines der auf einer Glastafel befindlichen Quadrate, Fig. 60 tab. II. (sie können 2 bis 3 Zoll Seitenlänge haben), reflectiren, bemerkt dabei die Stellung des Kreises am Nonius und dreht nun den in der Axe befestigten Krystall zugleich mit dem Kreisbogen, bis das Bild (obiges Quadrat) auf der zweiten Fläche sichtbar wird Man kann diese Quadrate aus schwarzem Papier ausschneiden. Zur Bequemlichkeit für das Einstellen und Ablesen ist das Instrument meistens so eingerichtet, daß die Axe mit dem Krystall durch Drehen der Griffscheibe A für sich allein beweglich ist, während beim Drehen von B der Krystall zugleich mit dem Kreisbogen gedreht wird. Um auf beiden Krystallflächen das Bild genau an derselben Stelle zu beobachten, z. B. die Berührungslinie der beiden Quadrate, zieht man auf eine weiße Tafel einen schwarzen Strich und legt die Tafel so auf den Tisch, der zum Experimentiren dient, daß der direct neben dem Reflectionsbild gesehene Strich mit der Berührungslinie der Quadrate zusammenfällt. Beim Ablesen erhält man je nach der ersten Stellung des Kreises den Winkel unmittelbar oder dessen Supplement. Dieses Instrument ist von **Wollaston** erfunden und um so wichtiger, als damit auch kleine Krystalle, welche meistens die ebensten Flächen zeigen, gemessen werden können.

Wenn die Flächen kein Bild reflectiren, so muß man sich mit dem intensivsten Lichtschein begnügen und wendet am besten dazu, bei sonst dunklem Raume, Kerzenlicht an, indem man den Krystall mit einer Lupe beobachtet. Man kann auch befriedigende Resultate in diesen Fällen erhalten, wenn man den Krystall so dreht, bis die

Fläche dem in der Entfernung von 1 — 1½ Fuß befindlichen Auge als **Linie** erscheint und Gleiches bei der zweiten Fläche vornimmt. In dieser Weise kann auch die Neigung zweier sich in einem Eck berührender Kanten zu einander gemessen werden, indem man diese rechtwinklich gegen die Are des Instruments und den Krystall so einstellt, daß das Eck, wo sich die beiden Kanten berühren, genau in diese Are fällt. Man dreht dann zum Einstellen bis die Kante zum **Punkt** verkürzt erscheint, und wiederholt dieses (mit Drehen des Kreises) für die zweite Kante. Bei allen Messungen hat man Repetitionen vorzunehmen und das Mittel aus den nicht zu sehr differirenden zu rechnen. —

Die zu einer Zone gehörigen Flächen können mit dem Reflexions= goniometer (die Zonenare rechtwinklich zum Kreise) erkannt werden, da sie beim Drehen nacheinander das Reflexionsbild zeigen.

Zu feinen Messungen dienen zwei Fernrohre mit Fadenkreuzen und von 2 — 3maliger Vergrößerung. Durch das eine wird mit einer am Ocular stehenden Flamme das Bild des Fadenkreuzes auf die Krystallfläche geworfen, dann dreht man den Krystall ohne den Kreisbogen, bis das Fadenkreuz des anderen Rohres, durch welches man sieht, das reflectirte im Centrum schneidet, dann wird der Krystall mit dem Kreisbogen gedreht, bis die sich schneidenden Kreuze auf der zweiten Fläche ebenso erscheinen. —

§. 5. Die allgemeinen Gesetze, die wir an den Krystallen und ihren Combinationen beobachten, sind folgende:

1) **Das Gesetz des Flächenparallelismus.** Es lautet: **Jeder Fläche eines Krystalls steht eine parallele gleichartige Fläche gegenüber oder jede Fläche ist in einer parallelen gleichartigen am Krystall wiederholt.** Pyramidale Gestalten Fig. 24, 25, 32 ꝛc. sind daher immer Doppel= pyramiden, die Flächen an einem Ende eines Prismas repetiren sich am andern Ende ꝛc. Fig. 29, 30, 36, 37 ꝛc. Dieses Gesetz erleidet bestimmte Ausnahmen beim Auftreten **geneigtflächiger hemiedrischer Gestalten**. Beim Tetraeder Fig. 15, beim Tri= gondodekaeder Fig. 17 ꝛc. findet sich kein Flächenparallelismus, da diese Gestalten Hemiedrieen (von Fig. 9 und 10) sind. Daher sind auch dergleichen Ausnahmen von dem Gesetze als Hemiedrieen leicht zu erkennen. — Dieses Gesetz wurde zuerst von Steno und Romé de l'Jsle ausgesprochen.

2) **Das Gesetz der Symmetrie.** (Von Hauy aufge= funden.) Es lautet: **Gleichartige Theile einer Krystall= gestalt (Flächen, Kanten, Ecken und daher auch Axen) erleiden bei eintretenden Combinationen gleiche Veränderung.** Gleichartige Ecken z. B. werden bei eintreten=

der Abstumpfung oder Zuspitzung immer auf gleiche Weise abge=
stumpft oder zugespitzt sein, gleichartige Axen müssen für irgend
eine der Natur der Krystalle entsprechende Construction,
die wir vornehmen wollen, auf gleiche Weise verlängert oder ver=
kürzt werden ꝛc.

In diesem Gesetze ist also ein wesentlicher Unterschied einer
rein mathematischen und der krystallographischen Formenableitung
begründet. Es ist z. B. klar, daß wir durch willkürliche Verän=
derungen aus irgend einer einfachen Krystallgestalt jede andere ab=
leiten und construiren könnten, beachten wir aber das Gesetz der
Symmetrie, so kann solches nicht geschehen. Da am Oktaeder Fig. 9
alle Kanten gleichartig sind, so können wir nicht 4 derselben
allein abstumpfen, wodurch wir eine Combination ähnlich Fig. 29
hervorbringen würden; wollen wir eine solche Veränderung vor=
nehmen, so müssen alle Kanten auf dieselbe Weise abgestumpft
werden und die Gestalt, welche die neuen Flächen bilden, ist das
Rhombendodekaeder Fig. 13 und kann keine andere sein. Wir
können dem Gesetze gemäß aus einem Quadrat keinen Rhombus
construiren oder umgekehrt, weil wir es nur vermöchten, wenn wir
Gleichartiges ungleichartig verändern oder auch dadurch Ungleich=
artiges gleichartig machen würden. Es läßt sich daher aus einer
Pyramide, deren Basis ein Quadrat ist, krystallographisch keine
Pyramide construiren, deren Basis ein Rhombus, es läßt sich aus
einem Rhombus kein Rhomboid construiren u. s. w.

Dieses wichtige Gesetz erleidet wie das vorige Ausnahmen
von sehr bestimmter Art bei dem Erscheinen hemiedrischer oder
tetartoedrischer Gestalten, wie solches für sich klar ist.
Es werden durch dieses Verhältniß also auch hemiedrische Gestalten
leicht erkannt.

Es sind z. B. am Würfel Fig. 1 die Ecken gleichartig und ebenso
die Kanten, und dieses gilt auch vom Oktaeder Fig. 9. Finden wir nun
die Combination Fig. 8 oder Fig. 22, so zeigt sich schon in der Erschei=
nung, daß die Flächen ⁴/₂ einer Hemiedrie angehören und ebenso die Fläche
$\frac{ph}{2}$. Erstere verändern nur die Hälfte der Würfelecken, letztere bilden an
den Oktaederecken eine Zuschärfung, wo nach dem Gesetze keine stattfinden
kann, da in jedem Ecke vier gleichartige Flächen und Kanten zusammen=
stoßen, eine Zuschärfung aber nur von zwei Kanten oder Flächen aus=
gehen kann. Die hier auftretenden Hemiedrien sind das Tetraeder Fig. 15
und das Pentagondodekaeder Fig. 21.

3) Das Gesetz der Axenveränderung. Es ist zuerst
von Hauy nachgewiesen worden und lautet: Gleichliegende Axen
combinirter Gestalten zeigen sich immer als Vielfache von einander
nach einer ganzen oder gebrochenen Zahl, die meistens sehr einfach

ist. Die Ableitungscoefficienten sind daher **rationale Zahlen**, sie heißen **Indices**, die Axenabschnitte **Parameter**. Irrationale Ableitungscoefficienten kommen nicht vor.

Wenn man z. B. die Hauptaxen mehrerer Quadratpyramiden a, b, c durch folgende Werthe bestimmt findet, indem man ihre Längen für übrigens gleiche Basis aus den Winkeln berechnet,

a.	b.	c.
1,7670	0,5890	0,3534

so stehen sie unter sich in einem rationalen Verhältnisse, denn setzt man die Axenlänge von a $= 1$, so ist die von b $= \frac{1}{3}$, die von c $= \frac{1}{5}$. Beobachtet man solche Pyramiden d, e, f, deren Axenlängen folgende:

d.	e.	f.
1,5740	3,1480	0,5247

so stehen diese auch in einem rationalen Verhältnisse, denn setzt man d $= 1$, so ist e $= 2$ und f $= \frac{1}{3}$, man kann aber die Axenlängen der Pyramiden a, b, c nicht nach rationalen Coefficienten aus denen von d, e, f ableiten oder umgekehrt, daher combiniren sich diese Pyramiden nicht.

Dieses Gesetz beschränkt also die Combinationsfähigkeit von Gestalten noch in Fällen, wo sie das Gesetz der Symmetrie zuließe. —

Jede Kante kann als eine Axenlinie betrachtet werden; die drei gleichen Eckenaxen des Oktaeders entsprechen den ein Eck des Würfels bildenden Kanten. Die Seiten eines Zonenquerschnitts können auch als Kanten auftreten und solche Schnitte sind vorzüglich geeignet das Gesetz der Axenveränderung nachzuweisen. Dabei sind zwei Fälle zu unterscheiden.

I. Kommen an einem solchen Schnitte gleichartige gegen einander geneigte Seiten (dergl. Flächen entsprechend) vor, wie Fig. 61 am Baryt die Seiten aa, bb, cc, so verzeichnet man in der Figur ein rechtwinkliches Kreuz, welches die Winkel solcher gehörig verlängerter Seiten halbirt. **Es sind dann die Tangenten dieser halbirten Winkel commensurabel.** Zieht man vom Punkte B parallel mit a die Linie BA'', ebenso parallel mit b die Linie BA' und verlängert c zu BA, so sind, BC $= 1$ gesetzt, die Linien (Axen) AC, A'C und A''C commensurabel. Die Messung am Krystall giebt

$$a : o = 158^\circ \ 4'$$
$$b : o = 141^\circ \ 8'$$
$$c : o = 121^\circ \ 25',$$ die Supplemente davon sind

A''BC $= 21^\circ \ 56'$	und tang. $21^\circ \ 56' = 0.4026$	....	$\frac{1}{4}$
A'BC $= 38^\circ \ 52'$	„ tang. $38^\circ \ 52' = 0.8059$	....	$\frac{1}{2}$
ABC $= 58^\circ \ 10'$	„ tang. $58^\circ \ 10' = 1.6107$	....	1

Man sieht, daß die Tangenten sich verhalten wie $1 : \frac{1}{2} : \frac{1}{4}$, wenn tang. 58° 10′ = 1 gesetzt wird, oder will man tang. 38° 52′ als Einheit nehmen, so wird A″C = $\frac{1}{2}$ und AC = 2 oder das Verhältniß $\frac{1}{2}$: 1 : 2 u. s. w.

Durch dieses Gesetz weiß man zum Voraus, daß noch viele andere Flächen dazu vorkommen können und man wäre nicht überrascht, solche zu beobachten, wo die Ableitungscoefficienten $\frac{1}{3}$, $\frac{1}{5}$, 3, 4 ꝛc. wären.

II. Kommen an den erwähnten Zonenschnitten keine zu einander geneigten gleichartigen Seiten (solchen Flächen entsprechend) vor, wie tab. V. Fig. 84 an einer Zone des Axinit, so bildet man aus 3 zu einander geneigten Seiten, durch deren Verlängerung ein Dreieck, Messungsdreieck, z. B. aus y = ab, aus z = bc und aus m = ac. Man läßt dann von einem Winkel des Dreiecks aus die übrigen verlängerten Seiten des Zonenschnitts eine Seite dieses Dreiecks schneiden und stehen nun die erhaltenen Abschnitte in commensurablem Verhältnisse.

Um z. B die Gesetzmäßigkeit der Flächen i, f und o zu erweisen, zieht man ihre Parallelen von a nach bc, welches sie in b′, b″ und b‴ schneiden. Man hat nun am Dreieck bac die Seite bc zu berechnen, weiter am Dreieck bab′ die Seite bb′, am Dreieck bab″ die Seite bb″ und an bab‴ die Seite bb‴. Dabei ist für alle diese Dreiecke eine Seite ab oder C = 1 zu setzen und findet die Formel der Trigonometrie, aus einer bekannten Seite und den anliegenden Winkeln a und b, eine Seite A, dem Winkel a gegenüberliegend, zu bestimmen, ihre Anwendung, wobei für A nacheinander bc, bb′, bb″ und bb‴ in Rechnung kommen. Es ist aber

$$A = \frac{\sin. a}{\sin. (a+b)}.$$

Für den Zonenschnitt am Axinit Fig. 84 ist (nach Descloizeaux):

mo = 155° 27′		bac = 79° 10′	
mf = 146° 42′	daraus folgen die Winkel:	abc = 36° 14′	
mi = 130° 37′		bab′ = 29° 47′	
my = 100° 49′		bab″ = 45° 52′	
mz = 64° 35′		bab‴ = 54° 37′	

Die Rechnungen sind:

1) für bc . log. sin. 79° 10′ = 9.9921
            log. sin. 64° 36′ = 9.9558
                                0.0363
                       bc = 1.0972

2) für bb'. log. sin. 29° 47' = 9.6961
   log. sin. 66° 1' = 9.9607
    9.7354 — 10
   bb' = 0.5437

3) für bb''. log. sin. 45° 52' = 9.8559
   log. sin. 82° 6' = 9.9958
    9.8601 — 10
   bb'' = 0.7246

4) für bb'''. log. sin. 54° 57' = 9.9113
   log. sin. 89° 9' = 9.9999
    9.9114 — 10
   bb''' = 0.8154

Die Rechnung zeigt, daß wenn bc = 1
 bb' = $\frac{1}{2}$
 bb'' = $\frac{2}{3}$
 bb''' = $\frac{3}{4}$

Der in I. angegebene Fall eines Zonenschnittes kommt viel häufiger vor als der zuletzt erwähnte, kann übrigens auch diesem untergeordnet werden. Mit Rücksicht auf das Gesetz der Axenveränderung können die Krystallmessungen einer Prüfung unterworfen und Flächen und Gestalten weit sicherer bestimmt werden, als außerdem möglich wäre.

Eine Consequenz dieses Gesetzes ist, daß die Größen verschiedenartiger Axen an einer einfachen Gestalt in irrationalen Verhältnissen stehen müssen, weil sonst durch die zulässigen Veränderungscoefficienten ungleichartige Axen gleichartig werden könnten. Wäre z. B. an einer Quadratpyramide die halbe Diagonale der Basis zur halben Hauptaxe = 1 : 2, so könnte letztere durch den zulässigen Ableitungscoefficienten $\frac{1}{2}$ zu 1 werden, also das Oktaeder entstehen. Irrationale Zahlen mit rationalen multiplicirt bleiben irrational.

4) Das vierte Gesetz lautet: **Ungleichartige Gestalten können unabhängig von einander für sich oder in solchen Combinationen auftreten, die nach den vorhergehenden Gesetzen möglich sind.** Wenn wir z. B. an einem Mineral eine Combination von drei verschiedenen Formen beobachten, so können wir schließen, daß dieses Mineral auch in jeder dieser Formen für sich vorkommen könne. Die Erfahrung liefert dafür hinreichende Belege.

5) Das fünfte Gesetz ist das **Gesetz der Beständigkeit der Neigungswinkel.** Es lautet: **Die Neigungswinkel der Flächen einer Gestalt sind beständig und unver=**

änderlich, wie ungleichmäßig auch diese Flächen ausgedehnt oder in Combinationen verändert erscheinen mögen.

Wir sind durch die Kenntniß dieses Gesetzes im Stande, dieselbe Form in den mannigfaltigsten Combinationen wieder zu erkennen und den Normaltypus auch da aufzufinden, wo ihn abnorme Flächenausdehnung verwischt hat. — Dieses Gesetz ist zuerst
von Steno und Romé de l'Jsle erkannt worden.

Auf diese Gesetze gründet sich das Wesentlichste der Erscheinung der einfachen Krystall-Individuen und aus einigen wenigen
gegebenen Gestalten läßt sich mittelst dieser Gesetze der ganze Formenreichthum der unorganischen Natur a priori construiren und
daher auch die Kenntniß möglicher Vorkommnisse anticipiren.

---

§. 6. Unter **Krystallsystem** versteht man den Inbegriff
von Gestalten, welche nach dem Gesetze der Symmetrie in
einander übergehen können.

Unter **Krystallreihe** versteht man den Inbegriff von Gestalten eines Krystallsystems, welche nach dem Gesetze der
Axenveränderung von einander ableitbar und daher combinationsfähig sind. Die Gestalt, welche man bei der Ableitung
zum Grunde legt, heißt die **Stammform**.

Die Gestalten also, welche mit Beachtung des Gesetzes der
Symmetrie aus einer gegebenen Gestalt abgeleitet werden können,
gehören mit dieser zu einem und demselben Krystallsystem. Solcher
Systeme sind sechs bekannt und diese heißen:

1. das tesserale System,
2. das quadratische,
3. das hexagonale,
4. das rhombische,
5. das klinorhombische und
6. das klinorhomboidische.

Im Folgenden bedeutet
  Kll. = Krystall,
  Abst. = Abstumpfung,
  Zuschärf. = Zuschärfung,
  Zuspg. = Zuspitzung,
  3fl, 4fl. = dreiflächig, vierflächig 2c.,
  Schltk. = Scheitelkanten,
  Rdkt. = Randkanten.

§. 7. Das tesserale Krystallsystem.

Die Gestalten dieses Systems unterscheiden sich auffallend von denen aller übrigen Systeme dadurch, daß sie drei rechtwinklig auf= einander stehende Axen gleicher Art haben, deren jede Hauptaxe sein kann. Es kommen an ihnen keine einzelnen Axen vor.

Die einfachen vollzähligen Gestalten dieses Systems sind sieben. Von diesen erscheinen einige hemiedrisch, wodurch die Zahl aller bis auf dreizehn vermehrt wird.

Wir wollen, um eine Anwendung der oben erwähnten Allgesetze zu zeigen, zunächst eine der sieben einfachen Gestalten näher betrachten und aus den daran möglichen Veränderungen die übrigen ableiten und kennen lernen. Diese Gestalt sei der Würfel oder das Hexaeder Fig. 1.

Das Hexaeder ist von 6 gleichen Quadraten begränzt, hat 12 Kanten und 8 3fl. Ecken von gleicher Art. Die Kantenwinkel messen 90°. Die Hauptaxen gehen durch die Flächen. — Findet sich häufig beim Steinsalz, Liparit, Pyrit, Galenit, Gold, Silber 2c.

Wenn wir nun an dieser Gestalt die Veränderungen an= bringen, welche nach dem Gesetze der Symmetrie daran auftreten können, so bestehen diese in Abstumpfung und Zuschärfung der Kanten und Abstumpfung und Zuspitzung der Ecken*).

Die Abstumpfung der Kanten Fig. 6, welche wegen der Gleich= artigkeit der Würfelflächen eine gleichwinklige sein muß, d. h. so, daß die Abstfl. zu den beiden anliegenden Würfelflächen gleiche Neigung hat, bringt die Flächen einer neuen Form hervor und diese ist das Rhombendodekaeder Fig. 13.

Es ist von 12 Rhomben begränzt, deren Kantenwinkel alle 120° messen. Es hat 24 gleichartige Kanten und 14 Ecken von zweierlei Art. 6 sind 4fl., durch diese gehen die Hauptaxen, die

---

*) Eine Zuschärfung der Ecken kann hier nicht vorkommen, weil drei gleichartige Flächen und Kanten die Ecken bilden, also nicht zwei Flächen sie verändern können, wie es eine Zuschärfung erfordern würde.

übrigen sind 3flächig. In dieser Form krystallisiren Granat, Amalgam, Cuprit, Magnetit ꝛc.

Die zweite Veränderung, die an den Kanten des Würfels eintreten kann, ist Zuschärfung derselben Fig. 7. D.; die dadurch entstehende Gestalt ist

das Tetrakishexaeder Fig. 14,

oder der Pyramidenwürfel (Pyramidenhexaeder), wovon es je nach dem Winkel der Zuschärfung (der natürlich immer größer als 90° und kleiner als 180° sein muß) mehrere Varietäten giebt. Diese Tetrakishexaeder sind von 24 gleichschenklichen Dreiecken begränzt. Sie haben 36 Kanten, wovon 12 längere a und 24 kürzere b. Die Ecken, 14 an der Zahl, sind ebenfalls zweierlei, 6 sind 4fl. und 1kantig, durch diese gehen die Hauptaxen, 8 sind 6fl. und 2kantig. Diese Form kommt ziemlich selten vor beim Liparit, Gold, Kupfer ꝛc. Die Varietäten folgen dem Gesetz der Axenveränderung. In Fig. 62 tab. III. sind die bisher beobachteten in der Art verzeichnet, daß die Veränderung der Axe ab zu ersehen ist. Wenn nämlich f, f, f, f Flächen des Hexaeders, so erscheinen dessen Kanten in a und c zum Punkt verkürzt; die Zuschärfungsflächen an diesen Kanten, woraus die Tetrakishexaeder entstehen, sind durch die Linien a'c, a''c, a'''c ꝛc. angegeben. Die beobachteten Zuschärfungswinkel sind

$$ca'c = 112°\ 37'$$
$$ca''c = 126°\ 52'\ 12''$$
$$ca'''c = 133°\ 36'$$
$$ca''''c = 143°\ 7'\ 48''$$
$$ca'''''c = 157°\ 22'\ 18''.$$

Am Hexaeder ist ab = tang. acb = tang. 45° = 1.

Am Tetrakishexaeder a'c ist a'b = tang. a'cb; a'cb aber ist der halbe Zuschärfungswinkel von 90° abgezogen oder = 33° 41′ 30″, dessen Tangente = 0,6667. Ebenso ist

am Tetrakishexaeder a''c die Axe a''b = tang. 26° 33′ 54″ = 0,4999,
an der Variet. a'''c ist a'''b = tang. 23° 12′ = 0,4286,
= = = a''''c = a''''b = tang. 18° 26′ 6″ = 0,3333,
= = = a'''''c = a'''''b = tang. 11° 18′ 36″ = 0,2000.

Die Axenlängen sind also

$$ab = 1,$$
$$a'b = 0,6667 = \tfrac{2}{3},$$
$$a''b = 0,4999 = \tfrac{1}{2},$$
$$a'''b = 0,4286 = \tfrac{3}{7},$$
$$a''''b = 0,3333 = \tfrac{1}{3},$$
$$a'''''b = 0,2000 = \tfrac{1}{5}.$$

Diese Bruchzahlen sind demnach die (rationalen) Ableitungs=
coefficienten für die betreffenden Tetrakishexaeder. Wenn man die
Flächen der Tetrakishexaeder über die Würfelflächen umschrei=
bend legen will, wie in der Fig. für a'c durch die Parallele ac'
und für a''c durch ac'' angedeutet ist, so wächst die Axe bc eben=
falls nach rationalen Coefficienten. Man hat dabei nur die Tan=
genten der halben Zuschärfungswinkel oder der Winkel an den Kanten a
Fig. 14 aufzusuchen. Diese Coefficienten werden für das Te=
trakishexaeder ca'c bis zu dem ca''''c $= \frac{3}{2}$; 2; $\frac{5}{2}$; 3; 5, wenn
bc $= 1$.

Die Veränderungen an den **Ecken** des Würfels betreffend, so
kann ihre **Abstumpfung** Fig. 2, welche nach dem Gesetz der
Symmetrie wegen der Gleichartigkeit der Würfelfläche gegen jede
dieser Flächen gleiche Neigung haben muß, nur zu **einer** Gestalt
führen und diese ist

          das Oktaeder Fig. 9.

Es ist von 8 gleichseitigen Dreiecken begränzt und hat 12 Kan=
ten und 6 Ecken von gleicher Art. Die Kantenwinkel messen 109°
28' 16". Die Hauptaxen gehen durch die Ecken. In dieser Ge=
stalt krystallisiren häufig Magnetit, Cuprit, Spinell, Gold, Diamant 2c.

Eine **Zuspitzung** der Ecken des Würfels kann auf dreierlei
Art stattfinden, ohne daß dadurch das Gesetz der Symmetrie ver=
letzt wird, nämlich
        1) 3flächig von den Flächen aus Fig. 3,
        2) 3fl. von den Kanten aus Fig. 4,
        3) 6fl. von den Kanten aus Fig. 5.

Die Veränderung 1) führt zum

          Trapezoeder Fig. 10.

Dieses besteht aus 24 symmetrischen Trapezen, mit 24 längern
(a) und 24 kürzern (b) Kanten. Die Ecken sind dreierlei. 6 sind
4fl. und 1kantig, durch diese gehen die Hauptaxen, 12 sind 4fl. und
2kantig und 8 sind 3flächig. Je nach dem Winkel der Zuspitzung
giebt es mehrere Varietäten dieser Gestalt, welche beim Granat,
Leucit, Analcim, Gold 2c. vorkommt. Die Winkel der am häufig=
sten beobachteten Varietät sind an den Kanten a $= 131°$ 45' 36",
an den Kanten b $= 146°$ 26' 33". An einer andern Varietät
ist a $= 144°$ 54' 12" und b $= 129°$ 31' 16". Man kann
auf verschiedene Art das Gesetz ihrer Axenverhältnisse nachweisen.
Am einfachsten ist es, die Veränderungen der Eckenaxe des Hexaeders
zu bestimmen, welche die Flächen eines Trapezoeders schneiden.
Stellt man das Hexaeder nach einer Eckenaxe vertikal, so ist Fig. 63
tab. III. k eine Kante des Hexaeders und f eine Fläche desselben
oder deren Diagonale (k f k f sein Hauptschnitt). a'c und a''c

sind die Flächen der genannten Trapezoeder. An 3flächigen einkantigen Ecken berechnet sich die Neigung der Fläche zur Eckenaxe durch die Formel cos. a $= \frac{\cos. a}{\sin. 60°}$, wo a der verlangte Winkel und a der halbe Kantenwinkel.

Man findet die Neigung der Würfelfläche ac zur Eckenaxe ab $= 35° 16'$, also ist der Winkel acb $= 54° 44'$. Die Tangente dieses Winkels giebt den Werth von ab. Es ist tang. $54° 44' = 1,4140$.

Am Trapezoeder, wo der Kantenwinkel der 3fl. Ecken $= 129° 31' 16''$, findet man den Neigungswinkel der Fläche (a'c) zur Eckenaxe $= 60° 30' 14''$, also den Winkel a'cb $= 29° 29' 46''$. Die Axenlänge a'b ist die Tangente dieses Winkels $= 0,5656$.

Am Trapezoeder, wo der Kantenwinkel der 3fl. Ecken $= 146° 26' 34''$, findet man ebenso den Winkel a''cb $= 19° 28' 16''$, dessen tang. $= 0,3535 = $ a''b. Setzt man am Hexaeder ab $= 1,4141 = 1$, so ist die Axenlänge a'b $= \frac{2}{3}$ und a''b $= \frac{1}{4}$, womit die gesetzlichen Ableitungscoefficienten erkannt sind.

Die Veränderung 2) führt zum

Trialisoktaeder Fig. 11.

Es heißt auch Pyramidenoktaeder. Es besteht aus 24 gleichschenklichen Dreiecken, hat 36 Kanten und 14 Ecken. Die Kanten sind zweierlei, 12 längere a und 24 kürzere b. Die Ecken sind ebenfalls zweierlei. 6 sind 8fl. und 2kantig; durch diese gehen die Hauptaxen, die übrigen sind 3fl. und 1kantig. Man kennt mehrere Varietäten dieser Form, welche aber nur selten und untergeordnet am Galenit, Liparit, Cuprit u. a. beobachtet ist. Die Winkel einiger Varietäten sind

an a $= 129° 31' 14''$; an b $= 162° 39' 31''$,
$141° 3' 28''$; $152° 44' 2''$.

Die Veränderung 3) führt zum

Hexakisoktaeder Fig. 12.

Diese Gestalt, wovon es mehrere in den Winkeln abweichende Varietäten giebt, besteht aus 48 ungleichseitigen Dreiecken, hat 72 Kanten und 26 Ecken. Die Kanten sind dreierlei, ebenso die Ecken, worunter 6 8fl., und durch diese gehen die Hauptaxen. — Findet sich beim Diamant, Liparit, Magnetit ꝛc. Die Winkel einiger Varietäten sind

an a $= 158° 12' 48''$; an b $= 148° 59' 50''$; an c $= 158° 12' 48''$,
$152° 20' 22''$; $160° 32' 13''$; $152° 20' 22''$.

Mit diesen Veränderungen ist die Reihe der Gestalten erschöpft, welche nach dem Gesetze der Symmetrie aus dem Würfel entwickelt werden können, es sind (den Würfel selbst mitgerechnet) die oben angeführten 7 Gestalten. Andere Gestalten können daraus nicht ab=

geleitet werden, wohl aber können mehrere der angegebenen hemiedrisch auftreten und die wichtigsten dieser Hemiedrieen sind folgende:

1) Das Oktaeder Fig. 9 giebt durch Ausdehnung und Verschwinden der abwechselnden Flächen

das Tetraeder Fig. 15 und 16.

Es ist von vier gleichseitigen Dreiecken begränzt, hat 6 Kanten und 4 Ecken gleicher Art. Die Kantenwinkel messen 70° 31′ 44″. Die Hauptaxen gehen durch die Kanten. Findet sich beim Fahlerz, Helvin, Boracit.

2) Die Trapezoeder Fig. 10 geben, indem daran abwechselnd je eine um die 3fl. Ecken liegende Flächengruppe (Fig. 10 tz, tz, tz) wächst und die andere verschwindet,

die Trigondodekaeder Fig. 17.

Sie heißen auch Pyramidentetraeder und sind von 12 gleichschenklichen Dreiecken eingeschlossen, haben 18 Kanten und 8 Ecken. Von den Kanten sind 6 (a) längere, durch welche die Hauptaxen gehen, und 12 (b) kürzere; die Ecken sind auch zweierlei, 4 sind 6fl., 4 sind 3fl. Kommt beim Tennantit Sphalerit ıc. vor.

Die öfter vorkommenden Varietäten haben die Winkel

an a = 109° 28′ 16″; an b = 146° 26′ 34″,
129° 31′ 16″; 129° 31′ 16″.

3) Die Trialisoktaeder Fig. 11 geben, dem vorigen ähnlich hemiedrisch erscheinend,

die Trapezdodekaeder Fig. 18.

Sie sind von 12 symmetrischen Trapezen umschlossen, haben 24 längere und 24 kürzere Kanten a und b und viererlei Ecken. 6 derselben sind 4fl. und 2kantig, durch diese gehen die Hauptaxen. Sehr selten am Fahlerz (Tennantit und Tetraedrit).

Beobachtet sind die Winkel

an a = 82° 9′ 45″; an b = 162° 39′ 30″,
90° 0′ 0″; 152° 44′ 2″.

4) Die Hexakisoktaeder Fig. 12 geben durch abwechselndes Wachsen je einer um die 6fl. Ecken liegenden Flächengruppen

die Hexakistetraeder Fig. 19.

Sie sind von 24 ungleichseitigen Dreiecken eingeschlossen und haben 36 Kanten und 14 Ecken. Von letzteren sind 6 4fl. und durch diese gehen die Hauptaxen. Selten am Diamant, Fahlerz, Sphalerit.

Beobachtet sind die Winkel (s. Fig. 19)
an a = 158° 12′ 48″; an b = 158° 12′ 48″; an c = 110° 55′ 29″,
152° 20′ 22″;   152° 20′ 22″;   122° 52′ 42″.

Diese Hemiedrieen werden leicht als solche schon dadurch erkannt, daß sie keine parallelen Flächen haben (§. 5, 1).

Es entstehen aber auch dergleichen mit parallelen Flächen aus den folgenden Formen.

5) Die Tetrakishexaeder Fig. 14 geben durch Ausdehnung und Verschwinden der abwechselnden Flächen

die Pentagondodekaeder Fig. 21.

Diese sind von 12 Pentagonen umschlossen, welche 4 gleiche Seiten (b) und eine einzelne von diesen verschiedene (a) haben, daher auch die Kanten zweierlei. 6 fallen mit den einzelnen Seiten der Pentagone zusammen und durch diese gehen die Hauptaxen, die übrigen 24 entsprechen den übrigen gleichen Seiten. Die Ecken sind 3fl. und zweierlei; 8 sind 1kantig, die 12 übrigen 2kantig. Da es mehrere Varietäten von Tetrakishexaeder giebt, so giebt es auch mehrere Varietäten von Pentagondodekaeder. Die Winkel der am öftersten vorkommenden Varietät sind: an den Kanten a = 126° 52′ 12″, an den Kanten b = 113° 34′ 41″. Zwei andere Varietäten messen

an a = 143° 7′ 48″; an b = 107° 27′ 27″,
112° 37′ 12″;   117° 29′ 11″.

Vergleicht man die Tangenten der halben Winkel an den Kanten a, so verhalten sie sich bei den drei Varietäten = 2 : 3 : $\frac{3}{2}$. Häufig beim Pyrit und Kobaltin.

6) Die Hexakisoktaeder Fig. 12 geben außer der 4) angeführten noch eine andere Hemiedrie durch abwechselndes Wachsen und Verschwinden der an den Kanten b liegenden Flächenpaare. Diese Gestalt ist (in mehreren Varietäten)

das Dialisdodekaeder Fig. 20.

Es ist von 24 mit einem Paar gleicher Seiten (c, c) charakterisirten Trapezoiden umschlossen. Die Kanten, 48 an der Zahl, sind dreierlei, ebenso die 26 Ecken. 6 dieser Ecken sind 4fl. und 2kantig, durch diese gehen die Hauptaxen. Findet sich beim Pyrit, Kobaltin und Hauerit.

Die Winkel zweier am Pyrit ausgebildet vorkommender Varietäten sind (Fig. 20)
an a = 115° 22′ 37″; an b = 148° 59′ 50″; an c = 141° 47′ 12″,
128° 14′ 48″;   154° 47′ 28″;   131° 48′ 37″.

Das Hexakisoktaeder kann möglicher Weise noch auf eine andere Art hemiedrisch und auch tetartoedrisch oder viertelflächig erscheinen, indessen sind nur die oben angeführten Hemiedrieen bis jetzt in der Natur beobachtet.

Es ist einleuchtend, daß wir statt des Würfels, von welchem wir bei der Ableitung ausgegangen sind, jede andere der genannten sieben Gestalten anwenden können und daß wir zu denselben Resultaten kommen müssen. Es ist auch begreiflich, daß die Combinationen dieses Systems, der vielen einfachen Gestalten wegen, sehr mannigfaltig sein können und ihre Entwicklung hat dem Anscheine nach viele Schwierigkeiten. Wenn man aber die Zahl, Art und Neigung der Flächen gehörig berücksichtigt, so kann man mit Beachtung weniger Regeln sehr leicht die complicirtesten Combinationen entwickeln, da das Kreuz der rechtwinklichen gleichartigen Axen für alle in einer Combination vereinigten Gestalten ein gemeinschaftliches ist. Wird eine tesserale Gestalt irgend einer Art nach einer dieser Axen vertical gestellt, so gilt Folgendes:

1) 4 als gleichartig erkannte Flächen (wenn deren nur vier vorhanden) gehören immer dem Tetraeder an.
2) 6 als gleichartig erkannte Flächen gehören immer dem Hexaeder an.
3) 8 dergleichen Flächen gehören immer dem Oktaeder an.
4) 12 gleichartige Flächen mit Parallelismus gehören
   a) dem Rhombendodekaeder, wenn die Hauptaxen durch (4flächige) Ecken gehen,
   b) einem Pentagondodekaeder, wenn die Hauptaxen durch Kanten gehen.
  12 gleichartige Flächen ohne Parallelismus gehören
   a) einem Trigondodekaeder, wenn die Hauptaxen durch Kanten gehen,
   b) einem Trapezdodekaeder, wenn die Hauptaxen durch Ecken gehen.
5) 24 gleichartige Flächen ohne Parallelismus gehören immer einem Hexakistetraeder, mit Parallelismus gehören sie
   a) einem Trialisoktaeder, wenn die Hauptaxen durch 8fl. Ecken gehen,
   b) einem Tetrakishexaeder, wenn die Hauptaxen durch 4fl. 1kantige Ecken gehen, die Flächen der Gestalt aber bei ihrer Ausdehnung außerdem noch 6fl. Ecken bilden,
   c) einem Trapezoeder, wenn die Hauptaxen durch 4fl. 1kantige Ecken gehen, wie bei b, die Flächen

aber bei ihrer Ausdehnung keine 6fl. Ecken bilden können,
    d) einem Diakisbodekaeder, wenn die Hauptaxen durch 4fl. und 2kantige Ecken gehen.
6) 48 gleichartige Flächen gehören immer einem Hexakis-oktaeder an.

Beispiele. Man habe die Combination Fig. 4. Die 3 rechtwinklichen gleichartigen Hauptaxen gehen durch die Flächen h. Diese Flächen sind 6 an der Zahl, sie gehören also dem Hexaeder. Die Flächen po sind 24 an der Zahl und es neigen sich immer 8 derselben über den h Flächen gegen die Hauptaxen. Bei ihrer Ausdehnung werden sie daher 8fl. Ecken bilden müssen, durch welche die Hauptaxen gehen, diese Flächen gehören daher (nach 5 a) einem Triakisoktaeder an.

Fig. 22 ist eine 2zählige Combination der Flächen o und der Flächen $\frac{ph}{2}$. Die gleichartigen Flächen o sind 8 an der Zahl, sie gehören also dem Oktaeder an. Die gleichartigen Flächen $\frac{ph}{2}$ sind 12 an der Zahl mit Parallelismus. Da die Hauptaxen an der Gestalt, welche sie bilden, durch Kanten gehen, so gehören diese Flächen (nach 4, b) einem Pentagondodekaeder an.

Fig. 23 ist eine 3zählige Combination. Die Flächen h, 6 an der Zahl und von gleicher Art, gehören (nach 2) dem Hexaeder an. Die Flächen o, 8 an der Zahl und von gleicher Art, gehören (nach 3) dem Oktaeder an. Die Flächen d, 12 an der Zahl und mit Parallelismus, gehören (nach 4, a) dem Rhombendodekaeder an, weil sich immer ihrer 4 über den h Flächen zusammenneigen, also bei ihrer Ausdehnung daselbst 4fl. Ecken bilden werden, durch welche die Hauptaxen gehen müssen.

Am Liparit oder Flußspath, Cuprit und Granat finden sich sämmtliche holoedrische Formen des tesseralen Systems. Am Boracit kommen vor: Hexaeder, Oktaeder, Rhombendodekaeder, Trapezoeder, Hexakisoktaeder, Tetraeder, Trigondodekaeder und Hexakistetraeder. Bei manchen Combinationen steigt die Zahl der Flächen auf 62.

Am Perowskit hat Descloizeaux eine Combination beobachtet, bestehend aus Würfel, Oktaeder, Rhombendodekaeder, Triakisoktaeder, 2 Trapezoedern und 3 Tetrakishexaedern, also 170 Flächen.

§. 8. Das quadratische System.

Den Gestalten dieses Systems liegt ein rechtwinkliches Axenkreuz zum Grunde, an welchem 2 Axen einander gleich sind, die dritte aber verschieden. Die letztere ist die Hauptaxe (die einzige ihrer Art in der Gestalt). Außer dieser Hauptaxe kommt keine anbere einzelne Axe vor. Diesen Charakter hat das quadratische System mit dem hexagonalen gemeinschaftlich und beide sind dadurch leicht von allen andern Systemen zu unterscheiden, unter sich aber schon dadurch, daß im Auftreten gleichartiger Flächen, im quadratischen System die Zahlen 4, 8, 16, im hexagonalen aber 6, 12, 24 zu beobachten sind. Die einfachen vollflächigen Gestalten des quadratischen Systems sind wesentlich nur zwei, und diese erscheinen nur sehr selten hemiedrisch. Es sind die Quadratpyramiden*) und die Dioktaeder.

1. Die Quadratpyramiden. Fig. 24.

Sie sind von 8 gleichschenkligen Dreiecken begränzt und haben 12 Kanten und 6 Ecken von zweierlei Art. Diejenigen Ecken, durch welche die Hauptaxe geht, die 2 Scheitelecken s, sind 1kantig, die übrigen Randecken r sind 2kantig. Die Scheitelkanten a sind 8, die Randkanten b 4 an der Zahl; letztere entsprechen den Seiten der Basis oder des horizontalen Hauptschnitts, welcher ein Quadrat ist.

Diese Gestalten kommen von den verschiedensten Winkeln vor und haben in den Combinationen verschiedene Stellungen gegen einander, nämlich 1) parallele, wenn die Seiten ihrer Basis parallel, 2) diagonale, wenn die Seiten der Basis der einen Pyramide parallel den Diagonalen der Basis einer andern, und 3) abnorme, wenn die Seiten der Basis einer Pyramide weder den Seiten noch den Diagonalen der Basis einer andern parallel liegen. Denkt man sich eine Gestalt dieser Art mit unendlich langer Hauptaxe, so daß der Randkantenwinkel 180° mißt, so bildet sich das offene quadratische Prisma, welches sich in denselben Stellungen befinden kann, wie die Pyramiden. Denkt man sich aber die Hauptaxe unendlich klein, so bleibt nur die Basis übrig, entsprechend einer horizontalen Fläche, und diese heißt daher auch die basische Fläche. Mit dieser Vorstellung erläutert sich und wird allgemein giltig, was §. 3 über die Combinationen und ihre Entwicklung gesagt worden.

2. Die Dioktaeder. Fig. 25.

Sie sind von 16 ungleichseitigen Dreiecken umschlossen, die Basis oder der horizontale Hauptschnitt ist ein Oktogon von abwechselnd gleichen Winkeln. Die 2 Scheitelecken, wodurch die Hauptaxen gehen, sind 8flächig, die 8 Randecken sind zweierlei und abwechselnd gleich. Die Scheitelkanten (a und b) sind ebenfalls zweierlei und abwechselnd gleich. Die Randkanten (c) entsprechen

---

*) Quadratpyramiden, welche sich in Combinationen als von abnormer Stellung zeigen, sind hemiedrische Gestalten, halbe Dioktaeder. S. u.

den Seiten der Basis. Wird die Hauptare einer solchen Gestalt unendlich lang gedacht, so bildet sich das **oktogonale Prisma**, von abwechselnd gleichen Seitenkanten; wird die Hauptare unendlich klein gedacht, so entsteht die basische Fläche.

Es kommt kein Dioktaeder mit gleichwinkliger Basis vor und kann nach dem Gesetze der Symmetrie, wie auch nach dem der Arenveränderung von der Quadratpyramide nicht abgeleitet werden, wie sich leicht zeigen läßt. Es sei Fig. 26 aaaa ein Quadrat. Um ein Oktogon von **gleichartigen** Seiten aus demselben zu construiren, hat man die Linien bb nach c zu verlängern und von c nach a Linien zu ziehen, welche nun ein solches Oktogon darstellen. Da ab = der halben Seite des Quadrats an mit oa = der halben Diagonale desselben nicht gleichartig ist, so kann es nach dem Gesetze der Symmetrie auch durch Veränderung desselben nicht gleich werden. oc wird also immer verschieden von oa sein müssen, ein gleichwinkliches Oktogon dieser Art würde aber erfordern, daß sie gleich würden. Man sieht auch ein, daß ein gleichwinkliches Oktogon ddd ꝛc., welches vorkommen kann, keine **gleichartigen** Seiten hat und also in eine Combination zweier Quadrate in diagonaler Stellung zerfällt.)

Hemiedrieen sind in diesem System selten. Die wichtigsten sind die Quadratpyramiden **von abnormer Stellung**, welche aus den Dioktaedern durch Wachsen der an den abwechselnden Randkanten gelegenen Flächenpaare entstehen. Sie sind nur in Combinationen zu erkennen. Scheelit, Fergusonit, Sartolith.

Eine Hemiedrie nach den abwechselnden Flächen der Quadratpyramide giebt die tetraederähnlichen **Sphenoeder**, deren Dreiecke gleichschenklich sind. Chalkopyrit.

Eine Hemiedrie des Dioktaeders nach den an gleichnamigen Scheitelkanten gelegenen Flächenpaaren giebt die quadratischen **Skalenoeder**. Sie sind wie die Sphenoeder nicht parallelflächig. Chalkopyrit.

Ohngeachtet die Hauptformen dieses Systems wesentlich nur zwei sind, so ist die Mannigfaltigkeit der vorkommenden Combinationen doch sehr groß, weil es unendlich viele in den Winkeln und Längen der Hauptaren verschiedene Varietäten dieser Formen giebt und sie in den verschiedenen angegebenen Stellungen erscheinen. Die Entwicklung der Combinationen ist übrigens sehr einfach und gelten dafür folgende Regeln:

Ist die Gestalt nach der Hauptare (der einzigen ihrer Art in der Gestalt) vertical gestellt, so gehören

1) je 4 gleichartige, nach dem Arenende geneigte Flächen (mit Parallelismus) immer einer **Quadratpyramide** an. Die Beurtheilung und Angabe der Stellung hängt von der gewählten Stammform ab;

2) je 8 gleichartige, nach dem Arenende geneigte Flächen gehören immer einem **Dioktaeder** an;

3) je 4 gleichartige, der Are parallele Flächen gehören einem

quadratischen, je 8 dergleichen einem oktogonalen Prisma an;

4) die basische Fläche liegt immer rechtwinklich zur Hauptaxe.

Beispiele für die Entwicklung der Combinationen.

1) Fig. 27 zeigt 4 zum Axenende geneigte Flächen b, 4 andere dergleichen a und noch 4 andere dergleichen c. Diese Flächen gehören daher (nach 1) drei verschiedenen Quadratpyramiden an und wenn a die Stammform, also in normaler Stellung, so ist leicht zu ersehen, daß b mit ihr in paralleler, c aber in diagonaler Stellung befindlich.

2) Fig. 28 zeigt die horizontale Fläche c. Diese ist also die basische. Ferner neigen sich 4 gleichartige Flächen a und noch 4 andere b zum Axenende, gehören daher (nach 1) zwei verschiedenen Quadratpyramiden an, die sich, wie leicht zu sehen, gegenseitig in diagonaler Stellung befinden.

Fig. 29 4 gleichartige Flächen p neigen sich zum Axenende, gehören daher einer Quadratpyramide an, 4 andere m liegen der Hauptaxe parallel, gehören daher einem quadratischen Prisma, welches mit p in paralleler Stellung.

Fig. 30 4 gleichartige Flächen p neigen sich zum Axenende, gehören also einer Quadratpyramide, 8 gleichartige Flächen d neigen sich zum Axenende, gehören also (nach 2) einem Dioktaeder an, die 4 Flächen m sind der Axe parallel, daher von einem quadratischen Prisma, welches gegen die Pyramide p in diagonaler Stellung befindlich.

Fig. 31 ist eine Combination von 4 Quadratpyramiden, a, b, c und d. Wenn a die Stammform, ist b damit in paralleler, c und d sind aber in diagonaler Stellung befindlich.

Im quadratischen System krystallisiren Zirkon, Anatas, Rutil, Apophyllit, Kassiterit, Schelit ꝛc. Die Gestalten und Combinationen sind bei mancher Species sehr zahlreich. So finden sich (n. Zepharovich) am Vesuvian 17 Quadratpyramiden von normaler und 5 von diagonaler Stellung, 17 Dioktaeder und 4 oktogonale Prismen, nebst den quadratischen und der basischen Fläche.

§. 9. Das hexagonale System.

Diesem System liegt ein Axenkreuz zum Grunde, an welchem 3 gleichartige, sich unter 60° schneidende Axen von einer vierten verschiedenen unter einem rechten Winkel geschnitten werden. Die letztere ist immer die Hauptaxe.

Die einfachen vollzähligen Gestalten dieses Systems sind nur zwei, nämlich die hexagonalen Pyramiden (Fig. 32) und die bihexagonalen Pyramiden (Fig. 35).

1. Die hexagonalen Pyramiden. Fig. 32.

Sie sind von 12 gleichschenklichen Dreiecken eingeschlossen, haben 18 Kanten und 8 Ecken. Von den Ecken sind zwei 6fl. Scheitelecken, durch diese gehen die Hauptaxen. Die übrigen Randecken sind 4fl. und unter sich gleichartg. Von den Kanten sind 12 Scheitelkanten gleicher Art und 6 Randkanten, ebenfalls unter sich gleich, in einer Ebene liegend und den Seiten der Basis entsprechend, welche ein regelmäßiges Hexagon (ebene Winkel = 120°) ist.

Wie bei den Quadratpyramiden unterscheidet man für combinirte Gestalten dieser Art die Stellung, welche wieder parallel, diagonal und abnorm sein kann.

Wie bei jenen erhält man Prismen, wenn die Hauptaxe dieser Pyramide unendlich lang wird, und diese sind die hexagonalen Prismen, welche dieselbe Stellung haben können, wie die Pyramiden. Wird die Hauptaxe = o, so entsteht eine horizontale Fläche, welche, wie im quadratischen System, die basische Fläche heißt. Diese Gestalten erscheinen häufig durch Ausdehnung und Verschwinden der abwechselnden Flächen hemiedrisch und geben dann

die Rhomboeder Fig. 33 und 34.

Sie sind von 6 gleichen und ähnlichen Rhomben begränzt, haben 12 Kanten und 8 Ecken. 2 dieser Ecken sind 1kantig und gleichwinklich. Diese sind die Scheitelecken und durch sie geht die Hauptaxe. Die übrigen 6 Randecken sind 2kantig. Von den Kanten sind 6 Scheitelkanten (a) und 6 Randkanten (b). Letztere liegen im Zickzack. Zwei aus einer Hexagonpyramide entstehende Rhomboeder befinden sich gegenseitig um die Hauptaxe um 60° gedreht und man nennt dieses in verwendeter Stellung. S. Fig. 33 und 34.

2. Die bihexagonalen Pyramiden.

Sie sind von 24 ungleichseitigen Dreiecken umschlossen, haben daher dreierlei Kanten, 12 längere schärfere und 12 kürzere stumpfere Scheitelkanten und 12 Randkanten. Die Basis ist ein Zwölfeck von abwechselnd gleichen Winkeln. Ein dergleichen von gleichen Winkeln (und gleichartigen Seiten) kann nicht vorkommen und ist das Verhältniß ganz analog, wie bei der Ableitung des Oktogon's mit gleichartigen Seiten aus dem Quadrat. Wird die Hauptaxe ∞, so entsteht das bihexagonale Prisma mit abwechselnd gleichen Seitenkantenwinkeln. Die bihexagonalen Pyramiden sind bis jetzt nur untergeordnet am Smaragd und sehr selten am Apatit beobachtet worden. Von ihren Hemiedrieen sind zunächst beachtenswerth die **Skalenoeder** Fig. 39.

Sie sind von 12 ungleichseitigen Dreiecken begränzt, haben 18 Kanten und 8 Ecken. Von den Ecken sind zwei 6fl., die Scheitelecken, durch welche die Hauptaxe geht, die übrigen 6 Randecken sind 4fl. Die Scheitelkanten a und b sind zweierlei und abwechselnd gleich, die Randkanten c liegen im Zickzack. Diese Gestalten entstehen durch Hemiedrie aus den bihexagonalen Pyramiden durch Ausdehnung der an den gleichartigen Scheitelkanten gelegenen Flächenpaare und wird dieses Verhältnisses hier hauptsächlich deswegen erwähnt, weil sich in Combinationen diese Skalenoeder, wie alle Hemiedrieen, in Beziehung auf das Gesetz der Symmetrie abnorm verhalten, aber eben dadurch auch leicht als solche erkannt und von den hexagonalen Pyramiden unterschieden werden. Die zwei aus einer bihexagonalen Pyramide entstehenden Skalenoeder erscheinen gegeneinander um die Hauptaxe um 60° gedreht und man nennt diese Stellung, wie bei den Rhomboedern, die verwendete. (Dabei kommen die Scheitelkanten a des einen an die Stelle der Scheitelkanten b des andern zu liegen.)

Selten vorkommende Hemiedrieen sind folgende:
1) **Hexagonale Pyramiden von abnormer Stellung** sind die parallelflächigen Hemiedrieen der bihexagonalen Pyramide nach den an den abwechselnden Randkanten gelegenen Flächenpaaren. Apatit.
2) **Trigonale Pyramiden** sind die geneigtflächigen Hemiedrieen der hexagonalen Pyramide nach den an den abwechselnden Randkanten gelegenen Flächenpaaren. Quarz.
3) **Hexagonale Trapezoeder** sind die geneigtflächigen Hemiedrieen der bihexagonalen Pyramiden nach einzelnen Flächen. Quarz.
4) **Trigonale Trapezoeder** sind die geneigtflächigen Tetartoedrieen der bihexagonalen Pyramide nach einzelnen Flächen oder die Hemiedrieen der hexagonalen Skalenoeder. Quarz, Dioptas. Diese Hemiedrieen treten in Combinationen und meistens nur sehr untergeordnet auf.

Da die angeführten Gestalten, obwohl nur wenige an der Zahl, von den verschiedensten Axenlängen und Winkeln vorkommen, so ist die Mannigfaltigkeit der Combinationen dieses Systems sehr groß und man kennt von Calcit allein gegen 700 Combinationen. Die allgemeine Entwicklung ist übrigens einfach und man hat, wenn die Gestalt nach der Hauptaxe vertikal gestellt, wie im vorigen System, vorzüglich die Zahl und Neigung der Flächen dabei zu beobachten. Es gelten folgende Regeln:*)

*) Diese Regeln gelten für die Gestalten mit Flächenparallelismus. Die seltenen Hemiedrieen und Tetartoedrieen ohne Flächenparallelismus sind zwar ebenso leicht zu bestimmen, wegen ihrer Seltenheit aber hier übergangen.

1) Je drei zum Axenende geneigte gleichartige Flächen gehören einem **Rhomboeder** an.
2) Je 6 zum Axenende geneigte gleichartige Flächen gehören einer **Hexagonpyramide** an, wenn ihre Scheitelkantenwinkel alle gleich, einem **Skalenoeder**, wenn sie nur abwechselnd gleich.
3) 12 gleichartige, zum Axenende geneigte Flächen gehören immer einer **bihexagonalen Pyramide** an.
4) 6 gleichartige, der Hauptaxe parallele Flächen, gehören einem **hexagonalen Prisma**, 12 dergleichen einem **bihexagonalen Prisma** an.
5) Die auf der Hauptaxe rechtwinklich stehende Fläche ist die **basische Fläche**.

Die Angabe der Stellung hängt von der Wahl der Stammform an.

Beispiele für die Entwicklung der Combinationen:

Fig. 36. 6 gleichartige Flächen p neigen sich zum Axenende und ihre Kanten t sind gleichartig, die Gestalt ist also (nach 2) eine Hexagonpyramide; 6 gleiche Flächen m sind der Axe parallel, die Gestalt ist also (nach 4) das hexagonale Prisma.

Fig. 37. Die Fläche c liegt rechtwinklich zur Hauptaxe, sie ist daher die basische Fläche; 6 gleichartige Flächen a, 6 andere dergleichen b und noch 6 dergleichen d neigen sich zum Axenende, ihr symmetrisches Erscheinen am Prisma m zeigt schon, daß sie dreien Hexagonpyramiden angehören (nicht Skalenoedern); 12 gleichartige Flächen e neigen sich zum Axenende und gehören also (nach 3) einer bihexagonalen Pyramide an; die der Axe parallelen Flächen m sind (nach 4) die des hexagonalen Prisma's. Man sieht leicht, daß die Pyramide d in diagonaler Stellung gegen die Pyramide a und b befindlich ist.

Fig. 38. 3 gleichartige Flächen c neigen sich zum Axenende, ebenso 3 andere dergleichen a und noch 3 dergleichen b. Diese Flächen gehören also (nach 1) 3 verschiedenen Rhomboedern an und zeigt sich, daß a gegen b und c (oder auch umgekehrt) in verwendeter Stellung befindlich.

Fig. 40. 3 gleichartige Flächen a und noch 3 dergleichen b neigen sich zum Axenende, gehören daher zwei verschiedenen Rhomboedern an; 6 gleichartige Flächen d und noch 6 andere dergleichen e neigen sich zum Axenende, ihre Scheitelkanten sind nur abwechselnd gleich, sie gehören also (nach 2) zwei verschiedenen Skalenoedern an; 6 gleichartige Flächen c liegen der Axe parallel, gehören also dem hexagonalen Prisma an.

In diesem System krystallisiren Calcit, Korund, Hämatit, Quarz, Smaragd, Apatit ꝛc.

§. 10. Das rhombische System.

Den Gestalten dieses Systems liegt ein Axenkreuz von 3 einzelnen rechtwinklich aufeinanderstehenden Axen zum Grunde. Außer diesen kommen an ihnen keine andern einzelnen Axen vor, wodurch sie von den Gestalten der folgenden, wie von denen der vorhergehenden Systeme leicht zu unterscheiden sind. Jede der 3 einzelnen Axen kann Hauptaxe sein. Die möglichst einfache Ableitung der Krystallreihe bestimmt gewöhnlich diese Wahl.

In diesem System findet sich nur **eine** Art einfacher vollzähliger Gestalten und diese bilden

die **Rhombenpyramiden** Fig. 41.

Sie sind von 8 ungleichseitigen Dreiecken begränzt, haben 12 Kanten und 6 Ecken, beide von dreierlei Art. Die Hauptaxe geht immer durch 2 Ecken und wird gewählt. Die Scheitelkanten a und b sind kürzere stumpfere und längere schärfere, die Randkanten c liegen in **einer** Ebene und entsprechen den Seiten der Basis, welche ein Rhombus. Die lange Diagonale der Basis heißt **Makrobiagonale**, die kurze heißt **Brachybiagonale**. Die verticalen Hauptschnitte sind Rhomben, in den einen $dm\,dm$ Fig. 41 fällt die Makrobiagonale mm und die schärfern Schlltk. b bilden seine Seiten, in den andern $d\beta\,d\beta$ fällt die Brachybiagonale $\beta\beta$ und die stumpferen Schlltk. a bilden seine Seiten, diese Schnitte heißen daher auch der makro= und der brachybiagonale Hauptschnitt. Der horizontale Hauptschnitt $m\beta m\beta$ ist ein Rhombus = der Basis der Pyramide. Die Rhombenpyramide kommt für sich allein selten vor am Schwefel, Cerussit und Bleivitriol (Anglesit, mit Prismen am Topas, Cölestin, Lievrit ꝛc.)

Wird die Hauptaxe dieser Gestalt unendlich lang, so bildet sich ein (offenes) **rhombisches Prisma**; wird sie unendlich klein, so entsteht die **basische Fläche**, wie in den vorigen Systemen. Was aber von dieser Art der Verlängerung und Verkürzung der Hauptaxen gilt, kann auch auf die Makro= und Brachybiagonale angewendet werden. Wird jene oder auch diese unendlich lang, so entstehen ebenfalls rhombische Prismen, welche aber **horizontal** liegen. Solche nennt man Domen und wird ein Doma ein **makrobiagonales** genannt, wenn seine Kanten der Makrobiagonale parallel liegen, ein **brachybiagonales**, wenn sie der Brachybiagonale parallel liegen. Fig. 44 sind die Flächen m die eines rhombischen Prisma's, die Flächen a und b gehören zwei verschiedenen Domen an, welche in Beziehung auf das Prisma brachybiagonale sind, denn ihre horizontalen Kanten haben die Lage der Linie, welche die stumpfen Seitenkanten des rhombischen Prisma's verbindet, und diese Linie ist die Brachybiagonale. Denkt man sich an der Rhombenpyramide die Makrobiagonale mm (Fig. 41) = o oder unendlich klein, so entsteht eine verticale Fläche, dem Hauptschnitt $d\beta\,d\beta$ entsprechend, in welchem die Brachy=

diagonale βꞵ liegt, und eine Fläche, welche diese Lage hat, heißt die **brachydiagonale Fläche**. Wird ebenso die Brachydiago= nale βꞵ = o, so entsteht rechtwinklich auf die vorige eine ähnliche vertikale Fläche, welche dem Hauptschnitte d m d m entspricht, in welchem die Makrodiagonale m m liegt, diese Fläche heißt daher die **makrodiagonale Fläche**. Kommen beide miteinander vor, so bilden sie ein rechtwinkliches Prisma, aber von zweierlei Seiten= flächen, das **rectanguläre Prisma**, welches also eine Com= bination ist. Fig. 47 zeigt in rrrr den Querschnitt eines solchen in die rhombische Basis eingezeichnet.

Die Rhombenpyramiden kommen nur äußerst selten hemie= drisch vor als rhombische Sphenoeder, welche ähnlich entstehen, wie das Tetraeder aus dem Oktaeder. Ihre Dreiecke sind ungleich= seitig. Epsomit.

Die Mannigfaltigkeit der Combinationen dieses Systems ist nicht minder groß, als bei den vorigen, da Rhombenpyramiden, Prismen und Domen der verschiedensten Winkel und Axenlängen vorkommen. Gleichwohl sind die Combinationen leicht zu entwickeln und die Gestalten allgemein sehr einfach zu bestimmen. Ist die Ge= stalt nach der gewählten Hauptaxe vertikal gestellt, so gilt Folgendes:

1) Je 4 gleichartige, zum Axenende geneigte Flächen gehören einer **Rhombenpyramide** an.
2) Je 2 gleichartige, zum Axenende geneigte Flächen gehören einem **Doma** an. Die Bestimmung von makro= und brachydiagonal hängt von der Wahl der Stammform und ihrer Stellung zu dieser ab.
3) Je 4 gleichartige, der Hauptaxe parallele Flächen sind die eines **rhombischen Prisma's**.
4) 2 gleichartige, der Hauptaxe parallele Flächen sind entweder das **makrodiagonale** oder das **brachydiagonale Flächenpaar**, je nach der Stellung zur Stammform.
5) Eine zur Hauptaxe rechtwinklich liegende Fläche ist die **basische Fläche**.

Beispiele für die Entwicklung der Combinationen:

Fig. 42. Die Fläche d, rechtwinklich zur Hauptaxe, ist die basische; 4 gleichartige Flächen a und 4 andere dergleichen b neigen sich zum Axen= ende, sie gehören also (nach 1) zwei verschiedenen Rhombenpyramiden an; 2 gleichartige Flächen c neigen sich zum Axenende, sie gehören also (nach 2) einem Doma an und wenn die Pyramide b zur Stammform gewählt wird, so ist dieses Doma ein brachydiagonales, wie nach dem oben Gesagten leicht zu ersehen.

Fig. 43. 4 gleichartige Flächen p neigen sich zum Axenende, gehören also einer Rhombenpyramide an; 4 gleichartige Flächen m sind der Axe parallel und ebenso 4 andere dergleichen n, diese gehören daher (nach 3) zweien verschiedenen rhombischen Prismen an.

Fig. 45. 4 gleichartige Flächen p neigen sich zum Axenende, gehören also einer Rhombenpyramide an, 2 gleichartige Flächen o sind der Axe parallel und ebenso 2 andere q, von diesen gehört das eine Paar der makrodiagonalen Fläche an, das andere der brachydiagonalen. Wird die Pyramide p zur Stammform gewählt, so zeigt eine Messung, daß die Kanten a die stumpfern und b die schärfern Scheitelkanten; da jene in den brachydiagonalen Hauptschnitt fallen, und diese in den makrodiagonalen, wie oben gesagt wurde, so ist o die makrodiagonale und q die brachydiagonale Fläche.

Fig. 46. Die Fläche b, rechtwinklich zur Hauptaxe, ist die basische Fläche, 4 gleichartige Flächen p neigen sich zum Axenende, gehören also einer Rhombenpyramide an; 2 gleichartige Flächen od neigen sich zum Axenende, und ebenso 2 andere dergleichen qd, diese gehören also Domen an und mit Beachtung der Lage der Basis von p bestimmt sich od als makrodiagonales und qd als brachydiagonales Doma; 2 gleichartige Flächen o liegen der Axe parallel und ihre Lage zu p bestimmt sie als das makrodiagonale Flächenpaar, während die Flächen q sich als das brachydiagonale ergeben und die 4 gleichartigen, der Axe parallelen Flächen m einem rhombischen Prisma (von der Basis der Pyramide p) angehören.

In diesem System krystallisiren Topas, Chrysolith, Schwefel, Baryt, Cölestin, Lievrit ꝛc.

§. 11. Das klinorhombische System.

In diesem System erscheinen keine einfachen geschlossenen Gestalten und sämmtliche Combinationen bestehen aus rhombischen Prismen und einzelnen Flächenpaaren, welche bald vertical, bald geneigtliegend vorkommen. Sie sind, wie die Gestalten des rhombischen Systems, durch 3 rechtwinkliche, ungleichartige Axen bestimmbar, von welchen eine zur Hauptaxe gewählt wird; sie unterscheiden sich aber sehr bestimmt von den Formen des rhombischen Systems dadurch, daß bei diesen außer den rechtwinklich aufeinanderstehenden Axen keine andern einzelnen vorhanden, während bei den klinorhombischen Gestalten die Zahl der einzelnen Axen wenigstens 5 ist, deren aber auch mehr vorkommen können. Von den Gestalten des folgenden klinorhomboidischen Systems, welche auch mehr als 3 einzelne Axen haben, unterscheiden sich die klinorhombischen leicht dadurch, daß an letzteren immer noch Paare gleichartiger Axen (durch gleichartige Paare von Flächen, Kanten oder Ecken gehend) auffindbar, an jenen aber nicht.

Die einfachsten bestimmbaren Gestalten dieses Systems sind

die Hendyoeder Fig. 48.

Sie bestehen aus einem rhombischen Prisma m, mit einer

schief liegenden Fläche p geschlossen, letztere ist ein Rhombus, die Flächen m erscheinen als Rhomboide. Sie haben 5 einzelne Axen. Zur Hauptaxe wird immer diejenige gewählt, welche durch die rhombischen Flächen p parallel mit m geht, und die Gestalt so gestellt, daß die obere dieser Flächen, Endflächen, gegen den Beobachter gekehrt ist. Bei aufrechter Stellung liegt eine Diagonale dieser Flächen (hh) horizontal, diese heißt die **Orthodiagonale** und bildet mit den Seitenkanten cc (Fig. 49) den **orthodiagonalen Hauptschnitt** hhhh, die andere Diagonale kk liegt geneigt, heißt die **Klinodiagonale** und bildet mit den Seitenkanten bb den klinodiagonalen Hauptschnitt kkkk. Eine Fläche, welche dem ersten Hauptschnitt parallel liegt, heißt die **orthodiagonale Fläche**, eine Fläche, die dem letztern parallel liegt, die **klinodiagonale Fläche** oder auch die **Symmetrie-Ebene**, weil sie den Krystall symmetrisch in gleiche Hälften theilt. Beide schneiden sich rechtwinklich. Die Randkanten des Hendyoeders sind zweierlei a a und d d, die Seitenkanten auch zweierlei b und c, wie am rhombischen Prisma. Die Randecken sind dreierlei, 2 verschiedene liegen an der Klinodiagonale, 2 gleiche an der Orthodiagonale.

Um das Hendyoeder vollkommen bestimmen zu können, wird das Prisma m so verkürzt angenommen, daß eine die Ecken k verbindende Linie oder Axe auf der Hauptaxe rechtwinklich steht. Gewöhnlich sind die m Flächen in der Richtung der Hauptaxe verlängert.

Alle Veränderungen, welche nach dem Gesetze der Symmetrie am Hendyoeder hervorgebracht werden können*), führen zu rhombischen Prismen und einzelnen Flächenpaaren. Die rhombischen Prismen liegen vertikal (sind Seitenflächen) oder sie liegen geneigt und letztere heißen **Klinodomen**; die einzelnen Flächenpaare sind entweder die oben genannten verticalen, oder die Axe schief schneidend, wie die Endfläche, und diese heißen auch **Hemidomen**. Man unterscheidet je nach der Neigung der Hemidomen und Klinodomen nach vorne oder nach der Rückseite der Stammform **vordere** oder **hintere**.

Für die Entwicklung der Combinationen, wenn die Gestalt nach der gewählten Hauptaxe vertical gestellt ist, ergibt sich aus dem Gesagten Folgendes:

---

*) Diese Veränderungen können nur in Abstumpfung und Zuschärfung bestehen; Zuspitzung kann nicht vorkommen, da keine Ecken vorhanden, welche 3 oder mehr gleichartige Flächen und Kanten haben, und eine Zuspitzung nur an solchen auftreten kann.

1) Je eine einzelne, zum Axenende geneigte Fläche gehört einem Hemidoma an, oder ist die Endfläche eines Hendyoeders.
2) Je 2 gleichartige, zum Axenende geneigte Flächen gehören einem Klinodoma an.
3) Je 4 gleichartige, der Axe parallele Flächen gehören einem rhombischen Prisma an oder sind Seitenflächen eines Hendyoeders (prismatische Flächen).
4) Je 2 gleichartige, der Axe parallele Flächen gehören entweder der orthobiagonalen oder der klinobiagonalen Fläche an und zwar der erstern, wenn die Endfläche oder ein anderes Hemidoma schiefwinklich gegen sie geneigt ist oder auch die Kante eines Klinodoma's, der letzteren aber, wenn dieses nicht der Fall. (Jede Endfläche bildet mit der klinobiagonalen Fläche immer einen rechten Winkel.)

Da die Kante eines Klinodoma's über der Hauptaxe auch durch eine Fläche ersetzt sein kann, so läßt sich, im Fall keine Endfläche zu beobachten, durch eine dergleichen Abstumpfungsfläche ein zu weiterer Bestimmung dienendes Hendyoeder herstellen.

Beispiele für die allgemeine Entwicklung der Combinationen:

Fig. 50. Die Fläche p, r und s sind einzelne, zur Axe geneigte Flächen, gehören also 3 verschiedenen Hemidomen an, die der Axe parallelen Flächen m sind prismatische und bilden mit p. oder r oder s geschlossene Hendyoeder. Wählt man das aus p und m bestehende Hendyoeder zur Stammform, so ist r ein vorderes, s ein hinteres Hemidoma.

Fig. 49. Die Flächen p, s und t sind einzelne, zur Axe geneigte Flächen, gehören also 3 verschiedenen Hemidomen an. Construirt man aus p und m die Stammform, so ist s ein vorderes, t ein hinteres Hemidoma. Die Flächen d d, zwei gleichartige zum Axenende geneigt, gehören einem Klinodoma (nach 2) und in Beziehung auf die gewählte Stammform einem vorderen; die Flächen k, der Axe parallel, sind (nach 4) die klinobiagonalen Flächen.

Fig. 51. 2 gleichartige Flächen k k neigen sich zum Axenende, gehören also einem Klinodoma an; 4 gleichartige, der Axe parallele m sind prismatische; die Fläche b (nach 4) ist die klinobiagonale. Ein Hendyoeder ist aus den Flächen m und der Abstumpfungsfläche der Kante $\frac{k}{k}$ zu bilden.

Fig. 52. Die Fläche p ist eine einzelne, zum Axenende sich neigend, also Endfläche oder Hemidoma, und da die Fläche m, wie im vorigen Beispiel, als prismatische zu erkennen, so kann aus p und m ein Hendyoeder als Stammform construirt werden; die Flächen k k, 2 gleichartige zum Axenende geneigt, gehören einem Klinodoma an, dessen Kante die Lage von p hätte, also einem vorderen; von den Flächen o und l ist o die orthobiagonale (nach 4) und l die klinobiagonale Fläche.

In diesem System krystallisiren Amphibol, Augit, Sphen, Gyps, Datolith, Kupferlasur, Eisenvitriol, Orthoklas ꝛc.

Mehrere Krystallographen beziehen die Gestalten des klinorhombischen Systems auf ein Axensystem, an welchem 2 Axen sich schiefwinklich schneiden, die dritte aber zu beiden rechtwinklich steht. Als Grundform nehmen sie eine diesem Axensysteme entsprechende Pyramide, die **klinorhombische Pyramide**, Fig. 81, an, welche aus beobachteten (oder möglichen) Klinodomen oder aus den Fl. eines Prisma's und eines Klinodoma's construirt wird, vollzählig in der Natur gewöhnlich für sich nicht vorkommt.

Für eine solche Grundgestalt beschränkt sich der Begriff von Klinodoma auf die Domen, deren Kante der geneigten Diagonale der Basis parallel liegt, andere Flächen dieser Art gelten als halbe oder Hemi=Pyramiden. —

§. 12. Das klinorhomboidische System.

Die Gestalten des klinorhomboidischen Systems unterscheiden sich wesentlich von allen vorhergehenden dadurch, daß sie nur aus einzelnen Flächen bestehen, welche also (die parallelen ausgenommen) alle von einander verschieden sind. Es kommen ferner keine rechtwinklich sich schneidenden Flächen vor und alle Axen sind einzelne, deren die einfachste Combination, das **klinorhomboidische Prisma**, 13 zählt. An dieser Gestalt Fig. 53 sind sämmtliche Flächen Rhomboide, ebenso sämmtliche Schnitte. Es werden davon 2 Flächenpaare m und t zu Seitenflächen gewählt und die ihnen parallele Axe zur Hauptaxe, auf der die Endfläche p schief steht. Diese Endfläche hat viererlei (nicht wie am Hendyoeder zweierlei) Neigung zu den Seitenflächen, so daß die Randkanten viererlei sind und ebenso die Randecken. Die Seitenkanten r und s sind zweierlei, abwechselnd gleich. Alle Kantenaxen schneiden sich schiefwinklich.

Nach dem Gesetze der Symmetrie können, der beständigen Ungleichartigkeit anliegender Flächen wegen, keine Zuspitzungen oder Zuschärfungen vorkommen, sondern nur Abstumpfungen, welche aus demselben Grunde stets ungleichwinklich sein müssen.

So schwer es auch ist, den innern Zusammenhang der Flächen dieses Systems nachzuweisen, so ist die Bestimmung des Systems selbst und die Unterscheidung desselben von ähnlichen bei ausgebildeten Krystallen ziemlich leicht und dient außer dem bereits Angeführten noch Folgendes:

> Die als 6seitige Prismen erscheinenden Combinationen haben dreierlei Seitenkantenwinkel und die als 8seitige erscheinenden viererlei dergleichen.

Die den rhombischen Prismen ähnlichen Combinationen haben zweierlei Flächen, die sich als solche charakterisiren, wenn schließende Endflächen vorkommen. Wenn solches nicht der Fall ist, können sie nur durch Differenzen ihrer physischen Beschaffenheit, Spaltbarkeit, Glanz, Streifung, und wo diese nicht hervortreten, nur auf optischem Wege im Stauroskop als ungleichartig erkannt werden.

Die Gestalten dieses Systems können nicht auf ein rechtwinkliches Axenkreuz bezogen werden. Zur speciellen krystallographischen Ableitung wird gewöhnlich eine klinorhomboibische Pyramide, Fig. 82, gewählt, welche aus einzelnen beobachteten Flächen construirt wird, in der Natur als solche aber nicht vorkommt. Die Axen einer solchen Pyramide schneiden sich alle schiefwinklich und sind zu ihrer Bestimmung 5 von einander unabhängige Winkel erforderlich*).

In diesem System krystallisiren Axinit, Disthen, Albit, Kupfervitriol ꝛc.

———

Den innern Zusammenhang der Gestalten einer Krystallreihe erkennt man seinen Gesetzen nach am deutlichsten, wenn man diesen Gestalten Zeichen giebt und die Ableitungszahlen, nach welchen sie aus der Stammform durch Veränderung der Axen hervorgehen, schicklich beifügt. Bezeichnungen dieser Art sind von Weiß, Mohs, Naumann u. A. gegeben worden. Diese letztern zeichnen sich durch Einfachheit und Kürze vorzüglich aus und sind in den meisten Fällen ohne besondere Schwierigkeiten zu entwerfen, da die Bestimmung vieler Flächen aus dem Parallelismus ihrer Combinationskanten mit andern bekannten Flächen ohne weitere Messung geschehen kann. Man hat übrigens dergleichen Zeichen mitunter einen zu großen Werth beigelegt, denn ihre Angaben enthalten wesentlich nur für specielle Fälle, was man im Allgemeinen schon durch das Gesetz der Axenveränderung weiß; um ferner aus ihnen für die Praxis brauchbare Elemente zu einer Krystallbestimmung zu erhalten, hat man daraus immer die Winkel zu berechnen, da nur diese und nicht die Axenlängen unmittelbar gemessen werden können. Diese Berechnungen sind zwar in den meisten Fällen ziemlich einfach, im klinorhomboidischen System aber so weitläufig, daß sich schwerlich

———

*) Bei dieser Grundgestalt ebenso wie bei der klinorhombischen Pyramide ist die Ableitung insofern nicht naturgemäß, als die Prismen (∞P) Flächen erhalten, welche gleichsam aus ungleichartigen Hälften bestehen.

Jemand die Winkel, die er verlangt, aus den Zeichen berechnen wird. Winkelangaben können daher durch die Angabe der Axenverhältnisse einer Stammform und der bezüglichen Ableitungszahlen der Zeichen nicht entbehrlich gemacht werden.

Als Beispiele, wie die Naumann'schen Zeichen sich begründen, mögen hier das quadratische und rhombische System entwickelt werden.

Bezeichnet man die zur Stammform gewählte Quadratpyramide mit P, so ergiebt sich eine Reihe abgeleiteter Pyramiden in paralleler Stellung durch Veränderung ihrer Hauptaxe nach einem rationalen Coefficienten m. Dabei wird die Hauptaxe der Stammform als Einheit genommen und kann m größer oder kleiner als diese Einheit sein, auch ∞, d. i. unendlich groß, und o oder unendlich klein. ∞ P ist das quadratische Prisma von normaler Stellung, o P die basische Fläche.

Zur Ableitung der Dioktaeder werden die Diagonalen des Quadrats Fig. 26 nach einem rationalen Coefficienten n verlängert und die Linien a f gezogen. Mit dem Winkel f a o oder c a o ist das Oktogon der Basis eines Dioktaeders bestimmt. Den Coefficienten n schreibt man hinter das Zeichen von P, also ist Pn ein Dioktaeder von derselben Hauptaxe wie die von P und von einer durch n bestimmten Basis. Was von P gilt, gilt auch für jede m P, man hat also auch m P n, ∞ P n (das oktogonale Prisma) und o P n, gleichbedeutend mit o P. Wird n = ∞, so sieht man, daß der Winkel f a o oder c a o = 90° wird, und es baut sich um das Quadrat a a a a das diagonal stehende g g g g (von doppeltem Flächeninhalt) und ergiebt sich somit die Bestimmung der Quadratpyramiden von diagonaler Stellung, deren Zeichen also P ∞, m P ∞ und ∞ P ∞ (= dem diagonalen quadratischen Prisma). — Das Zeichen für Fig. 29 ist demnach P . ∞ P; Fig. 31 vom
$$ p m$$
Wulfenit erhält den Messungen zufolge die Zeichen P . P ∞ . $\frac{1}{2}$ P . $\frac{2}{3}$ P ∞ .
$$ d b c a$$

Im rhombischen System sind die Pyramiden durch 3 ungleiche, rechtwinklich aufeinanderstehende Axen bestimmt, nämlich durch die Hauptaxe a, die Makrodiagonale b und die Brachydiagonale c. Diese 3 Axen sind daher unabhängig von einander jede für sich veränderlich. Wenn P die Stammform ist, ist m P das Zeichen einer Rhombenpyramide von gleicher Basis wie die von P, aber mit einer anderen durch den Coefficienten m bestimmten Hauptaxe. m kann $>$ 1 oder $<$ 1 sein (die Hauptaxe von P nämlich als Einheit genommen); wird m = ∞, so entsteht ein rhombisches Prisma, dessen horizontaler Querschnitt gleich ist der Basis von P, wird m = o, so entsteht die basische Fläche. Entstehen Pyramiden durch

Verlängerung der Brachydiagonale von P bei unveränderter Makro=
diagonale nach einem rationalen Coefficienten n, so ergeben sich die
Zeichen $\breve{P}$n, m$\breve{P}$n und $\breve{P}\infty$, m$\breve{P}\infty$, ferner $\infty\breve{P}$n und $\infty\breve{P}\infty$.

$\bar{P}\infty$ ist das brachydiagonale Doma für die Hauptaxe von P;
m$\bar{P}\infty$ ein dergleichen für die Hauptaxe einer m$\bar{P}$n $\infty\bar{P}$n ist ein
rhombisches Prisma, dessen horizontaler Querschnitt gleich ist der
Basis der betreffenden $\bar{P}$n und $\infty\bar{P}\infty$ ist die brachydiagonale
Fläche. Aehnlich ist es, wenn die Makrodiagonale von P bei
unveränderter Brachydiagonale verlängert wird. Das ganze Sy=
stem ist in nachstehenden Reihen vollständig dargestellt.

	m < 1		m > 1	
oP	m$\bar{P}\infty$	$\bar{P}\infty$	m$\bar{P}\infty$	$\infty\bar{P}\infty$
oP	m$\bar{P}$n	$\bar{P}$n	m$\bar{P}$n	$\infty\bar{P}$n
oP	mP	P	mP	∞P
oP	m$\breve{P}$n	$\breve{P}$n	m$\breve{P}$n	$\infty\breve{P}$n
o$\breve{P}$	m$\breve{P}\infty$	$\breve{P}\infty$	m$\breve{P}\infty$	$\infty\breve{P}\infty$

Fig. 42 vom Schwefel erhält den Messungen zufolge die
Zeichen P . ½ P . $\breve{P}\infty$. oP . ; Fig. 46 vom Chrysolith erhält die
      b   a c   d

Zeichen P . ∞P.$\bar{P}\infty$. $\infty\bar{P}\infty$. 2$\breve{P}\infty$. $\infty\breve{P}\infty$. — In ähnlicher
      p   m   od   o   qd   q

Weise werden die übrigen Systeme bezeichnet und können die tesse=
ralen Gestalten mit gewissen Rücksichten ganz analog den quadra=
tischen behandelt werden. Für ein weiteres Studium siehe Nau=
mann's Elemente der theoretischen Krystallographie. — Die wich=
tigsten zur Berechnung der Krystalle dienenden Formeln und eine
darauf gegründete Ableitung der Naumann'schen Zeichen giebt
meine Schrift „Zur Berechnung der Krystallformen", München 1867.
J. Lindauer'sche Buchhandlung. — Ein Auszug davon im An=
hang dieses Buches.

Zur Uebersicht der Flächen und Zonen einer Krystallcombi=
nation haben Quenstedt und Miller Projectionsmethoden aus=
gebildet, welche ursprünglich von Neumann vorgeschlagen worden
sind. Zur Entwerfung der sog. Linearprojection Quenstedt's denkt
man sich parallele Krystallflächen einander so genähert, daß sie nur
eine Fläche bilden, und läßt diese die Projectionsebene schneiden,
auf welcher sie dann als eine Linie erscheint.

Zur Projectionsebene wählt man eine geeignete Krystallfläche,
bei den monoaxen Systemen gewöhnlich die basische, welche die

Fläche des Papiers darstellt, auf welcher die Projection angelegt wird. Bei allen abgeleiteten Formen wird deren Hauptaxe von gleicher Größe mit der Hauptaxe der Stammform angenommen und danach ihre Nebenaxen verlängert oder verkürzt. Wenn daher in einer rhombischen Combination 3 Rhombenpyramiden P, 2P, 3P vorkommen, deren Hauptaxenlängen bei gleicher Basis sich verhalten, wie 1 : 2 : 3 und es wird P als Stammform gewählt, so erscheinen in der Projection die Nebenaxen (Diagonalen der Basis) für 2P als die Hälfte derer von P und für 3P als $\frac{1}{3}$ derselben. Umgekehrt sind (für P als Stammform) Pyramiden wie $\frac{1}{2}$P, $\frac{1}{3}$P mit doppelter und dreifacher Länge der Diagonalen einzuzeichnen. Die Hauptaxe selbst erscheint als Punkt verkürzt, der das Centrum der Projectionsfigur bildet, rhombische Prismen stellen sich als 2 im Centrum unter dem Prismenwinkel gekreuzte Linien dar, die makro- und brachydiagonalen Flächen fallen mit den Diagonalen der Stammform zusammen ꝛc. Zur Erläuterung diene ein Beispiel am Chrysoberill, von welchem v. Kokscharow folgende Gestalten angiebt: P . 2$\breve{\mathrm{P}}$2 . ∞P . ∞$\breve{\mathrm{P}}$2 . $\breve{\mathrm{P}}$∞ . ∞$\breve{\mathrm{P}}$∞ . ∞$\bar{\mathrm{P}}$∞. Fig. 92. An
o   n   m   s   i   c   b
P verhält sich die Hauptaxe a : Makrodiagonale b : Brachydiagonale c = 0,58 : 1 : 0,47.

Aus dem Verhältniß b : c = 1 : 0,47 geht hervor, daß 0,47 die Tangente des halben spitzen Winkels der Basis ist = 25° 11′; der ganze Winkel ist demnach 50° 22′ und der betreffende Rhombus c b c b auf das rechtwinklige Kreuz b c Fig. 93 einzutragen. Seinen Seiten parallel gehen die Kreuzarme von ∞P (m) und mit den Linien b und c fallen ∞$\bar{\mathrm{P}}$∞ (b) und ∞$\breve{\mathrm{P}}$∞ (c) zusammen. 2$\breve{\mathrm{P}}$2 (n) ist eine Pyramide mit 2facher Länge der Hauptaxe und der Brachydiagonale von P oder ihre Axen sind 2a : b : 2c; reducirt man die Hauptaxe dieser 2$\breve{\mathrm{P}}$2 auf die von P (als Einheit), so werden die Axen a : $\frac{1}{2}$b : c. Beim Verzeichnen der Basis von 2$\breve{\mathrm{P}}$2 wird also das b der Stammform von halber Länge genommen oder der neue Rhombus mit Beibehaltung der Brachydiagonale der Stammform nach seinen Winkeln (93° 33′, 86° 27′) eingetragen; ∞$\breve{\mathrm{P}}$2 (s) ist das zugehörige Prisma, dessen Kreuzarme daher parallel mit den Seiten der Basis dieser 2$\breve{\mathrm{P}}$2; $\breve{\mathrm{P}}$∞ (i) ist ein brachydiagonales Doma, welches die Diagonale b berührt und parallel mit der Brachydiagonale sich zeichnet. Sein Winkel d über der basischen Fläche ist bestimmt durch die halbe

Hauptaxe 0,58 und die halbe Diagonale b; da letztere = 1, so ist cotang. ½ d = 0,58 und d = 119° 46′. Ist die Zonenaxe in der Ebene der Projectionsfläche oder ihr parallel, so bildet ein Zonensystem parallele Linien, außerdem schneiden sich die Linien eines solchen Systems in einem Punkt. Daher bilden auf der basischen Fläche (als Projectionsfläche) die Domen einer Zone parallele Linien, die Prismen aber Linien, die sich in einem Punkt und zwar im Centrum kreuzen, weil ihre Zonenaxe rechtwinklig zur Projectionsebene. —

Die Entwerfung der stereographischen Projection Miller's ist umständlicher, hat übrigens auch keine besonderen Schwierigkeiten. Man denkt sich dabei in dem Krystall eine Kugel, welche dessen umgebende Flächen berühren. Gerade Linien von diesen Berührungspunkten (Flächenorten) nach dem Centrum der Kugel sind die Normalen der Krystallflächen und ist der Winkel zweier anliegenden Flächen das Supplement des Winkels ihrer Normalen. Indem man die in der oberen Kugelhälfte gelegenen Flächenorte mit dem Pole der unteren Kugelhälfte durch gerade Linien (Fahrstrahlen) verbindet, projicirt man sie als Punkte auf dem Grundkreis (Aequatorialkreis), welcher eine Krystallfläche, gewöhnlich die basische vorstellt. Durch Linien-Verbindung der Projectionspunkte auf dem Grundkreis mit den an seiner Peripherie gelegenen Flächenorten verzeichnen sich die verschiedenen Zonen, welche als gerade Linien erscheinen, wenn sie durch's Centrum gehen, außerdem als Kreisbogen, die nach der Regel der Geometrie (durch drei nicht in gerader Linie gehenden Punkten einen Kreis zu ziehen) construirt werden. — Die Miller'sche Projection hat besondere Vorzüge für die Bestimmung der Neigungswinkel der Flächen einer Combination, indem man diese in vielen Fällen aus den in der Projection erscheinenden sphärischen Dreiecken nach bekannten Formeln berechnen kann. Auch durch Abmessen der Distanzen jener Flächenorte, welche in einer als Diameter erscheinenden Linie liegen und leicht auf den entsprechenden Kreisbogen zu reduciren sind, lassen sich mittelst des Transporteurs aus einer solchen Projection viele Winkelverhältnisse ableiten, was jedoch natürlich eine correcte Zeichnung erfordert. Uebrigens ersieht man wohl, daß für mehrzählige Combinationen dergleichen Projectionen in einem großen Maaßstab angelegt werden müssen, da sonst das nothwendig entstehende Liniengewirr nur schwer zu verfolgen und zu deuten ist. —

Vergl. F. A. Quenstedt, Methode der Krystallographie und W. H. Miller's A. treatise on crystallographic, deutsch von J. Grailich. —

B. Von den Unvollkommenheiten der Krystalle.

Die Krystalle in der Natur erscheinen nur selten so vollkommen, daß alle gleichartigen Flächen daran auch gleiche Größe hätten, und dadurch entstehen oft die seltsamsten Entstellungen und Verzerrungen einer Gestalt. Dazu kommt noch, daß die Flächen häufig uneben, rauh, gestreift und gekrümmt erscheinen. Diese Unregelmäßigkeiten erklären sich aus der Art, wie die Krystalle überhaupt sich bilden. Es geschieht ihre Vergrößerung, wie die Vergrößerung einer Mauer, die man aufbaut, nämlich durch Zusatz von Außen, und es ist ein großer Krystall immer aus unendlich vielen kleinen zusammengesetzt. Wenn wir uns eine Anzahl kleiner Würfel denken, so werden wir einen dergleichen durch geeignetes Ansetzen anderer vergrößern können und zwar so, daß sein ursprüngliches Bild dabei nicht verändert, nur vergrößert wird. Wenn wir aber z. B. nur in einer Richtung, nur auf einer Fläche den Bau fortführen, so wird die entstehende Gestalt nicht mehr das Bild eines Würfels geben, sondern eher das eines quadratischen Prisma's, und gleichwohl sind es doch nur Würfel, welche die Gestalt zusammensetzen. In dieser Weise sind alle Abnormitäten der Flächenausdehnung zu erklären, welche übrigens nur in der Art an den Krystallen vorkommen, daß die Neigungswinkel der Flächen gegen die normalen Hauptdimensionen dabei nicht verändert werden.*) In den Winkeln also und durch die Beobachtung des physischen Charakters der Flächen, welcher bei gleichartigen immer auch derselbe ist, haben wir ein Mittel, eine durch diese Aggregation entstellte Form wieder auf ihr normales Bild zurückzuführen. Durch Ausdehnung zweier paralleler Flächen erscheinen die Krystalle oft tafelförmig, durch Krümmung der Flächen bauchig, kugelförmig, cylindrisch, linsenförmig ꝛc.

Von besonderer Wichtigkeit und ein Beleg für die erwähnte Aggregation ist die Streifung der Krystallflächen. Die Linien, welche diese Streifen bilden, haben immer die Bedeutung von Kanten und Durchschnittslinien unendlich vieler in einer bestimmten Richtung verbundener Individuen. Die dabei vorkommenden einspringenden Winkel sind wegen der Kleinheit der sie bildenden Flächen oder ihrer vorragenden Theile nicht immer zu sehen. So sind die horizontalen Streifen an den prismatischen Krystallen des Quarzes nicht anders, als die Combinationskanten der pyramidalen

---

*) Kleine Differenzen der Winkel, die an ganz normal gebildeten Krystallen gleich sind, werden durch die Aggregation hervorgebracht.

und prismatischen Flächen unendlich vieler in derselben Richtung mit gemeinschaftlicher Hauptaxe verbundener Individuen und die Linien der dabei entstehenden einspringenden Winkel, wie solches Fig. 54 anschaulich macht.

An andern Gestalten deutet die Streifung auch eine Combination an, die sich in der Art zeigt, daß die Flächen treppenförmig zum Vorschein kommen und wegen der Kleinheit der von ihnen vorspringenden Theile diese Treppe nur als eine gestreifte Fläche erscheint, so beim Chabasit, Magnetit, Granat ꝛc.

Die Streifung ist entweder einfach oder federartig, wie der Bart einer Feder nach zwei Richtungen von einer gemeinschaftlichen Linie ausgehend. Dergleichen am Chabasit, Harmotom, Scheelit ꝛc.

Aus ähnlichen Verhältnissen unregelmäßiger Aggregation erscheinen Krystalle auch **geflossen, treppenförmig, trichterförmig, eingedrückt** ꝛc.

C. Von den Verbindungen der Krystalle.

Wir haben so eben gesehen, daß sämmtliche Krystalle eigentlich Aggregate unendlich vieler kleiner Individuen sind. Diese Krystalle geben uns gleichwohl das Bild dieser Individuen, nur mehr oder weniger vergrößert und in so fern können wir sie selbst für Individuen nehmen und weiter von ihnen als solchen sprechen, wenn wir ihr Zusammenvorkommen, ihre Verbindung und ihre Verwachsung betrachten. Diese haben entweder eine gesetzliche Regelmäßigkeit oder sind ganz zufällig.

§. 1. Zu den regelmäßigen Verbindungen der Krystalle gehören die Hemitropieen und Zwillingskrystalle. Man versteht darunter solche Verwachsungen zweier Individuen, wo bei gemeinschaftlicher Verbindungsfläche das eine gegen das andere um $180°$ gedreht erscheint oder bei gemeinschaftlicher Axe eine solche Drehung (öfters von $60°$ und $90°$) um diese Axe stattfindet.

Dabei herrscht durchgehends das Gesetz, **daß die Verbindungsfläche eine der Krystallreihe der verbundenen Gestalten angehörende ist und daß die verbundenen Gestalten nicht verschieden, sondern einerlei sind.** Es ist übrigens keine Nothwendigkeit, daß die Verbindungsfläche äußerlich am Krystall sichtbar sei. Der Unterschied zwischen Hemitropieen und Zwillings-, Drillings- und Vierlingskrystall besteht nur darin, daß erstere auch aus einem einzigen Individuum erklärt werden können, indem es den Anschein hat, als sei ein solches nach einer bestimmten Richtung halbirt und die eine Hälfte auf der andern halb (um 180°) herumgedreht (hemitropirt) worden. Zur Erklärung der Zwillinge ꝛc. werden immer zwei oder mehr Individuen erfordert.

Zur Angabe des Gesetzes, nach welchem eine Hemitropie gebildet ist, gehört die Bestimmung der Zusammensetzungs- oder Drehungsfläche, auf welcher die Drehungsaxe rechtwinklich steht, bei den Zwillingen ꝛc. giebt man ihre gegenseitige Stellung an. Drillinge, Vierlinge ꝛc. bestehen aus 3 und 4 Individuen und das Gesetz ihrer Verwachsung ist gewöhnlich nur eine Wiederholung des Gesetzes für die Zwillinge, indem sich z. B. das vierte Individuum gegen das dritte verhält, wie dieses zum zweiten und das zweite zum ersten.

Beispiele von dergleichen Verbindungen sind folgende:

Fig. 59. Die oft vorkommende Hemitropie des Oktaeders, wobei die Drehungsfläche parallel einer Oktaederfläche o. Am Magnetit, Spinell, Gahnit ꝛc.

Fig. 58. Eine Hemitropie des Skalenoeders, wobei die Drehungsfläche die basische, an der Gestalt nicht erscheinende, Fläche. Calcit.

Fig. 57. Eine Hemitropie an einer Combination der Quadratpyramide p mit dem quadratischen Prisma m. Die Drehungsfläche liegt parallel einem Paar der Scheitelkanten s oder der Pyramidenflächen, welche diese abstumpfen können (von der nächst stumpferen diagonalen Pyramide). Kommt häufig am Kassiterit, auch am Rutil vor.

Fig. 55. Eine Hemitropie an einer Combination des rhombischen Prisma's m mit dem brachydiagonalen Doma d und der brachydiagonalen Fläche q. Die Drehungsfläche ist parallel einer Fläche des Prisma's m. Aragonit, Cerussit.

Fig. 56. Zwillingskrystall des Staurolits, die beiden prismatischen Individuen mit rechtwinklich gekreuzten Hauptaxen verwachsen.

Außer diesen erwähnen wir noch der im hexagonalen Systeme häufig vorkommenden Hemitropieen, wo die Drehungsfläche parallel einer Rhomboederfläche und der im klinorhombischen vorkommenden, wo die Drehungsfläche parallel der orthodiagonalen Fläche (Gyps, Augit, Amphibol) oder parallel einer Endfläche (Orthoklas, Sphen) oder parallel der Fläche eines Klinodoma's (Orthoklas).

Zwillingsbildungen kommen häufig beim Hexaeder vor, indem zwei Individuen eine Eckenaxe gemeinschaftlich oder doch parallel haben und eines gegen das andere um diese Axe um 60° gedreht ist. Liparit, Eisenkies ꝛc.

Dasselbe Gesetz am Rhombendodekaeder. Granat.

Aehnliches findet sich bei Rhomboedern, wobei die Hauptaxe die gemeinschaftliche, Chabasit, Bitterspath ꝛc.

Zwei Pentagondodekaeder kommen öfters so verwachsen vor, daß bei gemeinschaftlicher Hauptaxe eines gegen das andere um

90° um biese Axe gedreht ist. Pyrit. Dasselbe Gesetz für 2 Tetraeder, Trigondodekaeder am Tennantit und Tetraedrit.

Im rhombischen Systeme sind Zwillingskrystalle für den Harmotom charakteristisch. Zwei rectanguläre Prismen mit den Rhombenpyramiden haben gemeinschaftliche Hauptaxe und ist ein Individuum gegen das andere um diese Axe um 90° gedreht.

Im klinorhombischen Systeme kommen am Orthoklas häufig Zwillinge vor, wobei zwei Individuen parallele Hauptaxe haben und das eine gegen das andere um diese Axe um 180° gedreht ist. Die Zusammensetzungsfläche ist die klinodiagonale Fläche und es zeigt sich ein Unterschied, ob das rechte oder linke Individuum herumgedreht wird.

Die hemitropischen und Zwillingsbildungen sind gewöhnlich an den vorkommenden einspringenden Winkeln zu erkennen, auch an der verschiedenen Bildung an den Enden prismatischer Krystalle, im polarisirten Lichte u. s. w.

§. 2. Zu den unregelmäßigen Verwachsungen gehören die Aggregationen und Zusammenhäufungen, welche nach keinem bestimmten Gesetze erfolgen. Sie werden oft nach der Aehnlichkeit mit andern Gestaltungen benannt und sonach hat man büschel=, garben=, rosen=, fächerförmige, wulstige ꝛc. Aggregate, ferner drahtförmige, blechförmige, moosartige, dendritische, gestrickte u. s. w., welche vorzüglich bei gediegenen dehnbaren Metallen vorkommen, Gold, Silber, Kupfer ꝛc. Mit der Loupe sieht man oft, daß die Drähte aus aneinandergereihten Krystallen, Oktaeder, Hexaeder ꝛc., die Bleche aus dergleichen tafelförmigen Krystallen bestehen.

Mehrere ringsum ausgebildete verwachsene Krystalle nennt man eine Krystallgruppe, mehrere auf einer gemeinschaftlichen Unterlage aufgewachsene eine Krystalldruse. Sehr oft sind Krystalle so zusammengehäuft, daß sie sich in ihrer Ausbildung gegenseitig gestört haben und nach den verschiedensten Richtungen um einander gelagert sind. Solche Aggregate nennt man krystallinische Massen und unterscheidet:

1) das körnige, wenn die Theile wie Körner aussehen;
2) das stängliche, wenn die Theile aus Stängeln zu bestehen scheinen. Strahlig heißt eine Masse, wenn nach der Länge der Stängel Flächen (von Blätterdurchgängen) wie Strahlen erscheinen;
3) das faserige, wenn die Theile aus Fasern bestehen;
4) das schalige, wenn die Theile aus dünnern oder dickern Platten bestehen.

Dabei bestimmt man wieder grob= und feinkörnige, lang= oder kurzfaserige ꝛc.

Werden bei einer krystallinischen Masse die Theile bis zur Unkenntlichkeit klein, so geben sie die **dichten** oder, wenn kein oder nur ein geringer Zusammenhang stattfindet, die **erbigen** Massen. Die dichten Massen gleichen oft vollkommen den amorphen.

Die äußere Gestalt, unter welcher krystallinische und dichte Massen erscheinen, ist öfters ganz unbestimmt, öfters kann sie bezeichnet werden mit: kuglig, knollig, nierenförmig, traubig, zapfenförmig, röhrenförmig, tropfsteinartig 2c. Eine dichte Masse ist öfters porös, durchlöchert, zerfressen 2c. Kommt ein Mineral (krystallinisch oder dicht) als eine nußgroße Masse vor, so sagt man, es komme **derb** vor, in geringer Menge in ein Gestein eingestreut oder als dünner Ueberzug darauf, nennt man solches **eingesprengt, angeflogen** 2c.

D. Von den Pseudomorphosen.

Unter Pseudomorphosen versteht man jene Gestalten, welche auf ein Mineral von Krystallen eines anderen übergegangen und daher seiner Mischung fremdartig sind, oder welche, wie bei den **Petrefacten**, von zerstörten Organismen herrühren.

Die Krystallpseudomorphosen entstehen entweder dadurch, daß eine Mineralmasse die Eindrücke ausfüllt, welche zerstörte oder ausgebrochene Krystalle in einem andern Mineral zurückgelassen haben, oder daß sie Krystalle eines fremden Minerals incrustirt, oder daß die Mischung sich verändert, die Form aber dieselbe bleibt, wie am unveränderten Mineral. Diese letztere Art ist von besonderem Interesse. Die Vorgänge sind sehr mannigfaltig und in vielen Fällen zur Zeit nicht erklärt. Man kann mit Winkler unterscheiden:

1) **Pseudomorphosen, in denen Bestandtheile des alten Minerals zur Bildung des neuen mit gedient haben.** Beispiele sind Calcit, kohlensaurer Kalk, in der Form von Gaylussit. Der letztere besteht aus kohlensaurem Kalk mit kohlensaurem Natrum und Wasser. Bei der Zersetzung ist das kohlensaure Natrum ausgelaugt worden und der an sich rhomboedrisch krystallisirende Calcit erscheint nun in der klinorhombischen Form des Gaylussits. — Bleivitriol, schwefelsaures Bleioxyd, in der Form von Galenit, Schwefelblei. Die Umwandlung geschah durch Oxydation des letztern; die neue Verbindung, an sich rhombisch krystallisirend, erscheint äußerlich in der tesseralen Form des frühern Galenit. — Malachit, kohlensaures Kupferoxyd mit Wasser. in der Form von Cuprit, Kupferoxydul. Die Umänderung geschieht durch Oxy=

dation des Kupferoxydul zu Kupferoxyd und gleichzeitigem Zutritt von Kohlensäure und Wasser. Der Malachit, dessen Krystallsystem klinorhombisch, erscheint in der tesseralen Form des Cuprits. — Bei dergleichen Umwandlungen hat die neue Substanz der Pseudomorphose innerlich ihre eigenthümliche Krystallisation und nur die äußern Umrisse des Krystalls haben die Form des frühern Minerals. Wenn also Calcit pseudomorph in Formen des Gaylussit erscheint, so sind die Calcittheilchen wie gewöhnlich rhomboedrisch, nicht klinorhombisch krystallisirt, ihr Gesammtaggregat hat aber äußerlich die Gaylussit=Form.

2) **Pseudomorphosen, bei denen nichts vom Material des zerstörten Minerals zur Bildung des neuen verwendet wurde.**

Bei diesen Pseudomorphosen war das verschwundene Mineral häufig ein Präcipitationsmittel für das neue, dessen Substanz in irgend einer Auflösung mit jenem in Berührung kam. So findet sich Limonit und Hämatit (Eisenoxydhydrat und Eisenoxyd) in Formen, welche dem Calcit (der ihr Fällungsmittel war) angehören, Quarz ebenfalls in Formen des Calcit, aber auch Calamin (Zink= silicat) in Formen von Galenit, Kassiterit (Zinnoxyd) in Formen von Orthoklas (Thon=Kali=Silicat) ꝛc., welche Bildungen noch un= erklärt sind. Die pseudomorphen Krystalle sind meistens von den ächten leicht zu unterscheiden, indem ihre Flächen gewöhnlich rauh und Ecken und Kanten stumpf sind, oder indem sie hohl sind, oder durch erdige, faserige und strahlige Structur im Innern und da= durch sich erkennen lassen, daß sie häufig mit den von einem Mineral als ächt bekannten Krystallen nicht combinationsfähig erscheinen.

2. Von der Spaltbarkeit und dem Bruche.

§. 1. Unter Spaltbarkeit versteht man die Eigenschaft eines Krystalls oder einer krystallinischen Masse, sich nach gewissen Rich= tungen so theilen zu lassen, daß dabei ebene Flächen, wie die Kry= stallflächen selbst, zum Vorschein kommen. Diese Richtungen heißen Spaltungsrichtungen oder auch Blätterdurchgänge, weil sich sehr vollkommen spaltbare Mineralien, wie z. B. die Glim= mer=Arten, in diesen Richtungen abblättern lassen und aus Blättern zusammengesetzt erscheinen. Die Untersuchung der Spaltbarkeit ge= schieht bei den meisten Mineralien mit einem Meißel und Hammer auf einem kleinen Amboß. Je nach Art der Spaltung unterscheidet man sehr vollkommen, vollkommen, unvollkommen, wenig ꝛc. spaltbar und berücksichtigt auch die Beschaffenheit der Spaltungsflächen, ob sie eben, abgerissen und unterbrochen, glatt oder gestreift ꝛc.

Jede Spaltungsfläche kann als identisch mit einer Krystallfläche angesehen werden und auch als solche äußerlich erscheinen, und Spaltungsflächen, die sich gleichartig verhalten, haben daher die Bedeutung gleichartiger Krystallflächen, Spaltungsflächen verschiedener Art entsprechen ungleichartigen Krystallflächen. Ein würfelähnlicher Krystall, welcher nur in einer Richtung spaltbar ist oder in zweien mit verschiedener Vollkommenheit, ist daher kein ächter Würfel des tesseralen Systems, denn die Spaltung verräth nicht einerlei Flächen, wie sie dem Würfel zukommen, sondern verschiedenartige. So dient diese Eigenschaft häufig dazu, Krystallflächen und deren Gleichartigkeit oder Verschiedenartigkeit zu bestimmen und kenntlich zu machen.

Kommen an einem Mineral drei oder mehr Spaltungsrichtungen vor, welche also wegen des Parallelismus 6 Flächen geben oder die doppelte Zahl an Flächen, so ist die Spaltungsform öfters vollkommen bestimmbar und dieses ist deshalb besonders beachtenswerth, weil die Spaltungsrichtungen bei einer und derselben Mineralspecies immer constant sind, wenn sie sich zeigen, was freilich an einem Individuum nicht immer so deutlich vorkommt, als an einem andern.

Eine Spaltungsform, welche also für sich krystallographisch vollkommen bestimmbar ist, giebt uns die Stammform zur Entwicklung der ganzen Krystallreihe des betreffenden Minerals. Die Spaltungsform des Calcits ist z. B. ein Rhomboeder von 105° 5′ Scheitelkantenwinkel und ist damit vollkommen bestimmbar; indem wir nun die krystallographischen Gesetze darauf anwenden, sind wir im Stande, den ganzen Formenreichthum dieses Minerals zu entwickeln und darzustellen, wie er in der Natur auch wirklich beobachtet wird. Es ist dieses um so wichtiger, als solche Spaltungsformen öfters aus derben Massen erhalten werden können, an welchen äußerlich gar keine Krystallfläche zu sehen ist.

Wo Spaltungsrichtungen keine geschlossenen Gestalten, wie das Oktaeder, die Pyramiden, Rhomboeder ꝛc. geben, da bezeichnet man ihre Lage an der Stammform. Dergleichen kommt nur in den monoaxen Systemen vor. So ist z. B. die Stammform **basisch** spaltbar, oder **prismatisch** nach irgend einem Prisma, **makrodiagonal** oder **brachydiagonal**, zuweilen beides, im rhombischen System, **domatisch** nach einem Doma, **klinodomatisch**, **hemidomatisch**, **ortho-** und **klinodiagonal** ꝛc. im klinorhombischen System.

Bei Untersuchung der Spaltbarkeit hat man darauf zu sehen, alle Spaltungsrichtungen, die an einem Mineral vorkommen, aufzufinden und die als gleichartig sich zeigenden Flächen gleich groß zu denken, um das normale Bild der Gestalt zu erhalten, welche sie zusammensetzen. Nach Reusch werden, sonst unbemerkbare, Spaltungsrichtungen kenntlich, wenn man einen spitzen Stahlstift auf eine Krystallfläche setzt und leichte Hammerschläge darauf giebt. Es findet nur bei weichen Substanzen statt. Auf einer Würfelfläche des Steinsalzes entstehen rechtwinkliche nach den Diagonalen gestellte Kreuze als Andeutung einer Spaltung nach dem Rhombendodecaeder, auf den Fl. des Spaltungsrhomboeders vom Calcit entstehen gleichschenklige Dreiecke, die einzelne Seite parallel der Richtung der basischen Fläche 2c.

Aus dem bisher Gesagten ergiebt sich die Regel, bei der Wahl der **Stammform**, auf welche die Entwicklung der Krystallreihe gegründet wird, vorzüglich Spaltungsformen zu beachten, wenn sie an sich bestimmbar sind, und wo dergleichen fehlen, solche vollkommen bestimmbare äußere Gestalten zu wählen, welche häufig in den Combinationen vorkommen und eine möglichst einfache Ableitung gestatten.

§. 2. Wenn man ein Mineral nach Richtungen zerschlägt, nach welchen keine der besagten Spaltungsflächen zum Vorschein kommen, so nennt man die erhaltenen Flächen **Bruchflächen** oder den **Bruch**. In Beziehung der Beschaffenheit der Bruchfläche unterscheidet man **muschligen** Bruch, wenn die Bruchfläche muschlig aussieht, **splittrigen**, wenn Splitter darauf haften, **ebenen**, **unebenen**, **erdigen** und **hackigen** Bruch. Die letztere Art findet sich nur bei dehnbaren Metallen und ist mehr ein Zerreißen, als ein Brechen. Auch die Beschaffenheit der Bruchstücke kommt in Betracht, ob sie scharf- oder stumpfkantig, keilförmig, plattenförmig u. s. w.

3. Von der Härte und Verschiebbarkeit.

Unter **Härte** versteht man den Widerstand eines Körpers, welchen er gegen das Eindringen eines andern in seine Masse äußert. Man kann mit einem Feuerstein den Marmor ritzen, aber nicht umgekehrt, sonach ist jener härter, als dieser. Um den Härtegrad eines Minerals zu bestimmen, bedient man sich einer Vergleichungs-Skala von Mineralien, welche man als normal hart annimmt. Diese sind nach **Mohs**:

1. Talk,
2. Steinsalz,
3. Calcit,
4. Liparit (Flußspath),
5. Apatit,
6. Orthoklas,
7. Quarz,
8. Topas,
9. Korund,
10. Diamant.

Die Untersuchung geschieht bei den weicheren Mineralien von 1. anfangend bis 5. incl. auf einer guten Feile durch vergleichendes Streichen der Probe und der Mineralien der Skale, bei den härteren durch Ritzen mit scharfen Ecken auf diesen Mineralien oder umgekehrt. Die Härtegrade werden mit obigen Nummern angegeben und ein Mittel durch Decimalen bezeichnet. So ist z. B. die Härte des Spinells = 8, des Serpentins = 3, des Vesuvians = 6,5 u. s. f. Die Prüfung mit der Feile ist für die weniger harten Mineralien sicherer, als das Ritzen, denn ein Pyramideneck des Harmotoms ritzt z. B. den Orthoklas und selbst den Quarz, während die Feile nur 5 angiebt.

Auch bei dieser Eigenschaft beobachtet man, daß **gleichartige Flächen sich gleich verhalten und daß Flächen, welche ungleiche Härte zeigen, nicht krystallographisch gleichartig sind.** So zeigt der Calcit auf den Flächen des hexagonalen Prisma's größere Härte, als auf denen des Spaltungsrhomboeders, der Disthen auf den zweierlei Flächen seines Spaltungsprisma's merklich verschiedene Härte, der Liparit ist härter auf den Hexaederflächen, als auf den Oktaederflächen 2c.

Diese Unterschiede sind übrigens meistens so fein, daß sie bei der gewöhnlichen Art, die Härte zu prüfen, nicht wahrgenommen werden. Mit dem sogenannten **Sklerometer von Grailich und Pekárek** zeigen sie sich aber sogar auf derselben Fläche, je nachdem man die Prüfung in der Richtung ihrer Seiten oder nach den Diagonalen 2c. vornimmt. So sind die Flächen des Rhombendodekaeders am Sphalerit nach der langen Diagonale härter, als nach der kurzen, die Hexaederflächen des Liparits parallel den Kanten am weichsten, in den Diagonalen am härtesten und so umgekehrt am Steinsalz.

Verschiebbarkeit der Theile, ohne zu brechen, gestatten bis zu einem gewissen Grade alle festen Körper, am meisten die **geschmeidigen** und **dehnbaren**, welche sich platt schlagen und strecken lassen (gediegen Gold, Silber, Kupfer, Argentit), am wenigsten die **spröden**. Letztere geben beim Schaben mit dem Messer ein knirschendes Geräusch und die Theilchen springen weg.

Ist dieses nur in einem geringen Grade der Fall, so nennt man solche Mineralien milde (Galenit, Antimonit ꝛc.). Biegsamkeit läßt sich nur in größern Blättern und Fasern erkennen und man unterscheidet elastisch= und gemein=biegsam (Muskovit, Biotit, — Talk, Ripidolith).

4. Vom specifischen Gewichte.

Specifisches Gewicht nennt man das Gewicht eines Körpers, verglichen mit dem eines gleichgroßen Volumens Wasser, wobei das Gewicht des Wassers = 1 gesetzt wird. Wenn z. B. ein Würfel von (reinem, destillirtem) Wasser 10 (Loth, Gran ꝛc.) wiegt, so wird ein gleichgroßer Würfel von Quarz 26, von Topas 36, von Silber 105, von Gold 196 u. s. w. wiegen und das Gewicht des Wassers, in diesem Beispiel 10 als Einheit genommen und = 1 gesetzt, wird das specifische Gewicht von Quarz = 2,6 sein, von Topas = 3,6, von Silber = 10,5, von Gold = 19,6 u. s. w. Die Bestimmung des specifischen Gewichtes eines Körpers setzt also voraus, daß man sein absolutes Gewicht = p und das Gewicht eines seinem Volumen gleichen Volumens Wasser = q kenne, dann ist $q : p = 1 : s$ und daher das spec. Gewicht s desselben $= \frac{p}{q}$.

Das Gewicht eines gleichen Volumens Wasser kann man leicht auf mehrere Arten erfahren. Die eine ist folgende: Man tarirt ein wohl verschließbares, mit Wasser gefülltes Gläschen, wiegt daneben wie gewöhnlich das betreffende Mineral und bringt es dann in das Gläschen. Da dieses voll Wasser war, so ist klar, daß bei dem Hineinbringen des Minerals ein diesem gleiches Volumen Wasser daraus verdrängt werden muß, und hat man das Gläschen wie vorher verschlossen und natürlich das außen abhärirende Wasser gehörig entfernt, so muß der Gewichtsverlust des Ganzen das Gewicht des verlangten gleichen Volumens Wasser (des verdrängten) angeben. Ein Stück Kupferkies z. B. wiege in der Luft 37,8 Gran = p und verdränge aus dem Gläschen 9 Gran Wasser = q, so ist $9 : 37,8 = 1 : s$ und $s = 4,2 =$ dem specifischen Gewichte des Kupferkieses.

Ein solches Gläschen soll nicht über eine Unze schwer sein und ungefähr 200 Gran Wasser fassen, der Stöpsel muß gut eingeschliffen sein und natürlich beim Wägen darauf geachtet werden, daß Luftblasen, die sich beim Hineinbringen des Minerals anhängen, zu entfernen sind, ebenso außen abhärirendes Wasser ꝛc.

Statt dieser Art zu wägen kann man sich mit großen Vortheilen des von Prof. Jolly construirten Apparates bedienen, welcher keine Gewichte erfordert, die Operation sehr vereinfacht und noch ein Milligramm deutlich anzeigt. Fig. 94 Tafel V. zeigt diesen Apparat. An einem Stabe von 1½ Meter Länge ab befindet sich, etwa von c bis d reichend eine in Millimeter getheilte Skale, welche auf einem Spiegel angebracht ist. In a ist eine spiralförmig gewundene Claviersaite e befestigt (wie man sie durch Abrollen einer Spule erhält), welche an feinen Platindrähten zwei kleine Teller von Glas, einen über dem andern trägt und in o und o' Marken hat. Der untere Teller taucht in Wasser, welches sich in einem bis etwas über o' angefüllten Glase g befindet und kann dieses Glas durch Verschieben des Trägers h, auf welchem es steht, am Stabe ab höher und tiefer gestellt werden. Beim Wägen beobachtet man zuerst den Stand eines als Marke dienenden kleinen Dreieds an der Skale, indem man dessen direct gesehene Spitze mit der im Spiegelbilde erscheinenden für das Auge zu gleicher Höhe bringt. Der Stand sei z. B. 45 Theilstriche; man legt nun die Mineralprobe auf den oberen Teller und schiebt den Träger am Stabe herunter bis die Marke ruhig steht und liest die Grade ab, man habe 75 Theilstriche, so ist das absolute Gewicht der Probe durch 75 — 45 = 30 bezeichnet. Legt man dann die Probe auf den im Wasser befindlichen Teller, so wird die Marke steigen und man schiebt den Träger wieder aufwärts bis sie ruhig steht. Geschieht dieses z. B. bei 69 Theilstrichen, so ist der Gewichtsverlust 75 — 69 = 6 und das spec. Gewicht der Probe = $\frac{30}{6}$ = 5. Die Marke o' muß immer etwas unter den Wasserspiegel zu stehen kommen. Von spec. leichteren Substanzen genügt zu solcher Wägung ½ Gramm, von schwereren 1—½ Grammen. Für letztere nimmt man eine etwas stärkere Drahtspirale als für erstere. —

Wenn ein Mineral im Wasser auflöslich ist, so wiegt man es in einer Flüssigkeit, in der es sich nicht auflöst, und berechnet dann das specifische Gewicht für das des Wassers als Einheit. 50 Theile Steinsalz (p) z. B. in Terpentinöl gewogen, verdrängen eine Menge, deren Gewicht q' = 19,53; das specifische Gewicht des Terpentinöls verhält sich aber zu dem des Wassers = 0,872 : 1, man hat also

0,872 : 1 = 19,53 : q, daher q = 22,396 = dem Gewichte eines gleichen Volumens Wasser. Da nun

$s = \frac{p}{q} = \frac{50}{22,396}$ = 2,232, so ist 2,232 das specifische Gewicht des Steinsalzes.

Am besten eignen sich zur Bestimmung des specifischen Gewichtes reine Krystalle oder Krystallbruchstücke. Poröse Substanzen müssen als Pulver gewogen werden.

5. Pellucidität, Asterismus, Strahlenbrechung, Polarisation des Lichtes.

Pellucid sind alle Mineralien, deren Masse das Licht durchläßt, **opak** oder **undurchsichtig** diejenigen, deren Masse es nicht durchläßt oder absorbirt.

Bei den pelluciden Mineralien unterscheidet man: **durchsichtig**, **halbdurchsichtig**, **durchscheinend**, wobei man kein Bild mehr erkennt, und **wenig oder an den Kanten durchscheinend**, eigentlich in dünnen Splittern. Das Pellucidsein und das Opaksein sind meistens wesentlich, die Grade der Pellucidität aber meistens zufällig.

Pellucide Krystalle zeigen öfters eine eigenthümliche Lichterscheinung, wenn man durch dieselben nach der Flamme eines Kerzenlichts oder eines Gasbrenners bei sonst nicht beleuchtetem Raume sieht oder auch den Reflex einer solchen Flamme von den Krystallflächen (bei nahegebrachtem Auge) beobachtet. Es zeigen sich theils einzelne Lichtstreifen, theils mehrere dergleichen, welche sich in einem Kreuz oder Stern schneiden oder es erscheint auch zuweilen ein Lichtring, sog. parhelischer Kreis. Diese Lichtfiguren gehören zu den Gitter- oder Beugungserscheinungen und lassen sich leicht künstlich darstellen, wenn die geeigneten Systeme paralleler Linien in eine Spiegelbelegung radirt werden. Solche Linien und Gitter werden an den Krystallen durch äußere Flächenstreifung oder auch durch eine analoge innere Structur gebildet. Die Lichtlinien stehen immer rechtwinklich auf den Streifen. Die prismatischen Flächen des Quarzes sind rechtwinklich zur Prismenaxe gestreift, beim Durchsehen gegen ein Licht zeigt sich daher eine der Prismenaxe parallele Lichtlinie, beim brasilianischen Topas, wo die Streifung nach der Prismenaxe geht, ist es umgekehrt und steht die Lichtlinie rechtwinklich zu dieser Axe. An den tafelförmigen Krystallen des Apophyllit von Jassa sieht man oft durch die basischen Flächen ein Lichtkreuz in der Richtung der Diagonalen, an ähnlichen Apatitkrystallen einen schönen

6strahligen Stern, ebenso an manchem Biotit; einen parhelischen Kreis zeigen manche Berillkrystalle durch die basischen Flächen ꝛc.

An Spaltungstafeln von Gypskrystallen ist eine Faserstructur sichtbar und bilden die Fasern mit der orthobiagonalen Fläche einen Winkel von 113° 46'. Es zeigt sich dann, s. Fig. 85, ein Lichtstreifen in der Richtung ab; öfters kommt eine Streifung nach der orthobiagonalen Fläche dazu, und dann entsteht ein Lichtkreuz ab, cd mit Winkeln von 113° 46' und 66° 14'; bei Zwillings= krystallen von Gyps, wo zwei Blätter, s. Fig. 86, um 180° ge= dreht auf einander liegen, entsteht durch die Faserstructur ein Lichtkreuz von 132° 28' und 47° 32' und wenn der Lichtstreifen von cd noch dazu kommt, ein 6strahliger Stern mit 4 Winkeln von 66° 14' und zwei von 47° 32'. Man darf, um die Er= scheinung zu sehen, nur zwei einfache Gypsplatten, welche die er= wähnte Streifung zeigen, nach dem Zwillingsgesetz auf einander legen. Man muß beim Beobachten die Lichtflamme nicht zu nahe haben, aus einer Entfernung von einigen Schritten sieht man die Lichtfigur meistens am besten.

Krystalle, welche dergleichen Lichtlinien nicht unmittelbar wahr= nehmen lassen, zeigen sie oft, wenn durch ein Aetzmittel ihre Flächen corrodirt werden und entstehen dann je nach der Art des Aetzmit= tels oder dem Grade des Aetzens die verschiedensten Figuren, welche nach ihrem Entdecker auch die Brewster'schen Lichtfiguren ge= nannt werden. Beispiele solcher Figuren sind folgende. Wenn man eine glatte Fläche eines Alaunoktaeders, welche das Kerzenlicht wie ein Spiegel deutlich reflectirt, mit einem nassen Tuche über= fährt und dann mit einem andern weichen Tuche durch leichtes Reiben sogleich trocknet, so erblickt man statt der Lichtflamme, wie vorher, einen 3strahligen Stern Fig. 87, wenn man statt Wasser Salzsäure anwendet, so entsteht der 6strahlige Stern Fig. 88. Auf der Fläche erkennt man mit der Loupe eingeätzte Dreiecke Fig. 89. Wenn man ein Spaltungsstück von isländischem Calcit mit Salzsäure einigemale (auf einer Fläche) überfährt und dann mit Wasser und die Fläche wieder trocknet, so entsteht die 3strahlige Fig. f 90, welche besonders schön beim Durchsehen gegen ein Ker= zenlicht sich zeigt; wird aber zum Aetzen statt der Salzsäure Sal= petersäure angewendet, so ändert sich die vorige Figur in f 91 mit Ranken, welche herzförmig zusammenlaufen. So einfach in den meisten Fällen die Erklärung der Streifung und der durch sie bedingten Lichtlinien, so räthselhaft ist eine Erscheinung wie die zuletzt genannte und deutet auf eine Lagerung der Molecüle und ein verschiedenartiges Verhalten ihrer Theile hin, welche den Krystallbau in seinem innersten Wesen geradezu als ein unergründ=

liches Räthsel darstellen. Bei diesen Erscheinungen verhalten sich gleichartige Flächen immer gleich und verschiedenartige häufig verschieden. So bringt Aetzen mit Wasser auf den am Alaun oft vorkommenden Würfelflächen ein rechtwinkliches Kreuz hervor, auf den Flächen des Rhombendodekaeders eine Lichtlinie, welche die Lage der kurzen Diagonale der Rhombenflächen hat. —

Strahlenbrechung und Polarisation des Lichtes.

Wenn ein schief einfallender Lichtstrahl das Medium wechselt, durch welches er geht, so wird er von seiner ursprünglichen Richtung abgelenkt, er wird gebrochen. Der Winkel, welchen er mit einer auf die Fläche des brechenden Mediums gefällten Senkrechten macht, heißt der Einfallswinkel, der Winkel, welchen er in dem brechenden Medium mit dieser Senkrechten bildet, heißt der Brechungswinkel. Wenn ein Lichtstrahl von einem dünneren Medium durch ein dichteres geht, z. B. von Luft durch Wasser, so ist der Brechungswinkel kleiner als der Einfallswinkel, wenn er aber aus einem dichteren Medium in ein dünneres tritt, so ist es umgekehrt und der Brechungswinkel ist größer als der Einfallswinkel. Ein Lichtstrahl der rechtwinklich auf die Fläche des Mediums fällt erleidet keine Brechung.

Fig. 1.

Bei der gewöhnlichen Strahlenbrechung steht der Sinus des Einfallswinkels, sin i, zum Sinus des Brechungswinkels, sin r, in einem constanten Verhältniß und wenn man den ersteren durch letzteren dividirt so erhält man den Brechungsexponenten oder Brechungsindex. Wird dieser mit n bezeichnete so ist daher

$n = \frac{\sin i}{\sin r}$. S. Fig. 1.

Dieses ist die einfache Strahlenbrechung und unter den Krystallen kommt sie in jeder Richtung denen zu, welche das tesserale System bilden; die Krystalle der übrigen Systeme zeigen aber nur in einer oder in zwei Richtungen die einfache Brechung, in anderen theilt sich ein einfallender Strahl in zwei Strahlen und dieses ist die doppelte Strahlenbrechung, zuerst am isländischen Kalkspath von dem Dänen Erasmus Bartholin um das Jahr 1670 beobachtet.

Bei der Doppelbrechung folgt bei den Krystallen des quadratischen und hexagonalen Systems der eine der gebrochenen Strahlen dem gewöhnlichen Brechungsgesetz und zeigt dasselbe Brechungsverhältniß für verschiedene Einfallswinkel; dieses ist der ordinäre oder O Strahl; bei dem extraordinären E Strahl besteht kein constantes Verhältniß zwischen dem Sinus des Einfallswinkels und dem des Brechungswinkels. Bei den Krystallen der Systeme, welche drei oder mehr einzelne krystallographische Axen haben, folgt keiner der doppelt gebrochenen Strahlen dem gewöhnlichen Brechungsgesetz.

Die Richtungen oder die sie bestimmenden Linien, in welchen die doppeltbrechenden Krystalle nur einfache Brechung zeigen, heißen **optische Axen** und theilen sich die Krystalle nach der Zahl dieser Axen in zwei Gruppen, nämlich in solche mit **einer optischen Axe**; **optisch einaxige**, und in solche mit **zwei optischen Axen, optisch zweiaxige**.

Zu der ersten Gruppe gehören die Krystalle des **quadratischen** und des **hexagonalen** Systems und ist deren krystallographische Hauptaxe zugleich optische Axe. Zu den optisch zweiaxigen gehören die Krystalle des **rhombischen, klinorhombischen** und **klinorhomboidischen** Systems.

Bei den rhombischen Krystallen liegen die optischen Axen in einem der Schnitte, in welchen die drei einzelnen krystallographischen Axen liegen oder es ist die basische oder die makrodiagonale oder die brachydiagonale Fläche die **optische Axenebene**. Von den drei einzelnen krystallographischen Axen halbirt eine den spitzen Winkel, unter welchem sich die optischen Axen im Innern des Krystalls kreuzen, eine zweite halbirt ihren stumpfen Winkel und die dritte steht auf ihrer Ebene rechtwinklich. Die erstere heißt die **Mittellinie** (Bisectrix).

Bei den klinorhombischen Krystallen liegen die optischen Axen in einer dem klinodiagonalen Hauptschnitt oder der Symmetrie-Ebene parallelen oder auch in einer der Endfläche oder eines Hemidomas parallelen Ebene. Die Mittellinie ist nicht zum voraus zu bestimmen. In den klinorhomboidischen Krystallen besteht keine allgemeine Regel für die Lage der optischen Axen.

Die optischen Axen sind nicht einzelne Linien, sondern Richtungen und es zeigt daher jeder Punkt einer Fläche, durch welche eine optische Axe geht, die von einer solchen abhängigen Erscheinungen, ein Beweis, daß jeder Krystall ein regelmäßiges Aggregat unendlich vieler kleiner Krystallindividuen ist. Man kann sich von dem eigenthümlichen Verhältniß der Doppelbrechung leicht überzeugen, wenn man ein klares Spaltungsrhomboeder von Calcit auf ein Blatt Papier, welches mit einem Punkt bezeichnet ist, auflegt, man sieht dann den Punkt doppelt, legt man aber ein solches Rhomboeder, an welchem die basischen Flächen angeschliffen sind, auf das Blatt, so sieht man durch diese das Zeichen nur einfach, da man nun in der Richtung der optischen Axe sieht, in welcher keine Doppelbrechung stattfindet.

Welches der Doppelbilder dem ordinären und welches dem extraordinären Strahl angehört, läßt sich erkennen, wenn man als Zeichen eine gerade Linie mit einem Punkt in der Mitte wählt und die Linie so lang macht, daß sie über das aufgelegte Calcitrhomboeder hinausreicht. Man dreht dann den Krystall auf der Unterlage bis die Bilder übereinander fallen, also die gerade Linie gemeinschaftlich zu haben scheinen; man fixirt nun mit unverrücktem Auge die Punkte auf der Linie und dreht den Krystall wieder. Dabei bleibt ein Punkt stehen und die ganze Linie ist sichtbar, wie beim Durchsehen durch ein aufgelegtes Glas, der andere Punkt mit seiner Linie bewegt sich aber von der Stelle und die Linie setzt nicht wie die erste über den Krystall hinaus fort, sondern endet an der Gränze des Krystalls. S. Fig. 2 und 3. In der Richtung der langen Diagonale der Rhomboederfläche sind die Bilder am weitesten von einander entfernt. Der bei solchem Drehen stehenbleibende Punkt gehört dem O Strahl, der bewegliche dem E Strahl; der erstere liegt dem Scheiteleck, der zweite dem Randeck näher und das Bild des letzteren ist blasser als das des O Strahls.

Fig. 2.

Fig. 3.

Man kann Doppelbrechung an allen Krystallen beobachten, welche nicht zum tesseralen System gehören, wenn man durch Flächen sieht, welche die gehörige Neigung zu den optischen Axen haben; da diese Flächen aber meistens künstlich angeschliffen werden müssen und auch die Doppelbrechung oft nur schwach ist und die Bilder nur wenig auseinander treten, so wäre von dieser Eigenschaft als Kennzeichen nur ein sehr beschränkter Gebrauch zu machen, wenn wir nicht auf einem anderen Wege zu ihrer Kenntniß gelangen könnten. Dieses geschieht aber durch das Verhalten im polarisirten Lichte und ist damit nicht nur die Doppelbrechung leicht nachzuweisen, sondern auch die Zahl und Lage der optischen Axen zu bestimmen.

Polarisirtes Licht entsteht sowohl durch Reflexion als beim Durchgehen durch gewisse Substanzen. Wenn man aus einem durchsichtigen Prisma von grünem oder braunem Turmalin der Hauptaxe parallel zwei dünne Tafeln herausschneidet, so werden sie, in derselben Richtung wieder aufeinander gelegt, das Licht wie vorher durchlassen; dreht man aber die eine Tafel um 90° herum, so bemerkt man, daß nun das Licht nicht mehr oder nur sehr wenig durchfällt, daß es absorbirt wird. Lichtstrahlen, welche dieses Verhalten von Durchgehen und Absorbtion unter den geeigneten Umständen zeigen, heißen polarisirte und diese Eigenschaft Polarisation des Lichtes.

Wenn man durch eine der erwähnten Turmalintafeln auf einen schwarzen Glasspiegel unter etwa 33° sieht, so ist der Effect derselbe, nämlich in einer Richtung fällt Licht durch die Turmalintafel und beim Drehen derselben um 90° wird es absorbirt und die Tafel erscheint dunkel. Diese Methode mit Spiegel und Turmalin zu beobachten, ist für die hier anzustellenden Versuche die bequemste. Dabei heißt der Spiegel oder das Medium, welches zuerst das Licht polarisirt, Polarisator, der Turmalin oder sonst ein entsprechendes polarisirendes Medium, durch welches man beobachtet, Analysator.

Fig. 4.

Der Winkel, unter welchem reflectirtes Licht polarisirt wird, ist für verschiedene Substanzen verschieden. Brewster nennt Polarisationswinkel den Winkel, welchen bei der Polarisation der einfallende Strahl mit einer zu der reflectirenden Ebene senkrechten Linie bildet FrA; er ist für Glas 56° 45'. Die Tangente (AF) dieses Polarisationswinkels (FrA) ist gleich dem Brechungs=Index. S. Fig. 4.

Der vorhergenannte Winkel von 33° ist das Compl. zu dem Brewster'schen Polarisationswinkel (33° 15'). —

Um mittelst des polarisirten Lichtes die Art der Strahlenbrechung an einem Krystall auszumitteln, hat man nur zwischen dem Turmalin, der zum Dunkelwerden gestellt worden, und dem Spiegel einen durchsichtigen Krystall zu bringen und zu sehen ob der Turmalin in irgend einer Lage dieses Krystalls erhellt wird oder nicht. Im ersteren Fall besitzt er Doppelbrechung, im letzteren ist er einfach brechend.

Es erklärt sich dieses aus Folgendem:

Man nimmt an, daß in einem polarisirten Strahl die Aetherschwingungen nur in einer Richtung stattfinden, während sie in einem nicht polarisirten nach verschiedenen Richtungen erfolgen. Befinden sich zwei polarisirende Substanzen in einer solchen Stellung gegeneinander, daß das durchfallende Licht in beiden in gleicher Richtung schwingt, so bemerkt man keine Absorbtion; es zeigt sich aber diese, wenn der polarisirte Strahl der ersten Platte rechtwinklich schwingt gegen den der zweiten. In einer Turmalintafel, geschnitten wie vorher gesagt, nimmt man die Schwingungen parallel der Krystallhauptaxe an, es tritt also die Verdunklung ein, wenn sich die Hauptaxen beider Platten rechtwinklich kreuzen oder wie man sagt, bei rechtwinklich gekreuzten **Polarisationsebenen**, worunter man die Ebenen versteht, gegen welche die Schwingungen rechtwinklich stattfinden.*) Nun sind in allen doppeltbrechenden Körpern die beiden Strahlen polarisirt und zwar beide entgegengesetzt und schwingen rechtwinklich gegeneinander. Dreht man also eine doppeltbrechende Platte zwischen den gekreuzten auf dunkel gestellten Turmalinen (oder so gestelltem Turmalin und Spiegel), so werden zwei Richtungen sein, wo das Dunkel unverändert bleibt, in allen übrigen aber und besonders in den um 45° dazwischen liegenden wird mehr oder weniger Helligkeit eintreten, weil die Mittelplatte weder gegen die erste Turmalinplatte, durch welche das Licht einfällt, noch gegen die zweite, durch welche man sieht, rechtwinklich schwingt. Daß aber die beiden Strahlen einer doppeltbrechenden Substanz entgegengesetzt polarisirt sind, davon kann man sich leicht überzeugen. Man nehme ein Spaltungsstück von Calcit, welches hinlänglich dick ist um zwei Bilder deutlich nebeneinander zu zeigen. Man klebe ein schwarzes Papier, an welchem ein kleines Loch durchgestochen, auf eine Fläche des Krystalls, so erblickt man, indem man durch die parallele nicht beklebte Fläche gegen die Luft sieht, zwei Lochbilder. Sieht man aber gegen einen horizontalen schwarzen Spiegel und hält den Krystall so, daß die kurze Diagonale der Rhombenfläche ebenfalls horizontal liegt, so verschwindet eines der Lochbilder und zwar das dem Scheiteleck des Rhomboeders näher liegende, welches dem O Strahl angehört, während das andere dem E Strahl angehörende Bild verschwindet, wenn man die kurze Diagonale aus der horizontalen Richtung um 90° dreht. Der Strahl des verschwindenden Bildes hat also eine Schwingung, welche der des

---

*) Beim sog. Nikol geht die Schwingung des polar. Strahls parallel der kurzen Diagonale des Spaltungsrhomboeders wie am E Strahl.

vom Spiegel reflectirten Strahls entgegengesetzt ist, sie unter 90° kreuzt; steht aber die Calcitplatte so, daß eine ihrer Diagonalen aus der horizontalen Stellung um 45° gedreht wird, so zeigen sich beide Lochbilder gleich hell.

Die Polarisationsebenen der beiden Strahlen eines doppelt= brechenden Krystalls oder ihre Schwingungsrichtungen haben eine bestimmte Lage gegen die Begränzung seiner Flächen, gegen seine Kanten und Axen und bezeichnen (Grailich) die Lage der sog. optischen Hauptschnitte (Ebenen, welche auf der Einfalls= ebene des Strahls normal und zugleich in der Richtung der opti= schen Axe liegen). Diese Lage läßt sich durch das Stauroskop bestimmen. Das Wesentliche dieses Apparates besteht in drei Cylindern, deren einer, aaaa, Fig. 72, die Turmalinplatte in 1 und unter dieser eine Calcitplatte mit angeschliffenen basischen Flächen in 2 trägt, ferner ist daran ein feststehender Zeiger Z angebracht; in diesem Cylinder ist ein zweiter bbbb drehbar, welcher einen Gradbogen trägt, Fig. 74., mit dem o Punkt in der Mitte und nach links und rechts in 90° getheilt; dieser Bogen liegt am Zeiger an; in diesen Cylinder ist ein dritter cccc ein= schiebbar und mit ihm durch einen eingreifenden Schieber in d so verbindbar, daß beide mit einander gedreht werden können. Dieser dritte Cylinder trägt an einem Ende eine Platte, in welcher in der Mitte eine runde Oeffnung von dem Durchmesser einer Linie (nach Bedürfniß größer oder kleiner), um welche ein Quadrat gra= virt ist, Fig. 73. Der Turmalincylinder wird auf einem schwar= zen Brettchen, in welches ein schwarzer Spiegel eingelassen ist, mit einem Schraubenring, Fig. 75 befestigt. Der Turmalin ist gegen den Spiegel zur Absorbtion gestellt und man erblickt beim Durch= sehen das Polarisationsbild des Calcits, wovon unten noch die Rede sein wird und welches in einem von concentrisch farbigen Ringen umgebenen schwarzen Kreuze besteht. Das dunkle Feld, welches sich ohne die Calcitplatte zeigen würde, ist durch diese im Kreuze schärfer bestimmt. Wenn der dritte Cylinder eingeschoben und dessen Schieber in den zweiten eingepaßt und der Gradbogen auf o gedreht wird, so ist die Construction der Art, daß dann zwei Seiten des besagten gravirten Quadrats die= selbe Lage haben wie die Turmalinaxe und folglich die zwei anderen zu dieser rechtwinklich liegen.

Wenn man nun die Richtungen, in welchen die polarisirten Strahlen eines doppeltbrechenden Krystalls zu den Seiten einer beobachteten Fläche schwingen, bestimmen will, so legt man die Krystallplatte auf die Oeffnung des Trägers, an dem sie mit etwas weichem Wachs befestigt wird und schiebt sie so, daß eine ihrer Seiten die Lage einer Seite des gravirten Quadrats hat, schiebt den Cylinder ein, dreht auf Null und beobachtet. Sieht man das Kreuz unverändert in seiner Stellung, so schwingen die polarisirten Strahlen des Krystalls in der Richtung der eingestellten Seite der Fläche und rechtwinklich zu ihr, erscheint aber kein Kreuz oder ein in seiner Lage verändertes, so schwingen die Strahlen nicht in der Richtung der eingestellten Seite und man hat um einen bestimmten Winkel zu drehen, bis dieses geschieht und das Kreuz wieder normal erscheint. Der Winkel wird am Nonius des Zeigers abgelesen.

Ein Beispiel wird das erläutern. Es sei Fig. 76. a b c d die Seitenfläche eines Topasprisma's und mit der Seitenkante a c parallel der Quadratseite a'b' eingestellt. Für diese Stellung sieht man im Stauroskop das schwarze Kreuz unverändert, die polarisirten Strahlen schwingen also im Topasprisma in der Richtung der Hauptaxe o o und rechtwinklich zu ihr; wäre aber a b c d die Fläche eines Prisma's von Gyps und wie die vorige nach der Seitenkante oder nach der Krystallhauptaxe o o mit a'b' parallel eingestellt, so zeigt sich das Kreuz im Stauroskop gedreht (wie Fig. 69) und hat nicht die Lage a'b' oder o o, sondern die Lage x x Fig. 77, welche man durch den Winkel kennen lernt, um welchen gedreht werden muß, bis das Kreuz normal erscheint. Am Gyps schwingen also die polarisirten Strahlen nicht in der Richtung der Krystallhauptaxe, wie man diese gewöhnlich wählt, sondern machen mit ihr Winkel von 44^0 und 46^0 (die beiden beim Links- und Rechtsdrehen sich zu 90^0 ergänzenden Drehwinkel.*)

In dieser Weise erhält man durch das Stauroskop eine optische Charakteristik der Krystallsysteme, welche in vielen Fällen noch Entscheidung giebt, wo die mathematische nicht mehr ausreicht.

I. System der einfachstrahlenbrechenden Krystalle.
Tesserales System.

Die tesseralen Krystalle zeigen in jeder Lage, welche man ihnen auf dem Träger giebt, das Kreuz im Stauroskop normal und beim Drehen des Trägers unverändert.

Steinsalz, Alaun, Spinell, Liparit ꝛc.

Ebenso verhalten sich amorphe Massen.

---

*) Statt des Turmalins kann man besser einen sog. Nikol anwenden und durch ein kleines Fernrohr eine schärfere Beobachtung der Erscheinungen erzielen. Mechanikus Stollnreuther in München liefert ein dergl. vollständiges Stauroskop für 25 fl.

II. System der doppeltbrechenden Krystalle.

Alle doppelt brechenden Krystalle zeigen in gewissen Richtungen das Kreuz gedreht oder löschen beim Drehen das normale Kreuzbild aus, nur in der Richtung der optischen Axen verhalten sie sich zum Theil wie die tesseralen.

Systeme mit einer optischen Axe.
1. Quadratisches System.

1) Auf den Flächen der Quadratpyramide stellt sich das Kreuz nach den Höhenlinien der Dreiecke oder rechtwinklich auf die Randkante.
2) Auf allen vorkommenden Prismen hat das Kreuz die Lage der Hauptaxe.
3) Auf den basischen Flächen erscheint das Kreuz normal und beim Drehen des Krystalls unverändert.

Apophyllit, Vesuvian, Zirkon, Mejonit ꝛc.

2. Hexagonales System.

1) Auf den Flächen der Hexagonpyramide stellt sich das Kreuz nach den Höhenlinien der Dreiecke oder rechtwinklich auf die Randkante.
2) Auf den Flächen des Rhomboeders stellt sich das Kreuz nach den Diagonalen.
3) Auf den Flächen des Skalenoeders stellt sich das Kreuz nach den Höhenlinien der Flächen seiner holoedrischen bihexagonalen Pyramide oder rechtwinklich auf die Seite seines horizontalen 12seitigen Querschnitts.
4) Auf allen vorkommenden Prismenflächen erscheint das normale Kreuz in der Richtung der Hauptaxe.
5) Auf der basischen Fläche erscheint das Kreuz normal und beim Drehen des Krystalls unverändert.

Apatit, Quarz, Calcit, Smaragd ꝛc.

Systeme mit zwei optischen Axen.
3. Rhombisches System.

1) Auf den Flächen der Rhombenpyramide steht, entsprechend dem ungleichseitigen Dreieck, das Kreuz mit breierlei Winkeln auf den Seiten.
2) Auf den Prismenflächen, wie auf der makro- und brachydiagonalen Fläche, steht das Kreuz in der Richtung der Hauptaxe, entsprechend auf den Domen in der Richtung der Domenkante.
3) Auf der basischen Fläche, wenn sie als Rhombus erscheint,

steht das Kreuz nach den Diagonalen und entsprechend in der Richtung der Seiten, wenn sie als Rectangulum erscheint.

(Beim Drehen des Krystalls wird das Kreuz gebleicht oder mit Farben verändert.)

Baryt, Topas, Epsomit, Aragonit, Chrysolith ꝛc.

4. Klinorhombisches System.

1) Auf den Seitenflächen des Hendyoeders erscheint das Kreuz gegen die Hauptaxe (Prismenkante) **gedreht**, ebenso auf den Flächen eines Klinodoma's gegen die Domenkante. Die Drehwinkel sind auf den zusammengehörenden Flächen gleich und die Kreuze dem klinodiagonalen Hauptschnitt von links und rechts mit gleichem Winkel zu- oder abgeneigt, wechselnd auf der Vorder- und Rückseite des Krystalls.

2) Auf der orthodiagonalen Fläche erscheint das Kreuz in der Richtung der Hauptaxe **normal**.

3) Auf der klinodiagonalen Fläche erscheint das Kreuz gegen die Hauptaxe **gedreht**.

4) Auf der Endfläche des Hendyoeders stellt sich das Kreuz nach den Diagonalen, ebenso auf den Hemidomen.

Diopsid, Gyps, Orthoklas, Epidot, Tinkal ꝛc.

5. Klinorhomboidisches System.

Das Kreuz erscheint auf jeder Fläche mit einem besonderen Winkel gedreht, wenn irgend eine ihrer Seiten oder entsprechenden Kanten vertikal oder horizontal auf dem Träger eingestellt wird.

Disthen, Albit, Chalkanthit ꝛc.

Man ersieht, daß mittelst des Stauroskops Krystallverhältnisse bestimmbar sind, welche durch die Form selbst, durch Messen der Winkel und durch die Spaltbarkeit nicht erkannt werden können. Mit Zuziehung der Spaltung und der physikalischen Beschaffenheit der Flächen erweitert sich solche Kenntniß.

Ein als rhombisches Prisma erscheinender Krystall, wenn weiter an ihm keine Flächen vorhanden, wird als dem rhombischen System angehörig erkannt, wenn bei **sonst gleichem physikalischem Charakter** der Flächen das Kreuz die Lage der Prismenkante hat; hat es diese Lage bei **verschiedenem physikalischem Charakter** der Flächen, so besteht das Prisma aus Hemidomen des klinorhombischen Systems; hat es das Kreuz gegen die Prismenkante gedreht und ist der Drehwinkel nach derselben Richtung, z. B. nach links auf jeder Fläche ein anderer, so gehört das Prisma in's klinorhomboidische System, sind aber die Winkel der gedrehten Kreuze auf je zwei Flächen, ebenfalls nach derselben Richtung, gleich, so gehören die Flächen einem Prisma oder Doma des klinorhombischen Systems.

Wie man aus der Lage der Kreuze an einem klinorhombischen Prisma die Lage des klinodiagonalen Hauptschnitts bestimmen kann, ist schon oben angegeben.

Kennt man bei einem klinorhombischen oder klinorhomboidischen Prisma auch eine Endfläche und sind die Drehungen mit Rücksicht auf die Lage dieser Endfläche bestimmt, so ergeben sich solche Unterschiede der Drehwinkel auf den prismatischen Flächen, daß man daraus auch an Individuen derselben Art, wo die Endflächen fehlen, auf ihre Lage schließen kann. Auf den Seitenflächen m des Hendyoeders vom Orthoklas (Fig. 49) sind die Drehwinkel an der stumpfen Seitenkante, zu welcher die Endfläche p unter dem stumpfen Winkel geneigt ist, 32°, auf der linksstehenden m Fläche beim Drehen nach rechts gegen die Kante und auf der rechtsstehenden m Fläche beim Drehen nach links; auf den m Flächen an der Rückseite, wo p den spitzen Winkel mit der Seitenkante bildet, sind diese Drehungen für 32° in entgegengesetzter Richtung; beobachtet man daher auf einer solchen links an der stumpfen Seitenkante gelegenen Fläche das normale Kreuz, wenn man nach links um 32° gedreht hat, so weiß man, daß mit dieser Seitenkante die p Fläche den spitzen Winkel bilden würde. Für dieselbe Richtung des Drehens ergänzen sich die Drehwinkel paralleler Flächen (vorne und hinten am Krystall) zu 90°.

Die gegebene stauroskopische Charakteristik der Krystalle führt in Betreff der Kreuzstellung zu dem allgemeinen, von Quenstedt ausgesprochenen Satze, daß bei allen symmetrisch halbirbaren Flächen ein Arm des Kreuzes mit der Halbirungslinie zusammenfällt.

Man kann daher, wie ich schon früher gezeigt habe, mittelst des Stauroskops auch bestimmen, ob eine Fläche im normalen Zustand einem Rhombus oder einem Rhomboid angehört, indem bei dem ersten die Drehwinkel zweier zusammengeneigter Seiten, auf jeder derselben gleich, bei letzterem aber verschieden sind. Mit dergl. Beobachtungen lassen sich annähernd auch ebene Winkel messen.

Es ist nothwendig, daß zu der Fläche, welche man im Stauroskop beobachten will, eine parallele angeschliffen werde, im Fall solche nicht von Natur vorhanden. Dieses Anschleifen*) geschieht

---

*) Vergl. darüber J. Grailich, Krystallographisch=optische Untersuchungen p. 10. Daselbst auch dessen mathematische Theorie des Stauroskops p. 26.

bei den weicheren Salzen mit einer Feile und einem mit Wasser
befeuchteten feinen Wetzstein; durch Reiben auf Taffet mit sog.
Eisenroth bekommt die Fläche leicht die gehörige Politur. Kann
man die Krystallfläche selbst auf den Träger legen und
einstellen, wie es oft vorkommt, so ist nicht von Belang, wenn
die angeschliffene, dem Auge zugekehrte Fläche nicht vollkommen
parallel ist. —

Wenn man im gewöhnlichen Polarisationsapparat zwischen
Turmalin oder Nikol und Spiegel einen Krystall des quadratischen
oder hexagonalen Systems, also einen optisch einaxigen, in eine Lage
bringt, daß man durch dessen basische Flächen sehen kann, so bemerkt man ein schönes Polarisationsbild bestehend in farbigen
concentrischen Ringen, welche von einem schwarzen Kreuze durchschnitten sind, wenn der Turmalin zur Absorbtion gestellt war,
während wenn dieses nicht der Fall, das Kreuz weiß erscheint.*)
Die Farben der Ringe (isochromatische Curven) sind für die beiderlei
Stellungen complementär, roth und grün, blau und orange,
gelb und violett. Diese Farben und die Größe der Ringe ändern
sich mit der Dicke der Platten; dünnere Platten zeigen die Ringe
größer als dickere. Bei gleich dicken Platten zeigen kleinere Ringe
eine größere Doppelbrechung an.

Beispiele sind Calcit, Eis, Biotit, Apophyllit, Vesuvian ꝛc.
Wenn der Krystall optisch zweiaxig ist, so sieht man durch Flächen,
durch welche die Axenebene geht, in der Richtung der beiden Axen
ein ähnliches System von Ringen, welche aber etwas elliptisch
und nur von einem dunklen Strich oder zwei Büscheln ähnlich
Fig. 70 durchschnitten sind. Die Richtung des dunklen Striches
giebt die Richtung der optischen Axenebene an.

Bei den einaxigen Krystallen ist das Polarisationsbild leicht
zu finden, weil die optische Axe und die Krystallhauptaxe eines
sind, bei den zweiaxigen ist darüber keine allgemeine Regel aufzustellen und das Betreffende oben gesagt worden.

---

*) Man kann durch Benutzung dieses Bildes ebenfalls deutlich zeigen,
daß die beiden durch Doppelbrechung erzeugten Strahlen entgegengesetzt oder rechtwinklich aneinander polarisirt sind. Man belege,
wie oben erwähnt, ein dickes Spaltungsstück von Calcit auf einer
Fläche mit einem durchstochenen Papier, halte es so, daß die kurze
Diagonale aufrecht und schalte zwischen dieses Stück und den Spiegel eine Calcitplatte mit den basischen Flächen ein. Sieht man
nun durch die parallele mit belegte Fläche und durch die beiden
Lochbilder, so erblickt man in dem Bilde O Fig. 66 das weiße
Kreuz mit den Farbenringen, in E aber das schwarze Kreuz mit
diesen Ringen. Es ist dazu nur ein kleines Verrücken des Auges
und eine kleine Neigung des Calcitstückes erforderlich.

Beim Topas und Muskowit wird die optische Axenebene von der basischen Fläche, welche die Hauptspaltungsfläche ist, rechtwinklich geschnitten und man sieht daher durch diese Fläche bei geeigneter Neigung derselben nach einer und der andern Seite das Polarisationsbild; manchmal steht eine der optischen Axen ziemlich rechtwinklich auf einer einzelnen Spaltungsfläche (doppelt chromsaures Kali) oder auf einer prismatischen Fläche (unterschwefelsaures Natron) 2c.

Die Winkel, welche die optischen Axen unter sich bilden, kann man durch geeignetes Anbringen einer Krystallplatte an ein Reflexionsgoniometer messen, indem man (den Kreisbogen auf Null gestellt) das Polarisationsbild einer Axe beobachtet und dann den Kreisbogen mit dem Krystall dreht bis das Polarisationsbild der zweiten Axe an demselben Platze erscheint. Man erhält so den sog. scheinbaren Winkel der optischen Axen, da die Lichtbrechung eine Ablenkung der Strahlen verursacht, der wirkliche Winkel daher mit Rücksicht auf diese Brechung berechnet werden muß. Man bestimmt aber gewöhnlich nur den scheinbaren Winkel.

Wenn sich die zwei optischen Axen unter einem sehr spitzen Winkel schneiden, so fließen ihre Ringsysteme öfters zusammen und schließen zwei dunkle Hyperbeln ein, Fig. 71, die manchmal ein Kreuz zu bilden scheinen, aber beim Drehen des Krystalls um die Axe der beobachteten Fläche auseinander treten; Talk, Phlogopit, Salpeter 2c.

Besondere Erscheinungen zeigt der Quarz in Platten, welche rechtwinklich zur Krystallhauptaxe geschnitten sind. Man bemerkt Farbenringe, welche eine einfarbige Scheibe umschließen und die Kreuzarme sind nur nach Außen sichtbar ohne bis in's Centrum fortzusetzen (Fig. 78). Die Farbe dieser Scheibe ändert sich, je nachdem der Analysator nach links oder nach rechts gedreht wird und Krystalle, an welchen die Flächen des trigonalen Trapezoeders entgegengesetzt liegen (Fig. 64 und Fig. 65) verhalten sich dabei entgegengesetzt; verändert z. B einer beim Linksdrehen des auf Dunkel gestellten Nikols*) die Farbe der Mittelscheibe von Gelb in Violett und Blau, so verändert sie ein Krystall mit entgegengesetzt geneigten Trapezflächen in dieser Farbenfolge beim Rechtsdrehen des Nikols. Für denselben Krystall, der beim Linksdrehen das Violett zeigt, erscheint dieses nicht beim Rechtsdrehen, sondern an seiner Stelle ein blasses Grün oder blasses Grünlichblau.

Biot nennt linksdrehende Krystalle diejenigen, deren Trapeze (für den Beschauer) nach rechts geneigt sind (Fig. 64) und rechtsdrehende, wo diese Flächen nach links geneigt

---

*) Polarisationsfarben werden besser durch einen farblosen Nikol als durch einen selbstgefärbten Turmalin beobachtet.

sind Fig. 65. Die angegebene Farbenfolge von Gelb, Violett und Blau beim Linksdrehen des Nikols gehört also einem linksdrehenden Krystall zu oder einem von der Form Fig. 64, während dieselbe Farbenfolge beim Rechtsdrehen des Nikols einen rechtsdrehenden Krystall Fig. 65 anzeigt. Linksdrehende Krystalle zeigen beim Linksdrehen des Nikols auch eine Erweiterung der Ringe und beim Rechtsdrehen ein Verengen derselben, rechtsdrehende verhalten sich entgegengesetzt, verengen die Ringe beim Linksdrehen des Nikols und erweitern sie beim Rechtsdrehen.

Legt man zwei solche Quarzplatten von gleicher Dicke aufeinander, deren eine von einem Krystall mit linksliegenden, die andere mit rechtsliegenden Trapezflächen, so sieht man das Bild Fig. 70 mit vier vom Centrum ausgehenden Spiralen; je nachdem eine links- oder eine rechtsdrehende Platte dem Auge zunächst liegt sind die Spiralen in ihrer Richtung entgegengesetzt. Es kommen in der Natur auch Combinationen links- und rechtsdrehender Individuen vor, welche stellenweise das Bild der Spiralen zeigen. Solche Krystalle sind aber sehr selten. Am Amethyst ist an manchen Platten das schwarze Kreuz bis in's Centrum gehend, beim Drehen der Platte aber sich in zwei dunkle Hyperbeln öffnend wie bei zweiaxigen Krystallen. Die Verwachsung links- und rechtsdrehender Individuen kann hier auch im polarisirten Lichte nachgewiesen werden.

Die erwähnte Polarisation im Quarz ist die von Arago und Biot (1811 und 1812) entdeckte Circularpolarisation; im Gegensatz heißt die gewöhnliche die geradlinige.*) Descloizeaux fand ähnliche Circularpolarisation am Zinnober, bei welchem übrigens keine Trapezflächen vorkommen.**)

Zwillingsbildungen zeigen im polarisirten Licht öfters Erschei-

---

*) Dove bezeichnet die Art der Circularpolarisation in folgendem Bilde: „Die Schwingungsrichtungen eines polarisirten Strahls liegen sämmtlich in einer Ebene, wie die Sprossen einer Leiter, während ein unpolarisirter Strahl einem Stamme zu vergleichen ist, dessen Aeste sich horizontal nach allen Richtungen verbreiten. Jene Leiter, deren Sprossen in einer Ebene liegen, verwandelt sich, geht polarisirtes Licht durch die Axe eines Bergkrystalls, in eine Wendeltreppe." Farbenlehre p. 103.

**) Marbach entdeckte die Circularpolarisation am Chlorsauren Natron, bromsauren Natron und Essigsauren Uranoxyd-Natron, welche tesseral küf. Descloizeaux entdeckte sie auch am quadratisch küf. schwefelsauren Strychnin und am hexagonalen Benzil, beide zeigen keine Hemiedrie, die dem Quarz analog wäre. Das schwefelsaure Strychnin ist bis jetzt der einzige Körper, welcher sowohl in Krystallen als auch in Lösung die Polarisationsebene dreht.

nungen, welche sie von einfachen Krystallen unterscheiden. Eine Combination dieser Art am Calcit, wo die Drehungsfläche die Rhomboederfläche ist, welche die Scheitelkante der Stammform abstumpft (— $\frac{1}{2}$ R) zeigt durch angeschliffene basische Flächen das schwarze Kreuz mit einem etwas gebogenen Arm, welcher der Zwillingsstreifung entspricht und statt der Ringe ein buntes Farbengewirr zwischen den Kreuzarmen. Wird die Platte um die Axe gedreht, so bleibt das Kreuz nicht unverändert wie bei einem einfachen Krystall, sondern wird bei einer Drehung von 45° nach links oder rechts gebleicht.

Am Disthen können die Zwillinge, an welchen sich die Schwingungsrichtungen auf der vollkommenen Spaltungsfläche schief kreuzen, im Stauroskop leicht erkannt werden, indem sie nach der Prismenkante eingestellt ein normales, meist farbloses oder gelbliches, Kreuz zeigen, welches beim Drehen des Krystalls sich dreht oder sie zeigen auch die seltsame Erscheinung eines schief stehenden Kreuzes, welches beim Drehen des Krystalls seine Stellung n i c h t verändert.

Die an sich sowohl, als zur Charakteristik der Krystalle so interessanten Erscheinungen, welche durch Turmalin oder Nikol und Spiegel oder durch das Stauroskop sich zeigen, werden mit Anwendung eines P o l a r i s a t i o n s = M i k r o s k o p s noch vermehrt und können damit auch sehr kleine Krystalle untersucht werden. Dabei gelangt das gewöhnlich von einem Spiegel polarisirte Licht durch ein geeignetes Linsensystem zur Krystallplatte und wird nach dem Durchgang in ähnlicher Weise dem Nikol zugeführt und analysirt. Das von N ö r r e n b e r g construirte Polarisations=Mikroskop wird vielfach angewendet und entspricht den nächsten Anforderungen.

Mittelst dieses Apparates zeigen die zweiaxigen Krystalle, wenn man in der Richtung der Mittellinie*) durchsieht und wenn der Winkel der optischen Axen nicht zu groß, beide ihnen angehörende Polarisationsbilder neben einander und bilden ihre dunklen, die Axenebenen bezeichnenden Striche den einen Arm eines Kreuzes, während zwischen den beiden Ringsystemen rechtwinklich ein zweiter dicker solcher Arm erscheint.

---

*) Im klinorhombischen System wird die Lage der Mittellinie meistens durch die Kreuzrichtung angedeutet, welche man im Stauroskop auf der klinodiagonalen Fläche beobachten kann, wenn diese zugleich Axenebene: durch Flächen, rechtwinklich zu dieser Kreuzrichtung geschliffen, sieht man die beiden Ringsysteme. Steht die Axenebene auf der klinodiagonalen Fläche rechtwinklich, so sieht man unmittelbar durch diese das Bild.

Im rhombischen System zeigen sich die Ringe und deren Farben gegen den dicken Mittelarm des Kreuzes ganz gleich und symmetrisch*) angeordnet, in den klinischen Systemen finden sich mancherlei Verschiedenheiten des links und rechts stehenden Ringsystems, theils in der Größe, theils in der Farbenanordnung. Beim Drehen der Platten um 45° treten die Kreuzarme in hyperbolisch gekrümmten Büscheln auseinander und verfließen die Ringe beider Systeme zu lemniskatischen Curven in Form eines liegenden ∞. Von vorzüglicher Schönheit zeigen sich die Erscheinungen der Circularpolarisation am Quarz und die erwähnten Disthenzwillinge sowie ähnliche Combination am Gyps zeigen, in nicht zu dünnen Platten das eigenthümliche Bild eines meist farbigen Kreuzes, zwischen dessen Armen nach auswärts geöffnete hyperbolische Farbencurven liegen.

Die Polarisationsbilder dienen auch zur Bestimmung, ob in einem einaxigen Krystall der ordentliche oder der außerordentliche Strahl stärker gebrochen wird; man nennt im ersten Fall den Krystall negativ, im zweiten positiv. Das Polarisationsbild mit dem schwarzen Kreuze zeigt nämlich an diesen Krystallen entgegengesetzte Veränderungen, wenn man in das Polarisationsmikroskop ein sehr dünnes Blatt von Muskowit oder zweiaxigem Glimmer einschaltet und dreht. Krystalle, welche sich in dieser Beziehung wie Calcit verhalten sind negativ, wenn sie sich wie Quarz verhalten, positiv. Das Verfahren ist folgendes: Man legt ein sehr dünnes, mit Canadabalsam auf eine Glasplatte befestigtes, Blatt von Muskowit unter den Nikol des Polarisationsmikroskops und auf dessen Träger eine dünne Calcitplatte mit den basischen Flächen oder eine Lamelle von Biotit. Man dreht dann, durch den Nikol sehend, das Muskowitblatt in seiner Ebene, bis das schwarze Kreuz der untern Platte vollkommen erscheint, dann dreht man noch (nach links oder rechts) um 45° weiter und dabei löst sich das Kreuz in zwei dunkle Punkte. Die Richtung dieser Punkte oder ihrer Verbindungslinie bemerkt man auf dem Muskowitblatt durch einen entsprechenden Strich an den Rändern des Blattes. Diese Richtung ist die der Axenebene des angewendeten Muskowits und jeder Krystall, an welchem die besagten Punkte in diese Richtung fallen, ist negativ, während der Kry=

---

*) Dabei ist die Art der Axenzerstreuung für verschiedene Farben bemerkenswerth und zeigen sich z. B. in dem innersten Ring zunächst der Mittellinie nach links und rechts rothe Flecken, wenn der Winkel der Axen für Roth kleiner ist als für andere Farben (Aragonit), oder blaue, wenn für Blau der Winkel kleiner (Topas) ꝛc.

stall positiv, wenn die Verbindungslinie der Punkte zu der vorigen rechtwinklich steht, bei manchem Quarz auch schiefwinklich.

negativ.   positiv.

Negativ verhalten sich Calcit, Apatit, Biotit, Smaragd (die klaren sibirischen Berylle), positiv Quarz, Brucit, Eis (durch die Tafeln gesehen, welche beim Gefrieren von ruhig stehendem Wasser sich bilden). Beim Quarz sind die erwähnten Punkte Ausgangspunkte von Spiralen, welche nach links laufen ↶, wenn der Krystall ein linksdrehender (Biot), an welchem die Trapezflächen für den Beobachter nach rechts geneigt sind; oder die Spiralen sind nach rechts laufend ↷, wenn der Krystall ein rechtsdrehender dessen Trapezflächen nach links geneigt sind.

Die Deutlichkeit der Erscheinungen ist nicht immer gleich, dünnere Platten eignen sich besser dafür als dickere.*)

Zur Charakteristik einer Species kann die Bestimmung des + oder — der Doppelbrechung nicht dienen, da Individuen derselben Species bald + bald — zeigen, wie Apophyllit, Chabasit, Pennin u. a.

Untersucht man in ähnlicher Weise das Kreuz zwischen den Ringsystemen zweiaxiger Krystalle, wenn man durch Flächen sieht, welche auf der Mittellinie rechtwinklich stehen, so zeigen sich ebenfalls Verschiedenheiten, welche eine Theilung in positive und negative veranlaßt haben, doch ist die Bestimmung weniger sicher als bei den vorigen.**)

Der Winkel der optischen Axen und selbst die Lage der Axenebene ist für dieselbe Species nicht immer constant. Bei den Muskowiten wechselt der Axenwinkel zwischen wenigen bis zu 76 Graden und liegt die Axenebene bei vielen in der Richtung der langen, bei andern in der Richtung der kurzen Diagonale der rhombischen basischen Fläche; beim Topas wechselt der Axenwinkel zwischen 49° und 65°.

Ausnahmen von dem gewöhnlichen Verhalten sind nicht selten. So zeigen sich zuweilen Krystalle des tesseralen Systems doppeltbrechend, wie manche Granaten, Boracit, Leucit, Senarmontit, Alaun u. a.; quadratisch und hexagonal krystallisirende Mineralien zeigen zuweilen den Charakter zweiaxiger Krystalle, so mancher

---

*) Die wichtigsten Apparate und Präparate zu krystalloptischen Untersuchungen liefert sehr gut und billig der Optiker W. Steeg in Homburg v. d. Höhe.

**) S. Krystalloptische Untersuchungen von J. Grailich p. 204.

Mejonit, Scheelit, Mimetesit, oder auch nur stellenweise, wie manche Beryll; der klinorhombische Sphen zeigt in Beziehung auf die Farbenvertheilung 2c. das Polarisationsbild rhombischer Krystalle 2c.

Diese Ausnahmen erklären sich zum Theil durch besondere Blätterschichtungen; auch hat man beobachtet, daß Druck und Temperaturerhöhung solche hervorbringen. Descloizeaux hat am Orthoklas, Zoisit und Chrysoberill durch hohe Temperatur bleibende Winkelveränderung der optischen Axen hervorgebracht; durch einseitigen Druck erlangen Liparit, Steinsalz und auch amorphe Gläser Doppelbrechung, Pfaff hat dadurch am Calcit eigenthümliche und bleibende Polarisationsbilder bekommen, welche auf eine innere durch den Druck entstandene Zwillingsbildung schließen lassen 2c. Diese Erscheinungen constatiren die Bewegungsfähigkeit der physischen Molecüle in einem starren Körper.

6. Vom Glanze.

Wir unterscheiden an den Mineralien verschiedene Arten des Glanzes und zwar: **Metallglanz** (Gold, Silber, Fahlerz, Arsenopyrit 2c.); **Diamantglanz** (Diamant, Weißbleierz 2c.); **Glasglanz** (Quarz, Topas 2c.); **Perlmutterglanz** (Apophyllit, Talk 2c.); **Seidenglanz** (Asbest, Fasergyps); **Fettglanz**, wozu auch der **Wachsglanz** gehört (Pechstein, Halbopal 2c.). Die Pellucidität hat großen Einfluß auf die Art des Glanzes, so daß z. B. ein und dasselbe Mineral, wenn es durchsichtig vorkommt, Glasglanz zeigen kann, während es durchscheinend vorkommend, Perlmutter= oder auch Fettglanz zeigt. Ebenso ist die Structur der Substanz von Einfluß; die Kieselerde zeigt als Quarz Glasglanz, auch Fettglanz, als Opal Wachsglanz; aus Biotit, der durch Schwefelsäure zersetzt wurde, dargestellt zeigt sie Perlmutterglanz und durch ähnliche Zersetzung von Chrysotil erhalten, ist sie seidenglänzend. Der vollkommene Metallglanz ist immer mit Undurchsichtigkeit verbunden. Der Perlmutterglanz wird manchmal metallähnlich (Broncit) und es finden überhaupt Uebergänge des Glanzes statt, wie denn auch der Glanz der Krystallflächen und der Bruchflächen öfters verschieden ist. Es zeigt sich hier wieder das Gesetz, daß die Art des Glanzes auf gleichartigen Flächen (an demselben Individuum) immer dieselbe und daß Flächen, welche im Glanze verschieden, auch krystallographisch ungleichartig sind. Die prismatischen Flächen von Calcit sind z. B. immer glasglänzend, die basischen perlmutterglänzend; ähnliche

Unterschiede finden sich an den Flächen des Apophyllits, Desmins, Stilbits ꝛc. Sehr auffallend ist auch die Verschiedenheit des Glanzes auf den Würfel= und Oktaederflächen eines Alauns, welcher aus einer wässrigen Lösung krystallisirt, in die man ein Eisenblech gelegt, bis sie eine gelbliche Farbe angenommen hat. Die Würfelflächen zeigen Perlmutterglanz, die Oktaederflächen Glasglanz.

7. Von der Farbe.

Man unterscheidet je nach der Art des dabei vorkommenden Glanzes **metallische** und **nichtmetallische** Farben. Die Arten der metallischen Farben sind:

1. **Weiß.**
   a. Silberweiß (gediegen Silber).
   b. Zinnweiß (Quecksilber).
2. **Gelb.**
   a. Goldgelb (gediegen Gold).
   b. Messinggelb (Chalkopyrit).
   c. Speisgelb (Pyrit).
   d. Broncegelb (Pyrrhotin).
3. **Roth.**
   Kupferroth (gediegen Kupfer).
4. **Grau.**
   a. Bleigrau (Galenit).
   b. Stahlgrau (Tennantit).
5. **Schwarz.**
   Eisenschwarz (Magnetit).

Diese Farben sind als Kennzeichen von Wichtigkeit, da sie bei derselben Species ziemlich constant sind. Die nichtmetallischen Farben sind weniger wesentlich und werden oft durch ganz zufällige Spuren von Metalloxyden hervorgebracht, in einigen Fällen sind sie aber ebenso constant, wie die metallischen. Ihre Arten sind:

1. **Weiß.** Schneeweiß, röthlich=, gelblich=, graulichweiß, milchweiß (Calcit, Chalcedon, Opal ꝛc.)
2. **Grau.** Bläulichgrau, perlgrau (Perlstein), rauchgrau (mancher Feuerstein), grünlichgrau, gelblichgrau (mancher Mergel).
3. **Schwarz.** Graulichschwarz, sammetschwarz, pechschwarz (Steinkohlen), rabenschwarz (manche Hornblende), bläulichschwarz.
4. **Blau.** Schwärzlichblau, lasurblau (Lasurit), violblau (Liparit, Amethyst), lavendelblau (manches Steinmark), pflaumenblau, berlinerblau, smalteblau (mancher Chalcedon), indigoblau, himmelblau (Saphir, Disthen).
5. **Grün.** Spangrün (Chrysokoll), seladongrün (mancher Beryll), lauchgrün (Prasem), smaragdgrün, apfelgrün (Chrysopras), grasgrün (Pyromorphit), pistaziengrün,

spargelgrün, schwärzlichgrün, olivengrün, (Olivin), ölgrün (mancher Sphalerit), zeisiggrün (mancher Chalcolith).

6. **Gelb.** Schwefelgelb, strohgelb, wachsgelb, honiggelb, citrongelb (Operment), ockergelb, weingelb (Topas), isabellgelb (Siberit), pomeranzgelb (mancher Wulfenit).

7. **Roth.** Morgenroth (Krokoit), hyazinthroth (Hyazinth), ziegelroth, scharlachroth (mancher Zinnober), blutroth (Pyrop), fleischroth, karminroth (rother Korund), koschenillroth (Zinnober), rosenroth, karmesinroth (rother Korund), pfirsichblüthroth, kolombinroth (mancher Granat), kirschroth, bräunlichroth.

8. **Braun.** Röthlichbraun, nelkenbraun (Axinit), kohlbraun, kastanienbraun (mancher Jaspis), gelblichbraun, schwärzlichbraun.

Die Zwischen=Nüancen bezeichnet man mittelst der Ausdrücke: „die Farbe geht über, zieht sich in —, die Farbe hält das Mittel ec.", die Intensität wird bezeichnet mit hoch, dunkel, blaß ec.

Kommen mehrere Farben zusammen vor, so bilden sie öfters eine Art von Zeichnung, dahin gehört das Gestreifte, Geflammte, Punktirte, Dendritische ec. (Achat, Marmor ec.). Die Farbe des Pulvers oder des Striches ist oft anders, als die der compacten Masse, und dieses Verhältniß ist oft charakteristisch; so z. B. hat Hämatit (von eisenschwarzer Farbe) **kirschrothen** Strich, Limonit (von brauner Farbe) **ockergelben** Strich ec.

Bei den meisten Mineralien sind metallische Verbindungen die Ursache der Farbe; Eisenoxyd färbt roth und braun, Eisenoxydhydrat gelb, Chromoxyd grün ec. Die blaue Farbe des Disthen, Spinell und Korund, des Liparit und Apatit rührt nach **Forchhammer** von einer Spur von phosphorsaurem Eisenoxydul her, ebenso nach **Wittstein** die blaue Farbe des Cölestin von Jena. An manchem Amethyst, Chalcedon, am nelkenbraunen Quarz, rührt die Farbe von organischen Substanzen her.

Die Farbe kann, auch bei ganz durchsichtigen Krystallen von einer mechanischen Einmengung herrühren. So erhält man, wenn Wolframsäure aus der Kalilösung mit Salzsäure gefällt und das Präcipitat mit concentrirter Salzsäure und Staniol gekocht wird, eine blaue Flüssigkeit, welche verdünnt, vollkommen klar und doch nur von fein zertheilt suspendirtem blauem Wolframoxyd gefärbt ist und farblos filtrirt. Ebenso kann suspendirter Goldpurpur eine Flüssigkeit roth färben und diese vollkommen klar erscheinen, selbst so filtriren; einige Zeit ruhig stehend setzt sie aber den Purpur ab und wird farblos. —

Manche Mineralien zeigen in bestimmten Richtungen bei auffallendem Lichte, andere bei durchfallendem Lichte verschiedene Farben. Man nennt erstere Erscheinung Farbenwandlung (Labrador), letztere Dichroismus, Trichroismus. So zeigen manche Turmaline rechtwinklich zur Prismenaxe eine grüne Farbe, parallel dieser Axe aber sind sie fast schwarz; so zeigt der Cordierit nach den drei rechtwinklichen einzelnen Axen eine tiefviolblaue Farbe oder ein blaßbläuliche oder eine gelbliche, mancher Topaskrystall vom Ural in der Richtung der Hauptaxe eine dunkel röthlichgelbe Farbe, in der Richtung der Makrobiagonale eine blaß bläulichgrüne, in der Richtung der Brachybiagonale eine dunkel weingelbe Farbe. (v. Kokscharow.) Diese Erscheinungen hängen mit der Polarisation des Lichtes innig zusammen und werden unter dem allgemeinen Namen Pleochroismus zusammengefaßt. Pleochroische Krystalle sind doppeltbrechende Krystalle, deren entgegengesetzt polarisirte Strahlen verschiedene Farben haben, und zwar, wie beim Cordierit, nach verschiedenen Richtungen auch andere. Die beim Durchsehen unmittelbar beobachtete Farbe besteht aus zwei Componenten, deren eine dem O Strahl, die andere dem E Strahl angehört. Diese Componenten kann man kennen lernen, wenn ein solcher Krystall mit einer andern Quelle polarisirten Lichtes in Berührung und Wirkung kommt, z. B. mit einer Turmalinplatte, deren Schwingungen nach der Krystallhauptaxe gehen. Geht das Licht durch eine solche Platte und den pleochroischen Krystall und liegt die Turmalinaxe horizontal, so wird die Farbe eines ebenso schwingenden Strahles durchgehen und sichtbar werden, die Farbe des entgegengesetzt schwingenden Strahles wird aber wegen der Kreuzung absorbirt. Stellt man die Turmalinaxe senkrecht, ohne den vorhin beobachteten Krystall aus seiner Lage zu bringen, so wird die Farbe des vertical schwingenden Strahles nur durchgehen und die erstere absorbirt werden. Ist die Stellung so, daß die polarisirten Strahlen des beobachteten Krystalls und des Turmalins unter 45° gegen einander schwingen, so gehen beide Farbcomponenten durch, wie beim Durchsehen ohne Turmalin. Es ist dabei gleichgültig, ob man den Krystall als Polariseur oder als Analyseur gebraucht, d. h. ob man ihn mit dem Turmalin beobachtet oder den Turmalin mit ihm. Am zweckmäßigsten bedient man sich zu derlei Untersuchungen der dichroskopischen Loupe, welche Haidinger beschrieben hat. Sie besteht wesentlich in einem kleinen Cylinder von Messing, welcher ein geeignetes Spaltungsstück von Calcit einschließt und beim Durchsehen zwei quadratische Bilder, den beiden Strahlen der Doppelbrechung entsprechend, zeigt. Stehen diese Bilder senkrecht über einander, so ist das eine wie ein Turmalin mit verticaler, das andere aber wie ein solcher mit horizontaler Axe anzusehen. Bringt man vor diese Quadratbilder einen pleochroischen Krystall, so kann man, wie aus dem eben Gesagten klar ist, die beiden Farbcomponenten in den beiden Quadraten erkennen. Das Maximum der Farbendifferenz kann man natürlich nur dann beobachten, wenn die Farbstrahlen auch wie die der Bilder vertical und horizontal schwingen, über welche Richtungen das Stauroskop Aufschluß giebt.

Manche Topaskrystalle von honiggelber Farbe, durch die basischen (Spaltungs=) Flächen gesehen, zeigen in dem einen Feld der Loupe eine fast rosenrothe, im andern eine gelbe Farbe, aber nur, wenn die Diagonalen dieser rhombischen Fläche, nach welcher die polarisirten Strahlen schwingen, die Lage der Quadratseiten der Bilder der Loupe haben. Blauer Disthen zeigt auf der vollkommenen Spaltungsfläche ein dunkelblaues und ein lichtblaues Feld, wenn die Axe seines Prisma's um 30° gegen die Seiten der Quadratbilder gedreht wird, weil nicht in der Richtung der Prismenaxe seine doppeltgebrochenen Strahlen vertical und horizontal schwingen, sondern in einer zu dieser unter 30° geneigten, wie das Stauroskop angiebt.

Einen lebhaften Farbenwechsel, wie ihn der edle Opal zeigt, nennt man Farbenspiel und das Erscheinen prismatischer Farben auf Sprungflächen durchsichtiger Mineralien — Irisiren.

Unter Opalisiren versteht man die Entstehung eines Lichtscheins in bestimmten Richtungen. Orthoklas, Chrysoberill etc. — Mancher Liparit oder Flußspath hat die Eigenschaft, die Farbe auffallenden Lichtes im Innern zu verändern. Man nennt diese Erscheinung Fluorescenz. —

Farben, die sich nur auf der Oberfläche eines Minerals befinden, heißen angelaufene, sie sind einfache oder bunte und rühren nach Hausmann öfters von einem sehr dünnen Ueberzuge eines andern Minerals her, z. B. von Limonit oder, wie auf arsenikalischen Erzen, Wismuth etc., von einem dünnen Ueberzuge von Oxyd, welches sich besonders unter Zutritt feuchter Luft bildet.

Die Farben mancher Mineralien bleichen sich am Lichte, so beim gelben Topas und Phenakit vom Ural, beim Rosenquarz etc., bei manchen ändert sich die Farbe durch Zersetzung unter dem Einfluß des Lichtes so beim Realgar, dessen rothe Farbe in Orange sich verändert, während sich die Mischung in Operment und Arsenik zersetzt.

Der Chalkopyrit läuft mit schönen bunten Farben an, wenn man eine Fläche mit Kupfervitriollösung befeuchtet und dann einige Male mit Zink berührt, abwäscht und trocknet. Es kommen dann purpurfarbige Stellen vor und wenn man diese wieder mit Kupfervitriol befeuchtet, so überlaufen sie beim Berühren mit Zink augenblicklich mit einem prachtvollen Blau.

8. Phosphorescenz, Elektricität, Galvanismus, Magnetismus.

§. 1. Die Eigenschaft der Körper, nach einer gewissen Behandlung im Dunkeln einen leuchtenden Schein ohne Flamme und Wärme zu verbreiten, nennt man Phosphorescenz.

Die Phosphorescenz wird entweder durch Erwärmen oder durch Schlagen und Reiben hervorgebracht. Beim Erwärmen phosphoresciren Liparit, Apatit ꝛc. mit grünem, blauem, röthlichem Lichtschein, beim gegenseitigen Reiben oder Schlagen der Quarz, Feuerstein, beim Schlagen mit einem Hammer der Pektolith ꝛc. Der Diamant phosphorescirt, wenn man ihn einige Zeit den Sonnenstrahlen ausgesetzt hat.

Das durch Erwärmen erregte Phosphoresciren nimmt bei mehrfacher Wiederholung ab und muß die Hitze immer mehr gesteigert werden, noch vor dem Glühen der Substanz aber hört die Erscheinung ganz auf. Bei diesem Abnehmen ändert sich auch die Farbe des Lichtscheins zuweilen, so bei einem Flußspath aus dem Salzburgischen, wo sie anfangs grün, dann blasser, dann in's Violette übergeht, ähnlich beim sog. Chlorophan und Strontianit aus Schottland, der mit rosenrothem Scheine phosphorescirt. Die Phosphorescenz hat ihren Grund nicht in einer Art von Verbrennen, sondern gehört zu den Erscheinungen der Molecularbewegungen, es wird dabei nicht Elektricität frei, durch elektrische Schläge kann aber die verlorene Eigenschaft einer Substanz, zu phosphoresciren, wieder hergestellt werden. —

Die Phosphorescenz ist nur für wenige Mineralien charakteristisch, denn sie kommt bei derselben Species oft nur einzelnen Varietäten zu und andern wieder nicht. Der Calcit, welcher den Sphenoklas von Gjellebäck in Norwegen begleitet, phosphorescirt beim Erwärmen mit auffallend röthlichgelbem Lichte, der feinkörnige Dolomit vom St. Gotthard, in welchem der grüne Tremolit vorkommt, phosphorescirt mit schönem rosenfarbenem Lichte, während andere Calcite und Dolomite keine Phosphorescenz zeigen. Um die mitunter sehr schönen Erscheinungen zu beobachten, bediene ich mich des kleinen Apparates Fig. 92, bestehend in einer Röhre a (von 7″ Länge und ¾″ Durchmesser) von geschwärztem

Messing, an deren einem Ende rechtwinklich die kleine Röhre b
befindlich, in welche man ein Glasröhrchen c mit Bruchstücken der
Probe einschieben und dieselbe mit einem Deckel schließen kann.
Der Apparat wird von einem Träger gehalten und die Röhre b
mit der Probe durch eine Gasflamme erhitzt, während man durch
den Trichter d sieht und mit den Händen das Seitenlicht abhält.

§. 2. Man nennt Elektricität die Eigenschaft der Körper,
nach einer gewissen Behandlung andere leichte Körper anzuziehen
und auch wieder abzustoßen. Die Elektricität wird durch Reiben
(Druck, Schlag) und durch Erwärmen erregt. Dabei behalten die
Nichtleiter oder Isolatoren die in ihnen erregte Elektricität
mehr oder weniger lang, die Leiter aber behalten den elektrischen
Zustand nur, wenn sie mit Nichtleitern umgeben oder isolirt wor‐
den sind. Es geschieht dieses, indem man sie mit Wachs oder
Schellack auf einer Unterlage von Glas oder Siegellack befestigt,
oder auf die Fläche eines Wachskuchens, der in eine kleine flache
Schachtel gegossen ist, festdrückt. Für die Beobachtung der Rei‐
bungselektricität ist eine gleichförmige Beschaffenheit der geriebenen
Fläche und des Reibzeuges zu beachten. Die Flächen sollen glatt
sein, als Reibzeug dient Hirschleder, welches über ein in Form
eines Pistills gedrehtes Holz gespannt wird.

Um zu erkennen, ob ein Mineral durch Reiben oder Erwärmen
elektrisch geworden, kann man sich der von Hauy eingeführten elek‐
trischen Nadel bedienen, welche in einem Messingdraht mit kleinen
Knöpfchen an den Enden besteht und sich mittelst eines Hütchens
wie eine Magnetnadel auf einem Stift bewegen kann. Ein elek‐
trisch gemachtes Mineral wirkt anziehend auf die Nadel. Da es
zweierlei einander entgegengesetzte Elektricitäten giebt, die positive
oder + Elektricität, wie sie von geriebenem Glas entwickelt wird,
und die negative oder — Elektricität, wie sie beim Reiben von
Siegellack entsteht, so hat man an einem elektrisch gemachten Mineral
auch die Art der Elektricität zu bestimmen. Dazu muß man der
erwähnten Nadel eine bekannte Elektricität, z. B. durch Berühren
mit geriebenem Siegellack, ertheilen; ein gleichnamig elektrischer Kry‐
stall stößt dann die Nadel ab, ein ungleichnamig elektrischer zieht
sie an. Es können aber dabei leicht Täuschungen vorkommen,
welche sich vermeiden lassen, wenn man ein Gemsbartelektro‐
skop anwendet. Die langen Haare, welche einem vierjährigen
Gemsbock im Spätherbst über den Rücken hinstehen und Gemsbart
heißen, werden zwischen den Fingern von ihrer Wurzel
nach der Spitze gestrichen, stark + elektrisch, von der
Spitze gegen die Wurzel gestrichen werden sie aber,

jedoch schwächer, — elektrisch*). Man befestigt zu Untersuchungen ein solches Haar mit der Wurzel mittelst Wachs an eine Siegellack- oder Glasstange und dieses heißt der plus (+) Zeiger, ein zweites befestigt man umgekehrt ebenso mit der Spitze und dieses heißt der minus (—) Zeiger, ein drittes solches Haar wird vergoldet gebraucht. Dazu zieht man es durch Damarfirniß und legt es auf Goldblatt, bedeckt es auch mit solchem durch leichtes Andrücken unter Papier und hängt es dann zum Trocknen auf. Wenn der Firniß trocken, werden die nicht haftenden Flitter mit den Fingern abgestreift und das Haar etwas gequirlt. Dieses Haar heißt der Fühler. Ein elektrisch gemachtes Mineral zieht den Fühler an und wenn dieses beobachtet worden, kann die weitere Untersuchung mit den Zeigern geschehen. Dabei giebt nur das Abgestoßenwerden der Zeiger sichere Anzeige, die betreffende Stelle des Krystalls ist dann mit dem Zeiger von gleichem Zeichen. Das Angezogenwerden eines Zeigers kann zwar von entgegengesetzter Elektricität der Probe herrühren, es kann aber auch davon herrühren, daß die Probe nicht elektrisch ist oder ihre Elektricität während des Versuches verloren hat. — Trockne Luft ist eine Hauptbedingung für das Gelingen der betreffenden Experimente.

Von besonderem Interesse sind die mit der Elektricität durch Erwärmen, Pyroelektricität, verbundenen Erscheinungen. Pyroelektrische Krystalle zeigen nämlich an bestimmten Axenenden beide Arten der Elektricität und ist an den verschiedenen Polen auch öfters eine ungleiche Flächenbildung bemerkbar. Dabei wechseln die Pole bei zu- und abnehmender Temperatur. Man nennt den Pol, der bei zunehmender (+) Temperatur positiv elektrisch wird, den analogen (+) Pol, denjenigen aber, der beim Erwärmen des Krystalls negativ wird, den antilogen (—) Pol.

Der zu untersuchende Krystall wird von einer gestielten Pincette mit langen Spitzen festgehalten und der Stiel in eine Korkscheibe gebohrt, welche in eine Metallkapsel gefaßt an einem Stativ höher und niederer gestellt werden kann. Man erwärmt den Krystall mit einer Weingeistlampe und wenn er ziemlich heiß geworden, wird, nach Entfernung der Lampe, die Elektricität gewöhnlich beim Erkalten beobachtet. Dabei wird nur der + Zeiger gebraucht. Er wird vom + Pol des Krystalls deutlich abgestoßen und nach dem — Pol geworfen.

---

*) Durch öfteren Gebrauch werden die Haare auch + elektrisch, wenn sie von der Spitze nach der Wurzel gestrichen werden. Soll ein Haar als — Zeiger dienen, so muß es elektrisirt von einer geriebenen Siegellackstange abgestoßen werden.

Der Turmalin zeigt Pyroelektricität an allen Varietäten, die elektrische Axe fällt mit der Krystallhauptaxe zusammen, an Boracit sind 4 elektrische Axen bemerkbar, welche den Eckenaxen des Würfels entsprechen, seine Krystalle sind aber nicht immer in gleichem Grade elektrisch; am Topas finden sich zwei gegen einander gekehrte elektrische Axen, deren analoge Pole im Inneren des Krystalls zusammenfallen, seine Krystalle von verschiedenen Fundorten sind aber sehr ungleich elektrisch, die brasilianischen stark elektrisch, die sächsischen und siberischen fast gar nicht. Außer diesen werden noch Skolezit, Calamin, Prehnit und Rhodizit pyroelektrisch.

§. 3. Die Eigenschaft, ein Isolator oder ein Leiter zu sein, und der Grad der Leitungsfähigkeit giebt in manchen Fällen sehr brauchbare Kennzeichen. Man gebraucht zu solcher Untersuchung das vergoldete Gemshaar, den Fühler, welchem man Elektricität ertheilt. Es geschieht dieses, indem man eine auf Tuch geriebene Siegellackstange dem Fühler nähert, bis er abgestoßen wird, oder einen mit den Fingern gestrichenen Streifen von Muskowit von Grafton, welcher dadurch sehr stark (+) elektrisch wird. Wird dann dem elektrisirten Fühler ein nichtelektrisches Mineral genähert, so wird er immer angezogen, er springt aber von der Probe sogleich wieder ab, wenn diese ein Leiter ist (da sie ihn rasch entladet), bleibt dagegen auf der Probe liegen, wenn sie ein Isolator, indem er durch einen solchen nur langsam entladen wird. Manche Mineralien, wie Topas und Saphir bleiben, gerieben, mehrere Stunden lang elektrisch, andere, wie der Diamant, unter gleichen Verhältnissen nur eine halbe Stunde oder weniger. Auffallend zeigt sich auch der Unterschied für galvanische Elektricität. Die mineralischen Leiter erregen nämlich mit metallischem Zink, gegen welches sie alle negativ sind, in Verbindung gebracht und in eine Lösung von Kupfervitriol getaucht, einen galvanischen Strom, der öfters stark genug ist, die Flüssigkeit zu zersetzen und das Mineral mit metallischem Kupfer zu belegen. Man bedient sich dabei eines Streifens von Zinkblech, welchen man zu einer Kluppe zusammenbiegt, faßt damit frisch geschlagene Bruchstücke der Probe und taucht Zink und Probe etwa eine Minute lang in die Vitriollösung. Alle guten Leiter werden mehr oder weniger schnell mit glänzendem metallischem Kupfer überzogen. Man kann auf diese Weise sogleich Galenit, Magnetit und Graphit, welche gute Leiter, von Antimonit, Franklinit und Molybdänit unterscheiden, da letztere schlechte Leiter sind und nicht oder nur sehr langsam mit Kupfer belegt werden.

Um zu vermeiden, daß sich auf dem Zink selbst Kupfer fälle, kann man auch ein Diaphragma anwenden, in welches man einen Zinkcylinder stellt, an dem ein dicker Messingdraht anzuschrauben, welcher gebogen in eine federnde Pincette endigt, welche die Mineralprobe festhält. Der Cylinder des Diaphragma's steht in einem hinlänglich weiten Glascylinder, welcher mit Kupfervitriollösung gefüllt ist, während zum Zink verdünnte Schwefelsäure gegossen wird. Man muß die Probe zum Eintauchen in den Vitriol bringen, ohne daß die Pincette mit eingetaucht wird. Der Cylinder des Diaphragma's kann etwas über einen Zoll im Durchmesser haben und 2½ Zoll Höhe, der äußere Glascylinder hat gegen 3 Zoll Durchmesser und dieselbe Höhe.

Nach ihrem elektrischen und galvanischen Verhalten bilden die Mineralien folgende Gruppen:

I. Gruppe der guten Isolatoren.

Sie wirken für sich gerieben anziehend auf den Fühler.

1) Positiv elektrische Isolatoren.

Sie wirken, elektrisirt, abstoßend auf den + Zeiger.

Beispiele: Calcit, Aragonit, Liparit, Baryt (Cölestin, schwach), Brongniartin, Gyps, Anhydrit, Apatit, Quarz, Topas, Smaragd, Grossular, Vesuvian, Disthen, Orthoklas, Albit, Turmalin, Axinit, Zirkon, Muskowit, Spinell, Alaun, Steinsalz ꝛc.

2) Negativ elektrische Isolatoren.

Sie wirken, elektrisirt, abstoßend auf den — Zeiger.

Beispiele: Talk, Schwefel, Operment, Bernstein, Asphalt.

II. Gruppe der guten Leiter.

Sie wirken, für sich gerieben, nicht anziehend auf den Fühler und belegen sich, mit einer Zinkkluppe gefaßt und in Kupfervitriollösung getaucht, mehr oder weniger schnell mit metallischem Kupfer.

Beispiele: Graphit, gediegen Gold, Silber, Platin, Galenit, Pyrit, Arsenopyrit, Chalkopyrit, Kobaltin, Smaltin, Magnetit, Glaukodot, Domeykit ꝛc.

III. Gruppe der (relativ zu II.) schlechten Leiter (und schlechten Isolatoren).

Sie wirken, für sich gerieben, nicht oder nur sehr schwach anziehend auf den Fühler und belegen sich nicht mit Kupfer, wenn sie mit der Zinkkluppe in eine Lösung von Kupfervitriol getaucht werden.

Beispiele: Diamant, Cölestin, Almandin, Melanit, Biotit und Phlogopit, Ripidolith und Klinochlor, Pennin, Analcim, Sphen, Antimonit, Hämatit, Franklinit, Zinkenit, Jamesonit, Enargit, Chromit, Cuprit, Pyrolusit, Manganit, Psilomelan, Hausmannit ꝛc.

Um die Art der Elektricität bei den Mineralien der Gruppen II. und III. zu bestimmen, müssen die Proben isolirt werden. —

Durch Galvanismus vermittelt ist die Erscheinung, daß viele Sulphurete, welche für sich von Salzsäure nicht zersetzt werden, diese Zersetzung und Entwicklung von Schwefelwasserstoff zeigen, wenn ihr Pulver, mit Eisen gemengt, mit der Säure (1 vol. concentrirte Salzsäure, 1 vol. Wasser) geschüttelt wird. Am besten macht man den Versuch in einem Cylinderglas von 2½" Höhe und 1" Durchmesser, welches man mit einem Kork schließt, um welchen ein Streifen Bleipapier*) gelegt und eingeklemmt wird, so daß der Streifen auf der in's Glas hineinragenden Korkfläche liegt. Innerhalb einer Minute wird das Papier gebräunt oder geschwärzt. So mehr oder weniger bei allen Sulphureten, mit Ausnahme von Realgar, Operment und Molybdänit. Man kann damit sehr ähnliche Mineralien sogleich unterscheiden, z. B. Clausthalit und Galenit, Chloanthit und Arsenopyrit ꝛc.

§. 4. **Magnetismus** heißt die Eigenschaft gewisser Mineralien, auf die Magnetnadel zu wirken. Solche Mineralien sind manchmal polarisch und ziehen dann an einzelnen Stellen einen Pol der Nadel an, während sie ihn an andern abstoßen.

Nach **Delesse** besteht keine bestimmte Beziehung der Lage der magnetischen Axen zu den krystallographischen. — Glühen zerstört die Polarität.

Das Kennzeichen des Magnetismus ist für diejenigen Mineralien von Wichtigkeit, welche zu den Eisen- und Nickelerzen gehören, oder welche überhaupt viel Eisen und Nickel enthalten. Dergleichen sind manchmal schon unmittelbar magnetisch, wie Magneteisenerz, Franklinit, Magnetkies ꝛc., theils werden sie es, wenn sie vorher gehörig erhitzt oder geschmolzen wurden, wovon bei den Löthrohrversuchen noch die Rede sein wird.

9. Von den Kennzeichen des Geruchs, Geschmacks und Anfühlens.

Für sich besitzen die eigentlichen Mineralien wenig Geruch, entwickeln aber zuweilen einen solchen beim Reiben, so empyreumatischen oder brenzlichen der Quarz, chlorartigen mancher Liparit (Antozonit), Thongeruch die Thone, bituminösen Geruch mancher Kalkstein, Mergel ꝛc., oder sie entwickeln einen eigenthümlichen, oft

---

*) Man tränkt Filtrirpapier mit Bleizuckerlösung, trocknet das Papier und bewahrt daraus geschnittene Streifen in einem verschlossenen Glase. Das Eisenpulver muß frei von Schwefel sein. Es eignet sich dazu meistens das sog. ferrum alcoholisatum der Apotheker.

sehr charakteristischen Geruch beim Erhitzen ꝛc., wovon bei den Löthrohrproben.

Geschmack erregen alle im Wasser auflöslichen Salze und man unterscheidet **süßsalzig** (Steinsalz), **süßzusammenzie= hend** (Alaun), **bintenartig herb** (Kupfervitriol), **salzig= bitter** (Bittersalz), **salzigkühlend** (Salpeter), **laugenartig** (Soda), **stechendscharf** (Salmiak).

In Beziehung auf den Eindruck des Anfühlens unterscheidet man: fett anzufühlen, mager anzufühlen und kalt anzufühlen. (Letzteres unterscheidet ächte Steine, welche als Edelsteine gelten, ziemlich bestimmt von nachahmenden Glasflüssen.)

Von den chemischen Eigenschaften der Mineralien.

A. **Von den chemischen Eigenschaften auf trockenem Wege.**

§. 1. Die chemischen Eigenschaften auf trockenem Wege wer= den durch die Veränderungen erkannt, welche die Mineralien durch Erhitzen und Zusammenschmelzen mit gewissen Zuschlägen zeigen. Zu diesen Untersuchungen dient das **Löthrohr**. Das Brenn= material ist eine Wachs= oder Stearinkerze oder eine Oellampe. Beim Blasen, welches mit den Wangenmuskeln geschieht, hat man an der Flamme zwei verschiedene Theile zu beachten.

Es bilden sich nämlich zwei Flammenkegel, wovon der innere blau, der äußere gelblich ist. Die Spitze des blauen Kegels ist die **Reductionsflamme**, denn sie entzieht einer desoxybirbaren Substanz den Sauerstoff, die Spitze des äußern Kegels (überhaupt der Saum der Flamme) ist **Oxydationsflamme**, in welcher eine oxybable Substanz bei Luftzutritt erhitzt und so oxybirt wird.

Als Träger oder Unterlage für die Probe dient eine Pincette mit Platinspitzen, eine gut gebrannte Holzkohle, manchmal ein Pla= tindraht, eine Glasröhre ꝛc. Zum nöthigsten Löthrohr=Apparat ge= hört ferner: Hammer und Ambos, ein Mikroskop, eine Reibschale von Chalcedon, Magnetnadel, Spritzflasche und von Reagentien: Soda (rein und besonders frei von Schwefelsäure), Borax, Phos= phorsalz, Salpeter, saures schwefelsaures Kali, Cyankalium, salpeter= saure Kobaltauflösung, Salzsäure und Schwefelsäure, Flußspath=

pulver, Zinn, Silber (wofür jede blanke Silbermünze brauchbar), Kupferoxyd und Reactionspapiere von Curcuma und Lakmus.

§. 2. Zu den Schmelzversuchen, wobei die Pincette zu gebrauchen, wählt man möglichst feine Splitter und bestimmt den Schmelzgrad vergleichungsweise mit ähnlichen Splittern der folgenden Mineralien.

1. **Antimonit.**
2. **Natrolith.** } In dickern oder dünnern Splittern ohne Blasen, schon am Saume einer Wachsflamme schmelzend.
3. **Almandin.** Nicht mehr am Kerzenlicht, leicht auch in stumpfen Stücken vor dem Löthrohre schmelzbar.
4. **Amphibol** (sog. Strahlstein aus dem Zillerthale).
5. **Orthoklas** (Adular vom St. Gotthard). } Ziemlich schwer und nur in dünnen Splittern vor dem Löthrohre schmelzbar.
6. **Broncit** (von Kupferberg, Ultenthal). Nur in den feinsten Spitzen vor dem Löthrohre etwas abzurunden.

Die Schmelzbarkeit muß bei einer guten raschen Flamme untersucht werden, durch längeres schwaches Glühen können manche Verbindungen, wie z. B. Schwefelmangan, zersetzt und dadurch unschmelzbar werden, während sie, sogleich mit rascher Flamme angeblasen, schmelzen.

Beim Schmelzen oder überhaupt beim Erhitzen zeigen die Mineralien verschiedene Erscheinungen, welche wohl zu beachten sind, Anschwellen, Bersten, Aufblähen, Schäumen und Sprudeln, Verpuffen (auf Kohle), Krystallisiren ꝛc. Es ist dabei die Veränderung der Farbe oft charakteristisch: alle farbigen Liparite, Quarze, Zirkone u. a. werden durch Glühen weiß oder farblos; die gelben brasilianischen Topaze brennen sich weiß, nehmen aber beim Erkalten eine Rosenfarbe an, Siderite werden schwarz ꝛc., andere, wie die grünen brasil. Turmaline behalten beim Glühen Farbe und Durchsichtigkeit, die rothen Pyrope werden beim Glühen schwarz, beim Erkalten wieder roth ꝛc.

Manche metallische Verbindungen werden auf Kohle reducirt, z. B. Oxyde und viele Oxyd=, auch andere Verbindungen von Blei, Kupfer, Zinn, Silber ꝛc. Das erhaltene Metallkorn nennt man Regulus und hat auf dem Amboß mit dem Hammer zu untersuchen, ob es geschmeidig oder spröde ꝛc. Das Schmelzproduct ist auch näher, seinem Aussehen nach, zu bestimmen, es ist glasartig, porcellanartig, schlackig, porös ꝛc.

Viele Mineralien scheiden beim Erhitzen flüchtige Substanzen aus und daran werden mancherlei Mischungstheile erkannt.

Schwefelverbindungen entwickeln, im Oxydationsfeuer auf Kohle oder an dem Ende einer offenen Glasröhre erhitzt, den Geruch der schweflichten Säure.

Selenverbindungen geben so behandelt den Geruch von verfaultem Rettig.

Arsenikverbindungen entwickeln, auf der Kohle erhitzt, knoblauchartigen Geruch.

Hydrate geben, in einer Glasröhre oder im Glaskolben erhitzt, Wasser an den kältern Theilen des Rohres, manche Queck=silberverbindungen ebenso metallisches Quecksilber.

Auf Kohle erhitzt, werden durch den Beschlag, welchen ihre Oxyde um die Probe geben, erkannt:

Antimonverbindungen. Der Beschlag ist weiß und leicht flüchtig und färbt die Löthrohrflamme nicht merklich, wäh=rend der ähnliche von Tellurverbindungen die Reductions=flamme schön blau und grün färbt.

Zinkverbindungen. Der Beschlag ist in der Hitze gelb=lich, nach dem Erkalten weiß und schwer flüchtig.

Wismuthverbindungen. Der Beschlag ist theils weiß, theils orangegelb und färbt die Flamme nicht. Werden Wis=mutherze mit Schwefel zusammengeschmolzen und dann mit Jod=kalium, so erhält man einen zum Theil hochroth gefärbten Beschlag.

Bleiverbindungen. Der Beschlag ist grüngelb.

Auch die Färbung, welche manche Mineralien der Löthrohr=flamme ertheilen, ist bemerkenswerth.

So ertheilen Strontianit und Lithionit eine schöne rothe Färbung, Chlorkupfer eine blaue, Boracit eine grüne, Baryt eine gelblichgrüne u. s. w.

Charakteristisch ist ferner die alkalische Reaction mancher Mineralien nach dem Glühen oder Schmelzen und die magne=tische Reaction nach dieser Behandlung. Zur Ausmittelung der alkalischen Reaction wird die geglühte oder geschmolzene Probe auf Curcumapapier gelegt und mit einem Tropfen Wasser befeuchtet, es bilden sich dann bräunliche oder röthlichbraune Flecken auf dem Papier, wenn alkalische Reaction stattfindet. Das Glühen muß anhaltend geschehen. Diese Reaction zeigen alle Verbindun=gen der Alkalien und alkalischen Erden mit Kohlen=säure, Schwefelsäure, Salpetersäure, Chlor und Fluor und Wasser. Auch Silicate reagiren oft alkalisch (vor oder nach dem Schmelzen) jedoch nur, wenn sie zu feinem Pul=ver zerrieben, auf Curcumapapier mit Wasser befeuchtet wor=den. Auf die Magnetnadel wirken nach anhaltendem Glühen oder Schmelzen im Reductionsfeuer fast alle Eisen= und Nickelerze.

§. 3. Die Wichtigkeit der Löthrohrversuche steigert sich noch durch die Anwendung gewisser Flußmittel und Zuschläge, mit welchen man die Probe schmilzt oder erhitzt. Dabei kommt in Betracht:

1. **Das Verhalten zum Borax und Phosphorsalz*).**

Die meisten Mineralien sind in diesen Flüssen beim Schmelzen, welches in dem Oehr eines Platindrahts geschieht, auflöslich, nur die Kieselerde und viele kieselsaure Verbindungen sind im Phosphorsalz nicht oder nur wenig auflöslich und können daran erkannt werden. Charakteristische Färbung ertheilen den Gläsern dieser Flüsse die nachstehenden Metallverbindungen:

Die **Manganerze** färben das Glas von Borax und Phosphorsalz im Oxydationsfeuer violettroth und diese Farbe kann, wenn nur wenig von der Probe eingeschmolzen wurde, im Reductionsfeuer ganz fortgeblasen werden.

Alle **kobalthaltigen Mineralien** färben diese Flüsse schön saphirblau, alle **chromhaltigen** smaragdgrün, alle **Eisenerze** und überhaupt **eisenhaltige Mineralien** ertheilen ihnen im Reductionsfeuer eine bouteillengrüne Farbe, die sich beim Erkalten des Glases bleicht oder auch ganz verschwindet. Viele **Kupferverbindungen** geben mit Borax im Oxydationsfeuer ein blaues oder grünes Glas, welches im Reductionsfeuer braun und trübe wird; die meisten **Uranverbindungen** geben mit Phosphorsalz im Oxydationsfeuer ein dunkelgelbes, im Reductionsfeuer schön grünes Glas, dessen Farbe sich beim Abkühlen erhöht.

Die **Vanadin-Verbindungen** geben mit Borax im Reductionsfeuer ein smaragdgrünes Glas, wie die Chromverbindungen, es färbt sich aber im Oxydationsfeuer gelb und bleicht sich. Mit Salpeter im Platinlöffel geschmolzen, ist der Fluß bei Chrom-Verbindungen schwefelgelb und ertheilt, in Wasser gebracht, diesem eine gelbe Farbe; salpetersaures Silberoxyd bringt darin ein rothes Präcipitat hervor. Vanadin-Verbindungen ertheilen dem Wasser keine Farbe und Silberauflösung giebt ein blaßgelbliches Präcipitat. Die Farben der Niederschläge werden deutlicher, wenn nach der Fällung etwas Schwefelsäure zugesetzt wird.

Von mehreren Verbindungen kann mit Borax bei gutem Feuer ein klares Glas, auch bei großem Zusatz der Probe erhalten werden, welches aber dann, mit einer flackernden Flamme angeblasen, trüb

---

*) Borax ist zweifach borsaures Natrum, Phosphorsalz — phosphorsaures Ammoniak — Natrum.

und emailartig wird. Man nennt dieses Blasen Flattern, das Glas kann unklar geflattert werden.

2. Das Verhalten zur Soda*).

Man behandelt feine Splitter oder das Pulver der Probe mit der Soda gewöhnlich auf Kohle und nimmt etwa das 3fache Volum an Soda.

Die Kieselerde und mehrere Silicate schmelzen damit unter Brausen zu einem auch nach dem Erkalten klar bleibenden Glase zusammen.

Schwefel- und schwefelsäurehaltige Mineralien geben, auf Kohle damit geschmolzen und anhaltend erhitzt, eine Masse (Hepar), welche, auf Silber gelegt und mit Wasser befeuchtet, auf diesem (von sich entwickelndem Schwefelwasserstoff) bräunliche oder schwärzliche Flecken hervorbringt. Wird die Masse mit etwas Wasser übergossen und dann ein Tropfen Nitroprussidnatrium zugesetzt, so nimmt die Flüssigkeit eine schöne violettrothe Farbe an**).

Aus sehr vielen Verbindungen können durch Schmelzen mit Soda auf Kohle regulinisch dargestellt werden: Wismuth, Zinn, Blei, Silber, Gold, Kupfer, Nickel u. a. Die Soda kann auch hier durch Cyankalium ersetzt oder damit gemengt angewendet werden, da dieses noch kräftiger reducirend wirkt. Zinnoxyd wird damit sehr leicht reducirt.

Die Quecksilber-Verbindungen geben, mit Soda gemengt und im Glaskolben oder einer Glasröhre erhitzt, metallisches Quecksilber, welches sich in kleinen Kügelchen sublimirt, die beim Auswischen des Rohres mit einer Feder leicht erkannt werden. Statt mit Soda kann man noch besser dergl. Verbindungen mit Eisenpulver mengen, das Gemenge in Kupferfolie wickeln und so in die Glasröhre schieben und glühen. Aus Zinnober, Selenquecksilber 2c. erhält man auf diese Weise das Quecksilber sehr rein.

3. Das Verhalten zur Kobaltauflösung.

Die Probe wird mit der Kobaltauflösung befeuchtet und in der Pincette als Splitter oder auch auf der Kohle als Pulver

---

*) Man gebraucht gewöhnlich das zweifach kohlensaure Natrum.

**) Um natürliche Schwefelverbindungen, die nur sehr wenig Schwefel enthalten, z. B. Haüyn, von schwefelsauren Verbindungen zu unterscheiden, schmilzt man ihr Pulver im Platinlöffel mit Kalihydrat, stellt dann den Löffel in ein kleines Glas mit Wasser, säuert dieses mit etwas Salzsäure an und stellt dazu eine blanke Silberspatel. Wenn Schwefel vorhanden, läuft das Silber nach einiger Zeit gelblich an; bei einem bloßen Gehalt an Schwefelsäure läuft es nicht an.

scharf geglüht. Die Reactionen sind nur bei unschmelzbaren Mineralien sicher.

Die Thonerde und mehrere Verbindungen derselben nehmen dabei eine schöne blaue Farbe an, das Zinkoxyd und viele Zinkverbindungen eine grüne (auch der Zinkbeschlag auf der Kohle wird damit grün), die Talkerde und mehrere ihrer Verbindungen eine blaßfleischrothe. Die Proben, welche diese Reactionen zeigen sollen, müssen für sich geglüht weiß oder nur wenig gefärbt sein. Die Kieselerde wird auch mit Kobaltauflösung bläulich, doch wenig und lichter als die Thonerde.

4. **Das Verhalten zu Reagentien, welche eine Färbung der Flamme hervorbringen.**

Alle kupferhaltigen Mineralien färben, nach vorhergegangenen Schmelzen mit Salzsäure befeuchtet, die Löthrohrflamme schön blau.

Strontianverbindungen, nach starkem Glühen oder Schmelzen mit einem Tropfen Salzsäure befeuchtet, färben die Flamme eines Kerzenlichtes (ohne Löthrohrblasen) roth, wenn sie an den Saum des blauen Theiles gehalten werden.

Phosphorsaure und borsaure Verbindungen färben, mit Schwefelsäure befeuchtet, die Löthrohrflamme blaß bläulichgrün oder rein grün.

Lithionhaltige Mineralien, mit saurem, schwefelsaurem Kali geschmolzen, färben die Flamme roth, und kieselborsaure Verbindungen, damit gemengt und mit Zusatz von Flußspath, färben sie vorübergehend grün. Dazu kann der Platindraht angewendet werden und die Proben in Pulverform.

Der Gebrauch des Löthrohrs, des für den Mineralogen und Chemiker wichtigsten und unentbehrlichsten Instrumentes, ist vorzüglich durch die Schweden Cronstedt, Gahn und Berzelius zu wissenschaftlichen Untersuchungen eingeführt worden. Ausführliche Arbeiten darüber geben Berzelius: „Anwendung des Löthrohrs in der Chemie und Mineralogie", und Plattner: „Die Probirkunst mit dem Löthrohre."

B. **Von den chemischen Eigenschaften auf nassem Wege.**

§. 1. Wo die Versuche vor dem Löthrohre nicht ausreichen, die Mischungstheile eines Minerals auszumitteln, da giebt ihr Verhalten auf nassem Wege die ergänzenden Kennzeichen. Für die dabei anzustellenden Versuche ist die Probe meistens zu einem feinen Pulver zu zerreiben und bei den Auflösungen die Wärme anzuwenden. Wo mit den geeigneten Auflösungsmitteln kein Angriff stattfindet, muß die Probe aufgeschlossen, d. h. mit dem 3—4fachen Gewichte von kohlensaurem Kali oder Natrum oder mit Kalihydrat oder mit dem 5—6fachen Gewichte von kohlensauerm Baryt geglüht oder geschmolzen und dadurch eine in Säuren auflösliche Verbindung künstlich hergestellt werden. Dazu werden Platin- und Silbertiegel angewendet. Die gewöhnlichen Auflösungsmittel sind: Wasser, Salzsäure für die meisten nichtmetallischen und Salpetersäure, zuweilen Salpetersalzsäure für die meisten metallischen Verbindungen, Schwefelsäure, Kalilauge, Aetzammoniak. Die Gefäße, deren man sich bedient, sind Glaskolben, Porzellanschalen, Platin- und Silbertiegel, Cylindergläser, Filtrirtrichter 2c.

Bei Präcipitationen ist darauf zu achten, ein zweites Präcipitationsmittel nicht eher zuzusetzen, bevor man sich überzeugt hat, daß das erste keinen Niederschlag mehr hervorbringt, und die Niederschläge dabei jedes Mal zu filtriren. Die Wahl und Reihenfolge der Präcipitationsmittel lehrt die analytische Chemie und kann hier nur das zur Bestimmung der Mineralien Wichtigste angeführt werden. —

§. 2. Es lassen sich auf dem nassen Wege folgende Mischungstheile erkennen, welche vor dem Löthrohr nicht oder nicht sicher ausgemittelt werden können:

Die **Kohlensäure** wird in ihren Verbindungen leicht durch das Brausen erkannt, welches entsteht, wenn das Probepulver mit verdünnter Salzsäure behandelt wird. Das sich entwickelnde Gas ist geruchlos. Manche kohlensaure Verbindungen brausen erst, wenn die Säure erwärmt wird, Dolomit, Magnesit 2c.

Die **Borsäure** wird in ihren Verbindungen erkannt, wenn man die Probe (vor oder nach dem Aufschließen) mit Schwefelsäure eindampft und dann Weingeist zusetzt und diesen anzündet. Die Borsäure ertheilt ihm die Eigenschaft, mit grüner Flamme zu brennen.

Die **Phosphorsäure** wird erkannt, wenn die Probe (vor oder nach dem Aufschließen) mit Salpetersäure in Ueberschuß gelöst und der saueren Lösung molybdänsaures Ammoniak zugesetzt wird. Man erhält dann beim Erwärmen ein ockergelbes Präcipitat (phosphormolybdänsaures Ammoniak).

Zur Ausmittlung von **Chlor** bereitet man eine salpetersaure Auflösung (mit chemisch reiner Säure) und setzt dann salpetersaure

Silberauflösung zu. Chlor wird damit als Chlorsilber weiß gefällt und dieser Niederschlag wird am Licht schnell bläulichgrau.

Fluorverbindungen (ohne Kieselerde) entwickeln, im Platintiegel mit concentr. Schwefelsäure erhitzt, Flußsäure, welche ein Glasplättchen, womit man ein kleines Loch im Deckel des Tiegels bedeckt, corrodirt.

Die **Kieselerde** erkennt man in den Verbindungen, welche in Salzsäure vollkommen auflöslich sind, durch die Gallertbildung, welche beim langsamen Abdampfen der Auflösung entsteht. In andern Verbindungen wird sie bei Behandlung mit starken Säuren pulverförmig ausgeschieden und durch ihre Auflöslichkeit in Kalilauge und vor dem Löthrohr erkannt. Bei Silicaten, welche mit Kali aufgeschlossen werden, findet bei der Behandlung mit Salzsäure jedesmal Gallertbildung statt. Aus der Auflösung in Kali wird die Kieselerde durch Zusatz einer hinreichenden Menge von Salmiaklösung als Hydrat gefällt. Silicate, welche unmittelbar von Salzsäure nicht aufgelöst werden, sind als solche erkennbar, wenn sie als feines Pulver mit einer hinreichenden Menge concentrirter Phosphorsäure bis zum anfangenden Fortrauchen der Säure gekocht werden. Nach dem Erkalten setzt man Wasser zu und löst abermals in der Wärme, wobei sich die Kieselerde, öfters in gelatinösen Klumpen, ausscheidet.

Wolframsaure Verbindungen geben mit Phosphorsäure eingekocht einen dunkelblauen Syrup, welcher auf Zusatz von Wasser entfärbt wird. Die ziemlich verdünnte Lösung wird beim Schütteln mit Eisenpulver wieder schön blau.

Zur Erkennung der **Molybdänsäure** bereitet man eine salzsaure Auflösung der Probe. Diese, hinlänglich verdünnt, nimmt beim Umrühren mit einem Stanniolblech sogleich eine schöne blaue Farbe an.

Zur Erkennung der **Titansäure** und ihrer Verbindungen bereitet man (öfters ist dazu Aufschließen mit Kalihydrat nothwendig) eine salzsaure Auflösung, filtrirt nöthigenfalls und legt dann ein Blech von Stanniol hinein und kocht sie damit. Durch die erfolgende Reduction der Titansäure zu Titansesquioxyd (von Fuchs entdeckt), oder zum entsprechenden Chlorid, nimmt die Flüssigkeit bald eine schöne violettrothe Farbe an. Mit Wasser verdünnt, wird diese Flüssigkeit rosenroth. Es muß ein Ueberschuß an concentrirter Salzsäure und an Stanniol vorhanden sein. Man kann, wenn Aufschließen nothwendig, das Probepulver mit dem 6—7fachen Gewicht an saurem schwefelsaurem Kali zusammenschmelzen und durch Kochen mit concentrirter Salzsäure die geeignete Lösung erhalten. Kocht man den Schmelzfluß mit Wasser, filtrirt, verdünnt das Filtrat mit dem 7—8fachen Vol. Wasser und kocht abermals, so wird die Flüssigkeit milchig trübe von ausgefällter Titansäure.

Tellurverbindungen ertheilen concentrirter Schwefelsäure bei gelindem Erhitzen eine schöne Purpurfarbe, Naghagü eine hyazinthrothe Farbe. Man nimmt am besten soviel Schwefelsäure, daß das Pulver in einem kleinen Glaskolben 1" hoch bedeckt ist. Die rothe Flüssigkeit wird von Wasser, unter Abscheidung eines schwärzlichgrauen Präc. von Tellur, entfärbt.

Alle Manganverbindungen gehen mit Phosphorsäure eingekocht, entweder unmittelbar (bei Gegenwart von M̄n oder M̄n) oder auf Zusatz von Salpetersäure (bei Gegenwart von Mn und M̄n) eine violettrothe Flüssigkeit, deren Farbe verschwindet, wenn man sie mit Krystallen von schwefelsaurem Eisenoxydul-Ammoniak schüttelt. — Zur Erkennung der Tantal- und Niobsauren Verbindungen schmilzt man das Probepulver im Silbertiegel mit Kalihydrat, behandelt die Masse mit Wasser und filtrirt. Aus dem Filtrat werden diese Säuren beim Neutralisiren der Lauge mit Salzsäure in weißen Flocken gefällt. Man filtrirt die Flüssigkeit ab und kocht die gefällten Metallsäuren einige Minuten lang mit einem Ueberschuß von concentrirter Salzsäure, in der sie nicht gelöst werden. Sie geben trübe weißliche Flüssigkeiten. In ein Glas gegossen und (noch kochendheiß) mit etwas Wasser versetzt, erhält man von der Niobsäure sogleich eine klare Lösung, während Tantal- und viel Tantal enthaltende Niobsäure ungelöst sich ausscheiden. Die Niobsäure kann aus der erhaltenen klaren Lösung durch Zusatz von concentrirter Salz- oder Salpetersäure (durch (Wasserentziehung) wieder gefällt werden. Setzt man beim Kochen dieser Säuren mit Salzsäure Stanniol zu, so erhält man smalteblaue trübe Flüssigkeiten, wovon sich die von Niobsäure auf Zusatz von Wasser mit saphirblauer Farbe klärt; bei den übrigen tritt diese Lösung nicht ein und die ungelösten Säuren entfärben sich allmälig. Die blaue Lösung der Niobsäure behält bei Luftabschluß ihre Farbe längere Zeit, unter dem Zutritt der Luft wird sie bald olivengrün und allmälig farblos.

Auch für die Nachweisung der folgenden Metalle in gewissen Verbindungen sind die Versuche auf nassem Wege die geeignetsten.

Silberhaltige Mineralien, in Salpetersäure aufgelöst, fällen mit Salzsäure Chlorsilber, welches, anfangs weiß, am Licht schnell bläulichgrau sich färbt.

Bleihaltige Mineralien geben in der nicht zu sauren sal=

petersauren Auflösung mit Schwefelsäure ein Präcipitat von schwefelsaurem Bleioxyd, welches vor dem Löthrohr leicht zu reduciren.

Wismuthhaltige Mineralien geben in der conc. salpetersauren Auflösung mit Wasser ein weißes, vor dem Löthrohr leicht reducirbares Präcipitat.

Nickelhaltige Mineralien geben mit Salpetersalzsäure zersetzt und nach Zufügung von Aetzammoniak, doch nur bis zur alkalischen Reaction filtrirt (in möglichster Concentration) ein himmelblaues Filtrat, in welchem Kalilauge ein grünliches, vor dem Löthrohr zu Nickel reducirbares Präcipitat hervorbringt.

Zur Erkennung von **Eisenoxydul** in einer eisenhaltigen salzsauren Lösung, verdünnt man diese ziemlich stark und setzt Chamäleonlösung, ebenfalls stark verdünnt, allmälig unter Umrühren zu. Ist Eisenoxydul (als Eisenchlorür) vorhanden, so wird die Chamäleonlösung in geringerer oder größerer Menge entfärbt

Gold und Platin sind nur in Salpetersalzsäure auflösbar, Gold wird durch Eisenvitriol braun gefällt, der Niederschlag nimmt getrocknet beim Reiben die Goldfarbe an. Ein gesättigte salzsaure Goldlösung, bis zum Verschwinden der gelben Farbe mit Wasser verdünnt, nimmt, mit Stanniol erwärmt, eine Purpurfarbe an und setzt Goldpurpur ab (zinnsaures Goldoxydul), eine Platinlösung, so behandelt, giebt keinen Purpur, sondern ein bräunliches Präcipitat. Platin wird durch Kalisalze gelb gefällt. — Bei nichtmetallischen Mineralien werden von den öfter vorkommenden Mischungstheilen aus der salzsauren Auflösung durch **Aetzammoniak** Thonerde, Berillerde, Zirkonerde und Eisenoxyd gefällt, weiter im Filtrat durch **kleesaures Ammoniak** Kalkerde und im Filtrat dieses Niederschlages durch **phosphorsaures Natrum und Aetzammoniak** die Bittererde, wenn deren vorhanden ist. Diese 3 Präcipitationsmittel werden unmittelbar nach einander der Auflösung zugesetzt und wenn dadurch nur Spuren von Niederschlägen entstehen, so ist es als ein Zeichen zu nehmen, daß die Probe von Säuren nicht zersetzt wird; geben sie aber dabei einen starken Niederschlag, so wird die Probe meistens vollkommen zersetzt, wenn sie hinlänglich fein gerieben ist ꝛc.

Wie man auf eine sehr einfache Weise mittelst des Löthrohrs und einiger Versuche auf nassem Wege die Mineralien systematisch bestimmen kann, zeigen meine „**Tafeln zur Bestimmung der Mineralien ꝛc. 9. Aufl. München 1868. Lindauer'sche Buchhandlung.**

C. Von der chemischen Constitution.

Die chemische Constitution eines Minerals und die Gesetze seiner Mischung werden durch die chemische Analyse und durch die stöchiometrische Berechnung ihrer Resultate erkannt.

Unter Stöchiometrie versteht man die Lehre von den Quantitätsverhältnissen, in welchen sich die Elemente der Körper (dem Gewichte nach) chemisch verbinden. Diese Verhältnisse lassen sich in Zahlen ausdrücken, welche **stöchiometrische Zahlen** oder **Mischungsgewichte** heißen, wenn sie sich auf eine Einheit beziehen, als welche das Mischungsgewicht irgend eines Elementes angenommen wird.

Nimmt man das Mischungsgewicht des Sauerstoffes als Einheit an, so drückt für diese Annahme das Maximum, in welchem irgend ein anderes Element mit dem $= 1$ gesetzten Sauerstoff (dem Gewichte nach) Verbindung eingeht, die stöchiometrische Zahl dieses Elementes aus.*)

Ist nur eine Oxydationsstufe oder Sauerstoffverbindung eines Elementes bekannt, so gilt vorläufig die Menge des mit dem Sauerstoff verbundenen Elementes als dieses Maximum, wenn nicht besondere Gründe zu einer andern Annahme berechtigen.

Das Eisenoxydul besteht, wie solches die Analyse angiebt, in 100 Gewichtstheilen aus 77,77 Eisen und 22,23 Sauerstoff. Diese Gewichtstheile drücken offenbar das Verhältniß aus, in welchem sich Eisen und Sauerstoff chemisch verbinden können, und für die Annahme, daß von jedem dieser Elemente nur ein Mischungsgewicht in der Verbindung vorhanden, können wir sagen, die stöchiometrische Zahl oder das Mischungsgewicht des Eisens sei 77,77, wenn die des Sauerstoffs 22,23 gesetzt wird. Setzen wir aber, wie man darin übereingekommen, die stöchiometrische Zahl des Sauerstoffs $= 1$, so werden wir das Verhältniß haben $22{,}23 : 1 = 77{,}77 : 3{,}498$ oder 3,5 als stöchiometrische Zahl des Eisens.

Bei mehreren Oxydationsstufen ist es natürlich die niedrigste bekannte, in welcher wir ein Mischungsgewicht Sauerstoff mit einem Mischungsgewicht des andern Elementes verbunden annehmen, die höhern Stufen enthalten dann 2, 3 oder mehr

---

*) Viele Chemiker nehmen das Mischungsgewicht des Wasserstoffs (0,125) als Einheit an, dann ist das Misch. des Sauerstoffs $= 8$, und will man die stöchiometrischen Zahlen, wie sie sich für den Sauerstoff $= 1$ ergeben, in die für den Wasserstoff $= 1$ umwandeln, so hat man sie mit der Zahl 8 zu multipliciren.

Mischungsgewichte Sauerstoff. Wir kennen z. B. 4 Oxydations=
stufen des Schwefels, deren Zusammensetzung in 100 Gewichts=
theilen folgende:

	Schwefel.	Sauerstoff.
Schwefelsäure	40,0	60,0
Unterschwefelsäure	44,5	55,5
Schweflichte Säure	50,0	50,0
Unterschweflichte Säure	66,7	33,3

Die unterschweflichte Säure oder die niebrigste Oxydationsstufe
(mit dem wenigsten Sauerstoff), als aus 1 Mischungsgewicht Schwe=
fel und 1 Mischungsgewicht Sauerstoff bestehend, angenommen, wäre
wieder die stöchiometrische Zahl des Schwefels = 66,7, wenn die
des Sauerstoffs = 33,3 wäre. Setzt man aber, wie oben, die
letztere = 1, so ist 33,3 : 1 = 66,7 : 2,00 und also 2,00 die
stöchiometrische Zahl des Schwefels. Wenn man die angegebenen
Schwefelmengen der andern Oxydationsstufen mit der so bestimmten
stöchiometrischen Zahl des Schwefels = 2,00 dividirt, so erfährt
man, wie viel Mischungsgewichte Schwefel darin enthalten sind,
und erkennt dann das Gesetz der Verbindung mit dem Sauerstoff.
Wir erhalten so

$$\text{Mischungsgew. Schwefel} \quad \text{Mischungsgew. Sauerstoff}$$

für die Schwefelsäure
$$\frac{40}{2} = 20 \quad : 60 \quad \text{oder} \quad 1 : 3,$$
für die Unterschwefelsäure
$$\frac{44,5}{2} = 22,25 \quad : 55,5 \quad \text{oder} \quad 1 : 2\tfrac{1}{2},$$
für die schweflichte Säure
$$\frac{50}{2} = 25 \quad : 50 \quad \text{oder} \quad 1 : 2,$$
für die unterschweflichte Säure
$$\frac{66,7}{2} = 33,35 \quad : 33,3 \quad \text{oder} \quad 1 : 1.$$

Man ersieht, wie durch diese Bestimmung der Mischungsge=
wichte nun die Gesetze der Verbindungen sich leicht herausstellen,
welche die Angabe der Analyse unmittelbar nicht erkennen läßt.

In ähnlicher Weise sind aus den Oxyden die meisten stöchio=
metrischen Zahlen berechnet worden; zu einigen ist man auch aus
andern Verhältnissen gelangt. Die bekannteren Elemente und ihre
stöchiometrischen Zahlen oder Mischungsgewichte enthält nachstehende
Tafel (I.) mit Angabe der Zeichen für diese Elemente, die stöchio=
metrische Zahl des Sauerstoffs (O) = 1,0000 gesetzt.

Namen.	Zeichen.	Stöch. Zahl.	Namen.	Zeichen.	Stöch. Zahl.
Aluminium	Al	1,712	Natrium	Na	2,875
Antimon	Sb	7,62	Nickel	Ni	3,625 *)
" "	Sb	15,24	Niobium	Nb	5,875 **)
Arsenik	As	4,687	Osmium	Os	12,45
" "	As	9,375	Palladium	Pd	6,662
Baryum	Ba	8,562	Phosphor	P	1,937
Berillium	Be	0,587	" "	P	3,875
Blei	Pb	12,94	Platin	Pt	12,337
Bor	B	1,375	Quecksilber	Hg	12,5
Brom	Br	5,00	Rhodium	R	6,525
" "	Br	10,00	Ruthenium	Ru	6,525
Calcium	Ca	2,50	Sauerstoff	O	1,0
Cerium	Ce	5,75	Schwefel	S	2,0
Chlor	Cl	2,218	Selen	Se	4,962
" "	Cl	4,436	Silber	Ag	6,75
Chrom	Cr	3,262	" "	Ag	13,5
Didym	D	5,936	Silicium	Si	2,625 ***)
Eisen	Fe	3,5	Stickstoff	N	1,75
Fluor	F	1,187	Strontium	Sr	5,475
" "	F	2,375	Tantal	Ta	11,375 ****)
Gold	Au	24,625	Tellur	Te	8,0
Jod	I	7,935	Thallium	Tl	25,5
" "	I	15,87	Thorium	Th	7,232
Iridium	Ir	12,375	Titan	Ti	3,125
Kadmium	Cd	7,0	Uran	U	7,5
Kalium	Ka	4,9	Vanadium	V	8,575
Kobalt	Co	3,75	Wasserstoff	H	0,125 †)
Kohlenstoff	C	0,75	Wismuth	Bi	13,125
Kupfer	Cu	3,962	" "	Bi	26,25
Lanthan	La	5,85	Wolfram	W	11,5
Lithium	L	0,875	Yttrium	Y	3,85
Magnesium	Mg	1,5	Zink	Zn	4,075
Mangan	Mn	3,375	Zinn	Sn	7,375
Molybdän	Mo	6,0	Zirconium	Zr	4,20

*) Nach Sommaruga.
**) N = 11,75.
***) Für Kieselerde = Si.
****) Ta = 22,75.
†) Die neuere Chemie halbirt auch diese Zahl (für 1 H) und diese Hälfte als Einheit genommen, giebt die Zahl des Sauerstoffs = 16; Ca = 2,5. 16 = 40; Fe = 3,5. 16 = 56 ꝛc.

Diese stöchiometrischen Zahlen drücken nicht nur die Gewichtsmengen aus, in welchen sich die Elemente mit dem Sauerstoff verbinden, sondern sie bezeichnen auch genau die Gewichtsverhältnisse, nach welchen sie sich unter einander verbinden, wenn sie Verbindungen eingehen. Dergleichen Verbindungen geschehen immer so, daß sich ein Mischungsgewicht eines Elementes mit 1, 2, 3, n Mischungsgewichten eines andern, seltner, daß sich 2 Mischungsgewichte des einen mit 3 oder 5 des andern verbinden.*)

So vereinigen sich z. B. (s. die vorige Tafel):
12,94 (Gewichtstheile oder 1 Mischungsgewicht) Blei
                        mit 1 (Gewthl.) Sauerstoff,
                        „ 2,00 Schwefel,
                        „ 2 $\times$ 2,218 Chlor,
                        „ 4,962 Selen;
und wieder 2,00 (Gewichtstheile) Schwefel
                        mit 4,075 Zink,
                        „ 4,687 Arsenik,
                        „ 3,50 Eisen u. s. f.

Uebrigens sind bei weitem nicht alle Verbindungen beobachtet, die möglicher Weise vorkommen könnten; man kennt z. B. nur eine Oxydationsstufe des Calciums, Aluminiums ꝛc.

Die stöchiometrische Zahl oder das Mischungsgewicht einer Verbindung erhält man, wenn man die stöchiometrischen Zahlen der verbundenen Elemente addirt und jedes Mischungsgewicht oder stöchiometrische Zahl so oft nimmt, als die Mischung es anzeigt. Das Eisenoxydul besteht z. B. aus 1 Mischungsgewicht Eisen und 1 Mischungsgewicht Sauerstoff, seine stöchiometrische Zahl oder sein Mischungsgewicht ist daher 3,50 + 1 = 4,50; das Eisenoxyd besteht aber aus 2 Mg. Eisen und 3 Mg. Sauerstoff, seine Zahl ist daher 2 $\times$ 3,50 = 7,00 + 3 $\times$ 1 = 10,0; der gelbe Schwefelarsenik besteht aus 2 Mg. Arsenik = 2 $\times$ 4,6875 = 9,375 und aus 3 Mg. Schwefel = 3 $\times$ 2,0 = 6,0, also ist seine stöchiometrische Zahl = 15,375 und so ist es mit noch zusammengesetzteren Verbindungen.

Nachstehende Tafel enthält die stöchiometrischen Zahlen der am häufigsten vorkommenden Oxyde und ihren Sauerstoffgehalt nach Procenten.

---

*) Die gewöhnlich zu beobachtende Verbindung in einfachen Verhältnissen hat auch Ausnahmen. Debray stellte eine Phosphormolybdänsäure dar, worin 20 Mschg. Molybdänsäure gegen 1 Mschg. Phosphorsäure vorkommen.

(Tafel II.)

Namen.	Zeichen.	Stöch. Zahl.	Sauerstoff in 100 Gth.
Arsenilsäure	$\ddot{A}s$	14,375	34,79
Barhterde	$\dot{B}a$	9,5625	10,45
Berillerde	$\dot{B}e$	1,587	63,01
Bleioxyd	$\dot{P}b$	13,94	7,17
Borsäure	$\ddot{B}o$	4,375	68,57
Chromoxyd	$\dot{C}r$	9,524	31,5
Chromsäure	$\ddot{C}r$	6,262	47,9
Eisenoxydul	$\dot{F}e$	4,50	22,22
Eisenoxyd	$\ddot{F}e$	10,00	30,00
Kali	$\dot{K}a$	5,90	16,95
Kallerbe	$\dot{C}a$	3,50	28,57
Kieselerde	$\ddot{S}i$	5,625	53,33
Kohlensäure	$\ddot{C}$	2,75	72,72
Kupferoxyd	$\dot{C}u$	4,962	20,15
Lithion	$\dot{L}$	1,875	53,33
Manganoxydul	$\dot{M}n$	4,375	22,86
Manganoxyd	$\ddot{M}n$	9,75	30,77
Molybdänsäure	$\ddot{M}o$	9,0	33,33
Natrum	$\dot{N}a$	3,875	25,78
Nickeloxydul	$\dot{N}i$	4,625	21,62
Phosphorsäure	$\dot{P}$	8,875	56,33
Salpetersäure	$\ddot{N}$	6,750	74,07
Schwefelsäure	$\ddot{S}$	5,00	60,00
Strontianerde	$\dot{S}r$	6,475	15,44
Tallerbe (Magnesia)	$\dot{M}g$	2,50	40,00
Thonerde	$\bar{A}l$	6,424	46,82
Titansäure	$\ddot{T}i$	5,125	39,02

— 95 —

Namen.	Zeichen.	Stöch. Zahl.	Sauerstoff in 100 Gthl.
Uranoxyd	$\dot{\mathrm{U}}$	18,00	16,66
Vanadinsäure	$\bar{\mathrm{V}}$	11,57	25,91
Wasser	$\dot{\mathrm{H}}$	1,125	88,90
Wismuthoxyd	$\bar{\mathrm{Bi}}$	29,25	10,25
Wolframsäure	$\bar{\mathrm{W}}$	14,50	20,69
Zinkoxyd	$\dot{\mathrm{Zn}}$	5,075	19,70
Zinnoxyd	$\ddot{\mathrm{Sn}}$	9,375	21,33
Zirkonerde	$\ddot{\mathrm{Zr}}$	11,4	26,31

Die stöch. Zahlen und Gesetze haben eine wissenschaftliche Erkenntniß chemischer Mischungen erst möglich gemacht und Analyse und Synthese haben ihren Anwendungen vorzüglich die Ausbildung zu verdanken, deren sie sich gegenwärtig erfreuen. Den Deutschen Wenzel, geb. 1740 zu Dresden, und Richter (1789), anfangs Bergprobirer in Breslau, gebührt der Ruhm, zuerst auf die stöchiometrischen Verhältnisse aufmerksam gemacht zu haben.

§. 2. Um die stöch. Verhältnisse einer chemischen Verbindung klar übersehen zu können, hat man Formeln, in welchen die Elemente mit bestimmten Zeichen, wie sie in den vorhergehenden Tafeln zu sehen, angegeben werden und weiter durch beigefügte Zahlen ausgedrückt wird, wieviel Mischungsgewichte davon enthalten sind. Da der Sauerstoff und der Schwefel sehr häufig in dergleichen Verbindungen vorkommen, so kürzt man die Zeichen bedeutend dadurch ab, daß man jedes Mischungsgewicht Sauerstoff durch einen Punkt bezeichnet, welchen man über das Zeichen des oxydirten Elementes setzt, und ebenso jedes Mischungsgewicht Schwefel durch ein Komma oder einen kleinen verticalen Strich.

Ein horizontaler Strich durch das Zeichen eines Elementes bedeutet zwei Mischungsgewichte desselben und wird gebraucht, wenn sich ein solches nur zu zwei Mischungsgewichten für gewisse Mischungen verbindet.

Beispiele: $\dot{\mathrm{Fe}}$ = 1 Mg. Eisen + 1 Mg. Sauerstoff; $\ddot{\mathrm{Fe}}$ = 2 Mg. Eisen + 3 Mg. Sauerstoff; $\dot{\mathrm{Pb}}$ = 1 Mg. Blei + 1 Mg. Schwefel; $\dddot{\mathrm{As}}$ = 2 Mg. Arsenik + 3 Mg. Schwefel ꝛc.

Zur Bezeichnung der vorhandenen Menge von Mischungsgewichten werden Zahlen in Form von Coefficienten und Exponenten den Zeichen beigefügt. Dabei bezieht sich ein Exponent immer nur auf das Zeichen, bei welchem er steht, ein Coefficient aber auf alle Zeichen, vor denen er steht. Die Zahl 1 wird nicht angeschrieben.

So ist z. B. $\dot{Ca}\,\bar{\bar{Si}}^2 = \dot{Ca}$ oder 1 Mg. Kalkerde + 2 $\ddot{Si}$ oder 2 Mg. Kieselerde; $2\,\dot{Ca}\,\bar{\bar{Si}} = 2\,\dot{Ca} + 2\,\bar{\bar{Si}}$ oder 2 Mg. Kalkerde + 2 Mg. Kieselerde; $2\,\dot{Ca}\,\bar{\bar{Si}}^2 = 2\,\dot{Ca} + 4\,\bar{\bar{Si}}$; $3\,\dot{Ca}^3\,\bar{\bar{Si}}^2 = 9\,\dot{Ca} + 6\,\ddot{Si}$ u. s. f.

Die verschiedenen Glieder einer Verbindung werden durch das Zeichen + verbunden, z. B.

$\dot{Ka}\,\bar{\bar{Si}} + \bar{Al}\,\ddot{Si}^3$; $\dot{Cu}^3\,\ddot{Sb} + 2\,\dot{Pb}^3\,\ddot{Sb}$ ꝛc.

Um daher aus einer gegebenen Formel den Prozentgehalt einer Mischung zu berechnen, hat man zunächst auszumitteln, wie viele Mischungsgewichte von jedem Elemente oder Oxyde vorhanden, dann die betreffenden stöch. Zahlen ebenso oft zu nehmen, zu addiren und für 100 Theile zu berechnen.

Man habe z. B. die Formel $\dot{Ka}^3\,\bar{\bar{Si}}^2 + 3\,\bar{Al}\,\bar{\bar{Si}}^2$ (Leucit), so sind darin enthalten:

Stöch. Zahl.

8 Mischg. Kieselerde = 8 × 5,625 = 45,000 Kieselerde,
3 „ Thonerde = 3 × 6,424 = 19,272 Thonerde,
3 „ Kali = 3 × 5,9 = 17,700 Kali,
                                   81,972.

Man hat nun zur Berechnung für 100 Gewichtstheile
81,972 : 45,000 = 100 : x,
      : 19,272 = 100 : y,
      : 17,700 = 100 : z, und findet so für
100 Theile x = Kieselerde 54,90,
            y = Thonerde   23,51,
            z = Kali   21,59,
                          100,00.

Man habe $\dot{Pb}^3\,\ddot{Sb}^2$, so enthält die Verbindung (Jamesonit):

in 100 Thl.

9 Mg. Schwefel = 9 × 2,0 = 18,00   „ „ 20,71,
4 „ Antimon = 4 × 7,52 = 30,08   „ „ 34,61,
3 „ Blei   = 3 × 12,94 = 38,82 „ „ 44,68,
                           86,90   100,00.

§. 3. Wir haben aus dem Vorhergehenden ersehen, daß es keine Schwierigkeiten hat, aus einer gegebenen Formel die Mischung zu berechnen; anders verhält es sich, wenn für eine gegebene Mischung die Formel entworfen werden soll. Für ganz einfache Verbindungen, wo die Stellung der Mischungstheile sich gleichsam von selbst bestimmt, genügen dazu wenige Regeln, für complicirtere aber sind mancherlei chemische Erfahrungen zu berücksichtigen, um die Formel einigermaßen richtig zu entwerfen, und gleichwohl ist sie auch dann noch sehr oft unsicher und willkührlich.

Eine Formel, welche bei der Berechnung der Analyse nicht entspricht, vorausgesetzt, daß diese richtig sei, ist natürlich unrichtig, dagegen ist eine Formel, auch wenn ihre Berechnung der Analyse entspricht, deswegen noch nicht als richtig anzunehmen.

Folgende Formeln geben z. B. alle dasselbe Resultat der Berechnung:

$$\overset{..}{Pb} + 2\,\overset{.}{Sb},$$

$$\overset{...}{Pb} + \overset{.}{Sb},$$

$$\overset{..}{Pb} + \overset{..}{Sb},$$

$$\overset{.}{Pb} + \overset{...}{Sb},$$

nur die letzte, in so fern ihre Glieder in der Natur beobachtet werden und das chemische Verhalten diese Zusammenstellung der Mischungstheile rechtfertigt, ist annehmbar.

Für **nichtoxydirte** Verbindungen hat man zur Entwerfung der Formel die Anzahl der Mischungsgewichte für jeden Mischungstheil zu berechnen, welches durch Division mit den betreffenden stöch. Zahlen geschieht.

Die Analyse z. B. gebe:
Schwefel 13,45,
Blei 86,55,
       100,00,

so erhält man durch Division mit den stöch. Zahlen (nach Tafel I.) für den Schwefel 6,725 Mg., für das Blei ebenfalls 6,68 Mg., welches natürlich im Verhältniß eben so viel als 1 Mg. Schwefel und 1 Mg. Blei. Die Formel ist daher Pb S oder $\overset{.}{Pb}$.

Bei **oxydirten** Verbindungen kann man eben so verfahren, doch gelangt man leichter zu den Formeln, indem man den Sauerstoffgehalt der Mischungstheile (nach Tafel II.) berechnet, für die Resultate die kleinsten Verhältnißzahlen sucht, die Zeichen der Mischungstheile dann anschreibt und durch Beifügung der schick=

lichen Coefficienten und Exponenten das erkannte Sauerstoffver=
hältniß in der Formel herstellt. Dabei ist wohl zu merken, daß
die Zeichen der Mischungstheile selbst unveränderlich sind und
nur die Coefficienten und Exponenten nach Bedürfniß abgeändert
werden dürfen.

Es sei z. B. gegeben:
$$\begin{array}{ll}\text{Kieselerde} & 51{,}96{,} \\ \text{Kalkerde} & 48{,}04{,} \\ \hline & 100{,}00{.}\end{array}$$

Berechnet man die Sauerstoffmengen, so erhält man für die
Kieselerde 27,70, für die Kalkerde 13,72, Zahlen, die sich wie 2 : 1
verhalten. Man schreibt nun die Zeichen der Mischungstheile zu=
sammen = $\dot{C}a\ \ddot{S}i$ und es wäre an dieser Formel nichts zu ändern,
wenn die Berechnung der Sauerstoffmengen von Kalk= und Kiesel=
erde = 1 : 3 gegeben hätte. Da sie aber 1 : 2 gegeben, so ist
$\dot{C}a^3\ \ddot{S}i^2$ zu schreiben, wo sie 3 : 6 = 1 : 2; man könnte aber
dafür nicht $\dot{C}a\ \ddot{S}i$ schreiben, denn $\ddot{S}i$ wäre nicht mehr Kieselerde,
wenn diese nämlich in andern Fällen als $\ddot{S}i$ angenommen wird.

Bei complicirteren Mischungen, wo eine Säure oder ent=
sprechender elektronegativer Mischungstheil unter mehrere Basen zu
vertheilen, hat man besonders die Regel zu beachten, nicht saure
oder basische Verbindungen zu bilden, wo sich neutrale ergeben,
und die einfacheren in der Natur vorkommenden Verbindungen in
den complicirteren aufzusuchen. Neutrale Salze sind diejenigen,
welche für 1 Atom Sauerstoff der Basis 1 At. oder 1 Mschg.
Säure enthalten, so $\dot{K}a\ \bar{S}$, $\bar{A}l\ \bar{S}^3$ ꝛc.

Man hat neuerlich die Schwierigkeiten, eine Formel zusammenzusetzen,
durch die sog. empyrischen Formeln umgangen, bei welchen nur die
relative Zahl der Atome der betreffenden Mischung ohne weitere nähere
Verbindung derselben angeschrieben wird. Statt $\dot{C}a^3\ \ddot{S}i + 2\ \bar{A}l\ \ddot{S}i$ wird
geschrieben 3 $\dot{C}a$, 2 $\bar{A}l$, 3 $\ddot{S}i$; statt $\dot{P}b + \ddot{S}b$ wird geschrieben Pb, Sb,
4 S. Man hat auch die Mischungen auf gewisse Normal=Verbindungen,
z. B. Wasser HO, Chlorwasserstoff HCl u. a. bezogen und angenommen,
daß die verschiedenen Elemente den Wasserstoff vertreten können und zwar
bei einigen 1 Atom auch 1 Atom H, bei andern 1 At. mehrere At. H,
welche Eigenschaft man die Atomigkeit oder Werthigkeit der be=
treffenden Elemente genannt und solche auch auf gewisse Gruppen von
Elementen (Radicale) ausgedehnt hat und man hat z. B. in dieser Weise
alle Silicate in dem Typus des Wassers untergebracht, indem man jedem
der vorkommenden Elemente die dazu nöthige Atomigkeit beilegte und diese
mit Strichen oder einer Zahl über dem Zeichen des Elements angiebt.

So wird z. B. die Formel des Wollastonit $\dot{C}a^3\ \ddot{S}i^2 = \dot{C}a\ \ddot{S}i$ zu einem

— 99 —

Analogon des Wassers, indem man Ca als zweiatomig annimmt, d. h. daß 1 At. Ca zwei Atome H ersetzen kann und indem man Si als Si und Si*) als 4atomig annimmt, oder daß 1 At. Si vier At. H ersetzen kann, wonach die typische Formel $\left.\begin{array}{l}\overset{IV}{Si}\\ \overset{II}{Ca}\end{array}\right\} O^2$ ergiebt, welche in die des Wassers übersetzt $= \begin{array}{l}4\;H\\ 2\;H\end{array}\Big\} 3\,O$ oder $6\,H + 3\,O = 2\,H + O = \overset{..}{H} =$ Wasser.

Diese Formeln geben aber weder über die näheren Mischungstheile noch über die zu erwartenden oder constatirten Reactionen Auskunft und sind daher in der Mineralogie den bisherigen chemischen Formeln nicht vorzuziehen, wie zweckmäßig sie auch in der theoretischen Chemie, namentlich der sog. organischen, dienen mögen. — Man darf nicht übersehen, daß alle chemischen Formeln nur auf hypothetischer Basis beruhen und je nach Zwecken und Speculationen können sie sehr verschieden construirt werden. Zur Vergleichung von Mischungen und zur Berechnung von Gemengen sind sie unentbehrlich. —

§. 4. In gewissen Mischungen hat man beobachtet, daß sich verschiedenartige Mischungstheile gegenseitig so vertreten und ganz oder theilweise auswechseln können, daß dadurch das allgemeine stöchiometrische Verhältniß nicht verändert wird und auch die Krystallisation wesentlich dieselbe bleibt. Solche Mischungstheile heißen **bicarirende** oder **isomorphe**. So findet man von nahezu gleicher Krystallisation die Mischungen des Magnesit, Dolomit und Mesitin. Diese Mischungen sind:

Magnesit.	Sauerst.	Dolomit.	Sauerst.	Mesitin.	Sauerst.
$\overset{..}{C}$ 52,38 = 38,09		$\overset{..}{C}$ 47,83 = 34,78		$\overset{..}{C}$ 44 = 32	
$\overset{.}{Mg}$ 47,62 = 19,05		$\overset{.}{Mg}$ 21,74 = 8,69		$\overset{.}{Mg}$ 20 = 8	
100,00.		$\overset{.}{Ca}$ 30,43 = 8,69		$\overset{.}{Fe}$ 36 = 8	
		100,00		100.	

Im Magnesit ist der Sauerstoff von $\overset{.}{Mg}$ zu dem von $\overset{..}{C} = 19:38$ oder $= 1:2$. Im Dolomit ist der Sauerstoff von $\overset{.}{Mg} + \overset{.}{Ca}$ zu dem von $\overset{..}{C} = 17,38 : 34,78$ oder $= 1:2$. Im Mesitin ist der Sauerstoff von $\overset{.}{Mg} + \overset{.}{Fe}$ zu dem von $\overset{..}{C} = 16 : 32$ oder $= 1:2$. Der Sauerstoff der Basen ist also in allen drei Verbindungen zu dem der Kohlensäure $= 1:2$ und sie können daher sämmtlich allgemein mit $\overset{.}{R}\overset{..}{C}$ bezeichnet werden. Es ist aber dieses $\overset{.}{R}$ im Magnesit vollständig durch Magnesia repräsentirt, während es

---

*) Für $\overline{Si}$ würde Si als 6atomig zu nehmen sein.

im Dolomit zum Theil durch Kalkerde und im Mesitin zum Theil durch Eisenoxydul vertreten ist. Kalkerde und Eisenoxydul sind also hier als vicarirende oder isomorphe Mischungstheile für Magnesia eingetreten. Sie ersetzen sich stöchiometrisch und da ihre stöchiometrischen Zahlen verschieden sind, so ist auch die Zahl der Gewichtstheile verschieden, in denen sie für einander wechseln. So vicariren für 35 Gewichtstheile Kalkerde nicht 35 Gewichtstheile Magnesia, sondern nur 25, d. i. Mischungsgewicht für Mischungsgewicht oder hier solche Mengen, daß sie gleich viel Sauerstoff enthalten, jedes 10 Gewichtstheile. Damit erklärt sich auch, warum die Sauerstoffmenge im Mesitin nur 16, während sie im Magnesit 19 ist. Es wäre nämlich die Mischung für gleiche Zahlen folgende:

$$\begin{array}{lrcl}
 & & & \text{Sauerstoff.} \\
\overset{..}{\text{C}} & 52{,}25 & = & 38{,}0 \\
\overset{.}{\text{Mg}} & 23{,}75 & = & 9{,}5 \\
\overset{.}{\text{Fe}} & 42{,}75 & = & 9{,}5 \\
\hline
 & 118{,}75 & &
\end{array} \right\} 19{,}0$$

Enthalten aber 118,75 Theile Mesitin in den Basen 19 Sauerstoff, so enthalten 100 Theile 16 Sauerstoff.

Die vicarirenden Mischungstheile haben, wenn sie nicht Elemente sind, gewöhnlich analoge Zusammensetzungen, und wenn sie für sich allein vorkommen, meistens sehr ähnliche Krystallisation*) und Spaltungsverhältnisse. Sowie einzelne Mischungstheile vicariren, so geschieht es auch bei ihren analogen Verbindungen und wird ihr Vertreten bei verschiedenen Mineralspecies immer in gleicher Weise beobachtet. Es gehören dahin

$\overset{.}{\text{Ca}}$ u. $\overset{.}{\text{Mg}}$, $\overset{.}{\text{Fe}}$, $\overset{.}{\text{Mn}}$, $\overset{.}{\text{Zn}}$ ꝛc.,

$\overset{..}{\text{Al}}$ u. $\overset{..}{\text{Fe}}$, $\overset{..}{\text{Mn}}$, $\overset{..}{\text{Cr}}$,

$\overset{...}{\text{P}}$ u. $\overset{...}{\text{As}}$; $\overset{...}{\text{As}}$ u. $\overset{...}{\text{Sb}}$; $\overset{.....}{\text{As}}$ u. $\overset{.....}{\text{Sb}}$; Ka Cl u. Na Cl, Fluor und Sauerstoff ꝛc.

Bei Entwerfung der Formel addirt man die Mischungsgewichte oder bei den Oxyden auch die Sauerstoffmengen solcher als vicarirend erkannten Mischungstheile zusammen und entwirft die Formel, als wären sie nur einem Mischungstheil angehörig, und giebt diesem ein allgemeines Zeichen, z. B. Ṙ, R̈ ꝛc. Will man aber die vicarirenden Mischungstheile selbst anzeigen, so schreibt man ihre Zeichen unter einander und faßt sie in eine Klammer oder man

---

*) Manche Differenzen haben sich in dem Verhältniß eines Dimorphismus begründet erwiesen. S. u.

schreibt sie auch in der Klammer nebeneinander. Wenn z. B. eine Mischung (Granat) durch die allgemeine Formel $\bar{\bar{R}}\, \bar{\bar{Si}} + \dot{R}^3\, \bar{\bar{Si}}$ ausgedrückt werden kann und man will für einen speciellen Fall angeben, daß $\bar{\bar{R}}$ durch $\bar{\bar{Al}}$ repräsentirt ist, $\dot{R}$ dagegen durch $\dot{Ca}$, $\dot{Fe}$, Mn, so schreibt man $\bar{\bar{Al}}\, \bar{\bar{Si}} + \left.\begin{array}{l}\dot{Ca}^3 \\ \dot{Fe}^3 \\ Mn^3\end{array}\right\}\bar{\bar{Si}}$ oder

$\bar{\bar{Al}}\, \bar{\bar{Si}} + (\dot{Ca}, \dot{Fe}, \dot{Mn})^3\, \bar{\bar{Si}}$.

Die Quantitäten aber, in welchen $\dot{Ca}$, $\dot{Fe}$, $\dot{Mn}$ enthalten sind, können ohne weitere Zugaben von Bruchzahlen nicht aus einer solchen Formel berechnet werden und kann man nur durch die Reihung, indem man das Zeichen des in der größten Quantität vorkommenden Mischungstheils obenanstellt, ohngefähr angeben, in welchem Verhältniß sie vorkommen.

Will man die Bruchtheile für eine Einheit angeben, so hat man die Verhältnißzahlen der Atomenmenge der Mischungstheile zu addiren und in Brüche mit der Summe als Nenner zu verwandeln. Wäre z. B. die allgemeine Formel $\dot{R}^3\, \bar{\bar{Sb}}$ und $\dot{R} = \dot{Fe}$, $\dot{Cu}$, und ständen die Atommengen dieser letzteren Mischungstheile in dem Verhältniß 1 : 2, so wäre $(1 + 2 = 3;\ 1/3 + 2/3 = 1)$ zu setzen $\left.\begin{array}{l}2/3\ \dot{Cu}^3 \\ 1/3\ \dot{Fe}^3\end{array}\right\}\bar{\bar{Sb}}$. Für andere Verhältnisse als die Einheit hat man die Brüche mit der Zahl, die das Verhältniß angiebt, zu multipliciren. Wäre z. B. in der vorigen Mischung ein Theil $\dot{Cu}$ durch $\dot{Ag}$ vertreten in dem Verhältniß von 6 : 1, also für die Einheit $6/7 : 1/7$, so wäre es für $2/3$ (mit $2/3$ multiplicirt) $12/21$ u. $2/21 = 2/3$, daher statt $2/3\ \dot{Cu}^3$ wäre zu setzen $2/3\left(\begin{array}{c}12/21 \\ 2/21\end{array}\right)\begin{array}{l}\dot{Cu}^3 \\ \dot{Ag}^3\end{array}$ u. s. f.

Mischungen von gleicher Krystallisation, die nach demselben allgemeinen Gesetz gebildet sind und sich nur durch verschiedenes Auftreten vicarirender Mischungstheile unterscheiden, bilden eine **chemische Formation**.

Interessante Beispiele sind die rhomboedrischen Carbonate. Es sind folgende bekannt:

Spaltungsrhomboeder.

Calcit $\dot{Ca}\bar{C}$ . . . . 106° 5′ Scheitelkantenwinkel.

Dolomit $\dot{Ca}\bar{C} + \dot{Mg}\bar{C}$ ob. $\left.\begin{array}{l}\dot{Ca} \\ \dot{Mg}\end{array}\right\}\bar{C}$ 106° 15′   „   „

Spaltungsrhomboeder.

Magnesit	$\dot{M}g\ddot{C}$	107° 10′	Scheitelkantenwinkel.
Siderit	$\dot{F}e\ddot{C}$	107°	,, ,,
Mesitin	$\dot{M}g\ddot{C} + \dot{F}e\ddot{C}$ ob. $\left.\begin{array}{l}\dot{M}g\\ \dot{F}e\end{array}\right\}\ddot{C}$	107° 18′	,, ,,
Dialogit	$\dot{M}n\ddot{C}$	107°	,, ,,
Smithsonit	$\dot{Z}n\ddot{C}$	107° 40′	,, ,,
Monheimit	$\dot{F}e\ddot{C} + \dot{Z}n\ddot{C}$ . . .	107° 7′	,, ,,

Ferner die Spinellarten (tesseral)

Spinell	$\dot{M}g\,\bar{A}l,$	
Pleonast	$\left.\begin{array}{l}\dot{M}g\\ \dot{F}e\end{array}\right\}\bar{A}l,$	
Hercinit	$\dot{F}e\,\bar{A}l,$	
Gahnit	$\left.\begin{array}{l}\dot{Z}n\\ \dot{M}g\end{array}\right\}\bar{A}l,$	
Kreittonit	$\left.\begin{array}{l}\dot{Z}n\\ \dot{F}e\\ \dot{M}g\end{array}\right\}\begin{array}{l}\bar{A}l,\\ \bar{F}e,\end{array}$	
Magnetit	$\dot{F}e\,\bar{F}e,$	
Chromit	$\left.\begin{array}{l}\dot{F}e\\ \dot{M}g\end{array}\right\}\begin{array}{l}\bar{C}r,\\ \bar{A}l.\end{array}$	
Jakobsit	$Mn\,\bar{F}e$	
Franklinit	$\left.\begin{array}{l}\dot{M}n\\ \dot{F}e\\ \dot{Z}n\end{array}\right\}\begin{array}{l}\bar{M}n\\ \bar{F}e\end{array}$	

Ebenso wie wir aus einer Krystallcombination die einzelnen constituirenden Formen entwickeln und ein mögliches Erscheinen dieser für sich allein an der beobachteten Substanz vorhersagen können, ebenso können wir aus zusammengesetzten Verbindungen mit bicarirenden Mischungstheilen das Vorkommen solcher vorhersagen, die, nach gleichem Gesetz gebildet, nur einen der bicarirenden Mischungstheile enthalten.

So sind z. B. aus der Formel des Kreittonit nachstehende Mischungen zu ersehen:

$\dot{Z}n \bar{A}l$, von Ebelmen künstlich dargestellt.

$\dot{F}e \bar{A}l$, als Hercinit vorkommend.

$\dot{M}g \bar{A}l$, als Spinell vorkommend.

$\dot{Z}n \bar{F}e$, von Ebelmen künstlich dargestellt.

$\dot{F}e \bar{F}e$, als Magnetit vorkommend.

$\dot{M}g \bar{F}e$, noch nicht für sich beobachtet, angedeutet im Chlorospinell. Der Magnoferrit ist vielleicht diese Verbindung mit beigemengtem $\bar{F}e$.

Es würde aber nicht überraschen, wenn einmal $\dot{M}g \bar{F}e$ ganz rein vorkäme und ließe sich voraussagen, daß es dann in Oktaedern, wie der Kreittonit, krystallisirt wäre.

Auf die Verhältnisse des Vicarirens hat **Fuchs** zuerst aufmerksam gemacht, die Beziehungen zur Krystallisation hat erst **Mitscherlich** vollständig nachgewiesen.

Nach **Descloizeaux** kann in gewissen Fällen ein isomorpher Mischungstheil einen anderen nur bis zu einer bestimmten Quantität ersetzen, ohne daß die Krystallisation wesentlich geändert wird. So bleibt die Krystallisation des Orthoklas dieselbe, wenn er bis zu 6 Proc. Natron enthält, wenn aber der Natrongehalt weiter geht, wie im Albit, wird die Krystallisation klinorhomboidisch. Wenn für die Formel $\dot{R}^3 \ddot{S}i^2$ Magnesia dominirt, ist die Krystallisation rhombisch (Enstatit), wenn nur Kalk die Basis, ist sie klinorhombisch (Wollastonit), wenn Manganorybul dominirt (30—40 Proc.), ist sie klinorhomboidisch; kommen sämmtliche bas. Mischungstheile vor, so erscheint die eigentliche klinorhombische Augitform.

Diesem Isomorphismus zur Seite steht ein anderer, bei welchem weder analoge Mischung, noch überhaupt eine nähere Beziehung der Mischungstheile gegen einander zu beobachten ist. Eine Menge sehr verschieden zusammengesetzter Mineralspecies zeigen sich von gleicher oder sehr ähnlicher Krystallisation (Krystallreihe) und es kommt dieses in allen Systemen vor. So haben gleiche Krystallreihe Quarz $\ddot{S}i$ und Chabasit $\left.\begin{array}{l}\dot{C}a\\\dot{N}a\end{array}\right\}\ddot{S}i + \bar{A}l\ddot{S}i^2 + {}_8\dot{H}$; Korund $\bar{A}l$ und Phenakit $\dot{B}e^3\ddot{S}i$; Chrysolith $\dot{R}^3\ddot{S}i$ und Epsomit $\dot{M}g\ddot{S} + {}_7\dot{H}$ ꝛc. Um diese Erscheinung zu erklären, hat man das **Atom=Volum** berücksichtigt und nimmt an, daß isomorphe Körper gleiches oder wenigstens ähnliches Atom=Volum haben, woraus aber nicht folgt, daß Mischungen von gleichem Atom=Volum auch nothwendig isomorph sein müssen. Da sich bei den Mischungen des eben besprochenen Isomorphismus mit Vicariren diese annähernde Gleichheit des

Atom-Volums in vielen Fällen deutlich herausstellt, so hat man den Grund gleicher Form auch bei solchen Mischungen, die nicht zu den eigentlich vicarirenden gehörenden, in diesen Verhältnissen nachzuweisen gesucht. Das Atom-Volum eines Körpers ist ausgedrückt durch den Quotienten aus seinem spec. Gewicht in sein Atomgewicht oder Mischungsgewicht. Man weiß, daß 100 Gewichtstheile Gold einen kleinern Raum einnehmen, als 100 Gewthle. Eisen, und wenn man diese Zahl 100 durch die spec. Gewichte der beiden Metalle dividirt, so erfährt man, in welchem Verhältnisse ihre Volumina stehen. Bei den Atom-Volumen ist es ähnlich, aber man will nicht wissen, wie sich die Volumina g l e i c h e r Gewichtsmengen verhalten, sondern wie sich die Volumina derjenigen Gewichtsmengen verhalten, nach welchen sich chemische Verbindungen bilden, und diese sind in den stöchiometrischen Zahlen ausgedrückt.

Cerussit $\dot{P}b \ddot{C}$ und Strontianit $\dot{S}r \ddot{C}$ gehören zu den isomorphen Verbindungen, deren Basen vicarirende sind. Ihr Atom-Volum berechnet sich:

$\dot{P}b \ddot{C} \quad \begin{matrix} \dot{P}b = 1394 \\ \ddot{C} = 275 \end{matrix}$ spec. Gew. $6{,}5 \; \dfrac{1669}{6{,}5} = 256$ Atom-Volum.

stöch. Zahl $= \overline{1669.}$

$\dot{S}r \ddot{C} \quad \begin{matrix} \dot{S}r = 647 \\ \ddot{C} = 275 \end{matrix}$ spec. Gew. $3{,}7 \; \dfrac{922}{3{,}7} = 249$ Atom-Volum.

stöch. Zahl $= \overline{922.}$

Die Atom-Volume sind annähernd gleich. So erhalten die isomorphen vicarirenden Mischungen $\dot{M}g \,\bar{A}l$, $\dot{Z}n \,\bar{A}l$*), $\dot{F}e \,\bar{F}e$ die Atom-Volume 251; 252; 284 u. w.

Dagegen zeigen Calcit $\dot{C}a \ddot{C}$ und Nitratin $\dot{N}a \ddot{\ddot{N}}$ keine Analogie der Zusammensetzung und eine Verbindung beider oder ein Vicariren ist nicht anzunehmen. Sie krystallisiren aber sehr ähnlich

$\dot{C}a \ddot{C} \quad \begin{matrix} \dot{C}a = 350 \\ \ddot{C} = 275 \end{matrix}$ spec. Gew. $2{,}7 \; \dfrac{625}{2{,}7} = 231$ Atom-Volum.

stöch. Zahl $= \overline{625.}$

$\dot{N}a \ddot{\ddot{N}} \quad \begin{matrix} \dot{N}a = 387 \\ \ddot{\ddot{N}} = 675 \end{matrix}$ spec. Gew. $2{,}26 \; \dfrac{1062}{2{,}26} = 470$ Atom-Volum.

stöch. Zahl $= \overline{1062.}$

---

*) Nach Ebelmen ist das spec. Gew. $= 4{,}59$.

Es ist aber 231 : 470 nahe wie 1 : 2 und sind also 1 Mischungsgewicht oder 1 Atom Nitratin isomorph mit 2 Atomen Calcit. Würden sie Verbindungen mit einander eingehen oder vicariren, so könnte man erwarten, daß es in diesem Verhältniß der Anzahl der Atome geschehen würde, also nicht, wie beim erstgenannten Isomorphismus, Atom für Atom, sondern 2 Atome des einen Körpers gegen 1 Atom des andern. Derlei Verhältnisse sind mehrere erkannt worden und Scheerer hat damit eine besondere Art des Isomorphismus aufgestellt, indem er denjenigen, wo sich Atom für Atom vertauschen läßt, den monomeren (μόνος, einzeln, und μηρός, Theil, Glied), den letztern aber, wo m Atome eines Körpers A für n Atome eines Körpers B (für gleiches Atomvolum) zu vertauschen, den polymeren Isomorphismus nennt.

Im monomeren Isomorphismus ist ein Vicariren isomorpher Mischungen allgemein vorkommend, im polymeren scheint Aehnliches nur in einzelnen Fällen stattzufinden. Scheerer nimmt ein Vicariren an von 3 At. $\dot{\text{H}}$ für 1 At. $\dot{\text{Mg}}$, $\dot{\text{Mn}}$, $\dot{\text{Fe}}$, überhaupt $\dot{\text{R}}$; ferner ein Vicariren von 2 $\bar{\text{Si}}$ für 3 $\bar{\text{Al}}$. Diese Annahmen haben sich bis jetzt nicht in allen Fällen bewährt, wo man es erwarten konnte. Man hat auch geltend zu machen gesucht (Laurent und Dana), daß sich Oxyde von nicht analoger Zusammensetzung vertreten können, wenn sie in solchen Mengen genommen werden, daß ihre Sauerstoffmengen gleich seien, also 3 $\dot{\text{R}}$ für $\bar{\bar{\text{R}}}$, wie z. B. in den ähnlich krystallisirenden Species Augit $= \dot{\text{R}}^3\, \overline{\text{Si}}^2$ und Triphan $= (\dot{\text{R}}^3\, \bar{\bar{\text{R}}})\, \overline{\text{Si}}^2$, und weiter hat Dana gezeigt, daß die Atomvolume noch durch die Zahl der constituirenden Atome zu dividiren seien, um für die Mischung eine Einheit zu gewinnen. So ist das Atomvolum des Eisenoxyds $\overline{\overline{\text{Fe}}}$ mit 5 zu dividiren, indem es zu betrachten als $\frac{2}{5}$ Fe $+ \frac{3}{5}$ O; $\frac{2}{5} + \frac{3}{5} = \frac{5}{5} = 1$. In dieser Weise behandelt, sind die Zahlen für mehrere Atomvolume fast gleich geworden, da sie ohne die Division nur proportional waren.

Alle diese Untersuchungen sind zur Zeit noch als Anfänge zur Lösung des Problems zu betrachten, denn sie setzen eine Menge von Thatsachen voraus, die nicht zureichend feststehen. Sie fordern genaue Analysen, genaue Bestimmung des spec. Gewichts, genaue Bestimmung der Zusammensetzung*) der constituirenden Atome,

---

*) Die Kieselerde wird von vielen Chemikern als $\overline{\text{Si}}$ betrachtet, von andern als $\ddot{\text{Si}}$ (auch als $\dot{\text{Si}}$ und als $\bar{\bar{\text{Si}}}$).

genaue Kenntniß der stöchiometrischen Zahlen. Ueberall fast zeigen sich in den betreffenden Beobachtungen Differenzen und Schwankungen und mit kleinen Veränderungen fallen die Resultate der Rechnung oft sehr verschieden aus. Aus Schröber's Untersuchungen geht hervor, daß die Atomvolume isomorpher Verbindungen im Allgemeinen ganz ebensoweit auseinanderliegen, als die Atomvolume entsprechender heteromorpher Verbindungen; daß gleiches Atomvolum (Isosterismus) von Isomorphismus nicht bedingt wird, ebensowenig genähertes Atomvolum, obwohl es bei einzelnen Gruppen sich so zeigt. Eine Abhängigkeit der Axen und Winkel isomorpher Körper von der absoluten Größe ihres Atomvolums bestätigt sich nicht und Temperaturverschiedenheiten als Grund differirender Beobachtungen kommen nie so bedeutend vor, daß sie von wesentlichem Einflusse wären. (Poggd. Ann. B. CVII. 143.)

Bei den Mischungen tesseraler Krystalle hat man solche Gleichartigkeit des Atomvolums weniger zu erwarten, weil man weiß, daß solche Krystalle sich beim Erwärmen nach allen Richtungen gleichmäßig ausdehnen, also mit verändertem Volum keine Winkel- und Formdifferenz eintritt. Solches ist aber bei den monoaxen Krystallen nicht der Fall, da sie sich in verschiedenen Richtungen ungleich ausdehnen, also Formdifferenz stattfindet, wie Mitscherlich zuerst gezeigt hat. Durch Temperaturveränderungen werden übrigens die Axen eines Krystalls niemals so verändert, daß ihr Krystallsystem in ein anderes überginge oder ein irrationales Parameterverhältniß zu einem rationalen würde (Grailich und Lang).

Oefters wird beobachtet, daß dieselbe Mischung in wesentlich verschiedener Krystallisation erscheint, welches Verhältniß man mit Dimorphismus, Trimorphismus, Polymorphismus bezeichnet. Wohl erwiesene Beispiele sind $\overset{..}{Ca} \overset{..}{C}$ als Aragonit rhombisch, als Calcit hexagonal krystallisirend; $\overset{..}{Sb}$ und $\overset{..}{As}$ tesseral und auch rhombisch, die Titansäure $\overset{..}{Ti}$ als Rutil und Anatas quadratisch, aber von verschiedenen Krystallreihen, als Brookit rhombisch, Andalusit und Disthen, beide $\overset{..}{Al}^3 \overset{..}{Si}^2$, der erstere rhombisch, der letztere klinorhomboidisch, Kobaltin, tesseral, und Glaukodot rhombisch c.

Der Grund dieser Erscheinung ist unbekannt; vielleicht ist er darin zu suchen, daß dergleichen Krystalle nicht dieselbe absolute Anzahl von Atomen ihrer sonst gleichen Mischung einschließen, daß daher ein solcher Krystall des einen Systems von der Mischung (M), in einem zweiten m (M) und in einem dritten m' (M) sein kann, wo m, m' die Zahl der constituirenden Atome angeben. So sollte das

Manganoxyd, welches das Eisenoxyd in vielen Mischungen vicarirend vertritt, auch wie dieses hexagonal krystallisiren. Es krystallisirt aber als Braunit (welcher $\overset{...}{\text{Mn}}$) quadratisch. Die Krystallverschiedenheit ließe sich erklären, wenn der Braunit nicht 1 $\overset{...}{\text{Mn}}$ vorstellte, wie man beim Eisenoxyd oder Hämatit 1 $\overset{=}{\text{Fe}}$ annimmt, sondern wenn er m $\overset{...}{\text{Mn}}$, z. B. 2 $\overset{...}{\text{Mn}}$ vorstellte, wobei das Atomvolum auch ein anderes (obgleich proportional), als das des Eisenoxyds würde. —

Es kommen Fälle vor, wo die Gestalten einer bimorphen Substanz an einem Krystalle in der Art zugleich auftreten, daß ein solcher äußerlich die eine Gestalt, innerlich aber die zweite zeigt. Scheerer hat solche Krystalle Paramorphosen (von παρα, neben, zugleich, und μόρφωσις, Gestalt) genannt. Ein solcher Krystall hatte ursprünglich die äußere Form und war ihr entsprechend auch innerlich gestaltet, durch Temperaturveränderung und andere Veranlassung zu einer Molecularbewegung oder Verschiebung der kleinsten Theilchen haben sich diese später zu andern Krystallen umgelagert, die erste Form (die ältere Paläo=Form) hat sich aber äußerlich erhalten. Ein Beispiel ist der Schwefel. Er krystallisirt gewöhnlich rhombisch, aus dem Schmelzfluß aber bei raschem Erkalten klinorhombisch. Letztere Krystalle verändern sich allmälig innerlich in ein Aggregat rhombischer Krystalle, während die ältere klinorhombische Form äußerlich erhalten bleibt. Scheerer hat solche Paramorphosen für mehrere Mineralien angenommen, z. B. für gewisse Natrolithe, Albite, Amphibole ꝛc. Will man hier sicher gehen, so muß man die betreffenden Mischungen in beiden Krystallformen für sich kennen, wie beim Schwefel, außerdem ist eine Verwechselung mit einer Pseudomorphose leicht möglich.

II. Systematik.

Die Systematik lehrt die Begriffe der Gleichartigkeit und Aehnlichkeit auf die Mineralien in der Art anwenden, daß sie damit die Klassifikationsstufen bestimmt, welche Species, Geschlecht, Ordnung und Klasse heißen und in einer entsprechenden Reihung das System bilden.

Unter Mineralspecies versteht man den Inbegriff solcher Mineralien (oder Mineralindividuen), welche

in ihren wesentlichen Eigenschaften gleichartig sind.
Diese Eigenschaften und darunter vorzüglich Krystallisation und
Mischung, als die Bedingungen der übrigen, sind aber in ihren
innern Einheiten zu betrachten. Die verschiedenen Formen einer
Krystallreihe begründen daher keine verschiedenen Species, weil sie
aus einer innern Einheit, welche durch die Stammform bestimmt
ist, hervorgehen und bei absolut gleicher Mischung sich einfinden.
Sie verändern auch, wie verschieden sie erscheinen mögen, die
übrigen Eigenschaften eines Minerals in keiner Weise.

In der Mischung giebt es, streng genommen, nichts einer
Krystallreihe Analoges, denn die vicarirenden Mischungen, welche
noch am meisten den Krystallreihen analog zu halten wären, zeigen
sich niemals bei absolut gleichen übrigen Eigenschaften, sondern
bedingen immer Aenderungen und sogar in der Krystallisation oft
kleine Winkeldifferenzen. Mineralien von derselben Species haben
daher gleiche Mischung. Uebrigens hat man bei Differenzen in
Krystallisation und Mischung wohl zu beachten, daß sie sehr oft
zufällig sind und ihren Grund nur in einer unregelmäßigen Aggre=
gation der Krystallindividuen haben, in chemischen Einmengungen
und dergleichen. Bei sehr kleinen Differenzen in der einen oder
andern Eigenschaft hat man daher mit der Aufstellung einer neuen
Species behutsam zu sein, um nicht statt einer solchen nur einen
die unliebe Synonimik vergrößernden Namen in die Wissenschaft
einzubrängen. Es ist namentlich bei der Beurtheilung einer Analyse
auf mögliche Einmengungen zu achten und daher die Begleitung
eines Minerals von andern zu berücksichtigen. In vielen Fällen
kann man durch geeignete stöchiometrische Berechnung auf das
Wahre oder wenigstens auf das Wahrscheinlichste geführt werden.
Es möge ein Beispiel dergleichen Verfahren zeigen. Ein sogen.
Weißkupfererz von Schneeberg, auf frischem Bruche von fast zinn=
weißer Farbe, gab bei der Analyse:

$$\begin{array}{lrll}
\text{Schwefel} & 48{,}93 & \text{Mischungsgew.} & 24{,}46, \\
\text{Eisen} & 43{,}40 & \text{\textquotedbl} \quad \text{\textquotedbl} & 12{,}40, \\
\text{Kupfer} & 3{,}00 & \text{\textquotedbl} \quad \text{\textquotedbl} & 0{,}76, \\
\text{Arsenik} & 0{,}67 & \text{\textquotedbl} \quad \text{\textquotedbl} & 0{,}14, \\
\text{Quarz} & \underline{4{,}00} & & \\
& 100{,}00. & &
\end{array}$$

Die Mischung bezeichnet offenbar einen unreinen Pyrit oder
Markasit $\ddot{Fe}$, wahrscheinlich mit etwas Chalkopyrit und Arsenopyrit
gemengt. Um diese Vermuthung zu prüfen, hat man nach den
Formeln dieser Species $\ddot{Cu}\ddot{Fe}$ und $FeS^2 + FeAs^2$ zu rechnen.

Es verlangen, wie letztere Formel zeigt, obige 0,14 Mischungs=
gewichte Arſenik eben ſo viele Miſchungstheile Eiſen und Schwefel;
0,76 Miſchg. Kupfer verlangen aber zur Bildung von Chalkopyrit
eben ſo viele Miſchg. Eiſen und das Doppelte Schwefel oder der
enthaltene Arſenopyrit beſteht aus

0,14 Miſchg. Arſenik,
0,14 „ Eiſen,
0,14 „ Schwefel,

der enthaltene Chalkopyrit aber aus

0,76 Miſchg. Kupfer,
0,76 „ Eiſen,
1,52 „ Schwefel.

Man hat daher $0{,}14 + 0{,}76 = 0{,}9$ Miſchg. Eiſen und $0{,}14 +$
$1{,}52 = 1{,}66$ Miſchg. Schwefel für dieſe beigemengten Verbin=
dungen abzuziehen.

12,40 Miſchg. Eiſen,   24,46 Miſchg. Schwefel,
0,90   1,66
―――――   ―――――
11,50.   22,80.

Der Reſt entſpricht FeS^2 und man ſieht, daß das Mineral keine
eigenthümliche Species iſt und daß ſich ſeine beſondere Farbe,
ſowie ſein vom gewöhnlichen Pyrit etwas abweichendes Löthrohr=
verhalten ꝛc. durch die erwähnten Beimengungen erklärt.

Um zu beurtheilen, in wie weit vicarirende Miſchungstheile
zur Aufſtellung von Species berechtigen, hat man Folgendes zu
beachten. Es zeigt ſich, daß die Gränzglieder vicarirender Miſchungen,
nämlich die Glieder mit **einer** Baſis oder, im Falle ſie aus zwei
Verbindungen **verſchiedener** Art beſtehen, in jeder von dieſen
nur mit **einer** Baſis, daß dieſe Gränzglieder vorzugsweiſe zu gleichen
Atomen 1 : 1 in den Mittelgliedern zuſammentreten und andere
Verhältniſſe weniger beſtimmt und conſtant ſind. So ſind die
Gränzglieder der vicarirenden rhomboedriſchen Carbonate $\dot{C}a\ddot{C}$, $\dot{M}g\ddot{C}$,
$\dot{F}e\ddot{C}$, $\dot{M}n\ddot{C}$ ꝛc. und die durch allgemeinere Verbreitung und eigen=
thümlichen phyſikaliſchen Charakter ausgezeichneten Mittelglieder ſind

$\dot{C}a\ddot{C} + \dot{M}g\ddot{C}$; $\dot{F}e\ddot{C} + \dot{M}g\ddot{C}$; $\dot{M}n\ddot{C} + \dot{F}e\ddot{C}$ u. ſ. w.
(Dolomit)   (Meſitin)   (Oligonit)

So ſind in der Reihe der Chryſolithe die Gränzglieder

$\dot{M}g^3\ddot{S}i$; $\dot{M}n^3\ddot{S}i$; $\dot{F}e^3\ddot{S}i$
(Chryſolith) (Tephroit) (Fayalit)

und die Mittelglieder $\dot{C}a^3\ddot{S}i + \dot{M}g^3\ddot{S}i$; $\dot{M}n^3\ddot{S}i + \dot{F}e^3\ddot{S}i$ ꝛc.

(Batrachit)

So bei den Augiten, Granaten, Epidoten ꝛc. Ueberall zeigt sich die vorherrschende Verbindung solcher Mischungen zu gleichen Mischungsgewichten. Um nun eine zusammengesetztere Mischung solcher Art der ihr zugehörigen Species einzureihen oder zu beurtheilen, ob sie eine eigne Species bilde, hat man die in ihr enthaltenen Mittelglieder aufzusuchen und bildet ein solches die vorherrschende Mischung, so bezeichnet es auch die Species.

Die Analyse eines Magnesit aus dem Zillerthale von Stromeyer gab:

$\dot{M}g \ddot{C}$ 84,79,   stöch. Zahl   5,25,
$\dot{F}e \ddot{C}$ 13,82,   „   „   7,25,
$\dot{M}n \ddot{C}$ 0,69,   „   „   7,20,
                       ‾‾‾‾‾
                       99,30;

dividirt man mit den entsprechenden stöch. Zahlen, so ergeben sich 16,1 Mischungsgewichte $\dot{M}g \ddot{C}$ gegen 1,90 Mg. $\dot{F}e \ddot{C}$; bildet man mit letzterem das Mittelglied $\dot{M}g \ddot{C} + \dot{F}e \ddot{C}$, so sind für dieses 1,9 Mg. $\dot{M}g \ddot{C}$ erforderlich; zieht man diese von den 16,1 ab, so sind die Mischungen 14,2 Mg. $\dot{M}g \ddot{C}$ und 1,9 Mg. ($\dot{M}g \ddot{C} + \dot{F}e \ddot{C}$). Das Mineral gehört also zur Species Magnesit, als eine mit Mesitin (molecular) gemengte Varietät.

Ein ganz neu auftretendes Gränzglied, wenn auch untergeordnet, kann zur Aufstellung einer Species berechtigen, wenigstens so lange, bis dieses Gränzglied selbstständig gekannt ist. Der Chlorospinell enthält z. B. auf 5 Mg. $\dot{M}g \bar{Al}$ nur ungefähr 1 Mg. ($\dot{M}g \bar{\bar{Fe}} + \dot{M}g \bar{Al}$). Wir werden ihn wegen des neuen Gränzgliedes $\dot{M}g \bar{\bar{Fe}}$ zweckmäßig als eine besondere Species aufzustellen haben, bis dieses oder das Mittelglied $\dot{M}g \bar{\bar{Fe}} + \dot{M}g \bar{Al}$ selbstständig bekannt ist. Dann aber wäre der jetzige Chlorospinell als gewöhnlicher Talkspinell zu betrachten, dem etwas Chlorospinell beigemengt ist.

Die Individuen einer Mineralspecies, in so fern sie in Krystallisation, Glanz, Pellucidität ꝛc. verschieden sein können, heißen Varietäten.

Den übrigen Klassifikationsstufen liegt der Begriff der Aehnlichkeit zum Grunde: Geschlecht ist der Inbegriff ähnlicher Species, Ordnung der Inbegriff ähnlicher Geschlechter und Klasse der Inbegriff ähnlicher Ordnungen.

Wie bei der Species die **Gleichartigkeit**, so soll sich hier die **Aehnlichkeit** auf die wesentlichen Eigenschaften der Krystallisation und Mischung beziehen. Hieraus ergiebt sich sehr einfach, daß die natürlichsten Geschlechter diejenigen Gruppen von Mineralien bilden werden, die wir oben als chemische Formationen bezeichnet haben, wie z. B. eine solche die Species Spinell, Gahnit, Magnetit, Chromit ꝛc. enthält. Zur Zeit aber sind diese Geschlechter noch zu wenig bekannt, als daß damit ein System gebaut werden könnte, denn es ließen sich nicht viel über dreißig, als mehrere Species zählend, aufstellen, während die übrigen, gegen fünfhundert, nur immer **eine** Species enthalten würden. Es kann sich daher gegenwärtig nicht um die Aufstellung eines einigermaßen vollkommenen Systems handeln, sondern nur, so zu sagen, aushilfsweise, um die Bildung größerer Gruppen, welche das Ueberschauen und Auffinden der Mineralspecies erleichtern. Indem wir hierbei den chemischen Eigenschaften, als denjenigen, welche unabhängig von Krystallisation und dem Aggregatzustande überhaupt wahrgenommen werden können, den Vorzug vor den physischen einräumen, wollen wir zunächst metallische und nichtmetallische Elemente sondern und bei der Gruppirung ihrer Verbindungen zu Geschlechtern, Ordnungen ꝛc. besonders berücksichtigen, daß diese Stufen durch chemische Kennzeichen charakterisirt werden. Eine aus diesem Gesichtspunkte zu betrachtende Anordnung ist in der Charakteristik und Physiographie zu Grunde gelegt worden. Der Kürze wegen sind übrigens nur dann die Geschlechter hervorgehoben worden, wenn mehrere Species dafür angegeben werden konnten.

III. Nomenclatur.

Die mineralogische Nomenclatur ist eine systematische, irgend einem System entsprechend, oder eine populäre. Die letztere, von irgend einem Systeme unabhängig und eben darum allgemein brauchbar, ist auch zur Zeit die vorzugsweise übliche.

Der Name einer Species soll wo möglich kurz, wohlklingend, an irgend eine charakteristische Eigenschaft erinnernd, und einer überall bekannten und auch sonst geeigneten Sprache, z. B. der griechischen, entnommen sein. Dergleichen Namen sind z. B. Apophyllit, Pyromorphit, Orthoklas ꝛc., für alle Mineralspecies aber

solche zu finden, zeigt sich als eine Unmöglichkeit. Die Mineral=
namen waren demnach von jeher der buntesten Abstammung.

Wir haben 1) Namen aus der griechischen und skandinavisch=
deutschen Mythologie. Dergleichen sind Cerit (von Cerium) nach
der Ceres, Martit nach dem Mars, Titanit, Tantalit, Niobit,
Aegyrin nach Aegyr, dem altskandinavischen Gott des Meeres,
Thrit nach dem Kriegsgott Thr ꝛc.

2) Namen nach Personen, Wernerit, Hauyn, Cordierit, Wolla=
stonit, Dabyn ꝛc., Leuchtenbergit, Johannit, Christianit, Cancrinit,
Uwarovit, Göthit, Puschkinit ꝛc.

3) Namen nach Fundorten, Vesuvian, Aragonit, Strontianit,
Tirolit, Clausthalit, Spessartin, Caledonit (Caledonia — Schott=
land), Columbit (Columbien — Amerika) ꝛc.

4) Nach Krhstallisation und Structur, Axinit von $\alpha\xi\acute{\iota}\nu\eta$, Beil,
Orthoklas von $\dot{o}\varrho\vartheta\acute{o}\varsigma$ und $\varkappa\lambda\acute{\alpha}\omega$, rechtwinklich spaltbar, Periklin
von $\pi\varepsilon\varrho\iota\varkappa\lambda\iota\nu\acute{\eta}\varsigma$, sich ringsum neigend, Staurolith von $\sigma\tau\alpha\upsilon\varrho\acute{o}\varsigma$,
Kreuz, und $\lambda\acute{\iota}\vartheta o\varsigma$, Stein, Chondrodit von $\chi\acute{o}\nu\delta\varrho o\varsigma$, Korn (Pille),
Fibrolith von fibra, Faser, Krokydolith von $\varkappa\varrho o\varkappa\acute{\upsilon}\varsigma$, Faden, Nema=
lith von $\nu\tilde{\eta}\mu\alpha$, Faden ꝛc.

5) Nach der Farbe, Asbolan von $\dot{\alpha}\sigma\beta\acute{o}\lambda\eta$, Ruß, Melanit von
$\mu\acute{\varepsilon}\lambda\alpha\varsigma$, schwarz, Anthophyllit von anthophyllum, die Gewürznelke,
Olivenit und Olivin nach der Olivenfarbe, Rutil von rutilus, roth,
Rubin von rubeus, Rhodonit von $\dot{\varrho}o\delta\acute{o}\nu$, die Rose, Rhodochrosit
von $\dot{\varrho}o\delta\acute{o}\chi\varrho o\upsilon\varsigma$, rosenfarbig, Rhodicit von $\dot{\varrho}o\delta\acute{\iota}\zeta\omega$, der Rose glei=
chen, Rhodalit von $\dot{\varrho}o\delta\alpha\lambda\acute{o}\varsigma$, rosig, Rosellan von rosellus, feurig,
Rubellan von rubellus, roth, Erubescit von erubescere, erröthen ꝛc.

6) Nach der Härte, Pellucidität, Glanz, Elektricität ꝛc., Anal=
cim von $\ddot{\alpha}\nu\alpha\lambda\varkappa\iota\varsigma$, kraftlos, Augit von $\alpha\dot{\upsilon}\gamma\acute{\eta}$, Glanz, Disthen von
$\delta\acute{\iota}\varsigma$ und $\sigma\vartheta\acute{\varepsilon}\nu o\varsigma$, von doppelter Kraft, Baryt von $\beta\alpha\varrho\acute{\upsilon}\varsigma$, schwer,
Eläolith von $\ddot{\varepsilon}\lambda\alpha\iota o\nu$, Oel, Stilbit von $\sigma\tau\acute{\iota}\lambda\beta\eta$, Glanz ꝛc.

7) Nach dem chemischen Verhalten oder nach der Mischung,
Apophyllit von $\dot{\alpha}\pi o\varphi\upsilon\lambda\lambda\acute{\iota}\zeta\omega$, sich aufblättern (vor dem Löthrohre),
Eudialyt von $\varepsilon\dot{\upsilon}\delta\iota\acute{\alpha}\lambda\upsilon\tau o\varsigma$, leicht aufzulösen, Dyslytit von $\delta\upsilon\acute{\alpha}\lambda\upsilon$-
$\tau o\varsigma$, unlösbar, Diaspor von $\delta\iota\acute{\alpha}\sigma\pi\varepsilon\iota\varrho o\nu$, zerstäuben (vor dem Löth=
rohre), Antimonit, Arsenit, Argentit, Cuprit, Polybasit ꝛc.

8) Nach allerlei Beziehungen und Deutungen, Amphibol von
$\dot{\alpha}\mu\varphi\acute{\iota}\beta o\lambda o\varsigma$, zweideutig, Apatelit von $\dot{\alpha}\pi\alpha\tau\eta\lambda\acute{o}\varsigma$, betrügerisch,
Apatit von $\dot{\alpha}\pi\acute{\alpha}\tau\eta$, Betrug, Paragonit von $\pi\alpha\varrho\acute{\alpha}\gamma\omega$, verführen,
Phenakit von $\varphi\acute{\varepsilon}\nu\alpha\xi$, Betrüger ꝛc., Eremit von $\ddot{\varepsilon}\varrho\eta\mu o\varsigma$, einsam,
Eukairit von $\varepsilon\ddot{\upsilon}\varkappa\alpha\iota\varrho o\varsigma$, zur rechten Zeit, Eugenit von $\varepsilon\dot{\upsilon}\gamma\varepsilon\nu\acute{\eta}\varsigma$,
wohlgeboren ꝛc.

9) Alte Namen, zum Theil unbekannter Abkunft, Berill,
Gyps, Jaspis, Kaolin, Korund ꝛc.

Man sieht schon aus diesen wenigen Namen, wie man über ihre Bildung in Verlegenheit war, wie man z. B. alle Worte aus der griechischen und lateinischen Sprache zusammensuchte, um ein rothes Mineral zu taufen oder ein faseriges u. s. w. Das Besser=machenwollen, Uebersetzen, Unkenntniß des Vorhandenen, oberfläch=liche Untersuchung ꝛc. haben noch ein Heer leidiger Synonymen geliefert und soll der Verwirrung gesteuert werden, so mögen nach=stehende Punkte Beachtung und Annahme finden.

1) Die Mineral=Namen überhaupt und insbesondere die Na=men nach Personen und Orten sollen ihrer Abstammung gemäß geschrieben und nicht dieser oder jener Sprache an=gepaßt werden.
2) Sie sollen möglichst der griechischen Sprache entnommen werden. Technisch wichtige Mineralien haben in jedem Lande ihren besonderen Namen und sollen ihn behalten; zum Zweck allgemeiner wissenschaftlicher Verständigung ist aber ein einer allgemein bekannten (am besten todten) Sprache entnommener Name nothwendig.
3) Der Name, welcher einer sich bewährenden Mineralspecies zuerst gegeben wurde, ist anzuerkennen und zu gebrauchen, wenn er nicht gegen 1) und 2) verstößt.
4) Die systematische Nomenklatur soll die specifischen Namen der Mineralien nur durch Zusätze verändern oder dadurch, daß sie dieselben in Beiwörter verwandelt.

S. m. Schrift: „Die Mineral=Namen und die mineralogische Nomenklatur."

IV. Charakteristik und Physiographie.

Die Charakteristik wendet den vorbereitenden Theil der Mine=ralogie auf die Mineralien in der Art an, daß sie von diesen als Species und von ihren Gruppen als Geschlechter, Ordnungen und Klassen angiebt, was zu ihrer Erkennung und Unterscheidung nothwendig ist; die Physiographie aber beschreibt die Species nach allen Erfahrungen, die über sie in naturhistorischer Beziehung be=kannt sind, und ergänzt die Charakteristik, wenn eine vollständige Kenntniß derselben gegeben werden soll.

In den folgenden Artikeln der Charakteristik und Physiographie kommen häufig nachstehende Abkürzungen vor:

Klsystem = Krystallsystem, Klisirt = krystallisirt,
Stf. = Stammform,
spltb. = spaltbar,
H. = Härte,
G. = specifisches Gewicht,
v. d. L. = vor dem Löthrohre,
aufl. = auflöslich,
Aufl. = Auflösung,
Präc. = Präcipitat.

Die Winkelangaben der Stammformen betreffend, so ist bei der Quadratpyramide der zuerst angegebene Winkel immer der Scheitelkantenwinkel, der zweite der Randkantenwinkel, ebenso bei der hexagonalen Pyramide.

Beim Rhomboeder ist der angegebene Winkel der Scheitelkantenwinkel (der Randkantenwinkel sein Supplement).

Bei der Rhombenpyramide sind die ersten beiden Winkel die Scheitelkantenwinkel, der dritte angegebene der Randkantenwinkel.

Beim Hendyoeder ist der zuerst angegebene Winkel der Winkel der Seitenkanten, auf welchen die Endfläche ruht, der zweite Winkel ist der Winkel der Endfläche mit den (vordern) Seitenflächen.

Charakteristik und Physiographie.

I., Klasse.

Nichtmetallische Mineralien.

Ihr spec. Gewicht ist gewöhnlich unter 4, nicht über 5, sie besitzen keinen Metallglanz, geben v. d. L. mit Soda kein Metallkorn oder farbigen Beschlag der Kohle, entwickeln keinen Geruch nach Arsenik, Selen oder schwefelichter Säure und ihre sauren Auflösungen werden von Schwefelwasserstoffgas nicht gefällt.

(Ausnahmen in einigen Eigenschaften machen Schwefel und Graphit.)

I. Ordnung. Kohlenstoff.

Unschmelzbar. Von Säuren nicht angegriffen. In sehr starkem Feuer unter dem Zutritt der Luft zu Kohlensäure verbrennend.

Diamant.)

Krystallsystem: tesseral. Stf. Oktaeder. Spltb. primitiv deutlich. Br. muschlig. Durchsichtig — durchscheinend.

Diamantglanz. H. = 10. G. = 3,5 — 3,6. Reiner Kohlenstoff = C. Farblos und lichte gelb, braun, blau, roth und grün. Durch Reiben + el.

Die gewöhnlichen Formen sind: Tab. I. Fig. 9, 1, 13, 11, 12, 15, 19, 59. Die Fl. des Oktaeders eben, die übrigen meistens gewölbt.

Dichter, wahrscheinlich mit amorpher Kohle gemengter Diamant von schwarzer Farbe und von spec. G. = 3,01 — 3,41, kommt in kleinen Stücken in Brasilien vor (sog. Carbonat). Göppert will algenartige Einschlüsse im Diamant beobachtet haben.

Der Diamant findet sich in ringsum ausgebildeten Krystallen und in Körnern in eisenhaltigem Conglomerat und in Sandsteinbreccie, im Schuttland und Sand der Flüsse. Die berühmtesten Fundgruben sind Ostindien (Golconbah, Hybrabad, Pannah), die Insel Borneo und Brasilien (Minas Geraes). Von daher kommen jährlich gegen 13 Pfund nach Europa. Es wurde in Bagagem, Minas Geraes, 1853 ein Diamant von 254 Karat gefunden. Die Ausbeute in Indien ist gegenwärtig sehr gering. Auch im nördlichen Ural hat man (angeblich) in der Nähe von Kuschwinsk Diamanten gefunden, doch bis jetzt nur in sehr geringer Zahl.

Auch in Australien hat man Diamanten gefunden und angeblich i. J. 1870 einen in den Granatgräbereien von Leitmeriz in Böhmen.

Die Diamanten werden mit ihrem eigenen Pulver auf Drehscheiben von Gußeisen oder Stahl geschliffen. Dieses Schleifen wurde erst 1456 von Ludwig van Berquen aus Brügge erfunden. Je nach der Art des Schliffes unterscheidet man Brillanten, Rosetten, Tafelsteine. Die besten Steine werden als Brillanten geschliffen, in der Hauptform doppelt konisch und vielfach facettirt.

Rohe, zum Schnitt taugliche, Diamanten werden das Karat (= 4 Grän, ein Loth köln. zu 72 Karat) mit 20—24 Gulden bezahlt, ist aber der Stein über 1 Karat schwer, so wird das Quadrat des Gewichts mit dem Preise des einfachen Karats multiplicirt. Aehnlich ist es bei geschliffenen Steinen, doch kostet bei diesen (reine Brillanten) das Karat 100 fl.; also ein Stein von 4 Karat 4mal 4mal 100 = 1600 fl. Bei Steinen über 8 Karat steigt der Preis oft noch höher. Die Preise sind in neuester Zeit über die Hälfte gestiegen. Diamanten von $\frac{1}{4}$ Loth sind schon außerordentliche Kostbarkeiten, doch giebt es einzelne sehr große, z. B. der des Raja von Mattun auf Borneo gegen 5 Loth, der des türkischen Kaisers 4 Loth, ein dergleichen im russischen Scepter $2\frac{1}{2}$ Loth. Dieser hat im größten Durchmesser 1 Zoll, in der Höhe 10 Linien. Im österreichischen und französischen Schatz befinden sich auch Diamanten von 2 Loth und einer der vollkommensten nach Reinheit und Schliff ist der französische, Pitt oder Regent genannte, welcher gegen 1 Loth wiegt. Er wurde für Ludwig XV. für die Summe von 135 000 Pfd. Sterling angekauft, soll aber auf mehr als das Doppelte geschätzt sein. Der Kohinor, gegenwärtig im Schatz von England, stammt aus Indien. Er war vor dem vollkom-

menen Schleifen über 1½" lang und 1" dick und wog 2⅗ Loth. Vergl. Handbuch der Edelsteinkunde ꝛc. von Karl Emil Kluge. Leipzig 1860. —
Unreine Diamanten werden als Schleifpulver und zum Glasschneiden verwendet.

Daß der Diamant aus Kohlenstoff bestehe, weiß man erst in Folge der Versuche über sein Verhalten im Feuer, mit welchen 1694 zu Florenz der Anfang gemacht wurde. Man fand, daß der Diamant in starkem Feuer zerstört werde. Fortgesetzte Untersuchungen in Wien und vorzüglich in Paris unter den Gelehrten d'Arcet, Rouelle, Maquer und Lavoisier zeigten aber, daß solches nur bei Zutritt der Luft geschehe. Diese Beobachtungen wurden zum Theil in Folge der Einwürfe der französischen Juweliere Le Blanc und Maillard gemacht, von welchen es Letzterem gelang, einen in Kohlenpulver wohl eingepackten Diamanten in einer Thonkapsel dem heftigsten Feuer auszusetzen, ohne daß er verletzt wurde. Mit Rücksicht hierauf wurden später Diamanten im Sauerstoffgas verbrannt und dabei Kohlensäure als Produkt erhalten u. s. w. Uebrigens hatte schon Newton vor den Versuchen in Florenz aus dem großen Lichtbrechungsvermögen des Diamants geschlossen, daß er eine verbrennliche Substanz sein müsse.

Graphit.

Krystallsystem: hexagonal (?). Es finden sich hexagonale Tafeln. Spltb. basisch, sehr vollkommen. Br. uneben. Eisenschwarz — stahlgrau. H. 1,5. Milde, in dünnen Blättchen biegsam. Fett anzufühlen und abfärbend. G. 1,8 — 2,4. Guter galvan Leiter. Mit Salpeter im Platinlöffel geschmolzen verpufft er und bildet sich kohlensaures Kali. Von Säuren wird nur beigemengtes Eisenoxyd ausgezogen. Kohlenstoff, mit Eisenoxyd, Kieselerde, Thonerde und Titanoxyd mehr oder weniger verunreinigt. Gewöhnlich in derben schuppigen oder erdigen Massen.

In Urgebirgen, Granit, Gneiß, Glimmerschiefer, Urkalk ꝛc. manchmal in bedeutenden Massen. Selten in tafelförmigen Krystallen zu Helette in den Pyrenäen und zu Borrowdale in Cumberland. Großblättrig auf Ceylon, in schuppigen Massen zu Hafnerszell und Griesbach im Passauischen, Schlottwien und Spitz in Oesterreich, Arendal in Norwegen, Tunaberg in Schweden, Schottland, Nordamerika. Ein feiner dichter Graphit findet sich auch bei Wunsiedel und Gefrees im Bayreuthischen.

Die Graphitkrystalle sind vielleicht (nach Fuchs) Pseudomorphosen von Kohleneisen, woraus das Eisen auf irgend eine Weise aufgelöst wurde; ähnliche blättrige Krystalle bilden sich in Hochöfen und geben, wenn das Eisen mit Säuren extrahirt wird, Graphit, ohne daß die Blätterform dabei zerstört wird.

Der Graphit wird zu Bleistiften verwendet und entweder in die taugliche Form geschnitten und gesägt, oder es werden die Abfälle mit Schwefel und Colophonium zusammengeschmolzen und verarbeitet. Mit Thon gemengt, wird er zu Hafnerszell zu Schmelztiegeln, welche vorzüglich für Metalle gebraucht werden, verwendet. Er dient ferner als Ofenschwärze und zum Einreiben und Leitendmachen von Stearin-, Wachs- und Gypsmodellen in der Galvanoplastik.

An den Graphit schließt sich der Anthracit (Kohlenblende) an, welcher wesentlich nur Kohlenstoff ist und mit verkokten Steinkohlen theilweise übereinkommt. Er findet sich derb, schwarz, metallähnlich glänzend. Er ist an der Flamme eines Kerzenlichts nicht entzündlich, giebt im Kolben außer etwas Wasser keinen oder nur einen sehr geringen Beschlag von Theer und verbrennt v. d. L. allmälig, ohne zu schmelzen. Mit Kalilauge gekocht, ertheilt er der Lauge keine Färbung. Vorzüglich im Uebergangsgebirge. In mächtigen Lagern in Pennsylvanien, dann in Frankreich, England, Schottland, Norwegen, am Harz, in Hessen, Sachsen 2c. Er ist, obwohl schwer entzündlich, ein gutes Brennmaterial und wird zur Eisenfabrikation gebraucht. Pennsylvanien producirt jährl. über 60 Millionen Centner.

Es schließen sich hier ferner die Stein- und Braunkohlen an, welche die Reste einer untergegangenen Pflanzenwelt sind. Sie bestehen aus amorphen, schwarzen oder schwärzlichbraunen Substanzen, von geringer Härte, Glas — Fettglanz, sp. G. 1,2 — 1,5, und sind vorzüglich durch die Verhältnisse ihres Vorkommens und durch ihre Mischung und chemische Reaction zu unterscheiden. Sie sind an der Flamme eines Kerzenlichts entzündlich und brennen mit Entwicklung eines brenzlichen Geruches. V. d. L. im Kolben geben sie bräunliche und bräunlich-gelbe Theertropfen.

Die eigentlichen Steinkohlen oder auch Schwarzkohlen (Pechkohle, Schieferkohle, Kännelkohle) enthalten zwischen 75 und 90 pCt. Kohlenstoff, ferner Wasserstoff, Sauerstoff, etwas Stickstoff und erdige Theile. In einem bedeckten Tiegel erhitzt oder trocken destillirt, entwickeln sie brennbare Gasarten, vorzüglich Kohlenwasserstoffgase, welche im Großen nach mancherlei Reinigung von gleichzeitig sich bildendem kohlensaurem Gase, kohlensaurem Ammoniak, Theer 2c. zur Gasbeleuchtung verwendet werden. Dabei schmelzen einige, die harzreichern, und hinterlassen eine mehr oder weniger aufgeblähte Kohle (Coaks), welche schwer verbrennlich ist, aber eine sehr intensive Hitze giebt. Die schwammartigen Coaks sind die brauchbarsten. Manche Kohlen geben bis zu 85 pCt. Coaks, andere nur 55 pCt. Die reinsten Steinkohlen enthalten nur 1 — 2 pCt. erdige Theile, welche in den Coaks zurückbleiben.

Werden diese Kohlen mit Kalilauge gekocht, so ertheilen sie der Lauge keine oder nur eine sehr blaß weingelbe Farbe und dieses Verhalten ist ein vorzügliches Unterscheidungskennzeichen von den Braunkohlen.

Die Steinkohlen oder Schwarzkohlen bilden mit dem Kohlensandstein, Schieferthon und rothen Sandstein eine große Formation im Flötzgebilde an der Gränze des Uebergangsgebildes. In kleinen Quantitäten kommen sie auch in jüngern Formationen vor, doch sind wohl viele dieser Kohlen mehr Braunkohlen.

Im nördlichen Frankreich, in Belgien und England (vorzüglich Newcastle) sind die bedeutendsten Steinkohlengruben, die man kennt. In Deutschland sind sie am linken Rheinufer verbreitet, bei St. Ingbert, Eschweiler, Saarbrücken, in Westphalen, am Harz, in Sachsen bei Dresden, Zwickau, Haynichen ꝛc., in Böhmen und Schlesien. England und Schottland produciren über 620 Mill. Centner Kohlen, Belgien 100 Mill., Frankreich 80, Preußen 70, Oesterreich 8; die Nordamerikanischen Staaten über 90 Mill.

Als Brennmaterial sind diese Kohlen von hohem Werthe und zur Gasbeleuchtung viel vorzüglicher als die Braunkohlen.

Die **Braunkohlen** sind in ihren physischen Eigenschaften manchmal von den eigentlichen Steinkohlen nicht zu unterscheiden, doch haben viele eine ins Braune sich ziehende Farbe und manchmal deutliche Holztextur (bituminöses Holz). Sie haben dieselben Mischungstheile, wie die Schwarzkohlen, doch meistens in andern Verhältnissen, enthalten weniger Kohlenstoff, zwischen 20 und 60 pCt. und geben mehr Asche, bis 18 pCt. Ihr Verhalten im Feuer ist dem der Schwarzkohlen ähnlich, doch zerklüften und zerfallen die meisten Varietäten und geben nur schlechte Coaks. Mit Kalilauge gekocht, geben sie mehr oder weniger braun gefärbte Auflösungen, welche, mit Salzsäure neutralisirt, einen braunen Niederschlag von Huminsäure ausscheiden.

Die Braunkohlen finden sich vorzüglich im tertiären Gebilde über der Kreideformation mit Sandstein (Molasse), thonigen Schichten und Schieferthon, am Fuße der Gebirge, öfters die Erdoberfläche berührend oder von Geröllen bedeckt. Sie sind sehr allgemein verbreitet, im Mansfeldischen und in Thüringen, Sachsen, Wetterau, in der Rhön, in Hessen, im Rheinthal zwischen Bonn und Cöln, Bayern, Böhmen, am Fuße der Alpen, in Frankreich, England, Island (sog. Surturbrand) ꝛc. Die Braunkohlen dienen als Brennmaterial, wie die Schwarzkohlen, doch stehen sie diesen an Werth nach.

Im Anschlusse an diese Kohlen sind als vielleicht von ähnlichem Ursprunge noch das **Erdöl** und **Erdpech** (Asphalt) zu nennen und der **Bernstein**. Das **Erdöl** (Naphta) ist sehr dünnflüssig, leicht flüchtig und entzündlich. Es besteht aus 88 Kohlenstoff und 12 Wasserstoff und kommt manchmal in bedeutender Menge vor, in Parma, Modena, Zante, Baku am casp. Meere, Persien ꝛc. (das v. Tegernsee enthält Paraffin aufgelöst). Es wird zur Beleuchtung, zum Auflösen von Harzen, als Medicament, zur Firnißbereitung ꝛc. gebraucht. — Das **Erdpech** ist fest, von muschligem Bruche, braunschwarz, leicht schmelzbar, wie Siegellack fließend u entzündlich. In Aether leicht auflöslich. Kommt zum Theil in bedeutenden Lagern vor in der Schweiz, Albanien, Cornwallis ꝛc. Wird zum Theeren, zu Straßenpflaster, als Achfirniß ꝛc. gebraucht. Aus den bituminösen Schiefern von Seefeld in Tyrol werden jährlich gegen 12,000 Ctr. Asphalt gewonnen, in Dalmatien 1000 Ctr. — Der **Bernstein** ist eine harzähnliche, eine eigenthümliche Säure, die Bernsteinsäure, enthaltende Substanz, durchsichtig — durchscheinend, von geringer Härte und verschieden gelber Farbe. Er ist entzündlich und brennt, einen angenehmen Geruch verbreitend. Findet sich, öfters Insekten, Blätter und dergleichen einschließend, vorzüglich an der preußischen Küste, wo er meistens vom Meere ausgeworfen wird, aber auch in Sachsen, Spanien, Sicilien, China ꝛc. hat man ihn gefunden, theils im Sande, theils in Braunkohlen. Bekanntlich wird er als Schmuckstein, zu Pfeifenspitzen ꝛc. verarbeitet. Der jährliche Pacht für den Bernstein um Königsberg beträgt 10,000 Thaler.

II. Ordnung. Schwefel.

Schmelzbar = 1, entzündlich und zu schweflichter Säure verbrennend.

Schwefel.

KSystem: rhombisch. Stf. Rhombenpyramide 84° 58′; 106° 38′; 143° 16′. Spltb. unvollkommen primitiv und prismatisch. Br. muschlig — uneben. Pellucid. Fettglanz, auch Glasglanz. H. 2,3. Spröde. G. 1,9—2,1.

Ist ein Element, dessen Zeichen S, zuweilen mit erdigen und thonigen Theilen gemengt. Gelb in verschiedenen Abänderungen, graulich, bräunlich.

In den Combinationen die Stf. vorherrschend. Oefters 2 Pyramiden und das Prisma. Auch Combinationen ähnlich Fig. 42, derb, erdig.

Der Schwefel findet sich in ältern und neuern Formationen und in allen brennenden Vulkanen, in bedeutenden Massen aber liefert ihn nur Sicilien. (Vom Gestein wird er durch Destillation geschieden.) Schöne Varietäten kommen vor zu Conilla bei Cadix, Girgenti und Cataldo in Sicilien, an der Solfatara des Vesuvs, auf dem Aetna, den liparischen Inseln, in den Vulkanen der Andes ꝛc. Sicilien liefert jährlich über 1½ Mill. Ctr., Neapel und die toskanischen Solfataren 20—30,000 Ctr. gediegenen Schwefel, Oesterreich mit Schwefel aus Kiesen gegen 32,000 Ctr. Die europäische Gesammtproduction an Schwefel betrug i. J. 1867 gegen 7 Millionen Centner.

Der im Handel vorkommende Schwefel wird zum Theil künstlich aus Eisenkies und andern Kiesen gewonnen, indem diese Erze in irdenen tonischen Röhren erhitzt und die Schwefeldämpfe in eiserne, mit Wasser gefüllte Vorlagen geleitet werden. Dieser Rohschwefel giebt dann durch Umschmelzen den sogenannten Stangenschwefel, wie er im Handel vorkommt.

Der Gebrauch des Schwefels als Zündmaterial, zur Bereitung des Schießpulvers, der englischen Schwefelsäure ꝛc. ist bekannt. Wenn der Schwefel einige Zeit geschmolzen und dann in Wasser gegossen wird, so wird er amorph und bildet eine zähe, plastische, zu Pasten brauchbare Masse; nach einiger Zeit geht er wieder in den krystallinischen Zustand über und wird spröde.

III. Ordnung. Fluoride. Fluor-Verbindungen.

V. d. L. in Phosphorsalz leicht aufl. Mit Schwefelsäure viel flußsaures Gas entwickelnd, ohne, damit befeuchtet, die Löthrohrflamme grünlich zu färben.

Liparit. Flußspath.

Krystem: tesseral. Stf. Oktaeder. Spltb. primitiv sehr vollkommen. Br. muschlig — uneben. Pellucid. Glasglanz. H. 4. G. 3,1—3,2. Erwärmt phosphorescirend.
V. b. L. schmelzbar = 3 zu einem alkalisch reagirenden Email. In Salzsäure leicht auflöslich. CaF = Calcium 51,28, Fluor 48,72.

Selten farblos, meist in lichten, zum Theil sehr schönen Abänderungen von Blau, Grün und Gelb, auch rosenroth, bräunlich, graulich ꝛc. Manche Krystalle sind violett bei auffallendem Lichte und grün, auch gelblich und rosenroth bei durchfallendem Lichte.

Die herrschende Form ist der Würfel. Außerdem die Gestalten Tab. II. Fig. 9, 6, 13, 7, 14, 5, 12.

Derb, körnig, stänglich, selten dicht; erbig. Häufig auf Erzgängen, auch auf Lagern.

Ausgezeichnete Varietäten kommen vor: in England, Cornwalis, Derbyshire, Devonshire und Cumberland; im sächsischen und böhmischen Erzgebirge zu Freiberg, Geyersdorf, Annaberg, Johanngeorgenstadt, Zinnwald ꝛc., in Baden zu Badenweiler; in Bayern zu Bach bei Regensburg, Wunsiedel in Oberfranken und zu Wölsendorf in der Oberpfalz, hier eine dunkelviolette, beim Reiben chlorähnlichen Geruch verbreitende Varietät, enthält Schönbein's Antozon (+ el. Sauerstoff). — Der Flußspath dient zur Bereitung der Flußsäure. Die Murrhinischen Gefäße der Alten bestanden wahrscheinlich auch aus Flußspath.

Liparit kommt von λιπαρός, glänzend, stattlich.

Kryolith.

Krystem: klinorhomboidisch n. Websky. Spltb. prismatisch und basisch, fast rechtwinklig. Br. uneben, unvollkommen muschlig. Durchscheinend. Glasglanz, zum Fett= und Perlmutterglanz geneigt. H. 2,5. G. 2,9—3,0. V. b. L. schmelzbar = 1 zu einem alkalisch reag. Email. In Schwefelsäure auflöslich. Mit Wasser übergossen, wird er eigenthümlich gallertartig und durchscheinend.
$3 NaF + AlF^3$. Fluor 54,04. Natrium 32,93, Aluminium 13,03. Weiß, gelblich, röthlich.

Gewöhnlich derb, auf Lagern in Gneiß, in Grönland, wo jährlich 3000 Tonnen (à 20 Centner) ausgeführt werden. Auch zu Miask im Ural, wo sich noch eine andere Mischung dieser Art, der Chiolith mit 24 pr. Ct. Natrium, findet. — Dient zur Gewinnung des Aluminiums und zur Alaunfabrication.

Kryolith kommt von χρύος, Eis, und λίθος, Stein, weil er sehr leicht schmilzt; Chiolith von χιων, Schnee, wegen der weißen Farbe.

Aehnliche, Kalk und z. Thl. Wasser enthaltende, mit dem Kryolith in Grönland vorkommende Verbindungen sind: der Pachnolith, Hagemanit, Thomsenolit, Glarksutit, Arksutit und Chodneffit.

Yttrocerit. Verbindung von Fluor, Calcium, Cerium und Yttrium. Sehr selten. Finbo in Schweden.

IV. Ordnung. Chloride. Chlor-Verbindungen.

In Wasser sehr leicht auflöslich. Die Auflösung giebt mit salpetersaurem Silberoxyd ein reichliches weißes Präc., welches in Salpetersäure unaufl. ist und am Lichte schnell eine blaugraue und schwarze Farbe annimmt (Chlorsilber).

Steinsalz.

Krsystem: tesseral. Stf. Hexaeder. Spltb. primitiv, vollkommen. Br. muschlig. Pelluc. Glasglanz. H. 2. G. 2,2—2,3. Geschmack angenehm salzig. V. d. L. schmelzbar = 1,5 zu einer krystallinischen alkal. reag. Perle.

Na Cl. Chlor 60,68, Natrium 39,32.

Farblos und gefärbt, weiß, grau, gelblich, blau, roth ꝛc. Die rothe Farbe öfters von Infusorien herrührend. Gewöhnlich in der Stammform krystallisirt, seltner Tab. II. Fig. 2, 6, 13, 9, 7. Derb, körnig, fasrig.

Im Uebergangs- und vorzüglich im Flötzgebirge, bunten Sandstein, Muschelkalk, Keuper, Jurakalk ꝛc. Immer mit Gyps und Thon (Salzthon), aus welchem es oft durch Wasser in gehauenen Kammern aufgelöst und als Soole versotten wird. Die berühmtesten Gruben sind die von Wielitzka und Bochnia bei Krakau. Sie liefern jährlich 1 Million Centner Salz, welches meistens in derben Stücken gebrochen wird. Sehr reiche Salzbergwerke finden sich auch zu Hallstadt, Ischl, Hallein und Hall in Oesterreich und zu Berchtesgaden in Bayern, ferner zu Sulz am Neckar und zu Staßfurt in Preußen. Spanien, Frankreich und England sind weniger reich. Eine große Salzformation findet sich am mexikanischen Meerbusen (Santa Fe de Bogota) und als ausgedehnte Efflorescenz des Bodens kommt es in Afrika (Habesch) vor. Ferner in den Sublimaten von Vulkanen, in Salzquellen und im Meerwasser (2,5 pr. Ct.).

Der Gebrauch als Speisewürze, zum Einsalzen ꝛc. ist bekannt. Es dient ferner zur Darstellung der Salzsäure und des Chlors, zur Amalgamation, zu manchen Versilberungen (Chlorsilber in Kochsalzlösung aufgelöst zum Versilbern des Kupfers), zur Glasur und in der Landwirthschaft.

Salmiak.

Krsystem: tesseral. Stf. Oktaeder. Spltb. primitiv. Br. muschlig — uneben. Pellucid. Glasglanz. H. 1,5. G. 1,45. Geschmack scharf und stechend. V. d. L. flüchtig, ohne zu schmelzen. Mit Kalilauge Ammoniakgeruch entwickelnd. $NH^4 Cl$. Chlor 66,3, Ammonium 33,7. In der Natur als Sublimat, rindenartig, flockig, erbig ꝛc. Weiß gelblich.

In Vulcanen und brennenden Steinkohlenflötzen. Vesuv, Aetna, die liparischen Inseln, Lüttich, Himalaja ꝛc. Gebrauch zur Darstellung des Ammoniaks, als Arzneimittel ꝛc.

Salmiak von sal ammoniacum, dieses von sal und hama nijak, arab., d. i. Salz „aus Kameelmist".

Chlorkalium, **Sylvin** kommt am Vesuv und in Galizien vor und in großer Menge zu Staßfurt in Preußen. Ist durch den gelben Niederschlag, welchen es mit Platinlösung giebt, leicht von dem Steinsalz zu unterscheiden.

Verbindungen von **Chlormagnesium**, **Chlorcalcium** und Wasser sind der **Carnallit** und der **Tachhdrit** von Staßfurt.

Ein Kalium — Ammonium — Eisenchlorid aus den Fumarolen des Vesuvs ist der **Kremersit** nach der Anal. v. Kremers. —

V. Ordnung. Nitrate. Salpetersaure Verbindungen.

V. d. L. leicht schmelzbar = 1, und auf der Kohle lebhaft verpuffend. In Wasser leicht auflöslich.

Kalisalpeter.

Kstsystem: rhombisch. Stf. Rhombenpyr. $90°\,56'$; $131°\,36'$; $108°\,40'$. Spltb. unvollkommen brachydiagonal und prismatisch. Br. muschlig. Pellucid. Glasglanz. H. 2. G. 1,9—2. Geschmack salzig kühlend. V. d. L. in Platindraht die Flamme bläulich färbend mit einem Stich ins Rothe. $Ka\ddot{\overset{.}{N}}$. Salpetersäure 54,42, Kali 46,58. — In der Natur gewöhnlich verunreinigt. Farblos und weiß. Vorwaltende Form: rhombisches Prisma von 119°, öfters mit einem oder mehreren Domen an den Enden.

Als erdige, fasrige und flockige Masse sich fortwährend bei der Verwesung organischer Substanzen erzeugend.

In größeren Mengen in Spanien, Italien und Ungarn, auf Ceylon in Höhlen, in Südamerika als Ausblühung des Bodens ꝛc. Zur Bereitung des Schießpulvers, der Salpetersäure, in der Medizin ꝛc.

Nitratin. Natrumsalpeter.

Kstsystem: hexagonal. Stf. Rhomboeder von $106°\,33'$. Spltb. primitiv sehr vollkommen. Br. muschlig. Pellucid. Glasglanz. H. 1,5. G. 2,19. Geschmack bitter kühlend. V. d. L. im Platindraht die Flamme stark gelb färbend. $Na\ddot{\overset{.}{N}}$. Salpetersäure 63,56, Natrum 36,44. Ungefärbt und weiß. In der Natur in körnigen Massen schichtenweise mit Thon in Atakama in Peru in großer Menge. In der Provinz Tarapaca in Süd-Peru sind ebenfalls

vorzügliche Fundorte. Die Dicke der Lager erreicht bis 7 Fuß.
— Zur Darstellung von Salpetersäure und Glaubersalz.

Mit diesen Salzen finden sich auch in geringen Mengen zusammen: salpetersaurer Kalk und salpetersaure Bittererde.

VI. Ordnung. Carbonate. Kohlensaure Verbindungen.

In verdünnter Salzsäure mit Brausen auflöslich; vorzüglich in Pulverform und bei Einwirkung der Wärme. Nach heftigem Glühen v. d. L. alkalisch reagirend.

1. Gruppe. Wasserfreie Carbonate.

V. d. L. im Kolben kein oder nur Spuren von Wasser gebend.

Aragonit.

Krsystem: rhombisch. Stf. Rhombenpyr. 93° 30' 50", 129° 35, 38", 107° 32' 26". Spltb. brachydiagonl ziemlich deutlich. Br. unvollkommen muschlig. Pellucid. Glasglanz. H. 3,5. G. 3. V. d. L. unschmelzbar und zerfallend. Mit einem Tropfen Salz-säure befeuchtet lebhaft brausend. Ca C̈ mit 1—4 pCt. kohlensaurem Strontian. Wesentlich: Kohlensäure 44,0, Kalkerde 56,0. — Farblos und gelblich, graulich, bläulich ꝛc. Vorwalt. Form: rhombisches Prisma von 116° 16' 24", mit einem brachydiagonalen Doma von 108° 27'. Häufig in Zwillingen, Drillingen und Hemitropieen, deren Zusammensetzungsfläche eine Seitenfläche des Prisma's von 116°. Fig. 55. Die Krystalle oft spießig, fasrig, derb.

Ausgezeichnete Varietäten zu Leogang im Salzburgischen, Joachimsthal in Böhmen, Molina in Aragonien, Mingranilla in Valencia, Harz, Thüringen, Steyermark, Antiparos (zugleich mit rhomboedrischen Kalkspath). Ausgezeichnet große Zwillingskrystalle zu Bastennes (Landes).

Zum Aragonit (der Name von Aragonien) gehört die sog. Eisenblüthe aus Steyermark und der Erbsenstein und Sinter von Carlsbad. Ein Aragonit mit 3,86 pr. Ct. Pb C̈ ist der Tarnowitzit von Tarnowitz in Schlesien.

Ein Aragonit mit Manganoxydul, Kalk und Magnesia ist der Manganocalcit v. Schemnitz in Ungarn.

Strontianit.

Krsystem: rhombisch. Stf. Rhombenpyr. 92° 14' 8", 130° 0' 24", 108° 32' 58" Spltb. unvollkommen prismatisch und brachydiagonal. Br. unvollkommen muschlig — uneben. Pellucib.

Glas — Fettglanz. H. 3,5. G. 3,6—3,7. V. b. L. wird er ästig, leuchtet; färbt die Flamme purpurroth und rundet sich nur an sehr dünnen Kanten. Die salzsaure Aufl. wird, auch stark verdünnt, von Schwefelsäure getrübt.

$\dot{Sr}\ddot{C}$. Kohlensäure 29,79, Strontianerde 70,21. — Weiß, gelblich, grünlich. — Kstlle. meist rhomb. Prismen von 117° 16' mit der brachydiag. Fläche; Zwillinge wie beim Aragonit, stängliche Massen ꝛc.

Nicht häufig vorkommend. Strontian (daher der Name) und Leadhills in Schottland, Bräunsdorf bei Freiberg, Leogang im Salzburgischen ꝛc.

Witherit.

Kstystem: rhombisch. Stf. Rhombenpyr. 89° 56' 38'', 130° 13' 6'', 110° 48' 40''. Spltb. prismatisch und basisch unvollkommen. Br. unvollkommen muschlig — uneben. Pellucid. Glas — Fettglanz. H. 3,5. G. 4,2—4,4. V. b. L. schmelzbar = 2 zu einem alkalisch reagirenden Email, dabei die Flamme schwach, aber deutlich gelblichgrün färbend. Die stark verdünnte salzsaure Aufl. giebt mit Schwefelsäure ein reichliches Präc. $\dot{Ba}\ddot{C}$. Kohlensäure 22,33, Baryterde 77,67. Weiß. Krystalle öfters als Combination der Stammform mit einem brachydiagonalen Doma, wodurch eine pyramidale Gestalt, ähnlich einer Hexagonpyramide, entsteht; prismatisch und in Zwillingen wie der Aragonit; stänglich.

Auf Bleigängen ausgezeichnet in England, Alstonmoor, Cumberland, Westmoreland. — Mariazell, Steyermark. — Ist giftig und wird als Rattengift gebraucht. — Die drei eben angeführten Species bilden eine chemische Formation. — Der Name ist nach dem Entdecker Dr. Withering gegeben.

Als Seltenheit ist anschließend zu erwähnen:

Barytocalcit $= \dot{Ba}\ddot{C} + \dot{Ca}\ddot{C}$, kohlensaurer Baryt 66,1, kohlensaurer Kalk 33,9. Krystallisirt klinorhombisch. Alstonmoor in Cumberland.

Von gleicher Mischung, aber rhombischer Krystallisation, ist der Alstonit von Alston.

Calcit. Kalkstein (Kalkspath).

Kstystem: hexagonal. Stf. Rhomboeder von 105° 5'. Spltb. primitiv, vollkommen. Br. muschlig, splittrig, eben. Pellucid. Zeigt ausgezeichnet doppelte Strahlenbrechung durch die Flächen der Stammform. Glasglanz, auf den basischen Flächen Perlmutterglanz. H. 3. G. 2,5—2,8. V. b. L. unschmelzbar. Mit einem Tropfen Salzsäure befeuchtet lebhaft aufbrausend. $\dot{Ca}\ddot{C}$. Kohlensäure 44,0, Kalkerde 56,0.

Varietäten. 1) Krystallisirter und krystallinischer Kalkstein. Die Krystallreihe höchst mannigfaltig durch die Combination verschiedener

Rhomboeder, Skalenoeder und des hexagonalen Prisma's. Zippe führt 42 Rhomboeder an und gegen 80 Skalenoeder. Oefters Hemitropieen, Zusammensetzfl. die basische oder die eines Rhomboeders (öfters besjenigen, welches die Schltf. der Stammform abstumpft). Oefters vorkommende Formen sind Tab. II. Fig. 33, 39, 40, 58.

Das hexagonale Prisma oft vorherrschend. Stänglich, körnig, fasrig, schiefrig, nach der basischen Fläche zusammengesetzt (Schieferspath). Farblos und mannigfaltig gefärbt. Der durch beigemengte Kohle schwarz gefärbte heißt Anthrakonit, der bitumenhaltige Stinkstein. — Zum krystallinischen Kalkstein gehört auch der meiste Kalksinter, Kalktuff.

Die schönsten und mannigfaltigsten Krystalle liefern: Der Harz (Andreasberg, Iberg), Derbyshire und Cumberland, Frankreich (Poitiers, Cousons bei Lyon, Chalanches, Fontainebleau, wo eine stark mit Sand gemengte Varietät in spitzen Rhomboedern vorkommt); Sachsen (Freiberg, Schneeberg, Brännsdorf, Tharand ꝛc.), Ungarn (Schemnitz ꝛc.). Island liefert die reinsten und größten Stücke derben Kalkspaths (Doppelspath).

Der Calcit gab Bergmann (1780) die erste Idee der krystallographischen Korpusculartheorie, welche Hauy dann durchgeführt hat. — An diesem Mineral wurde auch zuerst die Erscheinung der doppelten Strahlenbrechung durch Erasmus Bartholin (in Kopenhagen, um 1670) entdeckt. — Calcit von calx, Kalk.

2) **Dichter Kalkstein.** Von verschiedenen Farben. Oft Eisenoxyd, Eisenoxydhydrat, Thon, Bitumen ꝛc. enthaltend. Hierher der sogenannte Marmor, dichte Stinkstein, Rogenstein (Oolith) aus rundlichen Körnern, wie Fischrogen, zusammengesetzt. Der lithographische Stein gehört auch zum dichten Kalkstein, ebenso mancher hydraulische Kalk.

Der hydraulische Kalk, welcher auch oft erdig als Mergel vorkommt, ist immer thonhaltig (zu 20—30 pr. Ct.). Er giebt, gehörig gebrannt und pulverisirt, ohne weitern Zusatz einen unter Wasser vortrefflich erhärtenden Mörtel. Durch das Brennen bildet sich eine chemische Verbindung zwischen dem Thon und der Kalkerde (wie das Gelatiniren mit Salzsäure beweist); zum Theil wird diese aber erst durch die Gegenwart des Wassers langsam hervorgebracht. Zugleich wird von letzterem eine gewisse Quantität chemisch gebunden.

3) **Erdiger Kalkstein.** Hierher gehört die Kreide, Bergmilch und (thonhaltig) der meiste Mergel.

Der krystallinische Kalkstein, wie der dichte und erdige, kommen als Gebirgsarten vor. Die wichtigsten Formationen, welche sie bilden, sind folgende:

I. **Der Urkalk.** Krystallinisch körnig, weiß, graulich, ohne Versteinerungen. In Urfelsarten, Gneiß, Glimmerschiefer, Thonschiefer ꝛc. eingelagert. Hierher der bekannte carrarische Marmor, der pentelische und parische, ihres feinen Kornes und ihrer Reinheit wegen zu plastischen Kunstwerken vorzüglich geeignet. Von pentelischem Marmor sind das Parthenon und andere Tempel Athens gebaut.

II. Der Uebergangskalk oder Grauwackenkalkstein. In diesem erscheinen schon Versteinerungen (Trilobiten, Orthoceratiten, Korallen ꝛc.). Am Harz, in Westphalen, in Sachsen und Böhmen, Norwegen, Schweden, Rußland, England. Auf Thonschiefer oder Grauwacke gelagert und damit wechselnd, häufig vom alten rothen Sandstein bedeckt.

III. Der Bergkalk oder Kohlenkalkstein, dicht, meist dunkelgrau, reich an Petrefakten (Terebrateln, Orthoceratiten, Korallen ꝛc.). Vorzüglich in England, wo sich ihm das Steinkohlengebirge anschließt, Belgien, Westphalen ꝛc.). — Von den folgenden Formationen, welche zum Flötzgebilde gehören, trennt den Bergkalk das sogenannte rothe Todtliegende (rothe Sandsteine und Conglomerate).

IV. Der Zechstein, ein mergliger, oft dünnschiefriger Kalkstein, mit dem Kupferschiefer vorkommend (einem schwarzen, kupferhaltigen Mergel). Er bildet die älteste Kalkformation der Flötzgebilde, welche wesentlich aus wechselnden Formationen von Kalkstein und Sandstein bestehen. Am Harz, im Mansfeldischen, im Thüringer Waldgebirg, Hessen, Wetterau, Spessart, England. — Verhältnißmäßig gegen die folgenden Formationen wenig ausgedehnt und mächtig vorkommend. Auf den Zechstein folgt, theils auf-, theils eingelagert, der bunte Sandstein und auf diesen

V. der Muschelkalk, graulich und thonhaltig, mit muschligem Bruche und deutlicher Schichtung, reich an Petrefakten. Würtemberg, zwischen dem Schwarzwald und Odenwald, Niederfranken, Thüringen, Vogesen, Göttingen und Pyrmont, Niederschlesien ꝛc. — Folgen die Keuper-Mergel und Sandsteine. Hierauf

VI. der Lias. Meistens bituminöser und mergliger Kalkstein (mit Skeletten und Gebeinen von Ichthyosauren, Plesiosauren ꝛc. und vielen Schaalthieren, besonders Gryphäen, daher Gryphitenkalk, Posidonien, Posidonienschiefer ꝛc. In Würtemberg, am Fuß der rauhen Alp, Bayern (Mittelfranken), in Frankreich, England, Yorkshire, Lyme-Regis, die hohen Alpen ꝛc.

Es folgen Liasmergelschiefer und Liassandstein und dann

VII. der Jurakalk, bald dicht, bald rogenartig oder oolithisch (Oolith). Sehr verbreitet im Jura, durch die rauhe Alp fortsetzend nach Bayern bis an die Ufer des Mains und nach Koburg. In den Bayerischen und Salzburger Alpen, im westlichen Frankreich und in England. — Dahin gehört der lithographische Stein von Solenhofen, Pappenheim ꝛc. Auf diese Formation folgen wieder Sandsteine (Grünsand, Quaderjandstein) und dann

VIII. die Kreide, wohin auch der sog. Plänerkalk. Sehr ausgedehnt im nördlichen Frankreich, im südöstlichen England, in den Apenninen, im Gebiete der Ostsee, Dänemark und Seeland, Rügen, Rheinpreußen, Niederlande, Morea ꝛc. Auf die Kreide folgen im Tertiärgebilde die Braunkohlen- und Molasseformation und dann

IX. der Grobkalk (Cerithenkalk), manchmal fast ganz aus Muscheln und Schneckenschalen bestehend, welche oft nur calcinirt und sehr gut erhalten sind. Vorzüglich in der Gegend von Paris, in den Niederlanden, im Rheinthal, um Wien, in Italien ꝛc. Diese Formation überdeckt

X. der Süßwasserkalk, charakterisirt durch Süßwasser- und Landmuscheln. In Frankreich (Paris, Montpellier ꝛc.), um Würzburg, Ulm, Baden bei Wien, England.

XI. Der **Kalktuff** (Kalksinter), bildet die jüngste Formation des Kalks und wird fortwährend aus kalkführenden Wässern abgesetzt.

Der Gebrauch des Kalksteins als Baustein, zur Bereitung des Mörtels (als gebrannter Kalk, Aetzkalk) ist bekannt. Auch bei der Glasfabrikation wird er als Zuschlag gebraucht, beim Schmelzen der Eisenerze ꝛc.

Dolomit. Bitterkalk. Bitterspath.

Kſystem: hexagonal. Stf. Rhomboeder von 106° 15'. Spltb. primitiv vollkommen. Br. muschlig. Pellucid. Glasglanz, manchmal zum Perlmutterglanz. H. 3,5. G. 2,8—3. V. d. L. unschmelzbar. In ganzen Stücken mit Salzsäure befeuchtet, braust er nicht, als Pulver ist er in der Wärme leicht aufl. Die gesättigte Aufl. giebt mit Schwefelsäure ein Präc. von Gyps. $Ca\bar{C} + Mg\bar{C}$. Kohlensaurer Kalk 54,35, kohlens. Talkerde 45,65. Weiß gelblich, graulich ꝛc. — Stf. herrschend. Die Kreihe enthält nur wenige Rhomboeder, sehr selten Skalenoeder. Stänglich, fasrig, körnig.

Dem Dolomit schließt sich der **Braunspath** an, welcher sich wesentlich nur durch einen Gehalt von kohlensaurem Eisen- und Manganoxydul, bis zu 10 pr. Ct., unterscheidet, weshalb er v. d. L. schwarz und magnetisch wird. Mancher rundet sich an dünnen Kanten.

Der Dolomit kommt in schönen Varietäten vor im Binnenthal in der Schweiz (von ganz normaler Mischung), zu Traversella im Piemontesischen, auf dem Greiner und im Fassathal in Tyrol, Miemo in Toskana, am St. Gotthard, Bleiberg und Raibel in Kärnthen ꝛc. Der Braunspath im Erzgebirge, zu Schemnitz und Kremnitz in Ungarn, am Harz ꝛc.

Der Dolomit bildet eine Felsart. Er ist zum Theil in Urfelsarten eingelagert, zum Theil kommt er mit dem Zechstein und häufig mit dem Jurakalk vor. In den Bayerischen und Tyroler Alpen, Oberpfalz, Franken, St. Gotthard, Ungarn ꝛc. Dient als Baustein, zur Bereitung des Mörtels, hydraulischen Kalks ꝛc. Der Name Dolomit ist zu Ehren des Geognosten und Mineralogen Dolomieu gegeben.

Magnesit.

Kſystem: hexagonal. Stf. Rhomboeder von 107° 10'—22'. Spltb. primitiv vollkommen. Br. muschlig. Pellucid. Glasglanz. H. 4,5. G. 3. V. d. L. wie der vorhergehende. In Salzsäure als Pulver erst bei Einwirkung der Wärme mit Brausen aufl. Die gesättigte Aufl. wird von Schwefelsäure nicht gefällt. $Mg\bar{C}$. Kohlens. 52,38. Talkerde 47,62.

Gewöhnlich mit etwas Eisen- und Mangancarbonat gemengt. — Gelb, grau, braun. — Krystalle: Stammform, körnig und dicht.

Fundorte: St. Gotthard, Fassathal, Greiner im Zillerthal, Hall, Snarum in Norwegen, Hrubschitz in Mähren, Baubissero in Piemont ꝛc. Nicht häufig. — Der Name von dem Gehalte an Magnesia — Talkerde.

Calcit, Dolomit und Magnesit bilden eine chem. Formation, zu welcher aus der II. Klasse noch Siberit, Dialogit und Smithsonit gehören. —

2. Gruppe. Wasserhaltige Carbonate.

V. d. L. im Kolben viel Wasser gebend.

Soda.

Krystem: klinorhombisch. Stf. Hendyoeder: 79° 41'; 109° 20' 40". Spltb. nach den Diagonalen undeutlich. Br. muschlig. Pellucid. Glasglanz. H. 1,5. G. 1,423. Geschmack scharf alkalisch. V. d. L. leicht schmelzbar = 1. In Wasser leicht aufl. $\dot{N}a\ddot{C} + 10\dot{\ddot{H}}$. Kohlensäure 15,39, Natrum 21,66, Wasser 62,95. An der Luft verwitternd zu $\dot{N}a\ddot{C} + \dot{\ddot{H}}$; in diesem Zustand (Thermonatrit Kry. rhombisch) meist in der Natur vorkommend als Efflorescenz ꝛc. — Weiß, gelblich, graulich ꝛc.

In den Umgebungen der Natronsee'n Aegyptens; zu Debreczin in Ungarn, wo man jährlich gegen 10,000 Ctr. sammelt. In Mexiko, Tibet, Persien, der Tartarei, Armenien ꝛc. Mit dieser Species kommt noch eine andere von rhombischer Krystallisation vor, welche aus 82,57 kohlensaurem Natrum und 17,43 Wasser besteht.

Trona. Urao.

Krystem: klinorhombisch. In den Kryst. die orthobiag. Fl. und eine Endfl., die sich unter 103° 15' schneiden, vorherrschend. Spltb. nach der Endfläche sehr vollkommen. Br. uneben. Pellucid. Glanzglas. H. 2,5. G. 2,11. Geschmack alkalisch. Verhält sich chemisch wie Soda, verwittert aber nicht an der Luft. $\dot{N}a^2\ddot{C}^3 + 4\dot{\ddot{H}}$. Kohlensäure 40,26, Natrum 37,78, Wasser 21,96. Strahlig, körnig. Weiß, gelblich ꝛc.

An den Natronsee'n Aegyptens und in großer Menge in Sukena in Fezzan in Afrika, zu Meriba in Columbien, aus dem See von Lalagumilla krystallisirend, so daß gegen 1600 Ctr. jährlich gewonnen werden sollen.

Soda und Trona werden zur Seifen- und Glasfabrikation gebraucht, in der Färberei ꝛc.

Als selten und nur in geringer Menge vorkommend, sind hier zu nennen:

Kalicin aus Wallis, nach Pisani $\dot{K}a\ddot{C}^2 + \dot{\ddot{H}}$.

Gaylussit, klinorhombisch. Kohlensäure 27,99, Kalkerde 18,00, Natrum 19,75, Wasser 34,26. Meriba in Columbien. Der Name nach dem französischen Chemiker Gaylussac.

Hydromagnesit (Magnesia alba). Strahlig und erbig. Kohlensäure 35,77, Talkerde 44,75, Wasser 19,48. Hoboken, in New-York, Kumi auf

Negroponte. Eine ähnliche Mischung, worin die Hälfte der Talkerde durch Kalkerde ersetzt ist, findet sich sinterartig am Vesuv, Hydromagnocalcit oder Hydrodolomit; der Predazzit und der Pencatit von Predazzo in Tyrol sind Gemenge von Calcit und Brucit. —

VII. Ordnung. Sulphate. Schwefelsaure Verbindungen.

V. d. L. mit Soda auf Kohle Hepar gebend*).

1. Gruppe. Wasserfreie Sulphate.

V. d. L. im Kolben kein oder nur Spuren von Wasser gebend.

Baryt. Schwerspath.

Krystsystem: rhombisch. Stf. Rhombenpyr. 91° 22'; 126° 36' 40''; 110° 37' 10''. Spltbr. brachydiagonal sehr vollkommen, domatisch unter 101° 40' weniger vollkommen. Br. unvollkommen muschlig. Pellucid. Glasglanz. H. 3,5. G. 4,3—4,58. V. d. L. schmelzbar = 3 zu einer alkalisch reagirenden Perle; manchmal verknisternd, die Flamme schwach gelblichgrün färbend. In Salzsäure unauflösl. $Ba\bar{S}$. Schwefelsäure 34,2, Baryterde 65,8. Farblos und gefärbt, weiß, grau, röthlich rc.

In den Krystallcombinationen ist ein rhombisches Prisma von 102° 17' vorherrschend, auch ein Doma von 105° 24', die Krystalle sind sehr oft tafelartig und die Stf. erscheint nebst andern vorkommenden Rhombenpyramiden immer untergeordnet. — Sehr häufig schaalig, stänglich, körnig, fasrig, zum Theil in plattgedrückten Kugeln (der sog. Bologneserspath). Selten dicht, erdig.

Ausgezeichnete krystallisirte Varietäten finden sich im Erzgebirge zu Freiberg, Marienberg, Joachimsthal, Przibram und Mies in Böhmen, Klausthal am Harz, Schemnitz und Kremnitz in Ungarn, Offen- und Felsobanya in Siebenbürgen, Alstonmoor in Cumberland, von daher in der Londoner Ausstellung von 1852 ein prismat. Kr. von 110 Pfd. — Krystallinische Varietäten finden sich häufig, in Bayern zu Erbendorf und Wölsendorf in der Oberpfalz, zu Bach bei Regensburg, Kaulsdorf in Oberfranken rc., der dichte kommt bei Pillersee in Tyrol vor, auf dem Rammelsberg bei Goslar, Freiberg rc.

Es wird damit häufig das Bleiweiß verfälscht; er dient zur Bereitung der Barytpräparate. Der Name stammt von βαρύς, schwer. —

Bildet mit der folgenden Species und dem Bleivitriol eine chemische Formation.

---
*) Mit Säuren nicht gelatinirend.

Cölestin. Schwefelsaurer Strontian.

Kfyſtem: rhombiſch. Stf. Rhombenpyr. 89° 26′; 128° 46′; 112° 36′. Spltb. brachydiag. ſehr vollkommen, weniger domatiſch unter 75° 58′. Br. unvollkommen muſchlig, uneben. Pellucid. Glasglanz, zum Fett- und Perlmutterglanz. H. 3,5. G. 3,6—4,0. V. d. L. zum Theil verkniſternd, ſchmelzbar = 3 zur alkaliſch reagirenden Perle, die Flamme ſchwach purpurroth färbend. Wenn man auf ein geſchmolzenes Stück einen Tropfen Salzſäure fallen läßt und hält es an den Saum einer Lichtflamme, ſo zeigen ſich an dieſer purpurrothe Streifen. In Salzſäure unaufl. $Sr\overline{S}$. Schwefelſäure 43,56, Strontianerde 56,44. Ungefärbt, weiß, bläulich, gelblich ꝛc. In den Kryſtallcombinationen iſt das brachydiag. Doma von 104° 8′ vorherrſchend, es erſcheint meiſtens als ein Prisma mit dem Doma von 104° 2′ zugeſchärft. Die Stf. untergeordnet. — Derb, ſtrahlig, faſrig, ſchaalig ꝛc.

Ausgezeichnet in Sicilien, mit Schwefel zu Girgenti, Cataldo ꝛc., zu Leogang im Salzburgiſchen, Briſtol in England, Aarau in der Schweiz, Montmartre bei Paris ꝛc.

Dient zur Bereitung von Strontianpräparaten, welche in der Feuerwerkkunſt gebraucht werden. Der Name ſtammt von Coelestis, himmelblau, welche Farbe aber die wenigſten Varietäten zeigen. —

Es kommen als Seltenheiten auch Verbindungen von ſchwefelſaurem Kali und ſchwefelſaurem Baryt, ſowie mehrere von letzterem mit ſchwefelſaurem Strontian vor.

Anhydrit. Muriacit.

Kfyſtem: rhombiſch. Stf. Rhombenpyr. 108° 30′; 121° 44′; 99° 2′. Spltb. nach den Diagonalen und baſiſch vollkommen. Pellucid. Glas — Perlmutterglanz. H. 3,5. G. 2,7—3. V. d. L. ſchmelzbar = 3 zu einem alkaliſch reag. Email. In viel Salzſäure aufl. Die verdünnte Löſung fällt mit ſalzſaurem Baryt ſchwefelſauren Baryt, mit kleeſaurem Ammoniak kleeſ. Kalk. $Ca\overline{S}$. Schwefelſäure 58,82, Kalkerde 41,18. — Weiß, gelb, roth, blau, violett ꝛc. — Kryſtalle ſehr ſelten, kryſtalliniſch derbe Maſſen häufig, körnig, ſtrahlig. Zu Straßfurth kamen neuerlich kleine Kryſtalle vor als rhomb. Prismen von 120° mit einem Doma von 95°.

Im Steinſalzgebirge ziemlich häufig vorkommend. Berchtesgaden, Hall in Tyrol, Bex in der Schweiz, Sulz am Neckar, Wiliczka und Bochnia in Galizien (zum Theil dicht und in darmartigen Windungen. Geträſſſtein). Der Name Anhydrit ſtammt von ἄνυδρος, waſſerlos, weil er ſich durch das Fehlen des Waſſers vom Gyps unterſcheidet.

Als Seltenheiten ſind noch zu erwähnen: Schwefelſaures Kali (Glaſerit ($Ka\overline{S}$), welches am Veſuv vorkommt, und ſchwefelſaures Natrum $Na\overline{S}$ (Thenardit), welches in den Salzwerken von Eſpartines bei

Madrid vorkommt. Beide krystallisiren rhombisch. Ferner der **Brongniartin** oder **Glauberit** = $\dot{N}a\bar{S} + \dot{C}a\bar{S}$, schwefelsaurer Kalk 49, schwefelsaures Natrum 51. Krystallisirt klinorhombisch und kommt zu Villarubia in Spanien, zu Berchtesgaden in Bayern und zu Iquique in Peru vor. — Der Name ist nach dem Entdecker, dem Mineralogen Alex. Brongniart, gegeben.

2. Gruppe. Wasserhaltige Sulphate.

V. d. L. im Kolben viel Wasser gebend.

Mirabilit. Glaubersalz.

Krsystem: klinorhombisch. Stf. Hendyoeder: 93° 29'; 102° 49' 40". Spltb. orthodiagonal vollkommen. Br. muschlig. Pellucid. Glasglanz. H. 1,5. G. 1,5. Geschmack kühlend bitter. V. d. L. schmelzbar = 1, auf Kohle alkalisch und hepatisch reagirend. In Wasser leicht auflösl., durch Ammoniaksalze nicht gefällt. An der Luft zu einem weißen Pulver zerfallend. — $\dot{N}a\bar{S} + 10 \dot{H}$. Schwefelsäure 24,89, Natrum 19,23, Wasser 55,88. — Farblos, weiß.

In der Natur meistens verwittert, als $\dot{N}a\bar{S} + 2\dot{H}$, vorkommend, als Ausblühung, mehlartig rc. im Steinsalz- und Gypsgebirge, an Mauern, auf Lava am Vesuv, in den Mineralquellen von Seidlitz, Saidschütz, Pilln, Karlsbad in Böhmen und in den Salzsee'n von Ungarn und Aegypten — Wird zur Glasfabrikation gebraucht, zur Bereitung von Soda, als Medicament. — Mirabilit stammt von dem ehemaligen Namen des Salzes sal mirabile Glauberi.

Schwefelsaures Ammoniak **Mascagnin**, kommt in geringer Menge auf dem Vesuv und Aetna vor. Der **Lecontit** aus Honduras ist eine wasserhaltige Verb. von schwefels. Natrum und schwefels. Ammoniak. —

Der **Kainit** von Staßfurt ist eine wasserhaltige Verbindung von schwefels. Magnesia und Chlorkalium.

Epsomit. Bittersalz.

Krsystem: rhombisch. Stf. Rhombenpyr. 127° 22'; 126° 48'; 78° 7'. Spltb. brachydiag. vollkommen. Br. muschlig. Pellucid. Glasglanz. H. 2,5. G. 1,75. Geschmack bitter. V. d. L. anfangs schmelzend, dann giebt er eine schwach alkalisch reagirende weiße Masse, welche, mit Kobaltaufl. befeuchtet und geglüht, blaß fleischroth wird. In Wasser auflösl.; Aetzammoniak giebt einen Niederschlag. $Mg\bar{S} + 7\dot{H}$. Schwefelsäure 32,52, Talkerde 16,26, Wasser 51,22*). — Farblos, weiß rc. — Gewöhnlich kommt er in der Natur nur in haarförmigen Massen und als Efflorescenz vor; die künstlichen Krystalle zeigen häufig die Combination der Stammform mit dem rhombischen Prisma von 90° 38'.

---

*) Bildet mit dem Zinkvitriol eine chemische Formation.

In großer Menge auf der Oberfläche des Bodens in den sibirischen Steppen; in Spanien und in kleinen Quantitäten zu Klausthal am Harz, Idria, Berchtesgaden, Hall ꝛc. In vielen Mineralwässern, Seidlitz, Eger, Saidschütz ꝛc., in Böhmen, Epsom in England, daher der Name Epsomit. Wird in der Medizin gebraucht und zur Darstellung anderer Magnesiasalze.

Polyhallit.

Krystystem: rhombisch. Man findet rhombische Prismen von 115°. Gewöhnlich strahlige und fasrige Massen. Br. splittrig, uneben. Pellucid. Perlmutterglanz zum Fettglanz. H. 2,5. G. 2,75. Geschmack schwach salzig bitter. V. d. L. schmelzbar = 1, auf Kohle zur alkal. reagirenden Masse. In Wasser mit Ausscheidung von schwefelsaurem Kalk aufl. $\dot{K}a\overline{S} + \dot{M}g\overline{S} + \dot{C}a\overline{S} + 2\dot{H}$. Schwefels. Kalk 45,23, schwefels. Bittererde 20,04, schwefels. Kali 28,78, Wasser 5,95. Gewöhnlich mit Steinsalz, Eisenoxyd ꝛc. verunreinigt, von letzterem roth gefärbt.

Im Steinsalzgebirge zu Berchtesgaden, Ischl, Aussee, Hall. Ist von dem oft ähnlichen Gyps durch die leichte Schmelzbarkeit und den geringen Wassergehalt zu unterscheiden. (Verliert beim Glühen nur 6 pr. Ct., der Gyps 21 pr. Ct.) Der Name stammt von πολύς, viel, und ἅλς, Salz.

Der Blödit ist eine Verb. von schwefels. Natrum und schwefels. Talkerde mit Wasser. Ischl, Astrakan. Eine andere ähnliche Verbindung ist der Löweit v. Ischl und der Simonyit v. Hallstadt.

Gyps.

Krystystem: klinorhombisch. Stf. Hendyoeder 111° 14'; 105° 53' 31". Spaltbarkeit klinodiagonal sehr vollkommen, orthodiagonal unvollkommen, brechend, muschlig, nach der Endfläche unvollkommen, biegsam, fasrig. Pellucid. H. 1,5. G. 2,3. V. d. L. schmelzbar = 2,5—3 zu einem alkal. reagirenden Email. In viel Salzsäure aufl. In Wasser sehr wenig aufl. $\dot{C}a\overline{S} + 2\dot{H}$. Schwefelsäure 46,57, Kalkerde 32,53, Wasser 20,90. — Farblos und verschieden gefärbt. Die Endfläche der Krystalle gewöhnlich durch ein Klinodoma n, von 138° 25' verdrängt. Dazu sehr häufig ein hinteres Klinodoma k von 143° 42', Fig. 51; die Krystalle oft nach der vollkommenen Spaltungsfläche tafelartig ausgedehnt. Häufig hemiotropisch, die orthodiag. Fläche als Drehungsfläche, auch die Fläche, welche das Klinodoma k abstumpft. Oefters mit zugerundeten Enden und linsenförmig, auch nabelförmig. — Derb, zum Theil sehr großblättrig (Fraueneis), körnig, schuppig, strahlig, fasrig, dicht und erdig.

Der Gyps ist ein sehr verbreitetes Mineral und bildet, körnig und dicht, Formationen im Flötzgebilde (Zechstein, Muschelkalk, Keuper) und im Tertiärgebilde, in Würtemberg, Thüringen, Bayern, am Harz, im Holfeinischen, bei Paris ꝛc. Er ist ferner der beständige Begleiter des Steinsalzes.

Ausgezeichnete krystallisirte Varietäten kommen vor zu Leogang im Salzburgischen, Berchtesgaden, Hall, Bex in der Schweiz, Girgenti in Sicilien, Montmartre bei Paris, Schemnitz in Ungarn ꝛc.

Der feinkörnige Gyps (der meiste sog. Alabaster) wird zu plastischen Kunstwerken verarbeitet. Der gemeine wird pulverisirt zur Wiesenverbesserung verwendet. Ein vorzüglicher Gebrauch wird aber von dem gelinde gebrannten Gyps als Formmaterial für Studcaturarbeit, zu Abgüssen ꝛc. gemacht. Das Formen geschieht mit Zusatz von Wasser, wobei der Gyps erhärtet, indem er das Wasser wieder aufnimmt, welches er beim gelinden Brennen verloren hat. Würde er aber zu stark gebrannt (in Anhydrit verwandelt), so nimmt er das Wasser nicht mehr auf und solchen nennt man todt gebrannt.

Kalialaun.

Krystallsystem: tesseral. Stf. Oktaeder. Br. muschlig. Pellucid. Glasglanz. H. 2,5. G. 1,7. Geschmack süßlich zusammenziehend. V. d. L. schmilzt er anfangs und giebt dann eine unschmelzbare Masse, welche mit Kobaltaufl. schön blau wird. In Wasser leicht aufl., Aetzammoniak giebt ein weißes, Platinaufl. ein gelbes Präc. Mit Kalilauge übergossen, keinen Ammoniakgeruch entwickelnd.

$K\bar{a}\bar{S} + \overline{Al}\bar{S}^3 + 24 \dot{H}$, Schwefelsäure 33,78, Thonerde 10,80, Kali 9,93, Wasser 45,49. — Farblos, weiß, gelblich ꝛc. In den Krystallcombinationen ist das Oktaeder vorherrschend, außerdem erscheinen häufig die Flächen des Würfels und Rhombendodekaeders.

In der Natur findet er sich meistens als Efflorescenz auf Thon-(Alaun-)schiefer, Kohlenschiefer ꝛc. zu Reichenbach in Sachsen, Duttweiler in der Rheinprovinz, auf den liparischen Inseln zu Segario, Tolfa am Monte nuovo, Grotte di Alume in Italien ꝛc. Er wird in der Färberei und Gerberei gebraucht. — Diese Species ist das Glied einer chemischen Formation, welche noch mehrere andere umfaßt. Dabei treten andere vicarirende Basen in die Mischung ein, theils für das Kali, theils für die Thonerde. In der Natur kommen, doch nicht in bedeutender Menge, vor:

$Na\bar{S} + \overline{Al}\bar{S}^3 + 24 \dot{H} =$ Sodalumen zu St. Jean in Südamerika und auf Milo im Archipel.

$NH^4 O\bar{S} + \overline{Al}\bar{S}^3 + 24 \dot{H} =$ Tschermigit, in Braunkohle zu Tschermig in Ungarn. Entwickelt mit Kalilauge Ammoniakgeruch.

$\left.\begin{array}{c}\dot{Mg}\\\dot{Mn}\end{array}\right\} \bar{S} + \overline{Al}\bar{S}^3 + 24 \dot{H} =$ Pickeringit, nach dem Engländer John Pickering. Südafrika.

$\dot{F}\bar{S} + \overline{Al}\bar{S}^3 + 24 \dot{H} =$ Halotrichit, von ἅλς, Salz, und τριχιον, Haar, aus dem Zweibrückischen und aus Island (Hersalt).

$\dot{Mn}\bar{S} + \overline{Al}\bar{S}^3 + 24 \dot{H} =$ Apjohnit, nach dem englischen Chemiker J. Apjohn, von der Algoa-Bay am Kap der guten Hoffnung.

Die Chemie hat noch einen Chrom- und einen Eisenoxyd-Alaun dargestellt, welche in diese interessante Reihe gehören. Zum letzteren gehört vielleicht der Voltait von Pozzuoli.

Alunit. Alaunstein.

Kristsystem: hexagonal. Stf. Rhomboeder von 89° 10'. Spltb. basisch ziemlich deutlich. Br. uneben. Pellucid. Glasglanz. H. 5. G. 2,7. V. b. L. unschmelzbar, mit Kobaltaufl. blaue Masse gebend. Von Salzsäure wenig angegriffen. Nach dem Glühen wird ein kleiner Theil von Wasser ausgezogen. Die Auflösung giebt, langsam verdunstet, Alaunkrystalle. Anal. einer Varietät von Beregszaz in Ungarn von Berthier: Schwefelsäure 27,0, Thonerde 26,0, Kali 7,3, Wasser 8,2, Eisenoxyd 4,0, eingemengter Quarz 26,5. Vielleicht $Ka\overline{\overline{S}} + 3 \overline{Al}\overline{\overline{S}} + 6 \dot{H}$. — Auch ammoniakhaltig. — Farblos, gelblich, röthlich, grau ꝛc. — Die Krystalle, Stf., meistens sehr klein, körnig, dicht.

Tolfa bei Civita-Vecchia im Kirchenstaate, Puy de Sancy in Frankreich, Insel Milo und Argentiera, Beregszaz in Ungarn.

Wird zur Alaunbereitung gebraucht, daher der Name.

Aluminit. Websterit.

Bisher nur in knolligen und nierförmigen Stücken gefunden, von erdiger Formation. G. 1,7. V. b. L. unschmelzbar, einschrumpfend, mit Kobaltaufl. blau werdend. In Salzsäure leicht aufl. $\overline{Al}\overline{\overline{S}} + 9 \dot{H}$. Schwefelsäure 23,25, Thonerde 29,79, Wasser 46,96. — Weiß, gelblich, graulich.

In Mergel zu Morl bei Halle, in der Kreide zu Newhaven in Sussex und bei Eperney in Frankreich. Bei Halle kommen mehrere Verbindungen vor, welche als Aluminit mit wechselnden Mengen von $\overline{Al}\dot{H}^6$ angesehen werden können. Der Name von Alumen in Beziehung auf die schwefelsaure Thonerde. —

Bei Kolosoruk bei Bilin kommt auch neutrale schwefelsaure Thonerde vor = $\overline{Al}\overline{\overline{S}}^3 + 18 \dot{H}$. Schwefelsäure 36,05, Thonerde 15,40, Wasser 48,55 (Rammelsberg). In Wasser ziemlich leicht aufl. Ein anderes Thonsulphat mit 16 pr. Ct. Schwefels. und 37 Wasser ist Hauer's Felsobanyit von Felsobanya. Ein Mineral, welches auch viel schwefelsaure Thonerde enthält, ist der Pissophan von Garnsdorf bei Saalfeld, von πισσα, Pech, und φανός, leuchtend.

VIII. Ordnung. Phosphate. Phosphorsaure Verbindungen.

V. b. L. mit Schwefelsäure befeuchtet die Flamme blaß bläulichgrün färbend. (Mit Schwefelsäure und Weingeist keine grüne Färbung der Flamme hervorbringend, wie die Borate.) Die salpeterſaure (mit oder ohne Aufſchließen hergeſtellte) Löſung giebt, mit molybdänſaurem Ammoniak verſetzt, beim Erwärmen ein ocker= gelbes pulvriges Präcipitat (phosphormolybdänſaures Ammoniak).

1. Gruppe. Waſſerfreie Phosphate.

V. d. L. im Kolben kein Waſſer gebend.

Apatit.

Kryſtſyſtem: hexagonal. Stf. Hexagonpyr. von 142° 21′ und 50° 28′. Spltb. baſiſch und prismatiſch ziemlich vollkommen. Br. muſchlig. Pellucid. Glasglanz, auf Bruchflächen Fettglanz. H. 5. G. 3,2. V. d. L. ſchmelzbar = 5. In Salzſäure und Salpeterſäure leicht aufl. Die concentr. ſalpeterſ. Aufl. giebt mit eſſigſaurem Bleioxyd, ein Präcipitat von phosphorſ. Bleioxyd, mit Schwefelſ. wird ſchwefelſ. Kalk gefällt.

$3\ \overset{..}{Ca^3}\ \overset{...}{P} + Ca \Big\} \begin{matrix} Cl \\ F \end{matrix}$. Phosphorſäure 41,87, Kalkerde 50,13, Fluor= und Chlorcalcium 8,00. Das Chlorcalcium beträgt ſelten über 1 pr. Ct. — Farblos, weiß, blau (Moroxit), gelb, ſpargel= grün (Spargelſtein), roſenroth ꝛc.

In den Kryſtallcombinationen das hexagonale Prisma vor= herrſchend, untergeordnet kommen mehrere hexagonale Pyramiden von normaler und diagonaler Stellung und auch dergleichen von abnormer Stellung vor. Außer in Kryſtallen auch derb, faſrig, dicht, erdig.

Ausgezeichnete Kryſtallvarietäten kommen vor im Erzgebirge zu Ehren= friedersdorf, Zinnwald, auf dem St. Gotthard, zu Arendal und Snarum in Norwegen, Greiner im Zillerthale, Cornwallis, Petersburg ꝛc.

Faſrig und dicht (Phosphorit) zu Amberg, Schlackenwalde, Eſtrema= dura. Der Apatit gehört mit dem Pyromorphit zu einer chemiſchen For= mation. Apatit von ἀπάτη, Betrug, Täuſchung, weil ſich manche Mine= ralogen in der Beſtimmung des Minerals geirrt haben. — Liefert mit Schwefelſäure aufgeſchloſſen ein ſehr geſchätztes Material zur Bodenver= beſſerung. —

Ein innig mit kohlenſ. Kalk gemengter, ziemlich leicht ſchmelzbarer, in der Wärme leicht in Salzſ. mit Brauſen löslicher Apatit iſt der Staffe= lit v. Staffel in Naſſau. Der Bergbau auf Phosphorit in Naſſau hat i. J. 1867 über 1 Million Centner geliefert.

Ein zerſetzter Apatit, weſentlich $\overset{..}{Ca^3}\ \overset{...}{P}$, ſcheint der Osteolith von Hanau und Amberg zu ſein; der Name von ὀστέον, Knochen, wegen des Gehalts an phosphorſ. Kalk.

Der Brushit von der Inſel Avis im caraibiſchen Meer iſt $\overset{..}{Ca^3}\ \overset{...}{P} + 5 \overset{..}{H}$, waſſerhaltige Kalkphosphate ſind ferner: der Metabrushit, Zeugit und Ornitbit aus dem Guano der Inſel Sombrero. —

Als Seltenheiten ſind anſchließend zu erwähnen:

Wagnerit. Klinorhombisch. $Mg\ \ddot{F} + \dot{M}g^3\ \ddot{\ddot{P}}$. Phosphorsäure 43,33, Talkerde 37,63, Fluor 11,35, Magnesium 7,69. In Schwefelsäure aufl. Entwicklung von Flußsäure aufl. Höllgraben bei Werfen im Salzburgischen. Der Name nach dem bayer. Bergdirector v. Wagner.

Amblygonit. Krystallinisch, Spltb. unter 106° 10'. V. b. L. sehr leicht schmelzbar = 2. In Schwefelsäure aufl. Nach Rammelsberg: Phosphors. 47,8, Thonerde 34,5, Lithion 7,0, Natrum 6,0, Fluor. 8. — Chursdorf in Sachsen, Hebren in Maine N. Am. Der Name von ἀμβλύς, stumpf, und γωνία, Winkel.

Xenotim. Quadratisch G. 4,1. Unschmelzbar. In Säuren unaufl. $\dot{Y}^4\ \ddot{\ddot{P}}$. Phosphorsäure mit etwas Flußsäure 32, Ytterde 68. Lindesnäs in Norwegen, Ytterby in Schweden, St. Gotthard, Binnenthal in der Schweiz. Der Name von ξενός, fremd, und τιμή, Ehre, weil Berzelius darin seine erste Thonerde zu finden geglaubt hatte, die sich aber dann als phosphorsaure Ytterde erwies. —

2. Gruppe. Wasserhaltige Phosphate.

V. b. L. im Kolben Wasser gebend.

Lazulith.

Krsystem: klinorhombisch. Deutliche Krystalle sehr selten. Spltb. prismatisch unter 91° 30'. Br. uneben. Pellucid wenig, Glasglanz. H. 5,5. G. 3,1. V. b. L. unschmelzbar, zerfallend und weiß werdend, mit Kobaltaufl. wieder blau beim Glühen. Von Säuren nicht angegriffen, die blaue Farbe nicht verändernd. Anal. von Fuchs: Phosphorsäure 41,81, Thonerde 35,73, Talkerde 9,34, Eisenoxydul 2,64, Wasser 6,06, Kieselerde 2,10.

Krystallisirt und derb. — Himmelblau.

Ziemlich selten im Radelgraben bei Werfen und bei Krieglach in Steyermark, Horrsjöberg in Wermland in Schweden, Brasilien, Nord-Carolina. Der Name nach der Farbenähnlichkeit mit dem Lasursteine lapis lazuli.

In Begleitung des schwedischen Lazulith's findet sich der **Svanbergit**, eine wasserhaltige Verbindung von schwefels. Thonerde mit phosphors. Kalk und Natrum (nach Igelström).

Wavellit.

Krsystem: rhombisch. Selten in rhombischen Prismen von 126° 25' mit einem makrodiagon. Doma von 106° 46'. Spltb. brachydiagonal deutlich. Pellucid. Glas—Perlmutterglanz. H. 4. G. 2,3. V. b. L. unschmelzbar, mit Kobaltaufl blaue Masse gebend. In Säuren und Kalilauge aufl. Mit Schwefelsäure flußsaures Gas entwickelnd. $\overline{Al}^4\ \ddot{\ddot{P}}^3 + 18\ \dot{\ddot{H}}$ (mit etwas Fluor). Phosphorsäure 34,72, Thonerde 36,56, Wasser 28,00.

Krystalle nadelförmig. Meistens in schmalstrahligen und

sternförmig faserigen Massen, kuglig und nierförmig. — Weiß, grau, gelblich, grün ꝛc.

Barnstaple in Devonshire, Schwarzenberg und Striegis im Erzgebirge, Aussig in Böhmen, Amberg in der Oberpfalz ꝛc. Der Name Wavellit nach dem Entdecker Dr. Wavell.

Kalait. Türkis zum Theil.

Derb in dichten Massen, traubig, nierförmig ꝛc. Br. flach=muschlig — uneben. Schimmernd — matt. An den Kanten wenig durchscheinend — undurchsichtig. H. 5,5. G. 2,7 — 3. V. d. L. unschmelzbar, schwarz werdend, die Flamme grün färbend. In Säuren aufl., auch größtentheils in Kalilauge. Anal. von Hermann: Phosphorsäure 27,34, Thonerde 47,45, Kupferoxyd 2,02, Eisenoxyd 1,10, Wasser 18,18, phosphorsaurer Kalk 3,41. — Himmelblau und grün.

Nichapor in Persien, Jordansmühl in Schlesien. — Wird rundlich geschliffen als Schmuckstein getragen. — Der sogen. Zahntürkis besteht aus fossilen Thierzähnen, welche mit Kupferoxydhydrat gefärbt sind. Dieser ist in Kalilauge fast ganz unauflöslich. Der Name Kalait nach κάλαις, ein meergrüner Edelstein bei Plinius.

Andere selten vorkommende wasserhaltige Thonphosphate sind: der Amphithalit, Berlinit und Trolleit aus Schweden, der Wartandit und Sphärit aus Böhmen, der Planerit vom Ural, der Evansit (Zepharowichit) aus Ungarn.

Struvit ist phosphors. Ammoniak-Magnesia. Hamburg, Guano der Saldanha Bay an der Küste von Afrika.

IX. Ordnung. Borsäure und Borate.
Borsaure Verbindungen.

Mit Schwefelsäure digerirt eine Masse gebend, welche darüber angezündetem Weingeiste die Eigenschaft ertheilt, mit grüner Flamme zu brennen. V. d. L. in Phosphorsalz auflöslich.

Sassolin. Borsäure.

Kßystem: klinorhomboidisch. — Gewöhnlich in lose verbunde=nen Schuppen und Blättchen, auch fasrig. Pellucid. Perlmutter=glanz H. 1. G. 1,5. Fett anzufühlen. V. d. L. leicht schmelzbar, die Flamme grün färbend. Im Kolben viel Wasser gebend. In Wasser und Weingeist etwas schwer aufl. $\overline{Bo} + 3 \dot{H}$. Bor=säure 56,37, Wasser 43,63. — Ungefärbt, weiß, gelblich ꝛc.

Aufgelöst und an den Ufern der Lagunen von Sasso bei Siena (daher der Name), auf der liparischen Insel Vulkano mit Schwefel, in Tibet.

Boracit.

Krsystem: tesseral. Stf. Tetraeder. Spltb. sehr wenig, oktaedrisch. Br. muschlig. Pellucid. Glasglanz. H. 6,5. G. 3. Durch Erwärmen elektrisch. V. d. L. mit Schäumen schmelzend, 2,5 zu einer weißen krystallinischen Perle. Die Flamme grün färbend. In Salzsäure vollkommen aufl. $\mathrm{Mg\,Cl} + 2\,\mathrm{\dot{M}g^3\,\overline{\overline{B}}{}^4}$, Borsäure 62,50, Magnesia 26,87, Chlor 7,94, Magnesium 2,69 (H. Rose und Heintz).

Bis jetzt nur in rundum ausgebildeten Krystallen gefunden, Combination von Hexaeder, Tetraeder und Rhombendodekaeder, von welchen bald die eine, bald die andere Form vorherrschend.

In den Gypsfelsen von Lüneburg und Segeberg im Holsteinischen. (Hat 4 elektrische Axen und zeigt ausnahmsweise doppelte Strahlenbrechung.) Der Name vom Gehalt an Borsäure.

Der Staßfurthit von Staßfurth im Magdeburg'schen ist Boracit mit 1 At. Wasser, nach Anderen nur Boracit. Der Eisenstaßfurthit enthält 50 pr. Ct. borsaures Eisenoxydul. Der Szaibelyit v. Rezbanya ist wasserhaltige borsaure Magnesia.

Am Kaukasus findet sich eine ähnliche, wasserhaltige Mischung, welche Hydroboracit genannt wurde. Enthält nach Heß: Borsäure 49,22, Kalkerde 13,74, Talkerde 10,71, Wasser 26,13. Krystallinisch leicht schmelzbar, in Säuren leicht auflöslich. — Aus borsaurem Kalk besteht der Rhobicit aus Siberien. —

Tinkal. Borax.

Krsystem: klinorhombisch. Stf. Hendyoeder von 87° und 101° 20'. Spltb. unvollkommen prismatisch und nach den Diagonalen. Br. muschlig. Pellucid. Glanz fettartig. H. 2,5. G. 1,7. Geschmack süßlich alkalisch. V. d. L. schmelzbar = 1 zur klaren Perle. In Wasser aufl. $\mathrm{\dot{N}a\,\overline{\overline{B}}{}^2} + 10\,\mathrm{\dot{H}}$. Borsäure 36,52, Natrum 16,37, Wasser 47,11. — Farblos, weiß. An den Krystallen (Stf.) häufig die orthobiagon. Fläche erscheinend und stark ausgedehnt.

In der Natur als Ausblühung des Bodens an den See'n in Tibet, Indien und Chili, Californien. — Dient als Schmelzmittel, zur Glasur, Bereitung mancher Gläser und zur Darstellung der Borsäure.

Borsaures Ammoniak mit Wasser ist der Larderellit aus den Borsäure-Lagunen von Toskana.

Der Boronatrocalcit (Ulerit) aus Peru enthält nach Ulex: Borsäure 49,5, Kalkerde 15,7, Natrum 8,8, Wasser 26,0. — Der Borocalcit von Iquique in Peru enthält nach Hayes: Borsäure 46,11, Kalkerde 18,69, Wasser 35,00.

Eine wasserhaltige Verbindung von phosphorsaurer und borsaurer Magnesia ist der Lüneburgit v. Lüneburg.

S. die kieselborsauren Verbindungen bei den Silicaten.

X. Ordnung. Kieselerde und Silicate oder kieselsaure Verbindungen.

V. b. L. in Phosphorsalz unvollkommen (mit Ausscheidung eines Kieselskeletts) aufl. Von Salzsäure vor oder nach dem Aufschließen mit Gallertbildung oder Ausscheidung von Kieselerde zersetzbar. In Wasser unaufl. Nach dem Glühen oder Schmelzen nicht alkalisch reagirend.

1. Geschlecht. Kieselerde (Kieselsäure).

Von Säuren (die Flußsäure ausgenommen) nicht angegriffen. Mit Kalihydrat geschmolzen ein in Wasser größtentheils aufl. Glas gebend. Aus der Lösung wird durch Ueberschuß an Salmiak Kieselerdehydrat gefällt.

Quarz.

Krystallsystem: hexagonal. Stf. Hexagonpyr. von 133^0 44′ und 103^0 34′. Spltb. wenig primitiv, nach der einen hemiedrischen Hälfte der Pyramide etwas deutlicher*). Br. muschlig. Pellucid. Glasglanz, manchmal fettartig. H. 7. G. 2,6—2,8. V. b. L. für sich unschmelzbar, mit Soda unter Brausen zu einem klaren Glase zusammenschmelzend. Im reinsten Zustande: Kieselerde $\overline{Si}$ = Silicium 46,67, Sauerstoff 53,33. Häufig Spuren von Eisenoxyd, Manganoxyd ꝛc. enthaltend. Der Quarz kommt in sehr zahlreichen Varietäten vor, welche in folgende Hauptabtheilungen gebracht werden können.

1) Krystallisirter und krystallinischer Quarz. Die vorherrschende Combination ist die Stammform mit dem hexagon. Prisma, Fig. 36 und 54, dessen Flächen immer horizontal gestreift sind. Es sind außerdem noch 5 Pyramiden, doch immer nur untergeordnet, beobachtet und über 50, die als Rhomboeder (normal oder verwendet) auftreten. Die Krystallreihe ist merkwürdig durch die häufige Erscheinung der tetartoedrischen Formen der trigonalen Trapezoeder. Ihre Flächen bilden schiefe (bald nach rechts, bald nach links) geneigte

---

*) Die angegebene Hexagonpyramide findet sich öfters halbflächig als Rhomboeder, welches auch als Stammform angenommen wird. Sein Scheitelktw. ist 94° 15′. Der Tridymit ist nach Rath Kieselerde von anderer (obwohl auch hexagonaler) Krystallisation als der Quarz. Pachuca in Mexiko.

Abstumpfungen der Combinations=Ecken der Stammform mit dem Hexagon. Prisma. Descloizeaux giebt deren gegen 50 verschiedene Arten an, auch trigonale Pyramiden kommen öfters vor. — Außer in Krystallen derb, körnig, stänglich, fasrig. Die durchsichtigeren Varietäten dieser Abtheilung, welche meistens farblos, manchmal auch gelblich, graulich, braun ꝛc. gefärbt sind, nennt man auch Bergkrystall, die weniger durchsichtigen gemeinen Quarz.

Der Bergkrystall findet sich vorzüglich im Urgebirge, in Granit, Gneiß, Glimmerschiefer in Drusenräumen (Krystallgewölben oder Kellern) manchmal in bedeutender Menge und mitunter in Säulen bis zu 1400 Pfund und darüber. So in den Alpen der Schweiz und Savoyens (Zinken, St. Gotthard, Grimsel ꝛc.), Bourg d'Oisans in der Dauphiné, Schemnitz und Marmorosch in Ungarn, Zinnwald in Böhmen, vorzüglich auch auf Madagaskar, wo Krystallblöcke bis zu 20 Fuß im Umfange angetroffen werden. Am Tiefengletscher im Kanton Uri hat man (1868) im Granit eine Krystallhöhle entdeckt, welche gegen 300 Centner vollkommen schwarzen Bergkrystall (Morion) lieferte, darunter Säulen bis zu 267 Pfd., die Farbe rührt von einer organ. Substanz her. — Der gemeine Quarz ist eines der verbreitetsten Mineralien und bildet theils einzelne Gebirgsstöcke (der Pfahl bei Bodenmais, der Weißenstein bei Regen in Bayern, der Hohenstein und Bohrstein im Odenwalde, Frauenstein im Erzgebirge ꝛc.) und mächtige Lager (als Flötzquarz in den Andes von Peru, als sog. Mühlsteinquarz in der Gegend von Paris), theils erscheint er als wesentlicher Gemengtheil anderer Felsarten. So im Granit, ein körniges Gemeng von Quarz, Feldspath und Glimmer; im Gneiß, ein ähnliches körnig=schiefriges Gemeng; im Glimmerschiefer, ein schiefriges Gemeng von Quarz und Glimmer; in den Porphyren als Einmengung; in den Kieselconglomeraten und in den meisten Sandsteinen.

Quarzkrystalle von besonderer Farbe oder durch gewisse Einmengungen ausgezeichnet, führen zum Theil auch eigenthümliche Namen. Dergleichen sind:

Der **Amethyst**, violblau, mit Uebergängen ins Braune und Rosenrothe. Die Farbe nach Heintz vielleicht von Eisensäure, nach Kuhlmann aber enthält der Amethyst kein Metalloxyd. Er kommt auf Gängen im Urgebirge und in Blasenräumen des Mandelsteines in Achatkugeln oder in Geschieben vor. Schöne Amethyste kommen vor auf Ceilon, zu Mursinsk im Ural, Oberstein im Zweibrückschen, Wiesenbach und Wolkenstein in Sachsen, Schemnitz in Ungarn ꝛc. Der Name kommt von ἀμέθυστος, gegen die Trunkenheit, wofür ihn Aristoteles und Andere empfohlen haben.

Der **Rosenquarz**, rosenroth, findet sich zu Zwiesel und Bodenmais in Bayern und zu Kolywan in Sibirien. Ist nach Suckow von Titansäure gefärbt.

Der **Prasem** ist ein mit lauchgrünem Aphibol gemengter Quarz, kommt zu Breitenbrunn im Erzgebirge vor und zu Lisenz in Tyrol. Prasem von πράσιος, lauchgrün.

Das **Katzenauge** ist ein mit fasrigem Disthen oder auch mit Amianth gemengter Quarz, welcher, rundlich geschliffen, ein eigenthümliches Schillern zeigt. Die Farbe ist meist grünlich= oder gelblichgrau, bräunlich, röthlich ꝛc. Die schönsten Varietäten kommen als Geschiebe auf Ceilon vor und in

Hindostan, auch bei Hof im Bayreuthischen und auf Treseburg am Harz findet sich dergleichen.

Der **Avanturin** ist ein gleichmäßig mit kleinen Glimmerschuppen gemengter Quarz, wodurch er geschliffen einen besonderen Schimmer erhält. Der schönste kommt aus Sibirien.

Mancher krystallinische Quarz ist stark mit Eisenoxyd und Eisenoxydhydrat gemengt, undurchsichtig, roth, gelb, braun ⁊c. Dergleichen heißt **Eisenkiesel**, findet sich auch dicht und nähert sich dann dem Jaspis. Er kommt auf Erzgängen im Erzgebirge vor, im Bayreuthischen, in Sibirien und schön krystallisirt zu Compostella in Spanien.

2) **Dichter Quarz.** Hierher gehören der **Hornstein** und der **Jaspis**.

Der **Hornstein** findet sich derb, kuglig oder auch als Versteinerungsmittel von Holz (**Holzstein**). Br. muschlig — splittrig, schimmernd, an den Kanten durchscheinend, grau, grünlich, roth, braun ⁊c. Im Großen ist er oft schiefrig und bildet den **Kieselschiefer**. Dieser ist zuweilen durch kohlige Theile schwarz gefärbt und führt dann den Namen **lydischer Stein**.

Der Hornstein kommt auf Gängen im Urgebirge vor, so im Erzgebirge, in Kugeln im Flötzkalk, ausgezeichnet zu Haunstadt bei Ingolstadt, oder als Holzstein in Sandstein und Alluvium, im Zweibrückschen, bei Chemnitz in Sachsen, Katharinenburg und Irkutz in Sibirien. Als Kieselschiefer bildet er Stildgebirge und mächtige Lager in Böhmen, Sachsen, Schlesien, am Harz ⁊c.

Der **Jaspis** ist ein dichter Quarz, welcher mit viel Eisenoxyd und Eisenoxydhydrat gemengt ist. Er ist undurchsichtig, roth, gelb, grün, braun ⁊c. in mancherlei Abänderungen, matt; Br. muschlig — uneben. Der farbig gestreifte heißt **Bandjaspis**.

Schöne Varietäten kommen als Geschiebe in Aegypten vor, zu Orel in Sibirien, Gnandstein in Sachsen, Erzgebirge, Ungarn ⁊c.

3. **Erdiger Quarz.** Derb, tropfsteinartig, porös, matt mit erdigem Bruche, meist unrein, undurchsichtig, weiß, gelblich, graulich ⁊c. Mehr oder weniger fest und hart. Hierher gehört der **Kieselsinter, Schwimmstein, Trippel** ⁊c.

Bildet zum Theil Lager im Flötzkalk und Sandstein, Gegend von Amberg und Bodenwöhr, Dresden, Böhmen ⁊c. Der Kieselsinter kommt vor an den Quellen des Geisers, in Kamtschatka, auf Teneriffa ⁊c. Ein Theil des erdigen Quarzes enthält amorphe, opalartige Kieselerde und besteht aus Schalern von Infusorien, so auch der sog. Polierschiefer, welcher zum Theil mächtige Lager bildet, bei Bilin in Böhmen, in Sachsen ⁊c.

Als Gemenge von Quarz und Opal (folgende Species) sind hier anschließend zu nennen der **Chalcedon** und der **Feuerstein**.

Der **Chalcedon** findet sich in rundlichen u. stalaktitischen Formen, auch in Pseudomorphosen, durchscheinend, wenig glänzend, wachsartig, von mancherlei Farben. Der rothe heißt **Karneol** (nach Heintz von Eisenoxyd gefärbt), der lauchgrüne Heliotrop, der apfelgrüne **Chrysopras**, der mit verschiedenen Lagen, weiß und braun ꝛc. heißt **Onyx**. Gemenge von Chalcedon, Quarz, Jaspis ꝛc. heißen **Achate** und diese kommen von den mannigfaltigsten Farbenzeichnungen vor.

Karniol, Karneol von carneus, fleischfarben, Heliotrop von ἡλιοτρόπιον, bei Plinius ein Edelstein; Chrysopras von χρυσός, Gold, und πράσιος, lauchgrün; Onyx von ὄνυξ, ein streifiger Edelstein, sonst Kralle, Fingernagel; Chalcedon von Kalcebonien in Kleinasien; Achat vom Flusse Achates in Sicilien. —

Der Chalcedon und seine Gemenge finden sich in Blasenräumen des Mandelsteins auf Island, den Faroer-Inseln, zu Oberstein im Zweibrückschen, in Porphyr in Ungarn, Siebenbürgen, Chemnitz in Sachsen, Lichtenberg und Naila in Oberfranken. Die schönsten Karniole kommen aus Arabien, der Heliotrop aus der Bucharei, Sibirien ꝛc. Der Chrysopras von Gläsendorf und Kosemitz in Schlesien.

Der Feuerstein findet sich kuglig und knollig von vollkommen muschligem Bruche, schimmernd, verschieden durchscheinend, grau, gelblich, schwarz ꝛc. Er kommt in Flötzkalk und vorzüglich in der Kreide vor. Auf der Insel Rügen, in Frankreich, England, Galizien, Polen ꝛc. Auch von diesem sollen einige Varietäten größtentheils aus Infusorienpanzern bestehen.

Die reinen oder schön gefärbten Abänderungen des krystallisirten Quarzes werden als Ringsteine, Dosen, Pokale ꝛc. geschliffen, auch in der Optik verwendet, zu feinen Gewichten ꝛc. Der Amethyst ist ein vorzüglich beliebter Stein und zugleich ziemlich wohlfeil, indem das Karat 5—9 Fl. kostet. Die farblosen Quarzkrystalle sind noch viel wohlfeiler, sie steigen im Werthe, wenn sie andere Mineralien, namentlich Rutil, Asbest, Göthit ꝛc., eingeschlossen enthalten. Das Katzenauge und der Avanturin werden ebenfalls als Schmucksteine geschliffen. Der gemeine Quarz ist ein Hauptbestandtheil des Glases, zu dessen Erzeugung er mit Pottasche oder Soda (auch Glaubersalz) und mit Kalk zusammengeschmolzen wird. Ein Glas ohne Kalk, welches in Wasser auflöslich, ist das sog. Wasserglas. Der Quarzsand dient ferner zur Bereitung des Mörtels, in Verbindung mit Kalkhydrat, als Zuschlag bei der Fabrikation des Steinguts und Porzellans, bei dem Verschmelzen mancher Eisenerze, als Schleif- und Formmaterial ꝛc.

Der sogenannte Holzstein, Jaspis, Chalcedon und Achat werden zu mancherlei Schmuckgeräthen geschliffen und verarbeitet, zum Belegen von Tischplatten, zur Florentiner Mosaik, der Chalcedon zu Reibschalen ꝛc. Karniol und Heliotrop geben sehr gute Siegelsteine. Besonders war sonst der Onyx geschätzt (von welchem unter andern berühmte, bis zu 44,000 Thaler geschätzte Platten im grünen Gewölbe in Dresden), man verfertigt Ringsteine, Cameen u. dergl. daraus. Auch der Chrysopras ist ziemlich geschätzt und kosten vollkommen schöne Steine von 1″ Länge und ¼″ Breite bis zu 30 und mehr Dukaten.

Der Gebrauch des Feuersteins ist bekannt. Das Flintensteinschlagen hat sonst in Frankreich viele Gemeinden beschäftigt; das Knallfeuer hat diesen Erwerbszweig aufgehoben.

Opal.

Amorph. Br. muschlig. Pellucid. Glas-, Wachsglanz, je nach dem Grade der Pellucidität H. 6. G. 2,2. V. d. L. mei=

stens verknisternd und im Kolben Wasser gebend, sonst wie Quarz. In Kalilauge größtentheils aufl., während der Quarz nur schwer angegriffen wird.

Kieselerde mit 3 — 12 pr. Ct. Wasser, welches aber wahrscheinlich nicht chemisch gebunden.

Wasserhell, Hyalith, getraust, traubig, tropfsteinartig; milchweiß, manchmal mit schönem Farbenspiel, edler Opal: gelblich, gelb, braun, röthlich, zum Theil mit Holztextur, Halbopal, Holzopal, Menilit 2c.

Der sog. Hydrophan ist ein schwach durchscheinender Opal, der, in Wasser gelegt, größere Pellucidität, manchmal auch Farbenspiel erlangt.

Der Opal findet sich in Gangtrümmern und Nestern in Porphyr, Mandelstein, Trachyt 2c. Der schönste sogen. edle Opal findet sich zu Czerwenitza zwischen Kaschau und Eperies in Ungarn. Er wird rundlich geschliffen und ist ein sehr geschätzter Edelstein, so daß Steine von 5—6 Linien Größe bis zu 1000 Fl. bezahlt werden. Die berühmtesten edlen Opale finden sich im kaiserlichen Schatze in Wien, darunter ein Stück von 34 Loth, welches auf ½ Million Gulden geschätzt ist.

Die übrigen Varietäten des Opals kommen vor in Ober- und Niederungarn, zu Kosemitz in Schlesien, Steinheim bei Hanau, Siebengebirg, Paris, Island und Faroer-Inseln 2c. Der Hyalith bei Frankfurt a. M., auf dem Kaiserstuhl 2c. Ein rosenrother Opal findet sich zu Mehun im Departement Du Chere.

Mancher Opal enthält viel Eisenoxyd eingemengt und heißt Jaspopal, er ist braunroth und wird, wie auch mancher Halbopal, zu Dosen, Messergriffen 2c. verarbeitet.

ὀπάλλιος, heißt ein Edelstein bei Dioscorides; Hyalith kommt von ὕαλος, Glas; Menilit von Menil-Montant bei Paris.

2. Geschlecht. Wasserfreie Silicate.

Mit Kalihydrat geschmolzen nur zum Theil und wenig in Wasser aufl. V. d. L. im Kolben kein oder nur Spuren von Wasser gebend.

1. Gruppe. Wasserfreie Silicate mit Thonerdegehalt.

Formation des Granats. Die Krystallisation ist tesseral. Stf. Rhombendodekaeder, die Mischung kann durch die allgemeine Formel $\dot{R}^3 \ddot{Si} + \ddot{\ddot{R}} \ddot{Si}$ bezeichnet werden. Dabei wechseln in den verschiedenen Species als $\dot{R}$: Eisenoxydul, Kalkerde, Manganoxydul und Talkerde als $\ddot{\ddot{R}}$: Thonerde, Eisenoxyd, Manganoxyd und Chromoxyd. Es gehören folgende Species hierher:

a. Almandin.

Krystallisation wie oben angegeben. Nur Spuren von Spaltbarkeit. Br. muschlig, uneben, splittrig. Pellucid. Glasglanz. H. 7—7,5. G. 3,5—4,3. V. d. L. schmelzbar = 3, ruhig zu einer stahlgrauen magnetischen Perle. Von Salzsäure wenig angegriffen, nach vorhergegangenem Schmelzen gelatinirend. $\overset{...}{\text{F}}{}^3 \overset{..}{\text{Si}} + \overset{...}{\text{Al}} \overset{..}{\text{Si}}$. Kieselerde 37,08, Thonerde 20,62, Eisenoxydul 42,30. Roth, kolombin-, blut-, bräunlichroth, braun ꝛc.

Vorwaltende Form ist das Rhombendodekaeder, außerdem auch das Trapezoeder und die Combination beider. Hessenberg hat dazu an einem rothbraunen Granat von Pfitsch (ob Almandin?) das Triakisoktaeder $\frac{3}{2}$ O und das Hexakisoktaeder 3 O $\frac{3}{2}$ beobachtet. Derb, körnig.

Sehr verbreitet, in Urfelsarten eingewachsen, auch in Geschieben. In Schweden und Norwegen, Kärnthen und Tyrol oft in faustgroßen Krystallen vorkommend, Silberberg bei Bodenmais, Albernreuth in der Oberpfalz, in Ungarn, Sachsen, Spanien ꝛc. Die schönsten Granaten, die sogen. syrischen, kommen aus dem Orient, Ceylon, Indien ꝛc. Gute Steine, als Ringsteine ꝛc., von 6—8 Linien Größe werden manchmal bis zu 1500 Fl. bezahlt. Die großen, weniger reinen, werden zu Dosen und dergl. geschnitten und dienten den alten deutschen Büchsen häufig statt des Feuersteins. — Almandin stammt von Alabanda, einer Stadt in Carien (Kleinasien). — Der Name der Formation Granat, wie früher auch der Almandin hieß, bezieht sich auf die Farbenähnlichkeit mit der Granatblüthe.

b. Grossular.

Krystallisation wie die vorige. Derb, körnig und dicht. Pellucid. Glas — Fettglanz. H. 7. G. 3,4—3,66. V. d. L. ruhig schmelzend = 3 zu einem nichtmagnetischen Glase. Wird von concentrirter Salzsäure zum Theil stark angegriffen und gelatinirt nach dem Schmelzen. $\overset{...}{\text{Ca}}{}^3 \overset{..}{\text{Si}} + \overset{...}{\text{Al}} \overset{..}{\text{Si}}$. Kieselerde 40,31, Thonerde 22,41, Kalkerde 37,28. Weiß (selten), grün, gelb, gelblichbraun, hyazinthroth.

An einer Varietät von Beresjowsk kommen nach G. Rose auch die Flächen des Würfels und Oktaeders mit dem Rhombendodekaeder vor. Auf Elba findet er sich in Oktaedern.

Hierher der sog. Hessonit oder Kanelstein. Schöne Varietäten finden sich zu Orawitza und Ezillowa im Banat, Mussaalpe im Piemontesischen, Wilwifluß in Sibirien, Arendal, Sala in Standinavien, Tyrol, Ceylon ꝛc. Vorzüglich der hyazinthrothe wird als Edelstein geschätzt und gewöhnlich als Hyazinth verkauft. — Grossular von grossularia, Stachelbeere.

e. **Allochroit***).

Krystation wie die vorigen. Körnige Massen. Pellucid. wenig, Glas — Fettglanz. H. 7. G. 3,66 — 3,56. V. d. L. ruhig schmelzbar = 3 zu einem schwarzen magnetischen Glase. Von concentrirter Salzsäure zum Theil zersetzt zu einer gallertähnlichen Masse. Nach dem Schmelzen vollkommen gelatinirend. $Ca^3 \ddot{S}i + \ddot{F}e \ddot{S}i$. Kieselerde 36,08, Eisenoxyd 30,56, Kalk. 33,36 **). Grün, gelb, braun, schwarz. — Hierher der sogenannte **Melanit**.

An Varietäten des Allochroit aus Finnland findet sich die Combin. zweier Tetrakishexaeder.

Findet sich zum Theil in Lagern, so daß er als Zuschlag zum Ausschmelzen der Eisenerze gebraucht wird. Im Erzgebirge, in Thüringen, zu Zermatt in Wallis (die Mischung fast rein), zu Drammen und Arendal in Norwegen, Sala in Schweden, Frascati bei Rom ꝛc. — Allochroit von ἀλλόχροος, von veränderter Farbe, in Beziehung auf das Verhalten v. d. L.

Weit seltener ist der **Spessartin** (von seinem Vorkommen im Spessart). $Mn^3 \ddot{S}i + \bar{A}l \ddot{S}i$. Kiesel. 36,5, Thon. 20,3, Manganoxydul 43,2. Bräunlichroth, reagirt mit Borax stark auf Mangan. Spessart, Schweden, dicht zu Pfitsch in Tyrol.

Bis jetzt nur im Ural und zu Texas in Pennsylvanien gefunden, ist der **Uwarowit** (nach dem russischen Akademiker Uwarow benannt) hier noch zu erwähnen, welcher gegen 23 pr. Ct. Chromoxyd $\bar{C}r$ (für $\bar{A}l$ vicar.) und 30 pr. Ct. Ca enthält. Er ist von smaragdgrüner Farbe.

Höchst wahrscheinlich gehört auch zur Granatformation der

Pyrop.

Bis jetzt nur in rundlichen Körnern gefunden. (Von Einigen werden undeutliche Würfel angegeben.) Br. muschlig. Pellucid. Glasglanz. H. 7,5. G. 3,7. V. d. L. schmelzbar = 3,5 — 4, dem Borax smaragdgrüne Farbe ertheilend. Von Säuren nicht angegriffen. Nach m. Anal. Kiesel. 43,00, Thon. 22,26, Chromoxyd 1,80, Talk. 18,55, Kalk. 5,68, Eisenoxydul 8,74. Nach Moberg ist das Chrom als Oxydul $\underline{C}r$. enthalten und die Formel ganz die der andern Granaten. — Pyrop stammt von πυρωπός, feueraugig. — Farbe blutroth.

---

*) Ist hier angeführt, weil darin das Eisenoxyd für die Thonerde vicarirt.
**) Der Kürze wegen wird in Folgendem Kiesel. statt Kieselerde, Thon. statt Thonerde, Kalk. statt Kalkerde ꝛc. gesetzt.

Findet sich im Schuttland bei Meronitz ꝛc., bei Bilin in Böhmen und im Serpentin zu Zöblitz in Sachsen. Er ist unter dem Namen böhmischer Granat den Juwelieren bekannt und wird meistens facettirt und gebohrt auf Schnüren gezogen verkauft (1000 Stück zu 120 bis 140 Fl.).

Vesuvian.

Kllsystem: quadratisch. **Stf.** Quadratpyramide 129° 21'; 74° 27'. **Spltb.** diagonal prismatisch. **Br.** unvollkommen muschlig, uneben, splittrig. Pellucid. Glasglanz, auf Bruchflächen zum Fettglanz. H. 6,5. G. 3,2 — 3,4. V. d. L. schmelzbar = 3 mit Schäumen zu einem grünlichen oder bräunlichen Glase. Von concentrirter Salzsäure stark angegriffen. Nach dem Schmelzen gelatinirend. Die Mischung ähnlich der des Grossular. $3 \, (\dot{R}^3 \, \bar{\bar{Si}}) + 2 \, \ddot{R} \, \bar{\bar{Si}}$. Die Anal. geben im Durchschnitt: Kiesel. 39, Thon. 18, Eisenoxyd 6, Kalk. 36, Talk. 1. Nach Scheerer enthalten einige Varietäten gegen 2 pr. Ct. Wasser, welches er als wesentlich und polymer vicarirend für $\dot{Mg}$ ansieht.

Vorwaltende Combinations-Formen sind die beiden quadratischen Prismen, vertikal gestreift. Es sind außer der Stammform noch 5 andere Quadratpyramiden und eben so viele Dioktaeder bekannt, welche jedoch nur untergeordnet vorkommen. Außer in Krystallen auch körnig, selten dicht. — Grün und braun, selten blau.

Schöne Varietäten kommen vor am Vesuv (daher auch der Name), in den Dolomitblöcken des Monte Somma bei Neapel, am Wilwifluß in Sibirien und am Vaitasee, ferner auf der Musaalpe im Piemontesischen, Monzoni im Fassathal, Eger in Böhmen, Souland in Norwegen. Pfunders in Tyrol ꝛc.

Reine Krystalle werden zu Schmucksachen geschliffen.

In der Mischung nähert sich, mit 3 pr. Ct. Natrum und 1 Kali, der Sarkolith vom Vesuv. Kryst. quadratisch, gelatinirt.

Formation des Epidots. Klinorhombisch $\dot{R}^3 \, \bar{\bar{Si}} + 2 \, \ddot{R} \, \bar{\bar{Si}}$.

Außer Pistazit und Manganepidot gehören hierher der Allanit, Orthit und andere Ceroxyd enthaltende Mineralien, welche in der Ordnung Cerium erwähnt sind.

a. Pistazit.

Kllsystem: klinorhombisch. **Stf.** Hendyoeder von 109° 27'; 104° 44' 9'''. Spltb. nach der Endfläche sehr vollkommen, etwas weniger nach e nem hintern Hemidoma, zur Endfläche unter 114° 30' geneigt. Br. uneben, splittrig. Pellucid. Glasglanz. H. 6,5. G. 3,2—3,45. V. d. L schmelzbar, anfangs = 3, unter Schäumen zu einer dunkelbraunen oder schwarzen Masse, welche manchmal magnetisch ist. Von Salzsäure schwer angegriffen. Nach dem Schmelzen gelatinirend.

$\overset{..}{Ca}^3 \overset{..}{Si} + 2 (\overset{..}{Al} \overset{..}{Fe}) \overset{..}{Si}$. Anal. einer Varietät von Arendal von Rammelsberg: Kiesel. 38,76, Thon. 20,36, Eisenoxyd 16,35, Kalkerde 23,71, Talkerde 0,44, Glühverlust 2,00 (101,62).

Die Krystalle sind in der Richtung der Orthodiagonale verlängert, so daß die Spaltungsflächen wie prismatische Flächen erscheinen, die orthobiagonale Fläche findet sich auch in den meisten Combinationen, einige vorkommende Klinodomen sind untergeordnet Außerdem nadelförmig und schilfförmig, stänglich, körnig, dicht. Grün in mancherlei Abänderungen.

In Urfelsarten eingewachsen, ausgezeichnet zu Arendal in Norwegen, Langbanshyttan in Schweden, Breitenbrunn in Sachsen, Allemont in der Dauphiné, Floß in der obern Pfalz ꝛc. Am Obern See in NAmerika auf der Königsinsel kommt Pistazit als Gangmasse bis zu 6 Fuß mächtig vor und führt metallisches Kupfer. —

Der Name Pistazit kommt von πιστάκια, die Pistazie, wegen der ähnlichen Farbe; der Name Epidot von ἐπίδοσις, Zugabe. —

b. **Manganepidot** (Piemontit).

Stängliche und strahlige Massen. Kirschroth. Färbt das Boraxglas stark amethystroth und schmilzt sehr leicht. Die Thonerde zum Theil durch Manganoxyd vertreten. Anal. v. Deville: Kiesel. 37,3, Thon. 15,9, Eisenoxyd 4,8, Manganoxyd 19,0, Kalkerde 22,8, Talkerde 0,2 (100). St. Marcel im Piemontesischen. —

Zoisit.

Krystalle selten deutlich, schilfförmig; stängliche und strahlige Massen. Nach Descloizeaux ist die Krystallisation rhombisch. V. d. L. anschwellend schmelzend = 3 — 3,5, mit Schäumen zu einer blasigen, blumenkohlähnlichen Masse von weißer oder gelblicher Farbe. Von Salzsäure angegriffen. Nach starkem Glühen gelatinirend. $\overset{..}{Ca}^3 \overset{..}{Si} + 2 \overset{..}{Al} \overset{..}{Si}$. Kiesel. 42,40, Thon. 31,44, Kalk. 26,16. — Grau, gelblichgrau, weiß.

Fichtelgebirg, Saualpe in Kärnthen, Bacher in Steyermark, Faltigl und Sterzing in Tyrol. Der Name Zoisit nach dem österreichischen Mineralogen Baron v. Zois.

Mejonit.

Krystallsystem: quadratisch. Stf. Quadratpyramide 136° 7'; 63° 48'. Spltb. unvollkommen prismatisch und nach den Diagonalen. Br. unvollkommen muschlig — uneben. Pellucid. Glasglanz. H. 5 5. G. 2,3 — 2,6. V. d. L. schmelzbar = 3, mit Schäumen und Leuchten zu einem blasigen durchscheinenden Glase. Mit Salzsäure gelatinirend. $\overset{..}{Ca}^3 \overset{..}{Si} + 2 \overset{..}{Al} \overset{..}{Si}$. Kiesel. 42,40, Thon. 31,14, Kalk. 26,16. Vorwaltende Combination die Stammform mit dem diagonalen Prisma. Meistens krystallisirt. — Farblos, weiß, graulich.

In der Lava des Monte Somma bei Neapel. Mejonit von μικρός, μείων, kleiner, wegen der stumpfern Pyramide im Vergleich zu Besuvian.

In die Nähe des Mejonit gehört der Mizzonit und Sarcolith, beide von Monte Somma.

Nephelin.

Krystallsystem: hexagonal. Stf. Hexagonpyramide 139° 19'; 88° 6'. Spltb. unvollkommen basisch und prismatisch. Br. uneben. Pellucid. Glasglanz, auf Bruchfläche Fettglanz. H. 5,5. G. 2,6. V. d. L. ruhig schmelzbar = 3, zu einem farblosen, etwas blasigen Glase. Mit Salzsäure gelatinirend.

$\left.\begin{array}{l}Na^2\\Ka^2\end{array}\right\}$ $\bar{Si} + 2\,\bar{Al}\,\bar{Si}$. Anal. einer Varietät von Monte Somma von Scheerer: Kiesel. 44,03, Thon. 33,28, Natrum 15,44, Kali 4,94, Spuren von $\dot{C}a$, $\overline{Fe}$ und $\dot{A}q$.

Die vorwaltende Form ist das hexagonale Prisma.

In Krystallen und derb (Eläolith).

Hierher der Davyn und Cavolinit vom Vesuv und der Cancrinit (mit kohlens. Kalk gemengt) vom Ilmengebirg.

Kommt in Drusenräumen der Dolomitblöcke des Monte Somma bei Neapel vor, im Dolerit am Katzenbuckel im Odenwald, im Syenit zu Friedrichswärn und Laurvig in Norwegen. Nephelin kommt von νεφέλη, Wolke, weil die Krystalle in Säuren, wegen der Zersetzung, trüb werden.

Andere gelatinirende Silicate, welche vorzüglich aus Kieselerde, Thonerde und Kalkerde bestehen und selten vorkommen, sind der Gehlenit nach dem Chemiker Gehlen) von Monzoniberg in Tyrol; der Humboldtilith (nach Alex. v. Humboldt) vom Vesuv und der Barsowit nach dem Fundort Barsowsk im Ural.

Wernerit.

Krystallsystem: quadratisch. Stf. Quadratpyramide 136° 7'; 63° 48'. Spltb. ziemlich vollkommen prismatisch und nach den Diagonalen. Br. uneben, unvollkommen muschlig, splittrig. Pellucid. Glasglanz, auf Spaltfl. zum Perlmutterglanz, auf Bruchflächen zum Fettglanz geneigt. H. 5,5. G. 2,7. V. d. L. mit Schäumen schmelzbar = 2,5 zum weißen, durchscheinenden, blasigen Glase. Von concentrirter Salzsäure zersetzbar, ohne zu gelatiniren.

$\left.\begin{array}{l}\dot{C}a^3\\\dot{N}a^3\end{array}\right\}$ $\bar{Si}^2 + 2\,\bar{Al}\,\bar{Si}$. Anal. einer Varietät von Arendal von Rath: Kiesel. 45,05, Thon. 25,31, Eisenoxyd 2,02, Kalk. 17,30, Talkerde 0 30, Kali 1,55, Natrum 6,45, Wasser 1,24.

Vorwaltende Form: quadrat. Prisma, vertikal gestreift. — Derb, körnig, stänglich. — Weiß, graulich, gelblich ꝛc.

Im Urgebirge häufig in Norwegen und Schweden zu Arendal, Langbenshuttan ꝛc. Franklin und Warwick in Nordamerika. Finnland. (Syn. Stapolith.) — Der Name nach dem Mineralogen Werner. Es gehören hieher: der Nuttalit, Glaukolith und Stroganowit.

Als mehr oder weniger zersetzter Wernerit sind zu betrachten der Algerit v. Franklin, Atheriastit v. Arendal, Couzeranit v. Couzeran in den Pyrenäen, Dipyr v. Mauleon in den Pyrenäen und der Wilsonit v. Canada.

Cordierit. Dichroit.

Krystsystem: rhombisch. Stf Rhombenpyramide $135^0\,51'$; $110^0\,28'$; $95^0\,36'$. Spltb. brachydiagonal unvollkommen. Br. muschlig, uneben. Pellucid. Einige Varietäten zeigen Dichroismus, parallel der Hauptaxe blau, rechtwinklich darauf gelblichgrau. Glasglanz. H. 7. G. 2,6. V. d. L. schwer schmelzbar = 5,5 zu einem weißen Glase. Von Säuren schwer angegriffen. $\ddot{R}^3 \overline{Si}^2 + 3\,\ddot{\ddot{R}}\,\overline{Si}$. Anal. einer Varietät von Krageröe von Scheerer: Kiesel. 50,41, Thon. 32,95, Eisenoxyd 1,07, Talk. 12,76, Kalk. 1,12, Wasser 1,02 (99,36).

In den Combinationen ist ein rhombisches Prisma von $119^0\,10'$ mit der brachydiagonalen und basischen Fläche herrschend. Derb und körnig.

In Urfelsarten zu Bodenmais in Bayern, Orrjerfvi in Finnland, Brasilien, Grönland. In Geschieben auf Ceylon. Der reine und gut gefärbte wird zu Schmucksteinen geschliffen und heißt Luchssaphir.

Der Cordierit (nach dem französischen Mineralogen Cordier benannt) kommt in verschiedenen Zuständen der Zersetzung vor, wobei er bis zu 9 pr. Ct. Wasser aufnimmt. Es gehören dahin der Fahlunit, Gigantelith, Praseolith, Aspasiolith, Pinit. Scheerer nimmt diese Mineralien als eigenthümliche Species an.

Labrador.

Bis jetzt nicht in Krystallen vorgekommen. Es finden sich derbe Massen, nach zwei Richtungen spaltbar, ungefähr unter Winkeln von 86^0 und 94^0. Auf den vollkommenen Spaltfl. Glas — Perlmutterglanz und eigenthümliche zarte Streifung, auf den weniger vollkommenen Glasglanz und öfters Farbenwandlung, blau und grün, gelb, seltner kupferroth ꝛc. durchscheinend. H. 6,0. G. 2,7. V. d. L. schmelzbar = 3 zu einem dichten, ungefärbten Glase. Von concentrirter Salzsäure zersetzt, doch nicht ganz vollkommen.

$\left.\begin{array}{l}\dot{C}a^3\\ \dot{N}a^3\end{array}\right\}\overline{Si}^2 + \overline{\overline{Al}}^3\,\overline{Si}^4$. Kiesel. 53,42, Thon. 29,71, Kalk 12,35,

Natrum 4,52. Ein reiner Kalklabrador ist der Ersbyit v. Pargas. — Grau, in verschiedenen Abänderungen, auch weiß ꝛc.

Die krystallinischen Massen sind fast immer Zwillingsbildungen, deren Zusammensetzungsfläche die weniger vollkommene Spaltungsfläche. Daher die einspringenden Winkel von 171°, welche die Streifung hervorbringen.

Der farbenwandelnde Labrador findet sich in Geschieben auf der Paulsinsel an der Küste von Labrador und zu Ingermannland und Peterhoi in Finnland. Ohne Farbenwandlung kommt er öfters vor und bildet mit Amphibol den meisten Syenit, mit Augit den Dolerit und Basalt. Auch im sog. Phonolith und Kugelporphyr kommt er in eingewachsenen Krystallen vor.

Der farbenwandelnde Labrador wird zu Dosen u. dergl. geschliffen.

Hier schließt sich der sog. Saussurit an, welcher nach Delesse ein dichter, unreiner Labrador ist. Er bildet mit Diallage den sog. Gabbro, eine Felsart, welche am Bacheracbirg in Steyermark, am Genfersee, im Walliserland, auf Corsika ꝛc. vorkommt.

Der **Anorthit**, von klinorhomboidischer Küstat., wird, wie der Labrador, von conc. Salzsäure zersetzt. Er ist $\dot{R}^3 \ddot{Si} + 3 \ddot{Al} \ddot{Si}$. Kiesel. 43,2, Thon. 36,8, Kalk. 20,0. Vesuv, Corsika, Schweden, Finnland, auch im Meteorstein v. Juvenas in Frankreich. Dahin gehören der Lepolith, Amphodelit, Lytownit, Diploit, Linseit, Rosit, Polyargit. — Anorthit kommt von ἀνορθός, nicht rechtwinklich, in Beziehung auf den Spaltungswinkel 85° 48'. —

Leucit.

Krsystem: tesseral. Stf. Trapezoeder Taf. I. Fig. 10 a = 131° 48' 36". Spltb. hexaedrisch in Spuren. Br. muschlig. Pellucid. Glasglanz. H. 5,5. G. 2,5. V. d. L. unschmelzbar, mit Kobaltaufl. blau werdend. Von Salzsäure vollkommen ohne Gallertbildung zersetzt. $Ka^3 Si^2 + 3 \ddot{Al} Si^2$. Kiesel. 55,06, Thon. 23,43, Kali 21,51. In ausgebildeten Krystallen (Stf.) und Kornern. — Weiß, gelblich, graulich, röthlich.

Der körnige Leucit enthält 8,83 Natrum und 10,40 Kali, kann daher als eine Mittelspecies zwischen dem bekannten Kali-Leucit und einem möglichen Natrum-Leucit gelten. — Leucit kommt von λευκός, weiß. —

In Laven am Vesuv, bei Frascati, Tivoli, Albano in der Gegent von Rom, am Laachersee ꝛc.

Orthoklas. Feldspath zum Theil.

Krsystem: klinorhombisch. Stf. Hendyoeder 118° 50'; 112° 22'. Spltb. nach der Endfläche und klinodiagonal (also unter 90°) vollkommen, in Spuren nach den Seitenflächen. Br. uneben, unvollkommen muschlig. Pellucid. Glasglanz, auf den vollkommensten Spaltflächen (Endflächen) Perlmutterglanz. H. 6. G. 2,4 — 2,55.

V. d. L. ruhig schmelzbar = 5.   Von Säuren nicht angegriffen.
K̄aSi + ĀlSi³. Kiesel. 65,21, Thon. 18,13, Kali 16,66. — Farblos und weiß, röthlich, gelblich, grün ɛc. Der grüne russische Orthoklas (Amazonenstein) ist von Kupferoxyd gefärbt.

Manchmal mit Farbenwandlung auf dem unvollkommenen orthodiagonalen Blätterdurchgang, manchmal mit einem perlmutter= artigen Scheine im Innern (Mondstein).

In den Krystallcombinationen ist oft die Stammform herr= schend, oft aber sind die Flächen der vollkommenen Blätterdurch= gänge die ausgedehnteren und dann erhalten die Krystalle das Ansehen eines quadratischen oder rektangulären Prisma's. Häufig kommt ein hinteres Hemidoma vor, zur Endfläche unter 129° 40' geneigt und ein anderes zur Endfläche unter 99° 5' geneigt, unter= geordnet zwei Klinodomen.

Die vorkommenden Zwillinge und Hemitropieen dieses Mine= rals sind in dem Kapitel von den Zwillingskrystallen erwähnt.

Außer in Krystallen, derb, körnig, dicht. Der Orthoklas ist eines der verbreitetsten Mineralien, er bildet im Urgebirge einen wesentlichen Gemengtheil des Granits, Gneißes und manches Dio= rits und Syenits (mit Amphibol).

Als feinkörnige Masse bildet er eine Felsart, welche Weiß= stein oder Eurit heißt. Als dichter sogenannter Felsit bildet er die Hauptmasse vieler Porphyre, auch des Trachyts.

Ausgezeichnete Varietäten kommen vor zu Karlsbad und Ellenbogen in Böhmen, Bischofsheim im Fichtelgebirg, Friedrichswärn in Norwegen, St. Gotthard, Baveno bei Mailand, Elba ɛc.

Der sog. Mondstein und eine andere schillernde Varietät, welche Son= nenstein heißt und in Rußland und Norwegen vorkommt, werden zu Ring= steinen und dergl. geschliffen. Das Schillern des Sonnensteins rührt her von einer regelmäßigen Einmengung mikroskopisch kleiner Krystalle von Eisenglanz und Titaneisen. — Orthoklas stammt von ὀρϑός, rechtwinklich, und κλάω, spalten. —

Albit. Feldspath zum Theil.

Krystallsystem: klinorhomboidisch. Spaltungsform: klinorhomboidi= sches Prisma, m : t = 117° 53'; p : t = 93° 36'; p : m = 115° 5'. Br. uneben. Pellucid. Glasglanz, auf p Perlmutter= glanz. H. 6. G. 2,56. V. d. L. schmelzbar = 4. Von Säuren nicht angegriffen. N̄aSi + ĀlSi³. Kiesel. 69,09, Thon. 19,21, Natrum 11,70. — Wasserhell, weiß, graulich, gelblich ɛc.

Die Spaltungsform erscheint häufig als äußere Form, an den scharfen Seitenkanten abgestumpft und hemitropisch nach einem Schnitte parallel mit der Fläche m, wodurch an den Enden ein= und ausspringende Winkel von 172° 48' entstehen. Diese oft vorkommende Bildung, noch mehr aber die leichtere Schmelzbarkeit geben ein gutes Unterscheidungskennzeichen zwischen Albit und Orthoklas. Außer in Krystallen kommt der Albit derb vor, körnig, blumigblättrig, strahlig und dicht.

Schöne Varietäten kommen vor zu Arendal in Norwegen, Zell im Zillerthal, Baveno bei Mailand, Sibirien, Schweden, Finnland, Schlesien ꝛc. Der Albit bildet die Grundmasse vieler sog. Schriftgranite und manches Phonoliths.

Hier schließt sich der **Periklin** an, welcher als ein Albit angesehen werden kann, in dem ein kleiner Theil des Natrums durch Kali vertreten wird. Er findet sich in schönen Krystallen auf dem St. Gotthard, Greiner und Schwarzenstein im Zillerthale ꝛc. und bildet mit Hornblende die Masse mancher Grünsteine oder Diorite, sowie des Aphantis, welche Gesteine zu den Urfelsarten gehören.

Der **Oligoklas** (oder Natronspodumen) ist $\dot{R} \ddot{Si} + \ddot{Al} \ddot{Si}^2$. Kiesel. 62,3, Thon. 23,5, Kalk. und Natrum 14,2 (die Kalkerde meistens nur bis 4 pr. Ct.). Aehnliche Kllc. wie Albit, fettglänzend, leichter schmelzbar als Albit. Laurwig und Arendal in Norwegen, Ural, Quenast in Belgien, Boden bei Marienberg in Sachsen ꝛc. Nach Potyka ist der grüne Feldspath v. Bodenmais dem Oligoklas sehr nahestehend. — Nach Tschermat sind die eigentlichen Feldspathtypen: Orthoklas, Albit und Anorthit und bilden diese durch lamellare Verwachsung zahlreiche Zwischenglieder. —

Albit kommt von albus, weiß; Periklin von περικλινης, sich ringsum neigend; Oligoklas von ὀλίγος, wenig, und κλάω, spalten.

Es gehört dahin der **Andesin** aus den Cordilleren. Nach Hessenberg ist der Oligoklas ein veränderter Albit oder Periklin und hat keine eigenthümliche Krystallisation.

Hier schließt sich der seltene **Hyalophan** aus dem Binnenthal in der Schweiz an. Er ist $\left.\begin{array}{c}\text{Ba}\\\text{Kn}\end{array}\right\} \ddot{Si} + \ddot{Al} \ddot{Si}^2$ mit 15 pr. Ct. Baryterde und hat die Form des Orthoklas. Kommt auch am Jakobsberg in Wermland vor.

Als vulkanische Gläser, durch Schmelzen mehrerer Natrum- und kalihaltiger Silicate entstanden, sind zu betrachten: der **Obsidian**, **Pechstein**, **Peristein** und **Bimstein**. Diese Mineralien sind amorph, mehr oder weniger pellucid, hart = 5,5—6,0. G. 2,2—2,5 und schmelzen v. d. L. bald schwerer, bald leichter, ruhig oder mit Schäumen. Der Obsidian hat ausgezeichnet muschligen Bruch, Glasglanz und schwarze oder braune Farbe (Marekanit). Er findet sich oft in großen Massen auf Island, Lipari, Tokay in Ungarn, Mexiko, Peru, Sibirien, Madagaskar. Er wird zu Spiegeln geschliffen, zu Messern ꝛc.

Der Pechstein ist fettglänzend, von muschligem Bruche und mannigfaltigen Farben, grün, braunroth, gelblich ꝛc. Er bildet öfters großkörnige

Massen und kommt als Felsart vor bei Meißen, Schemnitz, Kremnitz, Tokay, in Schottland und auf den griechischen Inseln.

Der Perlstein ist perlmutterglänzend, gewöhnlich grau und bildet rundkörnige Massen. Er findet sich ausgezeichnet in Ungarn, Tokay, Tellebanya, Schemnitz, Glashütte ꝛc.

Der Bimsstein ist wenig perlmutterartig- und seidenglänzend; weiß, graulich, gelblich ꝛc. und bildet poröse, schaumartige Massen. Er kommt in Vulkanen mit Lava vor, auf den liparischen Inseln, im griechischen Archipel, bei Andernach ꝛc. Er dient zum Schleifen, zur Bereitung des Mörtels ꝛc.

Alle diese Gesteine bilden zuweilen porphyrartige Massen, der Bimsstein auch verschiedene Breccien.

Triphan. Spodumen.

Isomorph mit Augit. Es finden sich Hendyoeder mit Seitenkantenwinkeln von $93°$ und $87°$, nach den Seitenflächen spaltbar und orthodiagonal. Br. uneben. Pellucid. Perlmutterglanz, auf den vollkommenen Spaltfl. sonst Glasglanz. H. 6,5. G. 3,2. V. d. L. sich aufblähend und schmelzend = 3,5 zu einem klaren oder weißen Glase, färbt dabei die Flamme schwach purpurroth. Von Säuren nicht angegriffen. $Li^3 Si^2 + 4 \ddot{A}l Si^2$. Kiesel. 64,98, Thon. 28,88, Lithion 6,14 — Zuweilen ist das Lithion zum Theil durch Natrum ersetzt. — Grünlich oder gelblichweiß, ins Berggrüne und Graue.

In Urselsarten auf der Insel Utön bei Stockholm, Sterzing und Lienz in Tyrol, Irland, Neu-Jersey, Norwich in Massachusetts. Triphan von τριγανης, dreifach erscheinend. —

Petalit.

In derben, krystallinischen Massen. Spaltbar deutlich in einer Richtung, weniger nach einer zweiten unter $142°$. Bruch uneben, splittrig. Durchscheinend. Perlmutterglanz auf den vollkommenen Spaltfl., Fettglanz auf dem Bruche. H. 6,5. G. 2,4. V. d. L. ruhig schmelzend = 3,5, die Flamme vorübergehend schwach purpurroth färbend. Von Säuren nicht angegriffen.

$\left.\begin{array}{l}Li^3\\Na^3\end{array}\right\}$ $Si^4 + 4 \ddot{A}l Si^4$. Anal. von Hagen: Kiesel. 77,81, Thon. 17,19, Lithion 2,69, Natrum 2,30.

Findet sich in Blöcken auf Utön bei Stockholm, in Kanada und Massachusetts. — In diesem Mineral wurde 1817 das Lithion durch Arfvedson entdeckt. — Petalit von πεταλον, Blatt, blättriger Structur.

Zum Petalit gehört der Kastor v. Elba.

Der Pollux von Elba ist nach Pisani ein Thonsilicat und Cäsiumsilicat mit 34 pr. Ct. Cäsiumoxyd. —

Biotit. Einariger Glimmer.

Kllſyſtem: hexagonal. Selten in ausgebildeten Kryſtallen, welche meiſtens hexagonale Tafeln, gewöhnlich in blättrigen, baſiſch ſehr vollkommen ſpaltbaren Maſſen. Pellucid. Zeigt im polariſirten Lichte durch die Spaltfl. farbige Ringe, mit einem ſchwarzen Kreuz durchſchnitten. Stark glänzend von metallähnlichem Perlmutter=glanz. H. 2,5. Elaſtiſch biegſam. G. 2,8. V. d. L. ſchwer ſchmelz=bar, 5,5. Von Schwefelſäure durch anhaltendes Kochen vollkommen zerſetzbar. $\dot{R}^3 \ddot{S}i + \bar{R} \ddot{S}i$, als $\dot{R}$ Talkerde und Kali, als $\bar{R}$ Thon=erde und Eiſenoxyd. Meine Anal. einer braunen Varietät von Bodenmais gab: Kieſel. 40,86, Thon. 15,13, Eiſenoxyd 13,00, Talk. 22,00, Kali 8,83, Waſſer 0,44. — Gewöhnlich grün und braun.

Nach Kenngott laſſen ſich die Miſchungen der Mineralien, die man gewöhnlich unter Biotit begreift, durch die allgemeine Formel m $(\dot{R}^3 \ddot{S}i) + $ n $(\bar{R} \ddot{S}i)$ bezeichnen.

Der Name Biotit iſt nach dem franzöſiſchen Phyſiker Biot gegeben, der zuerſt auf die optiſche Verſchiedenheit der Glimmer aufmerkſam gemacht hat. —

Findet ſich in Urfelsarten, Baſalt und Lava. Sehr großblättrig zu Monroe und Neu-Jerſey; Miask in Sibirien, Karoſulik in Grönland, Schwarzenſtein im Zillerthal, Veſuv, Bodenmais in Bayern. Kommt nicht ſo häufig vor, wie die folgenden Species.

Muscovit. Zweiariger Glimmer.

Kllſyſtem: rhombiſch. Man findet rhombiſche Prismen von 119° — 120°. Spltb. baſiſch höchſt vollkommen. Pellucid. Zeigt durch die Spaltfl. im polariſirten Lichte bei gehöriger Neigung farbige Ringe, mit einem dunkeln Strich durchſchnitten.*) Stark glän=zend von metallähnlichem Perlmutterglanz. H. 2,5. G. 2,8 — 3. V. d. L. ſchwer ſchmelzbar, 5,5. Wird von Schwefelſäure nicht zer=ſetzt. Weſentlich $\dot{K}a \ddot{S}i + 3 \bar{A}l \ddot{S}i$. Anal. einer Varietät von Kimito von H. Roſe: Kieſel. 46,35, Thon. 36,80, Eiſenoxyd 4,50, Kali 9,22, Flußſäure 0,76, Waſſer 1,84. — Gewöhnlich weiß, graulich, bräunlich. — Zuweilen in ſehr großblättrigen Maſſen, ſo daß er zu Fenſterſcheiben benutzt werden kann, körnig und ſchiefrig (Glimmerſchiefer).

---

*) Der Winkel der optiſchen Axen wechſelt zwiſchen wenigen Graden bis zu 70° und die optiſche Axenebene hat bei den einen Var. die Lage der brachydiagonalen, bei andern die der makrodiagonalen Fläche. Das Zuſammenkryſtalliſiren ſolcher Var. bedingt das ver=ſchiedene optiſche Verhalten (Senarmont).

Ist eines der verbreitetsten Mineralien und bildet einen Gemengtheil des Granits, Gneißes, Thonschiefers, Grauwackenschiefers ꝛc. Ausgezeichnet unter andern in Sibirien, Grönland, Norwegen und zu Bodenmais und Aschaffenburg in Bayern. In großen Platten an mehreren Orten in Nord=Amerika.

Dieses Mineral könnte auch zu den kieselflußsauren Verbindungen in die Nähe des Lithionit gestellt werden, da der Fluorgehalt constant zu sein scheint. Der Name Muscovit (besser Moscovit von Moscovia — Rußland) begreift mehrere Species, die zur Zeit nicht genau unterschieden sind. Ein stark perlmutterglänzender Muscovit (Margarit) von Sterzing in Tyrol enthält 5,5 pr. Ct. Baryterde. — Ein Natron-Muscovit ist der Paragonit v. Gotthard.

Zwischen Biotit und Muscovit steht der **Phlogopit** (von φλογωπός, von feurigem Ansehen). Er zeigt sich optisch deutlich zweiaxig, steht aber dem Biotit in der Mischung nahe und wird, wie dieser, von conc. Schwefelsäure zersetzt. Findet sich an mehreren Orten in Nord-Amerika.

Hier schließen sich, von Salzsäure zersetzbar, an: der **Aspidolith** aus dem Zillerthal, bläht sich v. d. L. außerordentlich auf in der zu beiden Blättern rechtwinklichen Richtung; der **Lepidomelan** v. Rockport in Massachusetts, schmilzt = 3 zu einem stark magnetischen Email; der **Astrophyllit** v. Brewig in Norwegen, mit ähnlichem Verhalten. —

Staurolith.

Kllystem: rhombisch. Es finden sich rhombische Prismen von 128° 42′. Spltb. brachydiagonal ziemlich vollkommen. Br. unvollkommen muschlig — uneben. Wenig pellucid. Glasglanz. H. 7. G. 3,4 — 3,8. Unschmelzbar. Von Salzsäure wenig angegriffen.

$$\left.\begin{array}{l}\overline{Al} \\ \overline{Fe}\end{array}\right\} \begin{array}{l}^2 \\ Si.\end{array}$$ Anal. einer Varietät vom St. Gotthard von Jacobson:

Kiesel. 29,13, Thon. 52,10, Eisenoxyd 17,58*), Talkerde 1,28. — Bräunlich-roth, braun. Bis jetzt immer krystallisirt gefunden. An den angegebenen Prismen erscheint häufig die brachydiagonale Fläche.

Nicht selten kommen Zwillinge vor, indem zwei Individuen so verwachsen sind, daß ihre Hauptaxen sich rechtwinklich, Fig. 56, manchmal auch unter 60° kreuzen.

In Urfelsarten, ausgezeichnet auf dem St. Gotthard, zu St. Jago di Compostella in Spanien, Quimper im Dep. Finistère, Bieber und Aschaffenburg, Mähren, Ural ꝛc. — Staurolith von σταυρός, Kreuz, und λίθος, Stein. —

Andalusit.

Kllystem: rhombisch. Es finden sich rhombische Prismen von 90° 44′. Spltb. nach den Seitenflächen manchmal deutlich. Br. uneben, splittrig. Pellucid, gewöhnlich nur an den Kanten. Glasglanz. H. 7,5. G. 3,2. V. d. L. unschmelzbar, mit Kobaltaufl. blau. Von Säuren wenig angegriffen.

---

*) Nach Wislicenus enthält der Staurolith 14,37 pr. Ct. Eisenoxydul.

$\overline{\text{Al}}^3 \overline{\overline{\text{Si}}}^2$. Nach Damour (Var. aus Brasilien): Kiesel. 37,24, Thon. 62,07, Eisenoxyd 0,61. Mit der Mischung des Disthens übereinkommend. — Pfirsichblüthroth, graulich, gelblich, bräunlich.

Bis jetzt immer in Krystallen beobachtet, vorherrschend das angegebene Prisma. Oefters sind vier Individuen mit paralleler Hauptaxe so zusammengewachsen, daß ein hohler Raum zwischen ihnen bleibt, der aber gewöhnlich mit Thonschiefermasse ausgefüllt ist (Hohlspath, Chiastolith). Manche Krystalle dieser Art haben eine Zersetzung erlitten und sind viel weicher als das frische Mineral.

In Urfelsarten, ausgezeichnet (stark mit Glimmer gemengt) zu Lisens in Tyrol, Herzogau in der Oberpfalz, Iglau in Mähren, Landeck in Schlesien, Elba, Irland, Schottland, Andalusien (daher der Name). Die Chiastolith genannten Verwachsungen ausgezeichnet in den Pyrenäen, zu St. Jago di Compostella in Spanien, am Simplon, zu Gefrees im Bayreuthischen ꝛc. — Chiastolith stammt von χιάζω, mit einem x bezeichnen, etwas kreuzweise stellen.

Disthen. Cyanit.

Kryst̊ystem: klinorhomboidisch. Man findet klinorhomboidische Prismen, m : t = 106° 15′; p : t = 93°; p : m = 101°. Spltb. nach m sehr vollkommen, weniger nach t. Pellucid. Glasglanz, auf den Spaltfl. zum Perlmutterglanz. H. 6, auf den m Flächen merklich weicher. Spec. G. 3,5—3,7. V. d. L. unschmelzbar, mit Kobaltauflösung blau. Von Säuren nicht angegriffen. $\overline{\text{Al}}^3 \overline{\overline{\text{Si}}}^2$. Kiesel. 37,48, Thon. 62,52. — Farblos, himmelblau, gelblich, graulich, grünlich ꝛc. Häufig in strahligen Massen; fasrig.

In Urfelsarten, ausgezeichnet auf dem St. Gotthard, Greiner und Pfitsch in Tyrol, Saualpe in Kärnthen, Miask und Kolotkina in Sibirien, Pennsylvanien, Spanien, Schottland ꝛc. Der fasrige häufig bei Aschaffenburg. — Disthen von δίς und σθένος, von zweierlei Kraft, in Bez. auf die Härte.

Von ähnlicher Mischung, aber nach Descloizeaux von rhombischer Krystallisation ist der Sillimanit von Chester in Connecticut, zu welchem gehören der Monrolit, Bucholzit, Fibrolith, Bamlit, Xenolith und Wörthit. —

Smaragd.

Kryst̊ystem: hexagonal. Stf. Hexagonpyramide. 151° 5′ 45″; 53° 12′. Spltb. basisch ziemlich vollkommen. Br. unvollkommen muschlig — uneben. Pellucid. Glasglanz. H. 7,5. G. 2,67—2,75. V. d. L. schmelzbar = 5,5 zu einem emailleähnlichen Glase. Von Säuren nicht angegriffen. $\overline{\text{Be}}^3 \overline{\overline{\text{Si}}}^2 + \overline{\text{Al}} \overline{\overline{\text{Si}}}^2$. Kiesel. 67,41, Thon. 18,75, Beryllerde 13,84. Smaragdgrün (durch Chromoxyd gefärbt; seladongrün, blau, gelb, auch farblos.

In den Krystallcombinationen ist das hexagonale Prisma mit der basischen Fläche vorherrschend, die Seitenfl. öfters nach der Länge gestreift. Außer der Stammform kommen noch drei andere hexagonale Pyramiden und zwei dihexagonale, doch nur untergeordnet vor. S. Fig. 37.

Bei den Juwelieren führen nur die rein grünen Varietäten den Namen Smaragd, die bläulichgrünen, blauen ꝛc. heißen **Aquamarin, auch Beryll**. — In Urfelsarten und im Schuttland. Die schönsten grünen Smaragde kommen aus dem Tunkathal bei Neu-Carthago in Peru, von Santa Fe de Bogota und Muso in Neu-Granada (Prismen bis 3' lang), von Kosseir am rothen Meer und aus der Nähe des Flüßchens Takowaja im Ural. Auch im Heubachthal im Pinzgau hat man schöne Varietäten gefunden. Ausgezeichnete Aquamarine und Berylle kommen in Sibirien vor zu Miask, zu Murfinsk ꝛc., zu Rio-Janeiro, Aberdeenshire in Schottland, Cangayum in Ostindien, Crawford in Australien.

Weniger schöne und durchsichtige Varietäten zu Zwiesel im bayerischen Wald, Chanteloupe bei Limoges (zum Theil sehr große Krystalle), Gastein, Elba, Haddam in Connecticut, Monroe, Pennsylvanien ꝛc. Die kolossalsten Krystalle sind bei Kraften in Nord-Amerika gefunden worden. Einer hatte eine Länge von 6' Fuß und 1 Fuß Durchmesser. Man berechnet das Gewicht auf 2913 Pfd., bei andern auf 1076 Pfd.

Die Petersburger Sammlung enthält einen durchsichtigen, grünlich gelben Beryll von 9" 5"' Länge und 1" 3"' Dicke, über 6 russ. Pfd. schwer.

Der Smaragd ist einer der geschätztesten Edelsteine und kostet das Karat bis zu 50 Gulden. Steine von 6 Karat 800—1200 Fl. Der kaiserliche Schatz in Wien besitzt berühmte Smaragden, deren einer 2205 Karat wiegen soll und gegen ½ Million Gulden geschätzt wird. — Der Aquamarin ist wohlfeil und kommt das Karat nur auf 3—6 Fl. — Im Beryll wurde 1798 von Vauquelin die Beryllerde entdeckt.

Σμάραγδος und berillus finden sich schon bei den Alten. Die Abstammung der Namen ist unbekannt.

Durch einen Gehalt an Beryllerde interessant, übrigens sehr selten, sind noch folgende Silicate, deren einige keine Thonerde enthalten.

Euklas. Klinorhombisch. Spaltb. klinodiagonal sehr vollkommen (daher der Name von εὖ, wohl, und κλάω, brechen). Nach Damour enthält er 6 pr. Ct. Wasser. Si 41,63, Äl 34,07, Be 16,97, Spur von Ca, Fe, Fl. Villa rica in Brasilien, Connecticut.

Phenakit. Hexagonal. Kiesel. 54,3, Beryllerde 45,7. Framont in Lothringen, Ural, Massachusetts. Phenakit von φέναξ Betrüger, weil er dem Quarz gleicht. Mancher klare vom Ural wird als Edelstein geschliffen.

Leukophan. Kiesel. 47,82, Beryllerde 11,51, Kalk. 25,00, Manganoxydul 1,01, Fluor 6,17, Natrium 7,59, Kalium 0,26. Lammön in Norwegen. Der Name von λευκοφανής, weiß.

Kali-Thon-Silicate mit 7 u. 13 pr. Ct. Thonerde, find: der **Aebel-
forsit** v. Aebelsfors in Schweden, und der **Sphenoklas** v. Gjellebäck in
Norwegen.

2. Gruppe. Wasserfreie Silicate ohne Thonerde*).

Wollastonit. Tafelspath.

KUsystem: klinorhombisch. Man beobachtet selten Hendyoeder,
welche basisch und orthodiagonal unter 110° 12' spaltbar sind.
Br. uneben. Pellucid. Glasglanz, zum Perlmutterglanz geneigt.
H. 5. G. 2,8. V. d. L. schmelzbar = 4,5. Vollkommen ge-
latinirend. $\ddot{C}a^3 \ddot{\ddot{S}i}^2$. Kiesel. 52, Kalk. 48. Gewöhnlich in krystallinischen Massen. Weiß, gelblich 2c.

Findet sich zu Cziklowa im Banat, Harzburg am Harz, Pargas in
Finnland, Capo di bove bei Rom, Vesuv, Schweden Schottland 2c.

Der Wollastonit wurde bisher zur Formation des Pyroxens gezählt,
nach Descloizeaux ist seine Krystallreihe verschieden.

Formation des Pyroxens. $\dot{R}^3 \ddot{\ddot{S}i}^2$, klinorhombisch.

1. Diopsid.

KUsystem: klinorhombisch. Stf. Hendyoeder. 87° 6'; 100° 57'.
Spltb. nach den Seitenflächen deutlich, auch nach den Diagonalen.
Br. muschlig. Pellucid. H. 6. G. 3,3. V. d. L. schmelzbar =
3,5 — 4 zu einem weißen, nicht magnetischen Glase. Von Säuren
nicht angegriffen. $\ddot{C}a^3 \ddot{\ddot{S}i}^2 + \dot{M}g^3 \ddot{\ddot{S}i}^2$. Kiesel. 56,36, Kalk. 25,46,
Talk. 18,18. — Weiß, gelblich, grün, grau 2c., auch farblos.

In den Krystallcombinationen ist die Stammform oft mit
der ortho- und klinodiagonalen Fläche verändert. An den Enden
finden sich untergeordnet mehrere Schiefendenflächen und Klinodomen. Außerdem derb, strahlig, körnig.

Hierher der Kokkolith, Malakolith, Salit, Baikalit, Alalit, Mussit. Einen vanadinhaltigen Diopsid v. Transbaikalien nennt
v. Kotscharow Lawrowit.

Ausgezeichnete Varietäten finden sich auf der Mussaalpe im Piemontesischen, zu Schwarzenstein im Zillerthal mitunter in so reinen, schön
grün gefärbten Krystallen, daß sie als Schmuckstein geschliffen werden;
Reichenstein in Schlesien, Gefrees in Oberfranken, Mallsjö, Sala 2c in
Schweden, Arendal in Norwegen, Erzgebirge 2c. Diopsid von δίς, doppelt, und ὄψις, Anblick.

---

*) Die salzsaure Auflösung giebt, nach Abscheidung der Kieselerde mit
Aetzammoniak kein Präc oder ein solches, woraus Kalilauge keine
Thonerde extrabirt. Eine Ausnahme machen einige Augite.

2. Diallage.

Gewöhnlich in krystallinischen Massen, welche in einer Richtung (orthodiagonal) vollkommen spaltbar sind. Auf diesen Spaltfl. in einer Richtung gestreift, stark perlmutterglänzend, metallähnlich, sonst schwach fettglänzend. Wenig an den Kanten durchscheinend. H. 5. G. 3,2. V. d. L. schmelzbar = 3,5. Durch diese Leichtflüssigkeit vorzüglich von dem ähnlichen Broncit unterschieden. Von Säuren nicht angegriffen.

$\left.\begin{array}{l}\dot{C}a^3 \\ \dot{M}g^3 \\ \dot{F}e^3\end{array}\right\} \overline{Si}^2$. Meine Anal. einer Varietät von Großarl gab: Kiesel. 50,20, Thon. 3,80, Kalk. 20,26, Talk. 16,40, Eisenoxydul 8,40. — Grau, grün, bräunlich.

Bildet, mit Labrador und auch mit Epidot gemengt, eine Felsart, den Gabbro. Kommt vor zu Großarl im Salzburgischen, Marmels in Graubündten, bei Florenz, am Ural ꝛc. Diallage von διαλλαγή, Verschiedenheit, in Bezug auf die Spaltbarkeit.

3. Augit.

Die Krystallisation wie beim Diopsid 2. An den Enden kommt häufig ein Klinodoma von 120° 39′ vor. Glasglanz. Pellucid in geringem Grade. H. 6. G. 3,4. V. d. L. schmelzbar = 3,5 — 4 zu einem schwarzen, manchmal magnetischen Glase. Von Säuren wenig angegriffen.

$\left.\begin{array}{l}\dot{C}a^3 \\ \dot{F}e^3 \\ \dot{M}g^3\end{array}\right\} \overline{Si}^2$. Anal. einer Varietät aus dem Fassathal von Kubernatsch: Kiesel. 50,09, Thon. 4,39, Kalk. 20,53, Talk. 13,93, Eisenoxydul 11,16. Farbe schwarz, dunkelgrün. Eine der gewöhnlichsten Combinationen s. Fig. 52; diese Krystalle meistens hemitropisch nach einem Schnitte parallel der orthodiagonalen Fläche. In Krystallen und körnigen Massen.

Der Name Augit stammt von αὐγή, Glanz.

Gewöhnlich in Basalt, Mandelstein und Lava, im böhmischen Mittelgebirg, Fassathal, Rhön, Frascati bei Rom, Vesuv, Aetna ꝛc.

Bildet für sich eine Felsart, den Augitfels (in den Pyrenäen), und ist wesentlicher Gemengtheil des Dolerits (Augit und Labrador), des Melaphyrs oder Augitporphyrs (porphyrartig mit Labrador) und des Basalts, welcher ein inniges Gemeng von Augit, Labrador und Natrolith ꝛc. Auch die Hauptmasse vieler Laven besteht aus Augit.

Hier schließt sich der **Hedenbergit** an, welcher wesentlich $\mathrm{\overset{..}{C}a^3 \overset{=}{S}i^2 + \overset{..}{F}e^3 \overset{=}{S}i^2}$. Er ist schwärzlichgrün und von dem Schmelz=grade 2,5. Tunaberg, Elba, azorische Insel Pico, Arendal. Be=nannt nach dem schwedischen Chemiker Hedenberg.

Der **Jeffersonit** von Neu=Jersey ist ein Augit, welcher unter den Basen auch 4,1 pr. Ct. Zinkoxyd zeigt. — Benannt nach dem vormaligen Präsidenten der Vereinigten Staaten Jefferson.

Anschließend sind ferner der **Almit** von Eger in Norwegen und der **Aegyrin** von Brewig in Norwegen. Sie sind durch einen Natrumgehalt von 13 und 9 pr. Ct. bemerkenswerth, enthalten übrigens $\mathrm{\overset{..}{F}e \overset{=}{S}i^2}$ (mit 30 und 22 pr. Ct. Fe), welches Rammelsberg für isomorph nimmt mit $\mathrm{\overset{..}{R}^3 \overset{=}{S}i^2}$.

Bemerkenswerth für die Pyroxenformation ist, daß Mitscherlich durch Schmelzen der geeigneten Mischung Diopsid im krystallisirten Zustande dar=gestellt hat und daß ich solchen auch als Hochofenschlacke beobachtet habe*).

Formation des Amphibols. Klinorhombisch. Wesentlich $\mathrm{\overset{..}{R}^3 \overset{=}{S}i^2}$.

1. Tremolit.

Krystsystem: klinorhombisch. Stf. Hendyoeder. $m : m = 124°\ 30'$; $p : m = 103°\ 12'$. Spaltb. nach m vollkommen. Br. un=eben, muschlig. Pellucid. Glasglanz. H. 5,5. G. 2,93. V. d. L. schmelzbar $= 3,5 - 4$ mit Anschwellen und Kochen zu einem wenig gefärbten Glase. Von Säuren nicht angegriffen. $\mathrm{\overset{..}{C}a^3 \overset{=}{S}i^2} + 3\ \mathrm{\overset{..}{M}g^3 \overset{=}{S}i^2}$. Kiesel. 58,35, Talk. 28,39, Kalk. 13,26. — Weiß, gelblich, grünlich, graulich.

Die Krystalle meistens eingewachsen und an den Enden nicht ausgebildet, die Flächen oft nach der Länge gestreift. Strahlig und fasrig.

Auf dem St. Gotthard, zu Gullsjö in Schweden, Lengfeld im Erz=gebirge, Crowitza und Dognatzka im Banat, Schottland ꝛc. Häufig im Kalkstein und Dolomit. — Tremolit stammt von Val Tremola in der Schweiz.

Der **Nephrit** ist theilweise dichter Tremolit (nach Damour), ebenso die orientalische **Jade**. Der Nephrit hat splittrigen Bruch, ist durch=scheinend, fettig schimmernd und von lauchgrüner Farbe. Er kommt meist geschliffen zu Säbel=, Dolchgriffen, Amuletten ꝛc. zu uns aus China, In=dien, Neuseeland.

Ein 11 pr. Ct. Mn enthaltender Tremolit ist der **Richterit** von Pajsberg in Schweden.

---

*) Der Name Pyroxen (n. Hauy) von πυρ, Feuer, und ξενος, Fremd=ling, paßt freilich nicht zu diesen Beobachtungen, denn er sollte an=deuten, daß das Mineral, als nicht vulkanischen Ursprungs, gleich=sam ein Fremdling im Gebiete des Feuers sei.

2. Amphibol. Hornblende. Strahlstein.

Kfystem: klinorhombisch. Stf. Hendyoeder. 124° 30'; 103° 1'. Spltb. nach den Seitenflächen vollkommen, undeutlich nach den Diagonalen. Br. uneben. Pellucid, zum Theil wenig. Glasglanz. H. 5,5. G. 3—3,4. V. d. L. schmelzbar = 3—4, zum Theil mit Anschwellen und Kochen zu einem graulichen oder schwarzen Glase. Von Säuren wenig angegriffen.

$$Ca^3 \overset{...}{Si}{}^2 + 3 \left. \begin{array}{l} \overset{.}{Mg}{}^3 \\ \overset{..}{Fe}{}^3 \end{array} \right\} \overset{..}{Si}{}^2.$$

Annähernd: Kiesel. 55,27, Kalk. 11,36, Talk. 12,36, Eisenoxydul 21,01. Fast immer etwas Thonerde (manchmal bis 12 pr. Ct.) enthaltend, welche vielleicht für die Kieselerde vicarirt.

Grün in verschiedenen Abänderungen, grünlich- und bräunlichschwarz, sammetschwarz.

Die Stammform häufig combinirt mit der klinodiagonalen Fläche und mit einem hintern Klinodoma von 145° 30', öfters Hemitropieen nach einem Schnitt parallel der orthodiagonalen Fläche.

Außer in Krystallen in derben, blättrigen Massen, strahlig, fasrig, körnig.

Bildet für sich eine Urfelsart als Hornblendefels und Hornblendeschiefer und macht einen wesentlichen Gemengtheil anderer Felsarten aus, des Syenits (mit Feldspath oder Labrador), des Diorits und Aphanits (mit verschiedenen feldspathartigen Mineralien), auch des Eklogits, welcher ein Gemenge von grünem Diopsid, Hornblende und Thoneisengranat ist.

Ausgezeichnete krystallisirte Varietäten finden sich in Norwegen und Schweden zu Arendal, Kongsberg, Westmanland rc., Zillerthal in Tyrol, Sachsen, Schottland rc., in Urfelsarten und zu Kostenblatt im böhmischen Mittelgebirge, in der Rhön, auf dem Kaiserstuhle rc. in Basalt eingewachsen. — Der Name Amphibol stammt von ἀμφίβολος, zweideutig, weil man sich oft über das Mineral getäuscht hat.

Zur Formation des Amphibols gehört ferner der **Arfvedfonit**, schwarz, sehr leicht schmelzbar = 2, mit 8—10 pr. Ct. Natrum, $\overset{.}{Fe}$ und $\overset{..}{Fe}$. Kangerdluarsuk in Grönland. (Dessen Asbest scheint der **Krokydolith** vom Cap zu sein.)

Manche Amphibole und Pyroxene (vorzüglich Tremolit und Diopsid) finden sich in feinen haarförmigen Krystallen, welche zu fasrigen, mehr oder weniger zusammenhängenden, Massen verbunden sind. Sie heißen dann **Asbest** und **Amianth**, **Bergkork**, **Bergleder** rc. Diese Varietäten finden sich in verschiedenen Urfelsarten und bilden manchmal Faserbüschel von 2 Fuß Länge. Ausgezeichnet vom Schwarzenstein im Zillerthale

(Diopsibasbest), aus der Tarantaise (Tremolitasbest, ebenso der sogen. Kymatin von Kuhnsdorf in Sachsen), Piemont, Böhmen, Schweden, Mähren ꝛc.

Man braucht den Asbest zur Verfertigung unverbrennlicher Zeuge, daher der Name, von ἄσβεστος, unauslöschlich, für unverbrennlich, und ἀμίαντος, unbefleckt; zu manchen chemischen Feuerzeugen ꝛc. Er kommt im Handel oft unter dem Namen Federweiß vor.

Das sog. Bergholz, Xylotil (von ξύλον, Holz, und τίλος, Faser), welches sonst auch zum Asbest gezählt wurde, ist eine wasserhaltige Verbindung von kieselsaurem Eisenoxyd und kieselsaurer Talkerde. — Der eigentliche Asbest ist von mehreren ähnlichen Min. durch seine Schmelzbarkeit und dadurch zu unterscheiden, daß er im Kolben kein Wasser giebt und von Säuren nicht zersetzt wird.

Broncit.

Kystem nach Descloizeaux rhombisch, spaltb. nach einem Prisma von 93°, brachydiag. und makrodiagonal, auf letzterer Fläche von metallähnlichem Perlmutterglanz. V. d. L. fast unschmelzbar, kann nur in den feinsten Spitzen etwas zugerundet werden. Von Säuren nicht angegriffen. $\left.\begin{array}{c}\dot{M}g^3\\ \dot{F}e^3\end{array}\right\} \ddot{S}i^2$. Meine Anal. einer Var. aus Grönland gab: Kiesel. 58,00, Thon. 1,33, Talk. 29,66, Eisenoxydul 10,14, Manganoxydul 1,00.

Derbe, öfters großkörnige Massen. Die Farbe braun, tombakbraun, grünlich gelblich ꝛc.

In Serpentin, Basalt ꝛc. Kupferberg im Fichtelgebirg, Kraubat in Steyermark, Ullenthal in Tyrol, Stempel bei Marburg, Harz ꝛc.

Hierher gehört der Hypersthen von der Paulsinsel an der Küste von Labrador, mit schönem braunrothem Schiller.

Broncit von der Broncefarbe; Hypersthen von ὑπέρ über, und σθένος, Kraft, nämlich von größerer Härte (6) als ähnliche Mineralien. — Isomorph mit dem Broncit ist der **Enstatit** = $\dot{M}g^2 \ddot{S}i^2$ von Zdjar in Mähren.

Hier schließt sich an der **Anthophyllit**, nach Descloizeaux rhombisch, spaltbar nach einem Prisma v. 125°, braun, fast unschmelzbar. $\dot{F}e^3 \ddot{S}i^2 + 3 \dot{M}g^3 \ddot{S}i^2$. Kiesel. 56,22, Talk. 27,36, Eisenoxydul 16,42. Kongsberg in Norwegen. Nahestehend ist der durch 1,2 pr. Ct. Chromoxyd grün gefärbte Kupfferit vom Ilmengebirg.

Wie Augit und Amphibol im klinorhombischen System nur durch die Spaltbarkeit verschieden, ebenso sind es Broncit und Anthophyllit im rhombischen System.

Steatit. Talk.

Kystem nicht genau gekannt. Es finden sich blättrige Massen, in einer Richtung sehr vollkommen spaltbar. Pellucid. Optisch zweiaxig. Perlmutterglanz. H. 1. Nicht elastisch biegsam. G. 2,6—2,7. Fett anzufühlen. V. d. L. unschmelzbar, mit Kobaltaufl. blaß fleischroth. Von Säuren nicht angegriffen. Ein von Hermann analysirter ausgezeichneter Talk von Slatoust gab: Kiesel. 63,27, Talkerde 36,73 = $\overset{..}{Mg}{}^4 \overset{=}{Si}{}^3$. Andere Talke enthalten bis 5 pr. Ct. Wasser. Mit Annahme des polymeren Vertretens von 3 $\overset{..}{H}$ für 1 $\overset{..}{Mg}$ bekommen nach Scheerer die Talke die allgemeine Amphibol- oder auch die Augitformel. — Grünlich-, graulich-, gelblichweiß ꝛc.

Derb, strahlig, körnig, schuppig ꝛc., im Großen oft schiefrig und eine Urfelsart, den **Talkschiefer**, bildend, wohin auch der sog. Topfstein (in Graubündten, Wallis ꝛc.) gehört.

Schöne Var. finden sich auf dem Grainer im Zillerthal, St. Gotthard, Wallis, Finbo in Schweden, im Erzgebirge, Ural ꝛc.

Der sog. **Speckstein** ist dichter und erdiger Steatit. Er findet sich manchmal in Pseudomorphosen von Quarz, Kalkspath, Topas und andern Mineralien und kommt ausgezeichnet vor zu Göpfersgrün im Bayreuthischen, in Cornwallis, Schottland, Schweden, Zeilan, China ꝛc.

Man gebraucht den dichten Steatit zur Verfertigung von Gefäßen, zum Zeichnen auf Tuch und Glas, den Talkschiefer auch zu Gestellsteinen, Dachplatten ꝛc. — Steatit kommt von στέαρ, Talg.

Chrysolith. Olivin.

Krystem: rhombisch. Stf. Rhombenpyramide. 101° 31'; 107° 46'; 119° 41'. Spltb. brachydiagonal ziemlich deutlich. Br. muschlig. Pellucid. Glasglanz. H. 7. G. 3,3 — 3,44. V. d. L. unschmelzbar. Vollkommen gelatinirend. $\overset{..}{Mg}{}^3 \overset{=}{Si}$. Kiesel. 43. Talkerde 57. Gewöhnlich ist ein Theil der Talkerde durch Eisenoxydul ersetzt, mancher enthält auch Spuren von Nickeloxyd. Ein fast reiner Talkchrysolith ist der sog. Boltonit von Bolton in Nord-Amerika.

In den Kücomb. ist das rectanguläre Prisma vorwaltend, die Stf meist untergeordnet. An den Enden findet sich oft die bas. Fläche und ein makrodiag. Doma von 76° 54', untergeordnet noch einige andere Rhombenpyr. und Domen, sowie ein rhomb. Prisma von 130° 2'. Comb. ähnlich Fig. 46. Die Prismen gewöhnlich vertikal gestreift. — Die Farbe ist vorherrschend grün in mancherlei Abänderungen, auch gelblich, braun und weiß.

In Krystallen und sehr häufig in körnigen Massen (Olivin).

Krystalle finden sich in Aegypten, Natolien und Brasilien. Sie liefern die unter dem Namen Chrysolith bekannten Edelsteine. Körnig kommt er fast in allen Basalten vor, in der Rhön, auf dem Kaiserstuhl, Eiffel, Böhmen, Sachsen ꝛc., auch in Laven des Vesurs und in manchem Meteoreisen, Sibirien, Olumba in Peru ꝛc.

Der Meteorchrysolith nähert sich $\genfrac{}{}{0pt}{}{\dot{M}g^3}{\dot{F}e^3} \Big\} \bar{S}i$ und
am Monte Somma findet sich ein hellgelber, welcher $\dot{C}a^3 \bar{S}i + \dot{M}g^3 \bar{S}i$, der **Monticellit**, wohin auch der **Batrachit** von Rizoniberg in Tyrol.

Diese Chrysolithe bilden mit dem **Fayalit** $\dot{F}e^3 \bar{S}i$, von Fayal, einer der azor. Inseln, und **Tephroit** $\dot{M}n^3 \bar{S}i$ von Sparta in N. A. eine chem. Formation. Letztere Min., welche in die Klasse der metallischen Verbindungen gehören, sind bis jetzt sehr selten. Chrysolith stammt von χρυσός, Gold, und λίθος, Stein. Bei den Alten galt der Name für den Topas. Batrachit von βάτραχος, Frosch, wegen der dem Froschlaich ähnlichen Farbe.

Der **Lherzolith** der Pyrenäen und der **Dunit** von Neu-Seeland sind Felsarten, an welchen Chrysolith die Hauptmasse bildet.

Gadolinit.

Kkystem: klinorhombisch. Hendyoeder m : m = 115°; p : m = 95° 22'. Nach v. Lang sind die Klle. rhombisch. Klle. äußerst selten, gewöhnlich derb, ohne Spur von Spaltbarkeit. Br. muschlig. An den Kanten durchscheinend — undurchsichtig. Glas — Fettglanz. H. 6,5. G. 4,0—4,3. V. d. L. z. Thl. verglimmend wie Zunder, unschmelzbar oder nur an sehr dünnen Kanten sich rundend. Vollkommen gelatinirend. Chem. Zusammensetzung noch nicht hinlänglich genau gekannt. Die Anal. des Gadolinits von Ytterby von Berlin gab: Kiesel. 25,26, Yttererde 45,53, Ceroxydul 6,08, Eisenoxydul 20,28, Kalk. 0,50. Andere Var. enthalten bis 10. pr. Ct. Beryllerde und 6 pr. Ct. Lanthanoxyd. — Schwarz, schwärzlichgrün.

Gehört zu den selteneren Mineralien und findet sich in Granit und Gneiß zu Ytterby und Fahlun in Schweden und zu Hitterön in Norwegen. — Ist nach dem schwedischen Chemiker Gadolin benannt, welcher 1794 darin die Yttererde entdeckte.

Zirkon. Hyazinth.

Kkystem: quadratisch. Stf. Quadratpyr. 123° 19'; 84° 20'. Spltb. prismatisch unvollkommen. Br. muschlig. Pellucid. Glasglanz. H. 7,5. G. 4,4—4,6. V. d. L. sich entfärbend, unschmelzbar. Von Säuren nicht angegriffen. $\ddot{Z}r \bar{S}i$ ($\ddot{Z}r \bar{S}i$). Kiesel. 33,67, Zirkonerde 66,33. Hyazinthroth, bräunlich, gelblich, farblos.

Gewöhnlich in Krystallen. In den Comb. ist die Stf. mit den quadrat. Prismen vorherrschend. Untergeordnet kommen noch 2 andere Quadratpyr. und 3 Dioktaeder vor.

An der Comb. der Stf. mit dem diag. Prisma ist letzteres

oft so verkürzt, daß alle Flächen Rhomben werden und die Gestalt einem Rhombendodekaeder gleicht. Gewöhnl. Comb. Fig. 29 und 30.

Der Zirkon findet sich als Gemengtheil des Syenits in Norwegen (Stavärn, Halsdalen), zu Beverly in Nordamerika in großen Krystallen, am Ural, in Grönland. In Basalt zu Vicenza, Expailly in Frankreich ꝛc. In losen Krystallen auf Ceylon, in Siebenbürgen und zu Bilin in Böhmen. In farblosen Krystallen auch im Pfitschgrunde in Tyrol, mikroskopische Klle. im Eklogit des Fichtelgebirgs.

Unter dem Namen Hyazinth gilt er als ein Edelstein, wobei er öfters durch Glühen farblos gemacht wird. Der meiste sog. Hyazinth der Juweliere ist aber ein hyazinthfarbener Thonkalkgranat und dieser ist ziemlich geschätzt. — Im Zirkon wurde 1789 die Zirkonerde von Klaproth entdeckt. Eine ähnliche Verbindung ist der **Auerbachit** nach Hermann. Kiesel. 43,22, Zirkonerde 56,78. Gouv. Jekaterinoslaw. —

Ein gelatinirendes Silicat von Zirkonerde, Kali und Natrum mit Niobsäure ist der **Wöhlerit** v. Brewig in Norwegen. —

3. Geschlecht. Wasserhaltige Silicate.

V. d. L. im Kolben einen merklichen Gehalt an Wasser anzeigend.

1. Gruppe. Wasserhaltige Silicate mit Thonerde.

Natrolith.

Kllsystem: rhombisch. Es finden sich Prismen von 91° mit einer Pyramide, deren Scheitlktw. ziemlich gleich und ohngefähr 143°; der Randkltw. = 53° 20'. Spltb. prismatisch vollkommen, nach den Diagonalen unvollkommen. Br. uneben. Pellucid. Glasglanz. H. 5. G. 2,25. V. d. L. leicht schmelzbar (2), meistens ruhig zu einem wasserhellen Glase. Vollkommen gelatinirend. $\dot{N}a \ddot{S}i +$
$\bar{A}l \ddot{S}i + 2 \dot{H} . \left(\begin{array}{c} \frac{1}{3} \dot{N}a \\ \frac{2}{3} \dot{H} \end{array}\right)^3 \ddot{S}i + \bar{A}l \ddot{S}i)$, Kiesel. 47,86, Thon. 26,62, Natrum 16,20, Wasser 9,32. Gewöhnlich in nadelförmigen Krystallen, strahlig, fasrig. Ungefärbt, weiß, röthlich, gelb ꝛc.

In Mandelstein, Basalt und Phonolith, am schönsten zu Clermont in Auvergne, auf den Faroer-Inseln, im böhm. Mittelgebirge, im Fassathal in Tyrol ꝛc. — Der Name bezieht sich auf den Natrumgehalt.

Hierher der **Brewicit** von Brewig in Norwegen und der **Radiolith** ebendaher.

Skolezit.

Kllisation: klinorhombisch. Es finden sich Prismen von 91° 35' mit einem vorderen und einem hinteren Klinodoma, deren Winkel nahe gleich und ohngefähr 144½° messen. Spltb. prismatisch nicht sehr vollkommen. Br. uneben, kleinmuschlig. Glasglanz. Pellucid. H. 5,5. G. 2,21. Durch Erwärmen elektrisch. V. d. L. sich wurmförmig krümmend und sehr leicht zu einem schaumigen, wenig durchscheinenden Glase schmelzend. Vollkommen gelatinirend.

$$\dot{C}a\ddot{S}i + \bar{A}l\ddot{S}i + 3H.\left(\begin{matrix}\tfrac{1}{4}\dot{C}a\\ \tfrac{3}{4}\dot{H}\end{matrix}\right)^3 \ddot{S}i + \bar{A}l\ddot{S}i),$$ Kiesel. 46,37, Thon. 25,79, Kalk. 14,30, Wasser 13,54. Farblos, weiß ꝛc.

Krystalle nabelförmig, stänglich, fasrig ꝛc.

Ziemlich selten, ausgezeichnet auf Staffa, Island, Faroer-Inseln und Niederkirchen in der Pfalz.

Skolezit kommt von σκολιάζω, krumm sein, wegen des Krümmens v. d. L. Zum Skolezit gehört der Punahlit v. Punah in Ostindien.

Ein Gemeng von Natrolith und Skolezit (nach Rose), der sogenannte **Mesolith**, verhält sich dem letztern sehr ähnlich und kommt öfter an den genannten Fundorten vor. Dem Mesolith schließen sich an: der Harringtonit, Antrimolith, Faroelith und Galaktit. Ein ebenfalls nahestehendes Mineral ist der Thomsonit, zu Kilpatrik in Schottland, am Vesuv und zu Aussig in Böhmen vorkommend. Die Krystallisation ist rhombisch. Mesolith von μέσος, in der Mitte, und λίθος, Stein. Thomsonit nach dem englischen Chemiker Thomson.

Prehnit.

Kllsystem: rhombisch. Etf. Rhombenpyr. 96° 38′ 56″; 112° 5′ 36″; 120° 31′ 22″. Spltb. basisch ziemlich vollkommen, prismatisch unvollkommen. Br. uneben. Pellucid. Glasglanz, auf Spaltfl. Perlmutterglanz. H. 6,5. G. 2,8. Zum Theil durch Erwärmen elektrisch. V. d. L. schmelzbar = 2, mit starkem Aufblähen und Krümmen zu einem blasigen, emailähnlichen Glase. Von concentr. Salzsäure ohne vollkommene Gallertbildung zersetzt.

$$\dot{C}a^2\ddot{S}i + \bar{A}l\ddot{S}i + \dot{H}.\left(\begin{matrix}\tfrac{2}{3}\dot{C}a\\ \tfrac{1}{3}\dot{H}\end{matrix}\right)^3 \ddot{S}i + \bar{A}l\ddot{S}i),$$ Kiesel. 44,05, Thon. 24,50, Kalk. 27,16, Wasser 4,29. Grünlichweiß, grün, gelblich ꝛc.

Die vorwaltende Form ist das rhomb. Prisma von 99° 56′ (Basis der Etf.) mit der basischen Fläche. Die Krystalle oft tafelartig, mit gekrümmten Seitenflächen und wulstförmig gruppirt. Derb, fasrig.

Ausgezeichnet zu Ratschinges und Fassatal in Tyrol, Dumbarton in Schottland, Oberstein im Zweibrückischen, Dauphiné, Pyrenäen, Cap der guten Hoffnung, am Obern See in Nord-Amerika, wo er eine vorzügliche Gangart der Kupferminen bildet. Der Name nach einem holländ. Obrist v. Prehn.

Zum Prehnit gehört der Jacksonit vom Obern See in N. A. In die Nähe der Groppit von Groppitrop in Schweden und der Chlorastrolith vom Ober See N. A.

Analcim.

Krystem: tesseral. Stf. Hexaeder. Spltb. hexaedrisch sehr unvollkommen. Br. uneben, unvollkommen muschlig. Pellucid. Glasglanz. H. 5,5. G. 2,2. V. d. L. ruhig schmelzbar = 2 zu einem klaren Glase. Von Salzs. vollkommen zur gallertähnlichen Masse zersetzt. $\dot{Na}^3 \bar{Si}^2 + 3 \bar{Al}\bar{Si}^2 + 6 \overset{..}{H}$. Kiesel. 55,05, Thon. 22,94, Natrum 13,97, Wasser 8,04. Seltner kommen auch Kalk und Kali für Natrum vicarirend vor. Farblos, weiß, röthlich ꝛc. Die vorwaltende Form ist das Trapezoeder, auch die Comb. von Hexaeder und Trapezoeder kommt öfters vor.

Bis jetzt nur krystallisirt gefunden, ausgezeichnet und manchmal in faustgroßen Krystallen auf der Seißeralpe in Tyrol, Montecchio maggiore im Vicentinischen, Monte Somma, Catanea in Sicilien, Aussig in Böhmen, Schottland, Norwegen ꝛc. — Analcim kommt von ἀναλκις, kraftlos, wegen geringer elektr. Erregbarkeit.

Ein Magnesia-Analcim ist der Pikranalcim aus Toskana, der Eudnephit von Brewig in Norwegen scheint auch Analcim zu sein.

Chabasit.

Krystem: hexagonal. Stf. Rhomboeder von 94° 46'. Spltb. primitiv, unvollkommen. Br. uneben. Pellucid. Glasglanz. H. 4,5. G. 2,2. V. d. L. sich anfangs etwas krümmend, dann ruhig schmelzend = 2,5 zu einem kleinblasigen Email. Von Salzs. vollkommen, ohne Gallertbildung zersetzt.

$\left.\begin{array}{l}\dot{Ca}\\\dot{Na}\end{array}\right\} \bar{Si} + \bar{Al}\bar{Si}^2 + 6 \overset{..}{H}$. Anal. einer Var. von Aussig von

Hoffmann: Kiesel. 48,18, Thon. 19,27, Kalk. 9,65, Natrum 1,54, Kali 0,21, Wasser 21,10.

Damit stimmen die meisten Anal. überein, nach einigen ist das Vorkommen von 2 Species angedeutet, deren eine als $\dot{R}$ vorzugsweise Kalkerde, die andere dagegen Natrum enthält. — Farblos, weiß, gelblich ꝛc.

Die vorwaltende Form ist die Stammform, die Flächen öfters parallel den Scheitelkanten federartig gestreift. Untergeordnet findet sich noch ein stumpferes und ein spitzeres Rhomboeder in verwendeter Stellung, Fig. 38.

Ausgezeichnete Var. zu Aussig in Böhmen, Oberstein im Zweibrückchen, Seißeralpe und Monzoni im Fassathal, Faroer-Inseln, Island ꝛc.

— Chabasit kommt von Χαβαζιος, dem Namen eines Steines, der in den Gedichten des Orpheus erwähnt wird.

Zum Chabasit gehört der **Phakolith** von Leippa in Böhmen und der **Haydenit** (zersetzt) von Baltimore, in die Nähe der **Levyn** von Faroe und der **Gmelinit**, welcher gelatinirt, von Antrim in Irland. Von annähernder Mischung, die Krystallisation tesseral, ist auch der **Faujasit** vom Kaiserstuhl.

Phillipsit. Kalkharmotom.

KSystem: rhombisch. Stf. Rhombenpyr. von 120° 42'; 119° 18'; 90° (Randktw.). Spltb. makrodiagonal ziemlich, brachydiagonal weniger deutlich. Br. uneben. Pellucid. Glasglanz. H. 4,6. G. 2,18. V. d. L. schmelzbar = 3. Mit Salzs. gelatinirend.

$$\left.\begin{array}{l}\dot{C}a^3\\\dot{K}a^2\end{array}\right\} \bar{S}i^2 + 3\ \bar{A}l\bar{S}i^2 + 15\ \dot{H}.$$ Annähernd: Kiesel. 48,66. Thon. 20,17, Kalk. 7,34, Kali 6,17, Wasser 17,66. — Weiß. — Die herrschende Krystallcomb. ist ein rectanguläres Prisma mit den Fl. der Stf.; meistens Zwillinge, indem zwei Individuen dieser Comb. um die gemeinschaftliche Hauptaxe um 90° gegen einander gedreht erscheinen. Die Flächen der Pyr. und die makrodiagonale Fläche federartig gestreift.

Immer krystallisirt in Basalt und Mandelstein; Kaiserstuhl im Breisgau, Oberstein, Stempel bei Marburg, Annerode bei Gießen ꝛc. — Eine, der Mischung nach ähnliche, übrigens verschiedene Species ist der **Zeagonit** oder **Gismondin** vom Vesuv und der **Herschelit** aus Sicilien.

Phillipsit nach dem englischen Mineralogen **Phillips**.

Harmotom. Barytharmotom.

KSystem: rhombisch.*) Stf. Rhombenpyr. 120° 1'; 121° 28'; 88° 44'. Spaltb. makrodiagonal deutlich, weniger brachydiagonal. Br. uneben. Pellucid. Glasglanz. H. 4,6. G. 2,42. V. d. L. schmelzbar = 3,5. Von Salzs. schwer angegriffen, doch wird so viel aufgelöst, daß Schwefelsäure ein Präc. von schwefels. Baryt hervorbringt. $\dot{B}a\bar{S}i + \bar{A}l\bar{S}i^2 + 5\ \dot{H}.$ Kiesel. 44,54, Thon. 16,48, Baryterde 24,57, Wasser 14,44. — Weiß, gelblich ꝛc.

Die gewöhnliche Krystallcomb. und Zwillingsbildung wie bei der vorigen Species, ebenso die Streifung. Bis jetzt nur krystallisirt gefunden.

Ausgezeichnet zu Andreasberg am Harz, Kongsberg in Norwegen und Strontian in Schottland. — Der Name stammt von ἁρμόττω, zusammenfügen, und τεμνω, schneiden, spalten, weil sich die Krystalle an den Zusammenfügungen der Pyramidenfl. (Scheitelkanten) theilen lassen.

---

*) N. Descloizeaux klinorhombisch.

Desmin.

Kryst.system: rhombisch. Stf. Rhombenpyr. 114°; 119° 15′; 96° 0′ 16″. Spltb. brachydiagonal vollkommen, makrodiagonal undeutlich. Br. uneben. Pellucid. Glasglanz, auf den vollkommenen Spaltfl. Perlmutterglanz. H. 4,5. G. 2,2. V. d. L. mit starkem Aufblähen und Krümmen schmelzbar = 2—2,5 zu einem weißen Email. Von concentr. Salzs. vollkommen, ohne Gallertbildung zersetzt. $\overset{..}{Ca}\overset{..}{Si} + \overset{=}{Al}\overset{..}{Si}^3 + 6\overset{.}{H}$. Kiesel. 58,00, Thon. 16,13, Kalk. 8,93, Wasser 16,94. Spur von Kali und Natrum. Weiß, röthlich, gelblich x.

Die vorherrschende Comb. ist das rectanguläre Prisma mit der Stf. Fig. 45, die makrodiag. Fläche nach der Länge gestreift. Dergl. Krystalle oft garben- und büschelförmig zusammengehäuft. Derb, strahlig.

Ausgezeichnet auf Island und den Faroern, Andreasberg am Harz, Kongsberg, Arendal in Norwegen x. — Desmin von δεσμη, Bündel, besonders von Aehren.

Stilbit. Heulandit.

Kryst.system: klinorhombisch. Es findet sich gewöhnlich die Comb. der klinodiag., orthodiag. und einer Endfläche, welche zur letztern unter 129° 40′ geneigt ist. Spltb. klinodiagonal sehr vollkommen. Br. uneben. Pellucid. Glasglanz, auf den Spaltfl. Perlmutterglanz. H. 3,5. G. 2,3. V. d. L. sich aufblätternd und unter Krümmungen zu einem weißen Email schmelzend = 2—2,5. Von Salzs. vollkommen, ohne Gallertbildung zersetzt.

$\overset{..}{Ca}\overset{..}{Si} + \overset{=}{Al}\overset{..}{Si}^3 + 5\overset{.}{H}$. Kiesel. 59,9, Thon. 16,7, Kalk. 9,0, Wasser 14,5. — Weiß, roth x.

In Krystallen, derb blättrig, strahlig — dicht.

An denselben Fundorten, wie die vorhergehende Species. Eine schöne, bräunlichrothe Varietät in Mandelstein findet sich im Fassathal in Tyrol. — Stilbit von στιλβη, Glanz.

Aehnliche Verbindungen sind der Parastilbit und Epistilbit aus Island, der Beaumontit von Baltimore und der Mordenit v. Morden in Neu-Schottland.

Hier schließt sich auch der Brewsterit an, welcher 8 pr. Ct. Strontianerde und 6 pr. Ct. Baryterde enthält. Gelatinirt unvollkommen. Die salzs. Aufl. giebt mit Schwefels. einen merklichen Niederschlag. Findet sich zu Strontian in Schottland. Das Mineral ist zu Ehren des schottischen Mineralogen und Physikers David Brewster benannt.

Eine andere, 27 pr. Ct. Baryterde enthaltende, Species ist der Edingtonit von Dumbarton in Schottland.

Chlorit.

Kstystem: hexagonal. Gewöhnlich hexagonale Tafeln. Spltb. basisch vollkommen. Glasglanz zum Perlmutterglanz. H. 1,5. Biegsam, nicht elastisch. Wenig durchscheinend. G. 2,85. V. d. L. schwer schmelzbar = 5,5, wird schwarz und irritirt eine feine Magnetnadel. Von concentr. Schwefels. vollkommen zersetzt.

$$2\dot{M}g\ \ddot{A}l + 3\left.\begin{array}{l}\dot{M}g\\ \dot{F}e\end{array}\right\}\ \ddot{S}i + \dot{M}g^3\ \dot{H}^6.$$ Meine Anal. einer schup=
pigen Var. aus dem Zillerthale gab: Kiesel. 27,32, Thon. 20,69, Talk. 24,89, Eisenoxydul 15,23, Wasser 12,00. Mancher Chlo= rit, z. B. der von Rauris, enthält mehr Eisenoxydul und ist dann leichter schmelzbar. — Grün, meist lauchgrün, schwärzlich= und dunkel=olivengrün.

Die Krystalle selten deutlich, meistens wulstförmig zusammen= gehäufte Tafeln; schuppig schiefrig und körnig.

Bildet eine Felsart, den **Chloritschiefer**, und findet sich im Ziller= thale in Tyrol. St. Gotthard, Rauris im Salzburgischen, Schneeberg im Erzgebirge, Erbendorf im Fichtelgebirge, Norwegen, Schweden ꝛc. — Chlorit von χλωρός, grünlichgelb, grün.

Ripidolith.

Kstystem: klinorhombisch nach Kokscharow. Die Combina= tionen sind der Art, daß sie hexagonale Pyramiden darzustellen scheinen. Vorherrschend wird ein Hendyoeder beobachtet, wo m : m = 125° 37′; p : m = 113° 57′. Spltb. basisch sehr vollkom= men. Pellucid, die Krystalle oft dichroitisch, parallel der Axe smaragdgrün, rechtwinklich darauf gelblich oder hyazinthroth. Bei nicht zu dunkeln Individuen wird das Kreuz im Stauroskop beim Drehen der Krystallplatte verändert. Glasglanz, auf den Spltfl. Perlmutterglanz. H. 1,5. Biegsam, nicht elastisch. G. 2,65. V. b. L. schwer schmelzbar = 5,5, brennt sich weiß und trübe und giebt ein graulichgelbes Email. (Dieses Verhalten ist vor= züglich unterscheidend von dem sehr ähnlichen Chlorit.

$\dot{R}\ \ddot{A}l + \dot{R}^3\ \ddot{S}i^2 + \dot{M}g\ \dot{H}^4$. Meine Anal. einer Var. von Schwarzenstein im Zillerthale gab: Kiesel. 32,68, Thon. 14,57, Talk. 33,11, Eisenoxydul 5,97, Wasser 12,10, unzersetzt. Rückst. 1,02. — Grün in verschiedenen Abänderungen.

Die Krystalle selten deutlich, oft als hexagonale Tafeln. Blättrige Aggregate, wulstförmig, fächerförmig ꝛc.

Achmatof in Sibirien, Schwarzenstein im Zillerthale, Arendal, Reichen= stein in Schlesien (nach Breithaupt), Alathal im Piemontesischen ꝛc.

Hierher gehört oder schließt sich an der Klinochlor, der ziemlich großblättrig in Pennsylvanien und zu Markt Leugast im Bayreuthischen vorkommt. Er unterscheidet sich nur optisch in der Art vom Ripidolith, wie sich der Phlogopit vom Biotit unterscheidet. Er zeigt nämlich das Verhalten zweiaxiger Krystalle deutlicher. (Die optischen Axen sollen einen Winkel von 84" bilden.)

Die meisten Ripidolithe reagiren v. d. L. auf Chrom und geben in größern Mengen mit Borax ein smaragdgrünes Glas, an den Chloriten habe ich dieses nicht bemerkt. — Ripidolith von ῥιπίς, Fächer, und λίθος, Stein, in Beziehung auf die fächerförmige Gruppirung der Krystalle, Klinochlor von κλίνω, sich neigen, und χλωρός, grün.

An den Chlorit und Ripidolith schließen sich an: der **Epichlorit, Delessit, Voigtit, Aphrosiderit, Tabergit** und **Metachlorit**. Von ähnlicher Mischung mit dem Ripidolith, aber von hexagonaler Krystallisation, ist der **Pennin** v. Zermatt in der Schweiz.

Chloritoid.

Blättrige, meist krummblättrige Aggregate, in einer Richtung vollkommen spaltbar. Schwach perlmutterglänzend. H. 5,5 — 6. G. 3,55. Schwärzlichgrün. V. b. L. schwer schmelzbar = 5 zu einem schwärzlichen, schwach magnetischen Glase. Wird von Salzs. nicht, von conc. Schwefels. aber vollständig zersetzt.

$$\left.\begin{array}{l}\dot{Fe}\\\dot{Mg}\end{array}\right\}^{3} \bar{Al} + 2\,\ddot{Al}\,\ddot{Si} + 3\,\dot{H}.$$ Meine Anal. einer Var. von Bregratten in Tyrol gab: Kiesel. 26,19, Thon. 38,30, Eisenoxyd 6,00, Eisenoxydul 21,11, Talk. 3,30, Wasser 5,50.

Findet sich zu Koroibrod im Ural und zu Pregratten in Tyrol. Hierher gehören oder stehen sehr nahe der **Sismondin** von St. Marcel in Piemont und der **Masonit** von Middletown in Rhod-Island. — Der Name Chloritoid stammt von χλωρός, grün; Sismondin ist nach Prof. Sismonda in Turin und Masonit nach einem Herrn Mason benannt.

Nahestehende Silicate sind ferner der **Kämmererit, Disterrit, Clintonit, Holmesit, Seybertit,** der **Pyrosklerit** (von Salzsäure zersetzt), **Chonikrit** und **Loganit,** der **Jefferisit** und **Vermiculit,** welche sich v. d. L. mit wurmförmigen Krümmungen außerordentlich aufblähen. — Der glimmerähnliche **Cookeit** v. Brush bläht sich v. d. L. auch stark auf und färbt die Flamme roth, von einem Lithiongehalt v. 2,82 pr. Ct. Hebron u. Paris in N. Am.

Allophan.

Amorph. Br. flachmuschlig. Pellucid. Glasglanz. H. 3. G. 1,9. V. b. L. sich aufblähend, unschmelzbar, mit Kobaltaufl. blau. Vollkommen gelatinirend. Anal. einer Var. von Friesdorf von Bunsen: Kiesel. 22,30, Thon. 32,18, Eisenoxyd 2,90, Wasser 42,62. Gewöhnlich etwas kupferhaltig. — Derb, traubig, nierförmig 2c. — Weiß, gelblich, himmelblau.

Findet sich zu Rauris und Großarl im Salzburgischen, Gerōbach im Schwarzwald, Gräfenthal bei Saalfeld, Friesdorf bei Bonn, Bethlem in Ungarn ꝛc.

Seltner ist ein anderes, ebenfalls gelatinirendes Thonsilicat, der **Hallohsit.** Kiesel. 41,5, Thon. 34,4, Wasser 24,1. — Weiß, graulich ꝛc. Lüttich und Namur. Der Name nach dem belgischen Geologen Omalius d'Halloh. Anschließend der **Samoit** (gelatinirend) von der Insel Upoa d. b. Samoa-Gruppe.

Kaolin. Porcellanerde.

Derbe Massen von erdiger Formation. Matt. Leicht zerreiblich. Fühlt sich fein, aber nicht fett an. G. 2,21. Weiß, gelblich ꝛc. Bildet mit Wasser keinen oder einen nur wenig schlüpfrigen Teig. V. d. L. unschmelzbar. Mit Kobaltaufl. blau. Von Salzsäure wenig angegriffen, von Schwefelsäure zersetzt. Die Passauer Porcellanerde enthält wesentlich: Kiesel. 49, Thon. 33, Wasser 18. Die Mischungen anderer Porcellanerden sind theilweise etwas abweichend, da diese Thonsilicate sämmtlich Zersetzungsprodukte und zwar von verschiedenen Mineralien sind, vorzüglich von Porcellanit und Orthoklas. Auch der Beryll von Chanteloube findet sich nach Damour zu Kaolin zersetzt, wobei fast alle Beryllerde nebst $\frac{1}{4}$ Kieselerde aufgelöst und fortgeführt worden ist.

Sie schließen sich an die folgenden, **Thone** genannten, ähnlichen Verbindungen an.

Die Porcellanerde findet sich in lagerartigen Massen und nesterweise im Urgebirge. Bekannte Fundorte sind vorzugsweise: Obernzell bei Passau, Aue bei Schneeberg in Sachsen, St. Yrieux bei Limoges, Schemnitz in Ungarn, Cornwallis ꝛc. — Zur Verfertigung des Porcellans, wobei die Erde geschlemmt wird, um die gröbern Theile abzusondern. Zur Hauptmasse, wie zur Glasur, wird Gyps, Feldspath, Quarz ꝛc. zugesetzt.

Argillite Thone.

Unter dem Namen **Argillit** oder **Thon** begrift man verschiedene Verbindungen von Kieselerde, Thonerde und Wasser von erdiger Formation, welche fettig anzufühlen sind und mit Wasser ziemlich leicht eine teigartige Masse bilden, wobei sie sog. Thongeruch entwickeln. Die meisten Thone sind v. d. L. unschmelzbar und geben mit Kobaltaufl. eine blaue Masse, wenn sie hinlänglich rein und eisenfrei sind. Dabei brennen sie sich hart und die eisenhaltigen nehmen eine rothe Farbe an. Von Salzs. werden sie wenig angegriffen, von der Schwefels. aber mehr oder weniger vollkommen zersetzt. Sie enthalten im Durchschnitt 40—50 pr. Ct. Kieselerde, 30 pr. Ct. Thonerde und 13—20 und 25 Wasser. Außerdem enthalten die meisten Kali und zwar bis zu 4 pr. Ct., ferner Eisenoxyd, Spuren von Kalk ꝛc. Die unreinen Thone (wohin der sog. **Lehm** und **Letten** gehören) sind schmelzbar und oft innig mit kohlensaurem Kalk gemengt, weshalb sie mit Säuren brausen. Diese schließen sich dem Mergel an.

Die Farbe ist weiß, graulich, gelblich, röthlich ꝛc., manchmal streifig bunt.

Der Thon bildet mehr oder weniger mächtige Ablagerungen in den jüngern und jüngsten Formationen. Ein Theil dieser Lager scheint früher aus Mergel bestanden zu haben.

Ein Gemenge von Thon und andern zum Theil durch Säuren zerlegbaren Silicaten von schiefriger Structur ist der Thonschiefer, welcher Formationen im Ur- und Uebergangsgebirge bildet. Mancher Thonschiefer ist offenbar durch Zersetzung aus Glimmerschiefer entstanden.

Aehnliche Schiefer sind der Wetzschiefer, welcher die gehörige Härte besitzt, um als Wetz- und Schleifstein gebraucht zu werden; der Brandschiefer mit eingemengtem Erdpech, daher er beim Entzünden brennt; der Alaunschiefer mit eingemengtem Schwefelkies, welcher unter Bildung von Eisenvitriol verwittert und auf Alaun benützt wird, durch theilweise Zersetzung des Eisenvitriols und Entstehung von schwefelsaurer Thonerde, Auslaugen, Zusatz von Pottasche ꝛc.

Der Zeichnenschiefer ist ein kohlehaltiger Thonschiefer und wird als schwarze Kreide gebraucht. Ein solcher von Ludwigstadt im Bayreuthischen enthält nach Fuchs 17,5 pr. Ct. Kohle, wahrscheinlich von Graphit herrührend.

Der Schieferthon ist der mit Stein- und Braunkohlen vorkommende, häufig Pflanzenabdrücke enthaltende Thon. In brennenden Steinkohlenflötzen findet er sich oft gebrannt und dann hart. Ein dergleichen von lavendelblauer Farbe wurde sonst Porcellanjaspis genannt.

Der Thon bildet ferner einen Hauptbestandtheil der sog. Wacke, welche oft Blasenräume enthält, leer oder ausgefüllt, rund oder mandelförmig und dann Mandelstein heißt. Kommt mit Basalt und Phonolith vor.

Mit Eisenoxyd und Eisenoxydhydrat gemengt bildet der Thon den rothen und gelben Thoneisenstein, die Gelberde ꝛc.

Ein feiner, schmelzbarer Thon ist der Bolus, welcher in Wasser unter Knistern zerfällt. Er ist meistens braun oder gelb gefärbt. Findet sich in geringer Menge zu Siena in Italien, Rauschenberg in Bayern, Habichtswald in Kurhessen, Stalimene (Lemnos) ꝛc.

Ein feiner, nicht plastischer Thon ist ferner das sog. Steinmark von Rochlitz und Planitz in Sachsen, Andreasberg am Harz ꝛc.

Der Gebrauch des Thons zur Verfertigung von Töpferwaaren, Fayence, Steingut, Ziegelsteinen ꝛc. ist bekannt. Die feinsten Arten werden zu Tabakspfeifen verarbeitet. Solche Thone finden sich bei Köln, Lüttich, Forges-les-Eaux ꝛc.

Die hessischen Tiegel (Schmelztiegel) von Großalmerode bestehen aus feuerfestem, mit Quarz gemengtem Thon, die Passauer oder Ipser Tiegel aus Thon und Graphit. Der Thon dient ferner zum Walken der Tücher (seine Arten, welche Wallerde heißen), zur Alaunfabrikation, zum Raffiniren des Zuckers, zur Verfertigung mancher Pyrometer, in der Landwirthschaft ꝛc.:

Der Thonschiefer liefert Dach- und Tischplatten, Schreibtafeln ꝛc.

Selten vorkommende Verbindungen von Kieselerde, Thonerde und Wasser sind: **Cimolit, Kollyrit, Glauerit, Pholerit** (Nakrit) in perlmutterglänzenden hexag. Blättchen, der **Pyrophyllit** und **Gümbelit**, welche sich v. b. L. stark aufblähen.

Zu den wasserhaltigen Thonsilicaten gehört auch ein Theil des sogenannten **Agalmatoliths** oder Bildsteins, welcher zu kleinen Figuren, Pagoden ꝛc. verarbeitet aus China kommt. Mancher ist nach **Brush** dichter Pyrophyllit. Er ist weich und leicht zu schneiden. Er heißt im Chinesischen Fun Shih oder Pulverstein, weil das Pulver auch zum Abziehen von Rasirmessern gebraucht wird. — Findet sich vorzüglich in der Provinz Canton. In die Nähe gehört der **Onkosin** von Posseggen im Lungau.

2. Gruppe. Wasserhaltige Siliciate ohne Thonerde.

Apophyllit.

Kllsystem: quadratisch. Stf. Quadratpyramide. 104° 2′; 121°. Spltb. basisch vollkommen. Br. uneben. Pellucid. Glasglanz, auf der bas. Fl. Perlmutterglanz. H. 4,5. G. 2,3—2,5. V. b. L. mit Aufblähen schmelzbar = 1,5 zu einem blasigen, weißen Glase. Von Salzs. leicht zersetzt, eine gallertähnliche Masse bildend. $\overset{..}{K}a\overset{..}{S}i^2 + 8\overset{..}{C}a\overset{..}{S}i + 16\overset{..}{H}$. Kiesel. 52,43, Kalk. 25,86, Kali 5,36, Wasser 16,35. — Farblos, weiß, rosenroth, bräunlich ꝛc. — Die Stammform gewöhnlich mit den Fl. des diagonalen Prisma's, welches die Randecken abstumpft; quadratische Prismen, oft tafelförmig durch Ausdehnung der bas. Fl. ꝛc.; derb, schaalig.

In Mandelstein, Basalt ꝛc., auf der Seisseralpe in Tyrol, auf den Faroer-Inseln, zu Andreasberg am Harz, Aussig in Böhmen, Banat, Utön ꝛc. — Apophyllit von $\mathit{\alpha\pi o\varphi\nu\lambda\lambda\mathit{\iota}\zeta\omega}$, abblättern. Zum Apophyllit gehört der **Xylochlor** aus Island.

Hier schließen sich, bis jetzt selten vorgekommen, an:

Pektolith. Kiesel. 52,34, Kalk. 35,20, Natrum 9,66, Wasser 2,80. Wird von Salzsäure zu einer gallertähnlichen Masse zersetzt. Monte Baldo und Monzoni im Fassathal, Schottland. Hierher der Osmelit und Stellit.

Pektolith von πηκτός, zusammengezimmert, und λιϑός, Stein.

Okenit. Kiesel. 56,99, Kalk. 26,35, Wasser 16,66. Von Salzs. zur gallertähnlichen Masse zersetzt. Dysko-Insel bei Grönland. (Dysklasit.) Okenit nach dem Naturforscher Oken.

Der **Xonaltit** ist wesentlich: Kiesel. 49,8, Kalk 46,47, Wasser 3,73. Tetela be Xonalta in Mexiko.

Sepiolith. Meerschaum.

Amorph (?). Dicht und erdig. Br. flachmuschlig, uneben, erdig. Undurchsichtig. Matt, auf dem Striche etwas glänzend. H. 2,5. Milde. G. 1,3—1,6. Saugt begierig Wasser ein. V. d. L. zusammenschrumpfend, schwer schmelzbar = 5,5. Von Salzs. zu einer gallertähnlichen Masse zersetzt. $Mg \overset{..}{Si} + 2 \overset{..}{H}$. Kiesel. 54,43, Talk. 24,36, Wasser 21,21. — Weiß, gelblich, graulich, gelblichbraun ꝛc.

Findet sich in derben Massen zu Hrubschitz in Mähren, Vallecas bei Madrid, Theben in Griechenland, Piemont, Champigny ꝛc.

Wird zu Pfeifenköpfen verarbeitet, die daraus geschnitten und in Oel oder Wachs gesotten werden. — Sepiolith von σηπίον, Meerschaum.

Der Steatit, der auch hier eingeschoben werden könnte, ist oben nach dem Amphibol aufgeführt.

Serpentin.

Dicht in derben Massen, zuweilen in Pseudomorphosen von Chrysolith und Augit. Durchscheinend — undurchsichtig. Schwach fettig glänzend. H. 2,5—3, etwas milde. G. 2,6. V. b. L. sich weiß brennend, sehr schwer schmelzbar = 6. Von concentr. Salzs. und Schwefels. zersetzt ohne Gallertbildung.

$3 Mg \overset{..}{H}{}^2 + 2 Mg^3 \overset{..}{Si}{}^2$. Kiesel. 43,51, Talk. 43,78, Wasser 12,71. Häufig ist ein Theil der Talkerde durch Eisenoxydul ersetzt. — Grün, braun, röthlich, öfters gefleckt und geadert.

Der Serpentin bildet eine Urfelsart und erscheint mitunter lagerartig in Gneiß, Glimmerschiefer ꝛc. So in den Pyrenäen, Apenninen ꝛc. Ausgezeichnete Fundorte sind Fahlun, Sala ꝛc. in Schweden, Reichenstein in Schlesien, Goldenstein in Mähren, Zöblitz und Waldheim in Sachsen, Corsica und Cornwallis ꝛc.

Man verfertigt daraus Reibschalen, Geschirre, Pfeifenköpfe, Platten zum Belegen von Tischen ꝛc. Ein in Italien zu Platten, Ziersäulen ꝛc. oft verwendetes Gemenge von Serpentin und Urkalk heißt Verde antico. (Hierher der Pikrolith und Williamsit.) Der Name Serpentin von serpens, Schlange, wegen der fleckigen Farbenzeichnung.

Bastit. Schillerspath.

Krystallinisch blättrige Masse, in einer Richtung sehr vollkommen spaltb., nach einer zweiten undeutlich, zur ersten unter 87° geneigt. Br. uneben. An den Kanten durchscheinend. Auf den vollkommenen Spltfl. stark glänzend von metallähnlichem Perlmutterglanz. H. 3,5. G. 2,7. V. b L. schmelzbar = 5. Zu Säuren sich wie die vorige Species verhaltend.

Anal. einer Var. von der Baste am Harz von Köhler: Kiesel. 43,90, Talk. 25,85, Eisenoxydul und Spur von Chromoxyd 13,02, Kalk. 2,64, Wasser 12,42. — Grün, olivengrün, pistaziengrün, bräunlich ꝛc.

Kommt mit Serpentin auf der Baste (daher der Name) am Harz vor. Sehr nahe steht ein fasriges, mit Serpentin vorkommendes Mineral, der **Chrysotil** (von χρυσός, Gold, und τίλος, Faser). Von manchem ähnlichen Asbest unterscheidet er sich leicht durch den Wassergehalt (12,8 pr. Ct.) und dadurch, daß er von Schwefels. leicht zersetzbar wird. Findet sich zu Reichenstein in Schlesien, in Tyrol, zu Zöblitz in Sachsen, in den Vogesen und zu Baltimor (Baltimorit). Hierher auch der Metaxit von Schwarzenberg in Sachsen.

Selten vorkommend sind folgende sich hier anschließende Mineralien, welche auch **wasserhaltige Talksilicate** sind, übrigens eine mannigfaltig verschiedene Mischung haben:

Pikrosmin, Pikrophyll, Aphrodit, Antigorit, Hydrophit, Monradit, Dermatin, Spadait, Villarsit, Gymnit, Kerolith.

Zu den wasserhaltigen Silicaten ohne Thonerde gehört auch der sehr seltene, bei Brewig in Norwegen vorkommende **Thorit**, welcher gegen 60 pr. Ct. Thorerde enthält. Berzelius hat darin 1828 eine neue Erde entdeckt, die er Thorerde nannte.

Nahestehend ist der **Orangit** v. Brewig, beide unschmelzbar und gelatinirend.

Ein seltenes wasserhaltiges Zirkonerdesilicat mit Natrum ist der **Katapleiit** von Lamöe bei Brewig in Norwegen. Schmilzt und gelatinirt. —

4. Geschlecht. Silicate mit Fluor-Verbindungen.

Mit Kalihydrat geschmolzen und gelöst, erhält man nach Abscheidung der Kieselerde durch Salmiak, mit salzsaurem Kalk und Ammoniak ein Präcipitat von Fluorcalcium.

Lithionit. Lithionglimmer.

Kllsystem wahrscheinlich rhombisch. Gewöhnlich blättrige Massen. Spltb. basisch sehr vollkommen. Pellucid. Optisch zweiaxig. Auf den Spaltungsflächen metallähnlicher Perlmutterglanz, sonst Glasglanz. H. 2,5. G. 3. V. d. L. mit Aufwallen schmelzbar = 2—2,5 zu einem weißen oder graulichen, manchmal magnetischen Glase, dabei die Flamme purpurroth färbend. (Ist dadurch leicht vom ein- und zweiaxigen Glimmer zu unterscheiden.) Von Säuren theilweise zersetzt. Begreift mehrere noch nicht genau unterschiedene Species. Im Durchschnitte: Kiesel. 50, Thon. 30, Kali 9, Lithion 3—4, Fluor 5, Natrum 2. Oefters ein Theil der Thonerde durch Eisenoxyd ersetzt. — Grau, roth (Lepidolith), pfirsichblüthroth ꝛc.

Krystalle selten, als 6seitige Tafeln erscheinend, mannigfaltig zusammengehäuft, körnige Massen.

In Granit zu Penig, im Erzgebirge und in Cornwallis, zu Rozenau und Iglau in Mähren, Utön, Elatharinenburg ꝛc. — Der Name Lithionit vom Lithiongehalt.

Topas.

Kllsystem: rhombisch. Stf. Rhombenpyr. 101° 52′; 141° 7′; 90° 55′. Spltb. basisch deutlich. Br. muschlig, uneben. Pellucid. Glasglanz. H. 8. G. 3,5. Die brasilian. Var. stark pyroelektrisch. V. d. L. unschmelzbar, als feines Pulver mit Kobaltaufl. blau. Schmilzt man Borsäure im Platindraht so lange, bis die grüne Färbung der Flamme aufhört und setzt dann feines Topaspulver zu, so kommt sie wieder zum Vorschein. Von Schwefels. nur wenig angegriffen.

$2 \, (\overset{\cdot\cdot\cdot}{Al} Fl^3 + Si Fl^2) + 3 \, \overset{\cdot\cdot\cdot}{Al}{}^3 \overset{\cdot\cdot}{Si}{}^2$, entsprechend den Analysen v. Forchhammer: Kiesel. 35,52, Thon. 55,33, Fluor 17,49. — Gelb, grünlich, blau in mancherlei Abänderungen, auch farblos.

Die vorwaltende Form ist das rhombische Prisma von 124° 19′, an den Enden die Flächen der Stf. und untergeordnet noch 3 andere Rhombenpyr.; öfters auch die Stf. durch ein Doma von 93° verdrängt. Das Prisma von 124° 19′ auch öfters comb. mit 2 andern rhomb. Prismen. Die Prismen vertikal gestreift. S. Fig. 43. Außer in Krystallen auch derb (selten) und in Geschieben.

In Urfelsarten eingewachsen und im Schuttland. Schneckenstein bei Auerbach im Voigtlande, Erzgebirg, Mursinsk, Miask, Ounda ꝛc. in Sibirien (ost in sehr großen Krystallen), Villa Ricca in Brasilien, Finbo in Schweden ꝛc. — Der Topas ist ein nicht sehr kostbarer Edelstein, gelbe Varietäten kosten das Karat 6—9 Fl, die farblosen und rosenrothen werden höher bezahlt.

Durch Erhitzen lassen sich die gelben Topase rosenroth brennen. Sie werden dabei anfangs farblos, nach dem Erkalten kommt aber die Rosenfarbe zum Vorschein.

Ein stängliches, dem Topas sehr nahestehendes Mineral ist der Pyknit von Altenberg in Sachsen.

Der Name Topas kommt von der Insel Topazos im rothen Meere; Pyknit stammt von πυκνός, dicht, in dicht gedrängten Theilen.

Selten und in geringer Menge kommen vor:

Chondrodit (Humit). Kieselsaure Talkerde mit Fluormagnesium. — Gelatinirt. — Gelb, bräunlich. — Vesuv, Nord-Amerika, Finnland. Der Name von χόνδρος, Korn, Pille.

Leukophan, bereits bei den berillerdehaltigen Mineralien nach dem Smaragd erwähnt.

5. Geschlecht. Silicate mit borsauren Verbindungen.

V. d. L. mit einem Gemenge von Flußspath und saurem, schwefelsaurem Kali als feines Pulver im Platindraht zusammengeschmolzen, die Flamme vorübergehend grün färbend. Man sieht die Färbung anhaltender, wenn man das Gemenge als Pulver auf einem mit kleinen Löchern durchstochenen Platinblech in die blaue Flamme eines Bunsen'schen Brenners bringt.

Datolith.

Kristallsystem: rhombisch. Es finden sich rhombische Prismen von 77° 30' und ein anderes von 116° 9' mit der bas. Fl. (Nach Descloizeaux ist die Krystallisation klinorhombisch.) Spltb. nach dem Prisma von 77° 30' und brachydiagonal. Br. unvollkommen muschlig, uneben. Pellucid. Glasglanz, auf dem Bruche Fettglanz. H. 5,5. G. 3,4. V. d. L. mit Sprudeln schmelzbar = 2 zu einem farblosen Glase, die Flamme grün färbend. Mit Salzsäure vollkommen gelatinirend.

$3 \dot{C}a \ddot{B} + \dot{C}a^3 \ddot{S}i^4 + 3 \dot{H}$. Kiesel. 37,91, Kalk. 35,07, Borsäure 21,48, Wasser 5,41. — Farblos, weiß, grünlichweiß ꝛc. — In Krystallen und derb, körnig.

Arendal in Norwegen, Andreasberg am Harz, Teiß in Tyrol, ausgezeichnet zu Toggiana im Modenesischen und häufig auf der Königsinsel am Obern See in Nord-Amerika. — Der Name stammt von δατέομαι, theilen, und λίθος, Stein, wegen der körnigen Absonderung der derben Varietäten.

Eine sehr nahestehende Mischung mit 10 pr. Ct. Wasser hat der **Botryolith,** fasrig, verhält sich chemisch wie Datolith. Arendal. — Der

Name von βότρυς, Traube, und λιϑός, Stein, wegen der traubigen Gestalt.

Es schließt sich hier an der seltene **Danburit** von Danbury in Connecticut. Er ist nach den Analysen von Smith und Brush wesentlich $\overset{..}{Ca}{}^3 \overset{..}{Si} + 3 \overset{..}{B} \overset{..}{Si}$. Kiesel. 48,9, Borsäure 29,4, Kalk 22,7.

Axinit.

Kstsystem: klinorhomboidisch. Stf. klinorhomboidisches Prisma: m : t = 135° 24'; p : m = 134° 48'; p : t = 115° 39'. Die Flächen m und t sind vertikal, p parallel den Comb. Kanten mit m gestreift. Spltb. unvollkommen nach p und m. Br. kleinmuschlig — uneben. Pellucid. Glasglanz. H. 6,5. G. 3,3. V. d. L. mit Aufwallen schmelzbar = 2 zu einem dunkelgrünen Glase. Nach dem Schmelzen gelatinirend. Nach den Anal. v. Rammelsberg $\overline{R}{}^3 \overset{..}{Si}{}^2 + 2 \overset{.}{R}{}^3 \overset{..}{Si}{}^2$, wesentlich mit: Kiesel. 43, Thon. 16, Kalk 20, Eisenoxydul 10, Borsäure 5. — Nelkenbraun ins Grauliche, Grünliche ꝛc. — In Krystallen und krystallinisch derb.

In Urfelsarten zu Oisans in der Dauphiné, auf der Treseburg am Harz, Miast im Ural, Thum im Erzgebirg, Ungarn, Cornwallis.

Axinit stammt von ἀξίνη, Beil, wegen der Form der Krystalle.

Turmalin.

Kstsystem: hexagonal. Stf. Rhomboeder. Scheitelktw. 133°. Spltb. in Spuren primitiv. Br. muschlig. Pellucid, gering. Glasglanz. H. 6,5. G. 3—3,2. Durch Erwärmen polarisch elektr. V. d. L. mit Aufwallen schmelzbar = 2 – 3 zu einem meistens weißlichen oder graulichen, blasigen Glase. Von Schwefels. unvollkommen zersetzt. Farbe braun, schwarz.

Die Mischung ist nach den neueren Analysen v. Rammelsberg $3 \overline{R}{}^3 \overset{..}{Si}{}^2 + \overset{.}{R}{}^9 \overset{..}{Si}{}^2$. Dabei werden $\overline{Al}$ und $\overline{B}$ zusammengefaßt. Wesentlich: Kiesel 38, Thon. 32, Borsäure 11; (als R) Magnesia 1—11, Eisenoxydul 0,6—10, Natron 2,3, Kali 0,3—0,4, Wasser 2.

Es finden sich außer der Stammform noch 2 Rhomboeder von 155° und 103° Schtlktw. und das hexag. Prisma, welches auch halbflächig mit dem diagonalen hexag. Prisma ein 9seitiges bildet. Skalenoeder finden sich untergeordnet an Krystallen aus Ceylon und von Gouverneur in New-York.

Die Krystalle hemimorph, öfters an einem Ende der Prismen die bas. Fl., am andern rhomboedrische Combinationen. Die Prismen meistens vertikal gestreift, cylindrisch, nadelförmig ꝛc. außerdem derb, stänglich, körnig.

In Urfelsarten: Eibenstock in Sachsen, Windischkappel in Kärnthen, Bodenmais in Bayern (große Kile.), Zillerthal, St. Gotthard, Norwegen, Grönland (sehr ausgezeichnet), mehrere Orte in Nord-Amerika. — Der Name von Turmale, wie er in Ceylon genannt wird.

Rubellit (Lithionturmalin).

In der physikalischen Charakteristik der vorhergehenden Species sehr nahe stehend, die Farbe ist aber roth, grün, blau in verschiedenen Abänderungen. Zuweilen umschließen sich an den Prismen krystallinische Rinden von verschiedener Farbe, zuweilen zeigt ein und dasselbe Prisma an einem Ende eine andere Farbe, als am andern. Bei den Elbaner Krystallen bleicht sich oft die Farbe gegen das eine Ende oder verschwindet ganz. Pyroelektrisch.

V. d. L. schwer, z. Thl. unschmelzbar, zerklüftend, sich öfters weiß brennend und dann mit Kobaltaufl. blau.

Die Mischung ist nach den neueren Anal. von Rammelsberg $3\bar{R}^3\ddot{S}i^2 + \dot{R}^9\ddot{S}i^2$ mit: Kiesel. 38, Thon. 44, Borsäure 9,5, Magnesia 0,2—1,5, Natron 1,5—2, Kali 0,2—1,3, Lithion 0,5—1,2.

Von rother Farbe auf Elba, zu Paris in Maine (Nord-Amerika), Ava in Indien, Schaitanst im Ural, Rozena in Mähren. Von blauer und grüner Farbe zu Mursinsk in Sibirien, Elba, Paris, Chesterfield in Massachusetts, Brasilien. Die durchsichtigen rothen und blauen Rubellite werden sehr geschätzt und als Ringsteine geschliffen, die grünen dienen zur Polarisation des Lichts ɔc.

Der Name Rubellit, eigentlich nur für die rothe Species geltend, von rubellus, roth.

Von geringer Verbreitung kommen vor: **Silicate mit Chloriden und mit Sulphaten, und aus der Klasse der Metalle Silicate mit titan- und tantalsauren Verbindungen.**

Zu den **Silicaten mit Chlor-Verbindungen***) gehören:

Sodalith. Rhombendodekaeder. Kiesel. 37,60, Thon. 31,37, Natrum 19,09, Natrium 4,74, Chlor 7,20. — Gelatinirt. — Weiß, grünlich ɔc. Vesuv. Grönland. — Der Name von Soda und λίθος, wegen des Natrumgehalts.

Eudialyt. Hexagonal. Nach Rammelsberg: Kiesel. 49,92, Zirkonerde 16,68, Kalk. 11,11, Eisenoxydul 6,97, Manganoxydul 1,15, Natrum 12,28, Chlor 1,19. — Gelatinirt. — Bräunlich-

---

*) Die salpeters. Aufl. giebt mit Silberaufl. ein Präc. von Chlorsilber.

roth, pfirsichblüthroth. — Grönland. — Der Name von εὐδιάλυ-τος, leicht aufzulösen.

Porcellanit. Rhombisch. Annähernd: Kiesel. 49, Thon. 27, Kalk. 15, Natrum 5, Chlorkalium 2. Von starken Säuren ohne Gallertbildung zersetzt. Weiß. Findet sich zu Obernzell bei Passau, meistens zu Porcellanerde verwittert, welche zum Theil noch die Prismenform dieses Minerals hat.

Zu den **Silicaten mit Schwefel- und schwefelsauren Verbindungen** gehören*):

Hauyn. Rhombendodekaeder. Anal. einer Var. von Albano von Whitney: Kiesel. 32,1, Thon. 27,3, Kalk. 9,9, Natrum 16,5, Schwefelsäure 14,2. L. Gmelin fand im Hauyn von Marino 15 pr. Ct. Kali. — Gelatinirt. — Blau. — Albano, Marino ꝛc. in der Gegend von Rom. Der Name nach dem französischen Krystallographen Hauy.

Nosin. Rhombendodekaeder. Anal. einer Var. vom Laachersee von Varrentrapp: Kiesel. 35,9, Schwefels. 9,2, Thon. 32,6, Natrum 17,8, Kalk. 1,1, Spur von Chlor, Eisen und Wasser. — Gelatinirt. — Braun, blau ꝛc. Der sog. Hauyn von Nieder-Mendig ist auch ein dem Nosin ähnliches Mineral. — Laachersee am Rhein. — Der Name nach dem Geognosten K. W. Nose.

In die Nähe dieser Verbindung gehört auch der **Skolopsit** (von σκόλοψ, Splitter) vom Kaiserstuhl (mit 4 pr. Ct. Schwefelsäure).

Ferner der **Ittnerit**, ebendaher. Beide gelatiniren.

Lasurit. Lasurstein. Rhombendodekaeder selten, meistens derb. Br. uneben, wenig durchscheinend. Glasglanz. H. 5,5. G. 2,7. Lasurblau. V. d. L. schmelzbar = 3 zu einem weißen, durchscheinenden Glase. Von Salzs. unter Entwicklung von Schwefelwasserstoff schnell entfärbt, gelatinirend. Analyse von Varrentrapp: Kiesel. 45,50, Schwefels. 5,90, Thon. 31,76, Kalk. 3,52, Natrum 9,09, Schwefel 0,95, Eisen 0,86, Chlor 0,42, Wasser 0,12. —

Kommt vor in der kleinen Bucharei, Persien, China, Tibet, Sibirien. In Chile bei den Quellen der Bäche Cazabero und Vias in körnigem Calcit auf Thonschiefer. — Es wird daraus die geschätzte Malerfarbe, welche Ultramarin heißt, bereitet, auch zu Dosen, Ringsteinen ꝛc. wird er geschliffen und steht in einem ziemlich hohen Preise. — Chr. Gmelin hat ihn synthetisch hergestellt und damit die Fabrikation des künstlichen Ultramarins begründet.

---

*) Die salzs. Aufl. giebt mit salzs. Baryt ein Präc. von schwefels. Baryt.

XI. Ordnung. Thonerde und Aluminate.

V. d. L. in Phosphorsalz vollkommen auflöslich, das Glas opalisirt nicht beim Abkühlen. Unschmelzbar; nach dem Glühen nicht alkalisch reagirend. Härter als Quarz.

Korund.

Kſyſtem: hexagonal. Stf. Rhomboeder von 86° 4'. Spltb. primitiv und basisch, manchmal sehr deutlich. Br. muschlig — uneben. Pellucid. Glasglanz. H. 9. G. 3,9—4,0. V. d. L. für sich unveränderlich; mit Kobaltaufl. als feines Pulver blau. Säuren ohne Wirkung. Äl. Sauerstoff 46,82, Aluminium 53,18. — Die Krystalle sind gewöhnlich Comb. hexagonaler Pyramiden mit der Stf. (Es kommen deren 5 vor, gegen die Stf. in diagonaler Stellung.) Auch das hexag. Prisma und die basische Fläche kommen oft vor. Außer in Krystallen, derb, in Geschieben und Körnern. — Selten farblos, gewöhnlich gefärbt durch Eisenoxyd, Titanoxyd und Chromoxyd, roth und blau in verschiedenen Abänderungen, gelb, grau, braun ꝛc.

Die blauen Var. heißen **Sapphir**, die rothen **Rubin**. Diese Var. sind sehr geschätzte Edelsteine, wenn sie klar und durchsichtig sind. Dergleichen finden sich im Sande der Flüsse in Zeilan, China, Siam und Brasilien, auch, doch sparsam, zu Mleronitz und Iserwiese in Böhmen, Hohenstein in Sachsen und in Basalt eingewachsen zu Cassel am Rhein und am Laachersee. — Gute, geschliffene Sapphire werden das Karat zu 15 Fl. bezahlt, Steine von 6—7 Karat aber kosten oft 70—80 Louisdor. Manche Sapphire zeigen einen 6strahligen, weißlichen Lichtschein im Innern: **Sternsapphir**.

Die Rubine sind noch viel theurer und wenn sie eine hochkarminrothe Farbe besitzen, übertreffen sie zuweilen im Preise den Diamant.

Weniger reine und unansehnlich gefärbte Var. kommen vor in Piemont (Diamantspath), Chamounythal in Savoyen, St. Gotthard, Ural, Canton in China, Philadelphia, Australien.

Der sogenannte **Smirgel** ist feinkörniger, unreiner Korund von graulicher, schmutzig smalteblauer Farbe und findet sich am Ochsenkopfe bei Schwarzenberg in Sachsen, auf Naxos und in Smyrna. Man gebraucht ihn zum Schneiden und Schleifen harter Steine. Korund und Hämatit bilden eine chem. Formation. — Korund ist ein indisches Wort; Sapphir soll von der Insel Sapphirine im arabischen Meere abstammen; Rubin von rubeus, roth.

Formation des **Spinells**. Tesseral. $\dot{R}\ddot{R}$, als $\dot{R}$ kommen vor: Talkerde, Eisenoxydul, Manganoxydul, Zinkoxyd, als $\ddot{R}$: Thonerde, Eisenoxyd, Chromoxyd, Manganoxyd. Es gehören hierher:

a. Spinell.

Krystallsystem: tesseral. Etf. Oktaeder. Spltb. primitiv in Spuren. Br. muschlig. Pellucid. Glasglanz. H. 8. G. 3,48—3,64. V. d. L. für sich unveränderlich, als feines Pulver im Platinlöffel einigemal mit concentr. Schwefelsäure befeuchtet und ausgeglüht giebt er mit Kobaltaufl. eine blaue Farbe. Von Säuren nicht angegriffen.

$Mg \bar{\bar{Al}}$. Anal. des rothen Spinells aus Zeilan von Abich: Thon. 69,01, Talk. 26,21, Chromoxydul 1,10, Eisenoxyd 0,71, Kiesel. 2,02.

In den Krystallen die Etf. herrschend, zuweilen mit den untergeordneten Flächen des Rhombendodekaeders und Trapezoeders. — Roth, blau, bräunlich in mancherlei Abänderungen. Theils in Krystallen, theils in Körnern und Geschieben.

Eingewachsen in Urkalk zu Aker in Schweden, in Dolomit zu Nalande und Candi auf Zeilan, lose in Zeilan, Pegu, Australien. — Der Name Spinell ist unbekannter Abstammung.

Die durchsichtigen, rothen (karmesin — rosenroth ꝛc.) Spinelle sind sehr geschätzte Edelsteine und werden, über 4 Karat schwer, ohngefähr mit der Hälfte des Preises eines gleich schweren Diamants bezahlt. Die intensiv gefärbten heißen Rubinspinell, die blassen Rubinbalais.

b. Pleonast. Zeilanit.

Krystallisation wie bei a. Br. uneben, muschlig. An den Kanten durchscheinend — undurchsichtig. Glasglanz. H. 7,5—8. G. 3,65—3,8. V. d. L. für sich unveränderlich. Von Säuren wenig angegriffen.

$Mg \bar{\bar{Al}} + Fe \bar{\bar{Al}}$. Anal. einer Var. von Tunaberg von Erdmann: Thonerde 62,95, Eisenoxydul 23,46, Talkerde 13,03 (99,44). — In Krystallen. Etf. — Schwarz, das Pulver bei einigen graulichgrün.

Monte Somma bei Neapel, Montzoniberg im Fassathal, Warwik und Amity in Nord-Amerika, wo Krystallmassen bis zu 40 Pfunden vorkommen, Ural ꝛc.

Der Name Pleonast stammt von πλεόνασμος, Ueberfluß, weil er zuweilen am Oktaeder die Fl. des Trapezoeders zeigt.

Ein 8 pr. Ct. Chromoxyd enthaltender Pleonast ist der Picotit v. Lherz in den Pyrenäen.

Hier schließen sich, bis jetzt sehr selten, an:

c. Hercinit. Schwarze Körner. H. 7,5—8. G. 3,91—

3,95. $Fe \bar{\bar{Al}}$. Thonerde 61,17, Eisenoxydul 35,67, Talk. 2,92. (Zippe und Quadrat.)

Ist wesentlich reiner Eisenspinell. Ratschetin und Hoslau im Klattauer Kreise in Böhmen. — Hercinit vom lateinischen Namen des Böhmerwaldes, silva hercinia.

d. **Chlorospinell.** Lichtgrüne Oktaeder.

$\dot{M}g \begin{cases} \ddot{Al} \\ \overline{Fe} \end{cases}$. Thonerde 57,34, Eisenoxyd 14,77, Talk. 27,49, Kupferoxyd 0,62. Slatoust im Ural.

Aus der Klasse der Metalle gehören zur Formation des Spinells e. Gahnit, f. Kreittonit, g. Magnetit, h. Chromit, i. Franklinit, k. Jakobsit.

Chrysoberill. Cymophan.

Krystem: rhombisch. Stf. Rhombenpyr. 86° 16′; 139° 53′; 107° 29′. Spltb. unvollkommen nach den Diagonalen. Br. muschlig. Pellucid. H. 8,4. G. 3,68—3,70. V. d. L. unveränderlich, mit Kobaltaufl. blau. Von Säuren nicht angegriffen. $\overline{Be} \ddot{Al}$. Thonerde 80,25, Berillerde 19,75. Meistens bis zu 4 pr. Ct. Eisenoxydul und Spur von Chromoxydul enthaltend. — Grünlichgelb, spargelgrün, graulich ꝛc., zuweilen mit einem milchweißen Scheine opalisirend.

In den Krystallen ist das rectang. Prisma vorwaltend, auch ein rhomb. Prisma von 109° 20′, an den Enden die Stf. und ein Doma von 119° 46′. Dieses Doma ist oft die Zusammensetzungsfläche für Hemitropieen und Zwillinge.

Eingewachsen in Gneiß ꝛc. zu Habbam in Connecticut und Saratoga in Neu-York und zu Marschendorf in Mähren. In Geschieben in Brasilien, Ceylon, Pegu ꝛc. Ural.

Die durchsichtigen Var. werden als Edelsteine geschliffen. Steine von 5 Linien kosten bis 300 Fl. — Chrysoberill ist der χρυσός, Gold, und Berill.

Ein wasserhaltiges Aluminat ist der Wölknerit (Hydrotalkit) vom Ural. Blättrig, weiß, perlmutterglänzend, fettig anzufühlen. Unschmelzbar, mit Kobaltaufl. rosenroth, in Salzs. löslich. $\dot{M}g^6 \ddot{Al} + 16 \dot{H}$. Thonerde 16,29, Talkerde 38,05, Wasser 45,66 (100). Der Name nach dem Bergmeister Wölkner.

XII. Ordnung. Eis und Hydrate.

Eis.

Krystem: hexagonal. Gewöhnlich in tafelförmigen, hexagonalen Prismen, selten Rhomboeder und hexagonale Pyramiden. Zeigt durch die basischen Flächen im polarisirten Lichte die farbigen Ringe mit dem schwarzen Kreuze sehr ausgezeichnet. Gewöhnlich ist die Eiskruste, welche sich beim Gefrieren von ruhig stehendem Wasser bildet, diese basische Fläche. An den Eiszapfen stehen die Individuen oft in paralleler Reihung mit ihrer Hauptaxe und optischen Axe rechtwinklig zur Längenaxe des Zapfens. Pellucid. H. 1,5. G. 0,95—0,97. Ueber 0° flüssig als Wasser erscheinend. $\dot{\text{H}}$. Sauerstoff 88,94, Wasserstoff 11,06.

Die Krystalle, als Schnee, klein, nadel- und haarförmig, häufig zu 6strahligen Sternen verwachsen, dendritisch, federartig ꝛc. — Farblos, in großen Massen grünlich und bläulich.

Das reine Wasser ist geschmack- und geruchlos. Das reinste in der Natur vorkommende ist das Regen- und Schneewasser. Das Wasser von Quellen und Flüssen enthält immer Kohlensäure und ist mehr oder weniger mit Salzen verunreinigt.

———

Reine Hydrate, nur aus Wasser und einer Basis bestehend, sind sehr selten. Es gehören hierher:

Brucit (und Nemalit). $\ddot{\text{Mg}}\,\dot{\text{H}}$. Wasser 31, Talkerde 69. Hexagonal. Krystallinisch strahlige Massen. H. 1,5. G. 2,3. Unschmelzbar. In Säuren leicht aufl. — Weiß, grünlich ꝛc. Hoboken in Neu-Jersey, Shetlandsinsel Unst. — Der Name nach Dr. Bruce in Neu-York.

Diaspor. $\ddot{\text{Al}}\,\dot{\text{H}}$. Wasser 15, Thonerde 85. Rhombisch. Graulich, gelb ꝛc. Unschmelzbar, mit Kobaltaufl. blau. Von Salzsäure nicht angegriffen. Strahlige Massen. Ural, Brobbbo in Schweden, Schemnitz in Ungarn. — Der Name von διασπείρω, zerstreuen, v. b. L. zerstäuben.

Gibbsit (Hydrargillit). $\ddot{\text{Al}}\,\dot{\text{H}}^3$. Wasser 34,44, Thonerde 65,56. Unschmelzbar, mit Kobaltaufl. blau. Grünlichweiß ꝛc. Tropfsteinartig und fasrig. New-Richmond in Massachusetts, Ural, Villarica in Brasilien, hier in ansehnlichen Massen, die man früher für Wavellit hielt. — Der Name nach dem amerikanischen Mineralogen G. Gibbs.

Ein eisenhaltiges Thonhydrat $\left.\begin{array}{c}\ddot{\text{Al}}\\\ddot{\text{Fe}}\end{array}\right\}\dot{\text{H}}^2$ ist der **Bauxit** (Beauxit) v. Beaux in Frankreich und in Krain (Wocheinit).

An die Opale schließen sich an:

Randanit von Randan in Puy de Dome und von Algier. Amorph. In Kali leicht löslich. $2\,\ddot{\text{Si}} + \dot{\text{H}} =$ Wasser 9,04, Kieselerde 90,96.

Michaelit. $\overline{Si}\ \overline{\overline{H}}$. Wasser 16,35, Kieselerde 83,65. Fasrig. Insel St. Michael. — Der sogenannte Wasseropal von Pfaffen‌reith scheint $Si\ \overline{\overline{H}}^3$ zu sein (35 pr. Ct. Wasser).

II. Klasse.

Metallische Mineralien.

In diese Klasse gehören alle Mineralien von vollkommenem Metallglanz; alle, deren spec. Gewicht über 5; ferner diejenigen, welche vor dem Löthrohre auf Kohle für sich oder mit Soda einen Regulus oder farbigen Beschlag geben, welche den Geruch von schweflichter Säure, Selen oder Arsenik verbreiten und in ihren sauren Auflösungen durch Schwefelwasserstoff ein, gewöhnlich far‌biges, Präc. hervorbringen*).

(Vergl. aus der I. Klasse: Schwefel, Graphit und manche, viel Eisenoxyd enthaltende Silicate, Granat, Augit ꝛc.)

I. Ordnung. Arsenik.

V. d. L. knoblauchartigen Geruch verbreitend. Die Aufl. ge‌ben mit hydrothionsaurem Ammoniak ein citrongelbes Präc., welches in Kalilauge auflöslich.

Gediegen Arsenik.

Krystsystem: hexagonal. Stf. Rhomboeder von 85° 41'. Spltb. primitiv. Metallglanz. Zinnweiß, grau — schwärzlich anlaufend. H. 3,5. G. 5,7—6. V. d. L. verflüchtigend, ohne zu schmelzen. In Salpetersalzs. leicht aufl. As. Arsenik, zufällig mit Spuren von Antimon, Silber ꝛc. — Gewöhnlich derb, körnig, dicht. Nier‌förmig, schaalig zusammengesetzt.

Auf Gängen im Urgebirge mit anderen Arsenikerzen, Silber- und Bleierzen ꝛc. im sächs. Erzgebirge, Andreasberg am Harz. Wittichen im Schwarzwald, Markirch im Elsaß, Dauphiné, Ungarn ꝛc. — Wird dem

---

*) Viel Eisenoxyd enthaltende Aufl. geben einen Niederschlag, wel‌cher Schwefel ist, indem dabei Eisenoxydul gebildet wird.

Blei beim Schrotgießen zugesetzt und als Fliegengift gebraucht. Im Handel heißt der geb. Arsenik Scherbenkobalt oder Fliegenstein.

Ein großer Theil von Arsenik, arsenichter Säure und Schwefelarsenik wird aus dem Arsenikkies bereitet, indem man ihn mit Ausschluß oder Zutritt der Luft, mit oder ohne Zusatz von Schwefel in thönernen Retorten erhitzt oder in muffelartigen Gefäßen röstet.

1847 wurden in den Böhmischen und Salzburger Werken 1495 Ctr. weißes Arsenikglas gewonnen; durchschnittlich beträgt die jährliche Production 900 Ctr.; im sächs. Erzgebirge gegen 3000 Ctr.; in Niederschlesien 2800 Ctr. — Arsenik stammt aus dem Griechischen, ἀρσενικός, männlich, stark.

Hierher gehört auch wahrscheinlich der Arsenikglanz, welcher entzündlich ist und mit Ausstoßung eines arsenikalischen Rauches glimmt. Enthält 3 pr. Ct. Wismuth. Grube Palmbaum bei Marienberg in Sachsen.

Realgar.

KSystem: klinorhombisch. Stf. Hendyoeder; 74° 26'; 104° 8'. Spltb. primitiv und klinodiag. unvollkommen. Br. kleinmuschlig, uneben. Pellucid. Fettglanz. Morgenroth, im Strich orangegelb. H. 1,5. G. 3,5. V. d. L. schmelzbar und flüchtig. In Kalilauge aufl. mit Hinterlassung eines braunen Rückstandes. Die Aufl. fällt mit Salzs. citrongelbe Flocken. $\mathrm{\ddot{A}s.}$ $\mathrm{\ddot{A}s.}$) Schwefel 30, Arsenik 70. — Vorwaltende Form: ein Prisma von 113° 20' und die Stf. In Krystallen und derb, eingesprengt ꝛc. Zersetzt sich an der Luft in Operment und arsenichte Säure (6 $\mathrm{\ddot{A}s}$ zu 2 $\mathrm{\ddot{A}s}$ + $\mathrm{\ddot{A}s}$ nach Volger).

Auf Gängen zu Kapnik, Tajowa, Felsobanya in Ungarn, Joachimsthal in Böhmen, Schneeberg, Martirch ꝛc. in Vulkan. Sublimaten.

Wird als Malerfarbe gebraucht. Realgar ist ein alter, von den Alchymisten gebrauchter Name, wahrscheinlich arabisch.

Operment.

KSystem: rhombisch. St. Rhombenpyr. 131° 35' 34''; 94° 20' 6''; 105° 6' 16''. Spltb. brachydiagonal sehr ausgezeichnet. Pellucid. Perlmutterglanz, zum Fettglanz geneigt. Citrongelb — orangegelb, im Strich citrongelb. H. 1,5. Milde, in dünnen Blättchen biegsam. G. 3,5. V. d. L. schmelzbar und flüchtig. In Kalilauge ohne Rückstand aufl., durch Salzs. citrongelb gefällt. $\mathrm{\ddot{A}s.}$ Schwefel 39,03, Arsenik 60,97. — Krystalle sehr selten, derbe, blättrige Massen, körnig, eingesprengt ꝛc.

An denselben Fundorten wie Realgar, auch zu Hall in Tyrol. — Wird als Malerfarbe gebraucht. Der Name von auripigmentum, orpiment, Goldfarbe.

Von geringer Verbreitung, z. Thl. sehr selten, kommen noch folgende, hierher gehörige, Species vor:

Arsenit (arsenichte Säure). Oktaeder. Diamantglanz. Weiß. V. d. L. flüchtig, im Kolben zu oktaedr. Krystallen sublimirend. In Salzsäure leicht auflösl. $\overset{..}{As}$. Sauerstoff 24,25, Arsenik 75,75. Meistens stänglich, faserige und erdige Aggregate. In rhombischer Krystallisation kommt $\overset{..}{As}$ auf Gängen zu S. Domingo in Portugal vor.

Ist ein heftiges Gift. Wird in der Glasfabrikation, zur Bereitung grüner Kupferfarben, zum Conserviren von Thierbälgen etc. gebraucht und meistens künstlich dargestellt. S. Ged. Arsenik. In der Natur in geringer Menge mit andern Arseniserzen vorkommend.

Pharmakolith. Klinorhombisch. $\overset{2}{Ca} \overset{..}{As} + 6 \overset{..}{H}$. Arsenitsäure 51, Kalk 25, Wasser 24. Gewöhnlich in faserigen Massen. Wittichen in Baden, Andreasberg am Harz, Riechelsdorf in Hessen.

Hierher der **Pikropharmakolith**. Eine ähnliche Mischung hat der **Haidingerit** und der **Berzelit** von Langbanshyttan in Schweden. Letzterer enthält nebst 21 pr. Ct. Kalk auch Talkerde 15,6 pr. Ct. Diese Verbindungen geben mit Soda auf Kohle Arsenikrauch und für sich nach dem Schmelzen und anhaltendem Glühen eine alkalisch reag. Perle. — Pharmakolith von φάρμακον, Gift, und λίθος, Stein; Pikropharmakolith hat den Zusatz von πικρός, bitter, weil er etwas Talkerde = Bitterde enthält.

Die übrigen Arseniate und Arsenit-Verbindungen von Kupfer, Blei, Eisen etc. werden in den Ordnungen dieser Metalle beschrieben.

II. Ordnung. Antimon.

V. d. L. flüchtig, die Flamme schwach grünlich färbend, die Kohle mit einem weißen, leichtflüchtigen Rauche beschlagend. Concentrirte salzsaure und salpetersalzsaure Aufl. geben mit Wasser ein weißes, mit Schwefelwasserstoff ein orangefarbenes, gelb- oder braunrothes Präcipitat.

Gediegen Antimon.

Krystallsystem: hexagonal. Stf. Rhomboeder von $87^0\ 35'$. Spltb. basisch vollkommen, auch nach zwei Rhomboedern von $117^0\ 8'$ und $69^0\ 25'$ Schiltw. Metallglanz. Zinnweiß, öfters gelblich und graulich angelaufen. H. 3,5. Spröde in geringem Grade. G. 6,6 —6,7. V. d. L. schmelzbar = 1, manchmal für sich fortbrennend und sich mit weißen Nadeln von Antimonoxyd bedeckend. In Salpetersalz leicht aufl., von Salpeters. oxydirt, aber nicht aufgelöst. Sb. Zufällig Arsenik, Silber etc. enthaltend. Gewöhnlich in körnigen Massen von nierförmiger Gestalt.

In geringer Menge zu Allemont in der Dauphiné, Andreasberg am Harz und Przibram in Böhmen, Brandholz in Oberfranken. — Das meiste in der Technik etc. verwendete Antimon wird aus dem Antimonit gewonnen. (Der Name Antimon kommt schon Anno 1100 vor.) Die Produktion der österr. Staaten an Antimonit (Schwefelantimon) beträgt gegen 4000 Ctr. jährl.

Valentinit. **Antimonoxyd.** **Weißspießglanzerz.**

Kristallsystem: rhombisch. Stf. Rhombenpyr. 105° 58'; 79° 44'; 155° 17'. Spltb. prismatisch unter 137° vollkommen. Pellucid. Diamantglanz, auf den brachydiag. Flächen Perlmutterglanz. Weiß, gelblich. H. 2,3. Milde. G. 5,6. V. d. L. schmelzbar = 1 und verdampfend. In Salzs. leicht aufl. Sb. Sauerstoff 16,63, Antimon 83,37. Krystalle gewöhnlich sehr dünn tafelförmig und mit den brachydiagonalen Flächen verwachsen, zuweilen mit einem brachydiag. Doma von 70° 32'. Derb, strahlig 2c.

Kommt sparsam mit Antimonit, Bleiglanz 2c. vor zu Przibram in Böhmen, Bräunsdorf in Sachsen, Wolfsberg am Harz, Allemont, Ungarn 2c. Das Antimonoxyd krystallisirt dimorph und findet sich in Oktaedern zu Babouch in Constantine. Diese Species heißt (nach Senarmont) Senarmontit. — Der Name Valentinit ist nach dem Chemiker Basilius Valentinus gegeben.

Selten vorkommend sind: der Cervantit S̈b v. Cervantes in Spanien, der Stiblith S̈b + Ḧ v. Goldkronach in Bayern, und der Volgerit S̈b + 5 Ḧ aus Algier.

Der Romeïn von St. Marcel in Piemont ist nach Damour antimonichtsaurer Kalk; nach dem Krystallographen Romé de l'Isle benannt.

Antimonit. **Antimonglanz.** **Grauspießglanzerz.**

Kristallsystem: rhombisch. Stf. Rhombenpyr. 109° 16'; 108° 10'; 110° 58'. Spltb. brachydiagonal vollkommen, prismatisch undeutlich. Br. uneben. Metallglanz. Bleigrau, ins Stahlgraue. H. 2. G. 4,6. V. d. L. schmelzbar = 1 und verdampfend. Das Pulver nimmt mit Kalilauge schnell eine ockergelbe Farbe an und die Lauge fällt mit Salzsäure gelbrothe Flocken*). S̈b. Schwefel 28,6, Antimon 71,4. — Vorwaltende Form ist das Prisma der Stammform von 90° 45', die Krystalle meistens nadelförmig und haarförmig, spießig 2c.

Außer in Krystallen auch derb, blättrig, strahlig, körnig 2c.

In Ur- und Uebergangsgebirgen. Ausgezeichnet zu Schemnitz, Kremnitz, Felsöbanya in Ungarn, Bräunsdorf, Przibram, Wolfach in Baden, Allemont, Goldkronach im Bayreuthischen 2c.

Der Antimonglanz ist das wichtigste Antimonerz.

Vom beibrechenden Gestein wird er durch Schmelzen geschieden und fließt in den Sammeltiegel. Zur Darstellung von reinem Antimon wird er geröstet und dann mit schwarzem Fluß reducirt.

---

*) Durch dieses Verhalten ist der Antimonit leicht von den sehr ähnlichen Verbindungen von Schwefelantimon und Schwefelblei zu unterscheiden. S. d. Ordn. Blei.

Das Antimon wird zu Legirungen von Blei und Zinn gebraucht, um diesen Metallen mehr Härte zu geben, zur Letternfabrikation ꝛc. Einige Schwefel- und Oxyd-Verbindungen (namentlich das weinsaure Antimonoxyd-Kali, Brechweinstein) werden in der Medizin als brechenerregende Mittel ꝛc. gebraucht. Das rohe, ausgeschmolzene Schwefelantimon dient auch zur Bereitung des Weißfeuers. Im Handel heißt es Antimonium crudum oder roher Spießglanz.

Pyrostibit. Antimonblende. Rothspießglanzerz.

Bisher nur in nadelförmigen und haarförmigen Krystallen vorgekommen, in einer Richtung vollkommen spaltbar. An den Kanten durchscheinend. Diamantglanz. Kirschroth; ebenso im Striche. H. 1,5. G. 4,5. Chemisch sich wie der Antimonglanz verhaltend. $\ddot{S}b + 2 \dddot{S}b$. Antimonoxyd 30, Schwefelantimon 70.

In geringer Menge mit andern Antimonerzen vorkommend zu Klausthal am Harz, Malaczka in Ungarn, Horhausen in Nassau, Bräunsdorf, Allemont ꝛc. — Pyrostibit von $\pi \tilde{v}\varrho$, Feuer, und $\sigma \tau \iota \beta \iota$, Antimon.

Die übrigen Antimon-Verbindungen mit Silber, Blei, Kupfer ꝛc. siehe bei diesen Metallen.

III. Ordnung. Tellur.

Gediegen Tellur.

KSystem: hexagonal. Stf. Rhomboeder 86° 57′ (isomorph mit Arsenik und Antimon). Spltb. nach dem hexag. Prisma und basisch. Zinnweiß ins Silberweiße, graulich und gelblich anlaufend. H. 2,5. G. 6—6,4. V. d. L. schmelzbar = 1, mit grünlicher Flamme brennend und fortrauchend. Der Rauch riecht gewöhnlich rettigartig von zufälligem Selengehalt und beschlägt die Kohle weiß. In einer offenen Glasröhre erhitzt, einen graulichen Beschlag gebend, welcher zu farblosen Tropfen schmilzt, wenn das Glas an der beschlagenen Stelle erhitzt wird. In Salpeters. aufl. Mit concentrirter Schwefelsäure bei gelindem Erwärmen eine schöne rothe Aufl. gebend, die von Wasser mit Fällung eines grauen Präc. von Tellur entfärbt wird — Te. Tellur, zufällig etwas Eisen und Gold enthaltend.

Sehr selten. Kommt in körnigen Stücken zu Facebay in Siebenbürgen vor. — Der Name Tellur von tellus, die Erde.

Die Verbindungen des Tellurs mit Gold, Silber, Blei und Wißmuth werden bei diesen Metallen erwähnt werden.

IV. Ordnung. Molybbän.

Molybbänit. Molybbänglanz.

Kystem: hexagonal. Es finden sich tafelförmige hexagonale Prismen. Spltb. basisch sehr vollkommen. Metallglanz. Röthlich=bleigrau, etwas abfärbend und schreibend. H. 1,5. Sehr milde, in Blättchen biegsam. Fett anzufühlen. G. 4,5. V. d. L. un=schmelzbar, färbt die Flamme lichte grün, riecht nach schweflichter Säure. Mit etwas Salpeter im Platinlöffel erhitzt, detonirt er lebhaft mit Feuererscheinung. Mit conc. Salpeters. eingekocht giebt er eine weiße Masse, welche mit Kalilauge gekocht eine partielle Lösung giebt, die mit Salzs. angesäuert und ziemlich verdünnt beim Umrühren mit Stanniol schön blau gefärbt wird. $\overline{\text{Mo}}$. Schwefel 41,03, Molybbän 58,97. — Derb, blättrige Aggregate.

In Urfelsarten im Erzgebirge, Cornwallis und Cumberland. Laurwig und Hitterdal in Norwegen, Mähren, Schlesien, Schottland ꝛc. — Aus diesem Mineral wurde das Molybbän 1778 von Scheele als Molybbän=säure und 1782 von Hielm metallisch dargestellt. — Der Name von μολύβδαινα, eine Bleimasse.

In kleiner Menge kommt auch Molybbänsäure $\overline{\text{Mo}}$ vor, welche Mo=lybbänocker heißt. Erdig, von gelber Farbe. — Das molybbänsaure Bleioxyd siehe beim Blei.

V. Ordnung. Wolfram.

Scheelit. Tungstein. Schwerstein.

Kystem: quadratisch. Stf. Quadratpyr. 108° 12′ 30″; 112° 1′ 30″. Spltb. primitiv und nach einer spitzeren Pyr. von 129° 2′ Randkltw. Br. muschlig — uneben. Pellucid. Glas — Diamantglanz, auf dem Bruche zum Fettglanz geneigt. H. 4,5. G. 6—6,2. V. d. L. schmelzbar = 5. In Salz= und Salpeter=säure mit Ausscheidung eines citrongelben Pulvers von Wolfram=säure aufl. Mit Phosphorsäure stark eingekocht eine Masse gebend, welche mit viel Wasser verdünnt beim Schütteln mit Eisenpulver eine schön blaue Farbe annimmt. $\overline{\text{Ca}} \overline{\text{W}}$. Wolframsäure 80,56, Kalkerde 19,44. — Weiß, graulich, gelblich, ꝛc. — Außer der Stammform finden sich noch andere Pyramiden in normaler, dia=gonaler und in abnormer Stellung, letztere als parallelflächige Hälften des Dioktaeders. — Die Krystalle meistens klein; derb.

In Urfelsarten, Erzgebirg und Cornwallis auf den Zinnerzlagerstätten, Riddarhyttan in Schweden, Neudorf im Anhaltischen ꝛc.

Sehr selten kommt die Wolframsäure W als erdige gelbe Substanz vor. — Siehe noch das Wolfram und wolframsaure Bleioxyd in den Ordn. Eisen und Blei.

VI. Ordnung. Tantal und Niob.

Die Verbindungen des Tantals und Niobs sind sämmtlich selten. Ihre Säuren sind oben bei den chemischen Kennzeichen charakterisirt.

Von tantalsauren Verbindungen ist hier zu nennen der Yttertantal, Kryst. quadratisch?, H. 5,5. G. 5,5 — 8. Eisenschwarzgelblichbraun. Fettglänzend. Unschmelzbar. Von Säuren nicht angegriffen. Wesentlich aus 60 pr. Ct. Tantalsäure und 20 — 30 pr. Ct. Yttererde bestehend. Fahlun und Ytterby in Schweden. — Den Tantalit siehe bei der Ordnung Eisen.

Niobsaure Verbindungen, ebenfalls sehr selten, sind:

Der Eurenit (v. εὔξενος, gastfreundlich, wegen der vielen Bestandtheile). Derb und dicht, von metallähnlichem Fettglanz. H. 6. G. 4,6—4,9. Unschmelzbar. In Salzs. unlöslich. Niob- und titansaure Yttererde mit Uranoxydul, Ceroxydul und Wasser. Jölster, Tromoe ꝛc. in Norwegen.

Der Samarskit von Ilmengebirg im Ural ist wesentlich niobsaure Yttererde, Uranoxyd und Eisenoxydul mit 4 pr. Ct. Zirkonerde und 6 pr. Ct. Thorerde. Der Fergusonit aus Grönland und der Tyrit von Arendal sind wesentlich ebenfalls niobsaure Yttererde. — Hierher auch der Bragit. Der oktaedrische Pyrochlor v. Brewig in Norwegen enthält Niobsäure in Verbindung mit Ceroxyd, Kalk, Natron, Thorerde. —

VII. Ordnung. Titan.

Mit Kalihydrat geschmolzen und in Salzs. aufgelöst, nimmt diese Aufl. beim Kochen mit metallischem Zinn eine schöne violette Farbe an, die beim Verdünnen mit Wasser rosenroth wird und letztere Farbe längere Zeit behält.

Rutil.

KSystem: quadratisch. Stf. Quadratpyr. 123° 8'; 84° 40'. Spltb. prismatisch und diagonalprism. deutlich. Br. muschlig — uneben. Pellucid. Metallähnlicher Diamantglanz. Blutroth, hyazinthroth, röthlichbraun, gelb ꝛc. H. 6,4. G. 4,25—4,5. Unschmelzbar. Von Säuren nicht angegriffen. Ti. (Titansäure) Sauerstoff 37,5. Titan 62,5. Gewöhnlich etwas eisenhaltig. — Vorwaltende Form das quadratische Prisma, die Flächen vertikal gestreift, stangenförmig, nadelförmig, haarförmig, derb.

Auf Gängen im Urgebirge, Pfitsch und Lisenz in Tyrol, St. Gotthard, Saualpe in Steyermark, Aschaffenburg, St. Yrieux in Frankreich ꝛc. — Rutil von rutilus, roth.

Anatas.

KSystem: quadratisch. St. Quadratpyr. 97° 56'; 136° 22'. Spltb. primitiv vollkommen, basisch unvollkommen. Br. muschlig — uneben. Pellucid. Metallähnlicher Diamantglanz. Indigblau, nelkenbraun, gelb, auch roth. H. 5,5. G. 3,82. Unschmelzbar und verhält sich chemisch wie Rutil. Besteht ebenso aus Titansäure. — Immer in Krystallen, die Stf. vorherrschend, andere Quadratpyr. untergeordnet. Fig. 27, 28.

Oisans in Dauphiné, Val Maggia in der Schweiz, Minas Geraes in Brasilien, Cornwallis ꝛc.

Ebenfalls aus Titansäure besteht der rhombisch krystallisirende Brookit von Wallis, Dauphiné, Ural, Arkansas (Arkansit) in Nord-Amerika ꝛc., so daß dieses und die vorhergehenden Mineralien ein Beispiel von Trimorphie geben. Ihr spec. Gew. verändert sich durch Temperaturerhöhung in der Art, daß der Anatas zuerst das des Brookit 4,16, dann das des Rutil 4,25 annimmt. — Anatas kommt von ἀνάτασις, Ausdehnung, wegen der spitzigen Quadratpyr.; Brookit ist nach dem englischen Krystallographen J. Brooke benannt.

Sphen. Titanit.

KSystem: klinorhombisch. Stf. Hendyoeder: 133° 48'; 94° 30'. Spltb. primitiv zuweilen deutlich, vorzüglich nach den Seitenflächen. Br. muschlich — uneben. Pellucid. Glasglanz. H. 5,5. G. 3,4—3,6. V. d. L. schmelzbar = 3 mit einigem Aufwallen zu einem schwärzlichen Glase. Von concentr. Salzs. theilweise zersetzt und die oben angegebene Reaktion mit Zinn zeigend. Nahezu $Ca^3 \bar{Si} + \ddot{Ti}^3 \bar{Si}$. Kieselerde 31,03, Titansäure 40,60, Kalkerde 28,37. Dana giebt die Formel $\bar{R}^3 \bar{Si}^2$, wo R = Ca und Ti. Gewöhnlich krystallisirt, häufig hemitropisch, die Endfläche als Zusammensetzungsfl., die Krystalle tafelförmig mit ausgedehnten End- und untergeordneten Seitenfl. S. Fig. 50. Derb. — Grün, gelb und braun in mancherlei Abänderungen, selten röthlich, rosenroth ꝛc. Synon. Gelb- und Braunmenakerz.

Auf Gängen im Urgebirge. Greiner und Stubaythal, Pfitsch in Tyrol, Arendal, Friedrichswärn in Norwegen, Hafnerzell im Passauischen, Laachersee ꝛc. Der sog. Greenovit ist Sphen.

Sphen kommt von σφήν, der Keil, in Beziehung auf das Ansehen der gewöhnlichen Hemitropieen.

Der Guarinit v. Monte Somma ist ein quadratisch krystallis. Sphen.

Die übrigen titansauren Verbindungen sind, das Titaneisen ausgenommen, welches beim Eisen beschrieben ist, Seltenheiten. —

Aus titansaurem Kalk $\dot{Ca}\ddot{Ti}$ besteht der **Perowskit** von Achmatofsk in Sibirien. Dieser krystallisirt tesseral in zahlreichen Combinationen, der Würfel vorherrschend. Kieseltitansaure Verbindungen sind: **Yttrotitanit** (Keilhauit) von Arendal in Norwegen. $\ddot{Si}, \ddot{Ti}, \dot{Y}, \dot{Ca}, \dot{Fe}, \ddot{Al}$; der **Schorlomit** von Magnet Cove in Nord-Amerika, welchem der **Iwaarit** von Iwaara in Finnland sehr nahe steht, $\ddot{Si}, \ddot{Ti}, \dot{Ca}, \dot{Fe}$ und der **Enceladit** von Amity in New-York $\ddot{Si}, \ddot{Ti}, \ddot{Al}, \dot{Fe}, \dot{Mg}, \dot{H}$.

Der **Polymignit** (Polykras) aus Norwegen ist eine titansaure Verbindung von Zirkonerde, Eisenoxyd, Yttererde, Ceroxyd und Kalk.

Die Mineralien, welche in eine Ordnung Selen und Chrom gestellt werden könnten, werden bei den Metallen beschrieben, welche die Basen ihrer Verbindungen bilden. Für das Chrom ist außerdem nur der **Chromocker** zu erwähnen, ein unreines Chromoxyd, vielleicht Hydrat, welches als grüne, erdige Substanz selten zu Creuzot in Frankreich, Halle, Schlesien ꝛc. mit Thon- und Eisenoxydsilicat gemengt vorkommt. Ein ähnliches Gemeng ist der **Wolchonskoit** von Achansk, Gouvern. Perm. — Der Name nach dem russischen Fürsten Wolchonsky.

VIII. Ordnung. Gold.

Gediegen Gold.

Krystsystem: tesseral. Stf. Oktaeder. Br. hackig. Vollkommen dehnbar und geschmeidig. Metallglanz. Goldgelb. H. 2,5. G. 19—19,65. V. d. L. schmelzbar = 2,5—3. Von Flüssen nicht angegriffen. Nur in Salpetersalzsäure auflöslich. Die Aufl. giebt mit Eisenvitriol ein röthlichbraunes Präc. von metallischem Golde, welches beim Reiben die gelbe Goldfarbe erhält. Au. Selten ganz rein, gewöhnlich Silber enthaltend und in unbestimmten Mengen damit verbunden. Der Silbergehalt steigt bis zu 35 pr. Ct. und eine Var. von Kongsberg soll 72 pr. Ct. enthalten. Die silberreichen Var. haben eine blassere Farbe und werden von Salpetersalzsäure mit Ausscheidung von Chlorsilber zersetzt. — Krystalle Fig. 1, 10, 13, 59, meistens klein und drahtförmig, moosartig und zu Blechen zusammengehäuft. Derb und eingesprengt.

Das Gold kommt vorzüglich auf Gängen in Urfelsarten, Syenit, Glimmerschiefer, Gneiß, Thonschiefer, Quarz ꝛc., auch in der Grauwacke vor und im Schuttland und Sand der Flüsse. Vorzügliche Fundorte sind: Kremnitz und Schemnitz in Ungarn, Nagyag und Offenbanya in Siebenbürgen, Beresowsk im Ural, Nordkarolina, Neuspanien, Mexiko, Peru, Brasilien. In geringer Menge kommt es auch zu Zell im Zillerthale, Rauris und Schellgaden im Salzburgischen, Eula in Böhmen ꝛc. vor. Im Sand der Flüsse findet es sich fast überall und wird durch Schlemmen und Waschen des Sandes abgeschieden und gewonnen, daher dieses auch Waschgold heißt. Berühmt sind die Goldwäschereien des Urals. Sie lieferten im Jahre 1842 gegen 632 Pud (das Pud zu 40 russischen, 35 preußischen Pfunden) Gold. Es finden sich dabei zuweilen Stücke von 13, 16 bis zu 64 Pfund. Die Goldausbeute Rußlands betrug 1846 gegen 1,722,746 Pud. Die Goldausbeute Oesterreichs ist 5600 Mark (1 Mark = 16 Loth), Preußen gewinnt 2000 Dukaten, Baden aus dem Rheine 3200 Dukaten. Hannover 640 Dukaten, Braunschweig 160 Dukaten, Frankreich aus dem Rheine zwischen Basel und Straßburg 5300 Dukaten.

Die Goldgewinnung Californiens betrug 1848 und 1849 an 40 Millionen Dollars, Südamerika producirt gegen 42,000 Mark; Afrika 615,000 Dukaten. Die Ausbeute Australiens war 1852 über 14 Millionen Pfd. Sterling. Es wurden Klumpen von 69, 77 und 134 Pfund gefunden. — Auf der ganzen Erde werden jährlich gegen 4000 Ctr. Gold gewonnen*). — Der Werth eines Pfundes Gold beträgt 900 Fl.

Vom Silber wird das Gold in der neuern Zeit im Großen durch Schwefelsäure geschieden, worin sich im Sieden das Silber auflöst und das Gold zurückbleibt. Dieses geschieht in Platinkesseln oder auch in gußeisernen Kesseln. Das Silber wird durch Kupferplatten aus der Aufl. gefällt und diese dann auf Kupfervitriol benützt. — Das Gold, welches in Kupferkies und andern Kiesen fein eingesprengt enthalten ist, wird öfters durch Zusammenschmelzen des Rohsteins mit geröstetem Bleiglanz, Aussaigern und Abtreiben gewonnen. Manches in Sand fein zertheilte Gold wird durch Amalgamation gewonnen, indem der Sand mit Quecksilber in Tonnen lange genug geschüttelt wird. Das Quecksilber wird dann durch Zwilch gepreßt und der Rückstand durch Erhitzen und Abdestilliren des Quecksilbers zersetzt, wobei das Gold zurückbleibt.

Das Gold hat durch seine Unveränderlichkeit in der Luft, im Wasser und in einfachen Säuren, durch seine Eigenschaft, im Feuer nicht oxydirt zu werden, seine schöne Farbe und außerordentliche Dehnbarkeit, abgesehen von aller Convention, einen hohen Werth. Sein Gebrauch zu Münzen,

---
*) Vergl. Geschichte der Metalle von Zippe.

Schmuckgegenständen, zur Feuer- und galvanischen Vergoldung ꝛc. ist bekannt. Es dient ferner zur Bereitung des Goldpurpurs für die Glasfärberei.

Sylvanit. Schrifterz.

Krystem: klinorhombisch (n. v. Kokscharow). Es finden sich schmale Prismen, gestrickt und reihenförmig gruppirt. Spltb. in einer Richtung vollkommen. Br. uneben. Lichte stahlgrau, im Striche grau. H. 1,5. Milde. G. 5,7. V. d. L. auf Kohle sehr leicht schmelzbar = 1, die Flamme lichte grünlichblau färbend und die Kohle mit Tellurrauch beschlagend. Mit Soda einen Regulus von Goldsilber gebend. In Salpetersalzsäure mit Ausscheidung von Chlorsilber aufl. Die Aufl. giebt mit Eisenvitriol ein bräunliches Präc. von Gold. Mit concentrirter Schwefelsäure gelinde erhitzt, eine schöne rothe Aufl. gebend. $(Ag\ Au)\ Te^2$. Tellur 59,40, Gold 26,30, Silber 14,30.

Offenbanya und Nagyag in Siebenbürgen und im Calaverasgebirg in Californien. Hierher das sog. Weißtellur. — Sylvanit von Transsylvanien. Ein ähnliches Erz mit 41 pr. Ct. Silber ist der **Petzit** v. Nagyag, ein, nur $3\frac{1}{2}$ Silber gegen 41 Gold ist der **Calaverit** aus Californien.

Außerdem kommt Gold auch in dem Nagyagit (s. Ordn. Blei) vor und soll sich in Brasilien mit Palladium und in Mexiko mit Rhodium verbunden finden. Ein Goldamalgam aus dem columbischen Platinerz, in weißen, leicht zerdrückbaren Kugeln, enthält: Quecksilber 57,40, Gold 38,39, Silber 5,00. Ein ähnliches zu Mariposa im südlichen Californien.

IX. Ordnung. Iridium.

Platin-Iridium.

Krystisation hexagonal, Rhemboeder von 84° 52'. Gewöhnlich in abgerundeten Körnern. Spltb. unvollkommen. Silberweiß ins Platingrau, außen ins Gelbe. Starker vollkommener Metallglanz. H. 6—7. Wenig dehnbar. Sehr schwer zerspringbar. G. 23. V. d. L. unveränderlich. Nach dem Schmelzen mit Salpeter in Salzs. zum Theil mit blauer Farbe aufl. Das am Ural vorkommende enthält gegen 20 pr. Ct. Platin, das brasilianische 55 pr. Ct. Platin.

Es findet sich im Platinsande des Urals bei Nischne-Tagilsk und Newiansk und auch in Brasilien. — Das Iridium wurde 1803 von

Tennant zuerst entdeckt und nach der Iris benannt, wegen der verschiedenen Farben seiner Oxyde und Salze.

Newjanskit. Iridosmin.

KUsystem: hexagonal. Stf. Rhomboeder von 84° 52' nach G. Rose. Spltb. basisch, schwer aber deutlich. Metallglanz, Zinnweiß — bleigrau. H. 7. G. 19,4—21,1. V. d. L. unveränderlich. Im Kolben mit Salpeter geschmolzen, einen unangenehmen Geruch von Osmiumoxyd entwickelnd. Nach dem Schmelzen mit Salpeter und Behandlung mit Salpetersäure in der Wärme ebenfalls Osmiumgeruch verbreitend. Aus wechselnden Mengen von Iridium und Osmium bestehend. Iridium bis zu 50 pr. Ct., Osmium bis zu 80 pr. Ct.

Krystalle selten deutlich, hexag. Pyramiden von 124° Randktw. mit den bas. Fl., die letztern vorherrschend. — Newjanskit von Newjansk in Sibirien.

Findet sich im Platinsand des Urals und in Brasilien.

X. Ordnung. Platin.

Gediegen Platin.

KUsystem: tesseral. Stf. Hexaeder. Br. hackig. Metallglanz. Stahlgrau — platingrau. H. 5,5. Geschmeidig und dehnbar. G. 17,5—19. V. d. L. unveränderlich. Nur in Salpetersalzsäure zu einer blutrothen Flüssigkeit aufl. Kalisalze bringen darin einen gelben Niederschlag hervor. Das natürlich vorkommende Platin ist immer mit 14—26 pr. Ct. von andern Metallen verunreinigt, wovon 5—13 pr. Ct. Eisen, das übrige Iridium, Rhodium, Palladium, Kupfer und Iridosmin. Manches Platin vom Ural ist stark polarisch magnetisch. Krystalle sehr selten, gewöhnlich zugerundete Geschiebe und Körner.

In geringer Menge findet es sich mit Gold in Syenit von Santa-Rosa in Antioquia, in Diorit und Serpentin am Ural. Das meiste kommt im Schuttland vor zu Choco und Barbacoas in Columbien und zu Villa Rica in Brasilien, vorzüglich aber bei Nischne-Tagilsk im Ural. Es sind daselbst mitunter Stücke bis zu 20 und 23 Pfund gefunden worden.

Man kann die Platinausbeute des Urals jährlich zu 20 Centnern annehmen. In der neuesten Zeit hat man auch Platin auf Borneo gefunden, dessen jährliche Ausbeute etwa 6—8 Ctnr. beträgt. — Das Platin kam zuerst 1741 aus Brasilien nach Europa und wurde von Scheffer in Stockholm als ein eigenthümliches Metall erkannt. 1822 wurde es im Ural entdeckt. Es wird durch Schlemmen des Platinsandes gewonnen. Seine Unschmelzbarkeit in gewöhnlichem Feuer und seine Unangreifbarkeit von einfachen Säuren machen es zu einem, namentlich für den Chemiker, höchst werthvollen Metall. Es hat, wie das Eisen, die Eigenschaft, sich schweißen zu laſſen. Um es verarbeiten zu können, wird der gereinigte Platinsand in Königswaſſer aufgelöst und das Platin mit Salmiak präcipitirt. Der Niederschlag giebt beim Ausglühen den sog. Platinschwamm, ein sehr fein zertheiltes Platin. Dieser wird in hölzernen Mörsern zerrieben und feucht in einem Metallcylinder gepreßt. Das gepreßte Stück wird dann der heftigſten Hitze ausgesetzt und glühend auf dem Amboß mit einem schweren Hammer geschlagen, wodurch die Theilchen zusammenschweißen. Die zuſammenhängende Maſſe kann dann ausgehämmert und gewalzt werden. Sainte-Claire Deville und Debray haben aber neuerlich mit einem Gebläse von Leuchtgas und Sauerſtoff in Gefäßen von Gaskohle Maſſen Platin bis zu 12 Kilogramm geschmolzen. Außer dem Gebrauch zu chemischen und physikalischen Geräthen wurde es früher in Rußland zu Münzen geprägt. (Der Werth zwiſchen Silber, Platin und Gold ſteht ohngefähr in dem Verhältniſſe von 1 : 3 : 15.) Ein Pfund rohes Platin koſtet gegen 180 Fl., das verarbeitete das Doppelte. — Der Name Platin vom span. platinja, silberähnlich.

XI. Ordnung. Palladium.

Gediegen Palladium.

Krystsyſtem: teſſeral nach Haidinger. Gewöhnlich in Körnern und Blättchen vorkommend. Nicht spaltbar. Metallglanz. Stahlgrau ins Silberweiße. H. 4,5 — 5. Geschmeidig und dehnbar. G. 11,5 — 11,8. Unschmelzbar. In Salpeterſ. langsam aufl. zu einer braunrothen Flüſſigkeit, leichter in Salpeterſalzſ.; die Aufl. giebt mit kohlensaurem Kali ein bräunliches, in Ueberschuß aufl. Präc. Wird eine Aufl. von Jod in Alkohol auf Palladium eingetrocknet, so wird es schwarz, was bei Platin nicht der Fall iſt.

Findet sich im Platinsand in Braſilien. Wird in Blechen und Drähten verwendet. — Das Palladium wurde 1803 von Wollaſton entdeckt und nach der Pallas benannt.

Nach Wöhler findet sich im Platinsand von Borneo Schwefelruthenium, mit Kali und Salpeter geschmolzen in Waſſer mit prächtig orangegelber Farbe löslich. Er nennt es Laurit.

XII. Ordnung. Queckſilber.

V. d. L. flüchtig, im Kolben mit Soda oder Eisenpulver metallisches Queckſilber gebend.

Merkur. Gediegen Quecksilber.

Bei gewöhnlicher Temperatur flüssig. Bei — 40° C. erstarrend und in Oktaedern krystallisirend. Zinnweiß. G. 13,5. In concentrirter Salpetersäure sehr leicht aufl. Hg. Enthält zuweilen Silber aufgelöst.

Findet sich eingesprengt und in Höhlungen in Thonschiefer und Sandstein zu Idria in Krain, Almaden in Spanien, Wolfstein, Mörsfeld und Moschellandsberg im Zweibrückschen, Peru, China ꝛc.

Das meiste Quecksilber wird aus dem Zinnober, Schwefelquecksilber, bereitet. Dabei wird der Zinnober in gußeisernen Retorten mit Kalk oder Eisenhammerschlag der Destillation unterworfen, wobei Schwefelcalcium, schwefelsaurer Kalk, Schwefeleisen ꝛc. gebildet wird. Das Quecksilber wird in thönernen oder eisernen Vorlagen aufgefangen. So in Rheinbayern. Oder es wird der Zinnober durch Flammenfeuer unter Luftzutritt erhitzt und der Quecksilberdampf in Kammern oder einer Reihe von Vorlagen condensirt. So in Idria und Almaden. Die Ausbeute von Almaden soll gegen 20,000 Centner betragen. Idria producirt gegen 3000 Centner. Californien 36,000, Peru 3,200. Das Quecksilber dient zum Füllen der Barometer und Thermometer, zu Amalgamen, worunter das Zinnamalgam zum Spiegelbelegen, zur Vergoldung und Versilberung, zur Darstellung von Zinnober und mannigfaltigen chemischen und pharmaceutischen Präparaten, ferner zur Bereitung des Knallquecksilbers für die Zündhütchen der Percussionsgewehre.

Zinnober.

Kllsystem: hexagonal. Stf. Rhomboeder von 71° 48′ und 108° 12′. Spltb. prismatisch ziemlich vollkommen. Br. uneben. Pellucid. Diamantglanz. Cochenilleroth, manchmal ins Bleigraue. Strich scharlachroth. H. 2,5. G. 8,1. V. d. L. verflüchtigend und nach schweflichter Säure riechend. Im Kolben als schwarzer Beschlag sublimirend, der beim Reiben rothe Farbe annimmt. Das Pulver mit Eisenpulver gemengt und in Kupferfolie gewickelt, giebt in einer Glasröhre erhitzt, Quecksilber. Von einfachen Säuren und Kalilauge nicht merklich angegriffen. In Salpetersalzsäure aufl. Hg. Schwefel 13,86, Quecksilber 86,14. — Krystalle meistens sehr klein, rhomboedr. Comb. mit der basischen Fläche, gewöhnlich tafelartig, derb, eingesprengt ꝛc.

Auf Lagern mit ged. Quecksilber ꝛc. in Alpenkalk, altem Sandstein und Steinkohlengebirg an denselben Fundorten, die beim gediegenen Quecksilber angegeben wurden.

Das Lebererz und Branderz ist ein dunkel bräunlichrother Zinnober, manchmal ins Bleigraue übergehend, welcher mit thonigen und bituminösen Theilen und dem sogen. Idrialin (einer eigenthümlichen Kohlenwasserstoff-Verbindung) verunreinigt ist.

Der Zinnober dient als Malerfarbe, zum Färben des Siegellacks und zur Darstellung des Quecksilbers.

Sehr selten und in geringer Menge kommen vor:

Kalomel, quadratisch, Diamantglanz, graulichweiß, grau, H. 1,5. Hg Cl. Chlor 15,05, Quecksilber 84,95. Moschellandsberg, Almaden, Jbria. Der Name von καλός, schön und μέλι, Honig.

Tiemannit (Selenquecksilber), stahlgrau — schwärzlichbleigrau. V. d. L. Selengeruch, im Kolben mit Soda oder Eisenpulver Quecksilber gebend. Clausthal am Harz. — Der Name nach dem Entdecker Tiemann.

Hier schließen sich an das Selenquecksilberblei (Lehrbachit) und Selenquecksilberzink, welche als Seltenheiten zu Tilkerode am Harz vorgekommen sind.

XIII. Ordnung. Silber.

Die Mineralien dieser Ordnung geben v. d. L. auf Kohle mit Soda ein Silberkorn. Die salpeters. Aufl. giebt mit Salzs. ein weißes, käsiges Präc., welches am Licht schnell dunkel bläulich und grau gefärbt wird.

Gediegen Silber.

Krsystem: tesseral. Stf. Hexaeder. Br. hackig. Metallglanz. Silberweiß, gelblich und graulich anlaufend. H. 2,5. Dehnbar und geschmeidig. G. 10,4. V. d. L. schmelzbar = 2—2,5. In Salpeters. leicht aufl. Die Aufl. färbt die Haut schwarz. Ag. Enthält gewöhnlich Spuren von Kupfer, Eisen, Gold ꝛc. — Krystalle selten deutlich, Würfel und Comb. des Würfels und Oktaeders, selten und untergeordnet Tetrakishexaeder und Trapezoeder. Draht- und blechförmig, dendritisch, eingesprengt und derb.

Auf Gängen im ältern Gebirg. Ausgezeichnete Fundorte sind das Erzgebirg (Freiberg, auf der Grube Himmelsfürst zuweilen in centnerschweren Massen, Schneeberg, Marienberg, Annaberg, Johanngeorgenstadt, hier angeblich auf St. Georg eine Masse von 100 Centnern), der Harz, Wittichen im Schwarzwald, Schemnitz in Ungarn, Kongsberg in Norwegen, hier 1834 eine Masse von 7½ Centnern, Peru, Mexiko, Chili ꝛc. Sehr reich an Silber ist der Altai, in welchem der berühmte Schlangenberg. Seit mehr als 50 Jahren beträgt das etatsmäßige Quantum an 70,000 Mark. — Das Silber wird theils aus den eigentlichen Silbererzen, gediegen Silber und die folgenden Species, gewonnen, theils aus silberhaltigem Bleiglanz, Kupferkies ꝛc. Aus letztern wird theils unmittelbar, theils durch Zusammenschmelzen mit Blei und Aussaigern silberhaltiges Werkblei gewonnen, welchem noch reiche Silbererze beigeschmolzen werden, worauf es abgetrieben*) wird. Aus Erzen, welche nur wenig Blei und Kupfer enthalten, gewinnt man das Silber auch durch den Amalgamationsproceß. Dabei werden die Erze zuerst mit Zusatz von 10 pr. Ct. Kochsalz in einem Flammofen geröstet, wobei Chlorsilber gebildet wird. Das Erz wird nun in Tonnen mit Wasser und kleinen Stücken Stabeisen umgetrieben und dann Quecksilber hinzugebracht. Bei lange fortgesetztem Umtreiben wird das Chlorsilber durch das Eisen, welches Chloreisen wird, reducirt und amalgamirt. Das Quecksilber läßt man durch Zwilchbeutel laufen, wobei das meiste Amalgam zurückbleibt. Dieses wird in einem eisernen Kasten durch Hitze zersetzt, das Quecksilber auf geeignete Weise condensirt und das Silber dann in Graphittiegeln umgeschmolzen.

In neuerer Zeit wendet man zur Silberscheidung aus silberhaltigen Kupfererzen oder aus dem Kupferstein ein Rösten mit Kochsalz an und extrahirt das Chlorsilber mit gesättigter Kochsalzlösung oder man laugt den durch sorgfältiges Rösten gebildeten Silbervitriol mit heißem Wasser aus. —

Die jährl. Silberproduction schätzt man gegenwärtig auf 1 Million Kilogramm (20,000 Centner) im Werth von 200 Mill. Franken. Von letzterer Summe kommen auf den norddeutschen Bund 4 Millionen, auf Oesterreich 5,7, Frankreich 0,35, England 4,5, Schweden und Norwegen 1,2, Rußland 4,1, Spanien 8,2, Nordamerika 118 Millionen, Südamerika 52 ⁊c. — Die Legirungen des Silbers mit Kupfer dienen zu Münzen und Silbergeräthen, das Amalgam zur Feuerversilberung, der Silbersalpeter als Aetzmittel, als Reagens, zum Färben der Haare ⁊c. — 1867 wurden allein in Berlin mehr als 115 Centner Silber als Silbersalpeter für die Photographie verarbeitet.

Argentit. Glaserz.

Krystsystem: tesseral. Stf. Oktaeder. Br. uneben. Schwärzlich bleigrau. Strich glänzend. H. 2,5. Geschmeidig, läßt sich schneiden wie Blei. G. 7. V. d. L. schmelzbar = 1,5 mit Schäumen und Blasenwerfen. Mit Soda leicht reducirbar und Hepar gebend. In concentr. Salpeters. mit Ausscheidung von Schwefel aufl. Ág. Schwefel 12,9, Silber 87,1. Häufig in Krystallen, Oktaeder und Hexaeder, oft wie geflossen und zerfressen, auch drahtförmig, derb ⁊c.

Auf Gängen im ältern Gebirg im sächsischen und böhmischen Erzgebirge, Schemnitz, Kongsberg und an denselben Fundorten, die beim gediegen Silber angegeben.

Der **Akanthit** hat die Mischung des Argentit, aber nach Kenngott rhombische Krystallisation. Freiberg, Joachimsthal.

Der **Jalpait** von Jalpa in Mexiko, tesseral, geschmeidig, ist $3\,\text{Ág} + \text{Ću}$, enthält nach Richter: Schwefel 14,18, Silber 71,76, Kupfer 14,06. —

Der **Stromeyerit**, isomorph mit Chalkosin, ist Ág Ću. Schwefel 15,80,

---

*) Das Abtreiben geschieht durch Erhitzen des Bleies auf einem schüsselförmigen Herd von Mergelerde unter Luftzutritt. Das Blei oxydirt sich, fließt theils als Glätte ab oder wird von dem Herd eingesogen und das Silber bleibt zurück.

Silber 53,11, Kupfer 31,09. Schlangenberg in Sibirien, Rubelstadt in Schlesien. Name nach dem Chemiker Stromeyer.

Stephanit. Sprödglaserz.

Krystem: rhombisch. Stf. Rhombenpyr. 130° 16'; 96° 6' 28''; 104° 19'. Spltb. undeutlich prismatisch und brachydiagonal. Br. uneben, muschlig. Eisenschwarz, schwärzlichbleigrau. Strich schwarz. H. 2,5. Milde. G. 6,3. V. d. L. schmelzbar = 1,5, auf Kohle geringen Antimonbschlag gebend. Von Salpeterf. leicht zersetzt. Von Kalilauge wird Schwefelantimon extrahirt, welches beim Neutralisiren der Lauge in braunrothen Flocken gefällt wird.

$\mathrm{\overset{5}{Ag}\overset{...}{Sb}}$. Schwefel 15,60, Antimon 13,19, Silber 71,01. — In Krystallen, meist rhomb. Prismen von 115° 39' mit der brachydiag. und bas. Fläche und durch Verkürzung tafelartig. Hemitropieen und Zwillinge, die Fläche des rhomb. Prisma's als Zusammensetzungsfl., die Krystalle meistens klein, zellig gruppirt 2c., derb und eingesprengt.

Vorzüglich im Erzgebirg, Freiberg, Schneeberg 2c., am Harz, Schemnitz und Kremnitz 2c. — Der Name Stephanit nach dem Erzherzog Stephan von Oesterreich.

Formation der **Silberblende**. Krystem: hexagonal. Stf. Rhomboeder. $\mathrm{Ag^3\overset{...}{R}}$; $\mathrm{\overset{...}{R}} = \mathrm{\overset{...}{As}, \overset{...}{Sb}}$.

a. Proustit. Arsensilberblende.

Stf. Rhomboeder von 107° 50'. Spltb. primitiv zuweilen deutlich. Br. muschlig — uneben. Pellucid. Diamantglanz. Cochenill — karmesinroth. H. 2,5. Etwas milde. G. 5,5. V. d. L. auf Kohle anfangs verknisternd, schmelzbar = 1 mit Arsenikrauch, bei längerem Blasen reducirbar. Mit Kalilauge wird das Pulver beim Erwärmen sogleich schwarz und bei längerem Kochen Schwefelarsenik ausgezogen, der durch Salzf. in gelben Flocken gefällt wird.

$\mathrm{Ag^3\overset{...}{As}}$. Schwefel 19,40, Arsenik 15,19, Silber 65,41. — Krystallisirt, derb und eingesprengt. In den Comb. finden sich mehrere Rhomboeder, spitze Skalenoeder und das hex. Prisma.

Auf Gängen im Urgebirge, ausgez. zu Joachimsthal, Schneeberg, Freiberg 2c. im Erzgebirge, Markirch im Elsaß, Wolfach in Baden 2c. Syn Lichtes Rothgiltigerz. — Proustit nach dem französischen Chemiker J. L. Proust.

b. Pyrargyrit. Antimonsilberblende.

Stf. Rhomboeder von 108° 42'. Spltb. primitiv. Br. muschlig, uneben. An den Kanten durchscheinend. Glanz metallähnlich, diamantartig. Karmesinroth — schwärzlichbleigrau. Strich kar=

mesinroth. H. 2,5. Etwas milde. G. 5,8. V. d. L. verkni=
sternd, schmelzbar = 1, Antimonrauch entwickelnd. Mit Kalilauge
wird das Pulver bald schwarz und Schwefelantimon ausgezogen,
welches durch Salzs. in braunrothen Flocken gefällt wird. $\mathrm{\overset{.}{Ag}^3 \overset{...}{Sb}}$.
Schwefel 17,77, Antimon 22,28, Silber 59,95. In Kryftallen
und derb. Die Comb. sind gewöhnlich vom hexag. Prisma und
stumpfen Skalenoedern gebildet. Oefters auch in Hemitropieen nach
einem Schnitt parallel der Fläche oder auch der Schflte. des Rhom=
boeders von 137° 58′ (welches die Schflten. der Stf. abstumpft).

An denselben Fundorten, wie die vorige Species. — Syn. dunkles
Rothgiltigerz. — Der Name von $\pi\tilde{v}\varrho$, Feuer, und $\dot{\alpha}\varrho\gamma\nu\varrho\acute{o}\varsigma$, Silber.

Selten vorkommend sind folgende Verbindungen von Schwe=
felsilber:

Myargyrit. Klinorhombisch. Eisenschwarz. Strich dunkel=
kirschroth. $\mathrm{\overset{.}{Ag} \overset{...}{Sb}}$. Schwefel 21,89, Antimon 41,16, Silber
36,95. Bräunsdorf bei Freiberg. Myargyrit von $\mu\varepsilon\iota\omega\nu$, weniger
und $\dot{\alpha}\varrho\gamma\nu\varrho\acute{o}\varsigma$, Silber, im Vergleich zum Pyrargyrit.

Xanthokon. Hexagonale Tafeln. Diamantglanz. Pome=
ranzgelb. $\mathrm{\overset{.}{Ag}^3 \overset{...}{As} + 2\, \overset{.}{Ag}^3 \overset{...}{As}}$ = Schwefel 21,09, Arsenik
14,86, Silber 64,05. Freiberg. — Der Name von $\xi\alpha\nu\vartheta\acute{o}\varsigma$,
gelb, und $\varkappa\acute{o}\nu\iota\varsigma$, Pulver.

Polybasit. Hexagonal. Eisenschwarz, Strich schwarz.
$\left. \begin{array}{l} \mathrm{\overset{.}{Ag}^9 \overset{...}{Sb}} \\ \mathrm{\overset{.}{Cu}^9 \overset{...}{As}} \end{array} \right\}$. Var. aus Mexiko nach H. Rose: Schwefel 17,04,
Antimon 5,09, Arsenik 3,74, Silber 64,29, Kupfer 9,93, Eisen
0,06. — Schemnitz und Freiberg. (Eugenglanz.) Polybasit von
$\pi o\lambda\acute{v}\varsigma$, viel, und $\beta\acute{\alpha}\sigma\iota\varsigma$, Grundlage, chem. Basis.

Sternbergit. Rhombisch. Dunkel tombakbraun, Strich
schwarz. Anal. von Zippe: Schwefel 30,0, Eisen 36,0, Silber
33,2. — Joachimsthal in Böhmen. — Der Name nach dem
Grafen Sternberg.

Freieslebenit (Schilfglaserz). Klinorhombisch. Stahl
— schwärzlich bleigrau. Anal. von Wöhler: Schwefel 18,71, An=
timon 27,05, Blei 30,08, Silber 23,76. Im sächs. Erzgebirge.

Der **Brongniardit** (von Damour) ist eine Verbindung von
Schwefelantimon, Schwefelsilber und Schwefelblei. Mexiko.

Kerargyr. Chlorsilber.

Krystallsystem: tesseral. St. Hexaeder. Br. flachmuschlig. Fettglanz, diamantartig. Perlgrau, graulichweiß, Strich weiß glänzend. H. 1,5. Geschmeidig. Durchscheinend. G. 5,5. Schmelzbar = 1°, leicht reducirbar. Auf Kohle mit Kupferoxyd zusammengeschmolzen, die Flamme schön blau färbend. Von Salpeters. wenig angegriffen. Ag Cl. Chlor 24,75, Silber 75,25. Meistens derb.

Mit andern Silbererzen im sächsischen und böhmischen Erzgebirge, zu Kongsberg, Kolywan in Sibirien und (manchmal in bedeutenden Massen) in Peru und Mexiko. Kerargyr von κέρας, Horn, und ἄργυρος, Silber.

Jodsilber, Jodit, ist dem Kerargyr sehr ähnlich. Wenn man eine sehr kleine Menge davon auf einem Zinkblech mit Wasser befeuchtet und den Tropfen in verdünnte Stärkmehllösung spült, so entsteht auf Zusatz gewöhnlicher Salpetersäure (welche etwas salpetrige Säure enthält) eine schöne blaue Färbung. Mexiko.

In geringer Menge hat man in Mexiko und Chili auch Bromsilber, Bromargyrit, und zu Copiapo in Chili Bromchlorsilber, Embolit, gefunden.

Amalgam.

Krystallsystem: tesseral. Stf. Rhombendodekaeder. Br. muschlig — uneben. Silberweiß. H. 3,5. Spröde in geringem Grade. G. 14. V. d. L. im Kolben kocht und spritzt es, giebt Quecksilber und hinterläßt Silber. In Salpeters. leicht aufl. Es sind bis jetzt zwei Verbindungen bekannt mit: Quecksilber 65,2 und 73,75, Silber 34,8 und 26,25. Das silberreichste Amalgam ist der Arquerit mit 86,5 pr. Ct. Silber.

Oefters in Krystallen, Comb. von 13, 1 und 10, derb, in Blechen angeflogen ꝛc.

Mit Quecksilbererzen am Stahlberg und Moschellandsberg im Zweibrückschen, Almaden in Spanien, Ungarn, Chili (Arqueros). — Amalgam von ἁμαλός, weich, und γάμος, Verbindung.

Diskrasit. Antimonsilber.

Krystallsystem: rhombisch. Es finden sich rhomb. Prismen von 118° 4′ 20″. Spltb. basisch und nach einem Doma deutlich. Br. uneben. Silberweiß, gelblich und graulich anlaufend. H. 3,5. Spröde in geringem Grade. G. 9,4—9,8. V. d. L. schmelzbar = 1,5, die Kohle mit Antimonrauch beschlagend und ein Silberkorn gebend, mit Soda kein Hepar. $Ag^2 Sb$. Antimon 23, Silber 77. Auch $Ag^3 Sb$ mit 83,41 Silber soll vorgekommen sein (Wolfach). Aus Atalama in Peru kennt man noch andere Verbindungen mit 4, 6 und 18 At. Silber, letztere mit 94,2 pr. Ct. Silber.

Krystalle selten, gewöhnlich derbe, körnige Massen.

Findet sich sparsam zu Wolfach im Fürstenbergschen, Andreasberg am Harz. Spanien, Peru, Chili. — Diskrasit von δίς, doppelt, und κρᾶσις, Mischung.

Sehr selten sind noch folgende Silber=Verbindungen:

Naumannit (Selensilber), tesseral, eisenschwarz, geschmeidig. V. b. L. mit Soda und Borax ein Silberkorn gebend und Selenrauch entwickelnd. Selen 26,79, Silber 73,21. Tilkerobe am Harz und Tasco in Mexiko. — Der Name zu Ehren des Mineralogen Naumann.

Eukairit. Krystallinisch körnig. Bleigrau. Anal. von Berzelius: Selen 26,00, Silber 38,93, Kupfer 23,05, erdige Theile 8,90. Skrikerum in Schweden, Atakama in Peru. Der Name von εὔκαιρος, zur rechten Zeit, nämlich zur Zeit der Entdeckung des Selens aufgefunden.

Heßit (Tellursilber). Grobkörnige Massen. Zwischen blei= und stahlgrau. Geschmeidig. V. b. L. reducirbar und Tellurrauch gebend. AgTe. Tellur 37,37, Silber 62,63. Altai und Naghyag. Der Name nach dem russischen Chemiker G. Heß.

Ein **Wismuthsilber** Ag^6Bi mit 84,7 Silber und 15,3 Wismuth findet sich n. Domeyko zu S. Antonio in Copiapo.

Außerdem findet sich auch Silber im Stromeyerit und für Kupfer vicarirend in manchen Fahlerzen. S. d. Ordn. Kupfer.

XIV. Ordnung. Kupfer.

Die Mineralien dieser Ordn. färben, nach dem Schmelzen auf Kohle mit Salzs. befeuchtet, die Löthrohrflamme schön blau. Die meisten sind mit Soda zu Kupfer reducirbar. Die salpeters. Aufl., mit Aetzammoniak in Ueberschuß versetzt, giebt eine lasurblaue Flüssigkeit. Wird diese blaue Flüssigkeit mit Schwefels. sauer gemacht, so wird durch ein blankes Eisenblech metall. Kupfer gefällt. Kalilauge bringt darin bei gehöriger Verdünnung ein blaues Präc. hervor, welches beim Kochen bräunlichschwarz wird und v. b. L. ein Kupferkorn giebt.

Gediegen Kupfer.

Kfystem: tesseral. St. Oktaeder. Br. hackig. H. 3. Dehnbar. Kupferroth, oft bräunlich angelaufen. G. 8,5—9. V. b. L. schmelzbar = 3. In Salpeters. leicht zur blauen Flüssigkeit aufl.

Cu. Krystalle selten deutlich, Würfel, Tetrakishexaeder, dendritisch, in Drähten, blechförmige Krusten, derb ꝛc. — Findet sich in den Gebirgen aller Formationen auf Gängen und Lagern.

Ausgezeichnet zu Kammsdorf in Thüringen, Siegen und Eiserfeld, Rheinbreitenbach am Rhein, Cornwallis, Chessy bei Lyon, Libethen in Ungarn, Sibirien, Schweden, Norwegen, China, Japan, Lake Superior in Nord-Am.

Das meiste Kupfer wird aus seinen Oxyd- und Schwefelverbindungen, die in den folgenden Species beschrieben, gewonnen. Die Oxydverbindungen (Rothkupferez, Malachit ꝛc.) werden ganz einfach mit Kohlen und Schlacken in einem Schachtofen reducirt und das erhaltene Schwarzkupfer auf dem Saarherde in einem Flammofen noch einmal geschmolzen, wodurch die beigemengten, leicht oxydirbaren Metalle, Eisen, Blei ꝛc. und Schwefel durch zuströmende Luft oxydirt mit Schlackentheilen auf die Oberfläche steigen. Das reine Kupfer wird dann in einen Tiegel abgestochen und die erstarrenden Rinden in Scheiben abgehoben. Diese heißen rosettes — Rosettenkupfer.

Die Schwefel-Verbindungen, vorz. Kupferkies, Buntkupfererz, Kupferglanz ꝛc. werden zuerst geröstet, dann mit Kohlen und Zuschlägen im Schachtofen geschmolzen, wobei Kupferstein, eine niedere Schwefelungsstufe von Kupfer, erhalten wird. Dieser giebt nach abermaligem Rösten und Umschmelzen das Schwarzkupfer, welches gaar gemacht, oder, wenn es silberhaltig, zuvor der Saigerung unterworfen wird (f. Silber).

Der Gebrauch des Kupfers ist bekannt. Vielfach werden seine Legirungen mit Zinn (Glockenmetall), mit Zink (Messing), mit Nickel und Zink (Argentan, Neusilber) gebraucht. Seine Oxydverbindungen geben Malerfarben, dienen (Kupfervitriol) in der Galvanoplastik ꝛc.

Die Kupferproduction Englands beträgt jährl. 237,400 Ctnr., Oesterreich producirt 45,000 Ctnr., Schweden 40,000, Frankreich 34,253, Belgien 16,400, Preußen 33,200, Toskana 3000, Spanien 10,000, Rußland 83,000 Ctnr. Nordamerika ist sehr reich an Kupfer. Am Obern See kommt es öfters mit gediegenem Silber vor und 1553 hat man die gediegene Masse von 40' Länge angetroffen im Gewicht zu 4000 Ctm. — 1857 kam in einer Grube von Minnesota eine Masse v. gediegen Kupfer vor, 45 Fuß lang, 22 breit und 8 dick, gegen 420 Tonnen (8400 Ctnr.) geschätzt. Südaustralien ist ebenfalls sehr reich an Kupfer.

Cuprit. Rothkupfererz.

Krystem: tesseral. Stf. Oktaeder. Spltb. primitiv. Br. muschlig—uneben. Pellucid. Diamantglanz. Cochenilleroth, öfters dunkel. Strich bräunlichroth. H. 3,5. Spröde. G. 5,7—6. V. d. L. für sich leicht reducirbar. In Salzs. zu einer bräunlichgrünen Flüssigkeit aufl., welche mit Wasser ein weißes Präc. von Kupferchlorür giebt. Cu. Sauerstoff 11,21, Kupfer 88,79. In Krystallen, Stf. und Rhombendodekaeder, derb, manchmal erdig und mit Eisenoxyd gemengt. (Ziegelerz.) Selten in haarförmigen Krystallen. Diese sind nach Kenngott rhombisch.

Schöne Var. finden sich zu Chessy bei Lyon, Moldawa im Banat, Cornwallis, Ekatharinenburg, Rheinbreitenbach, Kammsdorf, Saalfeld ꝛc.

Seltner findet sich an benselben Fundorten der Tenorit Kupferoxyd, meistens unrein als eine bräunlichschwarze erdige Substanz, Kupferschwärze. Verhält sich v. b. L. wie die vorige Species, die salzsaure Aufl. wird aber von Wasser nicht getrübt. Am Vesuv und in Cornwallis kommt er in stahlgrauen Blättern krystallisirt vor; früher fand er sich in großer Menge am Obern See in Nord-Amerika. — Tenorit nach dem neapolitanischen Gelehrten Tenore.

Kupferoxyd-Verbindungen.

Malachit.

Krsystem: klinorhombisch. Stf. Hendyoeber; 103° 42′; 111° 48′. Spltb. sehr vollkommen nach der Endfl. Br. bei dichten Var. uneben. Wenig pellucid. Auf Krystallflächen Glasglanz, fasrig, Seidenglanz, dicht zum Wachsglanz. Grün, smaragdgrün, in mancherlei Abänderungen.

V. b. L. auf Kohle schnell schwarz werdend, schmelzbar = 2, mit Geräusch sich reducirend. In Säuren mit Brausen auflösbar. $\dot{C}u \ddot{C} + \dot{C}u \overset{..}{H}$. Kohlensäure 20,0, Kupferoxyd 71,9, Wasser 8,1. Deutliche Krystalle äußerst selten, nadelförmig, haarförmig in Büscheln und fasrigen Massen, dicht mit nierförmiger, kuglicher Oberfläche ɛc.

Deutliche Krystalle zu Rheinbreitenbach am Rhein, krystallinisch zu Kammsdorf und Sangerhausen in Thüringen, Chessy, Cornwallis, Schwatz, Moldawa im Banat, Sibirien ɛc. Der dichte sibirische Malachit wird zu Dosen, Belegplatten ɛc. geschliffen. Aus dem Gumeschewskischen Gruben befindet sich in Petersburg ein Block von 3 Fuß 6 Zoll Höhe und fast eben so breit. Er wird auf 525,000 Rubel geschätzt. — Malachit von μαλάχη, Malve.

Nach Delesse gehört der Aurichalcit (Buratit) zur Formation des Malachits als ein Mittelglied von Zink- und Kupfermalachit ($\dot{C}u^3$, $\dot{Z}n^3$, $\dot{C}a^2$) $\ddot{C} + \overset{..}{H}$. Findet sich zu Loktefstoi am Altai, Rezbanya in Ungarn, Chessy bei Lyon ɛc. — Der Name von aurichalcum, Messing, wegen des Gehalts an Kupfer und Zink. Eine malachitähnliche Verbindung mit Chlorkupfer ist der Atlasit aus Chili.

Azurit. Kupferlasur.

Krsystem: klinorhombisch. Stf. Hendyoeber; 99° 32′; 91° 47′ 38″. Spltb. klinodomatisch unter 59° 14′ ziemlich deutlich. Br. muschlig—uneben. Pellucid. Glasglanz. Lasurblau, smalteblau. H. 3,5. G. 3,8.

Chem. wie Malachit. $2 \dot{C}u \ddot{C} + \dot{C}u \overset{..}{H}$. Kohlenf. 25,56, Kupferoxyd 69,22, Wasser 5,22. In Krystallen, Stf., krystallinisch, strahlig, blättrig, dicht und erdig.

Ausgezeichnete Var. zu Chessy bei Lyon, Orawitza und Moldawa im Banat, Saalfeld und Kammsdorf in Thüringen, Schwatz, Sibirien ɛc.

Als Seltenheit kommt auch wasserfreier Malachit, **Mysorin** = $\dot{C}u^2\ddot{C}$, als schwärzlichbraune Substanz vor. Mysore in Hindostan.

Chalkanthit. Kupfervitriol.

KrSystem: klinorhomboidisch. Stf. klinorhomboidisches Prisma: m : t = 123° 10'; p : m = 127° 40'; p : t = 109° 15'. Br. muschlig. Pellucid. Glasglanz. Dunkel himmelblau. Strich weiß. H. 2,5. G. 2,2. V. d. L. leicht schmelzbar und reducirbar. In Wasser aufl. Die Aufl. fällt mit salzsaurem Baryt — schwefelsauern Baryt und mit Eisen metall. Kupfer. $\dot{C}u \bar{S} + 5 \ddot{H}$. Schwefels. 32,07, Kupferoxyd 31,85, Wasser 36,08. — In Krystallen, stalaktitisch, als Ueberzug, derb.

Durch Zersetzung schwefelhaltiger Kupfererze entstanden, auf Gängen zu Andreasberg am Harz, Kapnik in Ungarn, Fahlun in Schweden, Markirch ꝛc. z. Thl. in Grubenwässern aufgelöst, woraus man dann das Kupfer durch Eisen niederschlägt (Cementkupfer). — Chalkanthit von χαλκανθον, Kupferblüthe.

Hier schließt sich der seltene **Brochantit** (Krisuvigit) an. Smaragdgrün, in Wasser unaufl. $2(\dot{C}u^3 \bar{S} + \ddot{H}) + \dot{C}u \ddot{H}^2$, Schwefelsäure 19,85, Kupferoxyd 68,99, Wasser 11,16. Rezbanya in Siebenbürgen, Ekatharinenburg, Krisuvig in Island, Chili. — Der Name nach dem französischen Mineralogen Brochant de Villiers. Eine ähnliche Verbindung ist der Langit aus Cornwallis.

Eine Verbindung von Kupferoxyd- und Thonerdesulphat ist der **Lettsomit** (nach dem englischen Mineralogen Lettsom) oder das Kupfersammeterz von Moldawa im Banat und der **Woodwardit** aus Cornwallis.

Libethenit.

KrSystem: rhombisch. Gewöhnlich in rhomb. Prismen von 92° 20' mit einem brachydiag. Doma von 109° 52'. Wenig spaltb. Br. uneben — muschlig. Wenig durchscheinend. Fett — Glasglanz. Dunkel olivengrün. H. 4. G. 3,7. V. d. L. schmelzbar = 2, leicht reducirbar. Von Kalilauge wird Phosphorsäure ausgezogen und die mit Essigsäure neutral. Lauge giebt mit Silberaufl. ein gelbes Präc. $\dot{C}u^4 \ddot{P} + \ddot{H}$. Phosphorsäure 29,72, Kupferoxyd 66,51, Wasser 3,77.

In kleinen Krystallen zu Libethen (daher der Name) in Ungarn und zu Tagilsk im Ural. Bildet mit dem Olivenit eine chem. Formation.

Lunnit. Phosphorochalcit.

KrSystem: klinorhombisch. Hendyoeder von 141° 4'. Spltb. orthodiag. unvollkommen. Br. muschlig — uneben. An den Kanten durchscheinend. Fett — Glasglanz. Dunkel spangrün. H. 4,5. G. 4,3. Chem. wie die vor. Spec. $\dot{C}u^6 \ddot{P} + 3\ddot{H}$. Phosphors. 21,11, Kupferoxyd 70,87, Wasser 8,02.

Gewöhnlich in strahligen und fasrigen Massen. — Rheinbreitenbach am Rhein und Hirschberg im Voigtlande. — Lunnit nach dem Chemiker Lunn. — Sehr nahe steht der Dihydrit von Tagilsk.

Aehnliche seltene Phosphate sind:

der **Tagilith** von Tagilsk im Ural $= \dot{C}u^4 \ddot{\ddot{P}} + 3 \ddot{H}$;

der **Thrombolith** von Libethen in Ungarn $= \dot{C}u^3 \ddot{\ddot{P}}^2 + 6 \ddot{H}$ (von θρόμβος, geronnen);

der **Ehlit** von Ehl am Rhein und Tagilsk $= \dot{C}u^5 \ddot{\ddot{P}} + 3 \ddot{H}$.

Olivenit.

Krystsystem: rhombisch. Rhomb. Prismen von 92° 30' mit einem brachydiag. Doma von 110° 50'. Undeutlich spaltb. Br. uneben. Wenig pellucid. Glas — Fettglanz. Olivengrün — lauchgrün. H. 3. G. 4,4. V. d. L. leicht schmelzbar = 2 zu einer mit prismat. Krystallen bedeckten Kugel. Auf Kohle mit Detonation und Arsenikrauch ein weißes, sprödes Arsenikkupfer gebend. Von Kalilauge wird Arseniksäure extrahirt. Die neutral. Lauge giebt mit Silberaufl. ein bräunlichrothes Präc.

$\dot{C}u^4 \left\{ \begin{array}{c} \ddot{\ddot{As}} \\ \ddot{\ddot{P}} \end{array} \right. + \dot{H}$. Arseniksäure 35,70, Phosphors. 3,69, Kupferoxyd 57,40, Wasser 3,21. — Krystalle nabelförmig, strahlig, fasrig, dicht. Redruth in Cornwallis.

Hier schließen sich als arseniksaure Kupferoxyd-Verbindungen folgende, sehr selten vorkommende Species an:

Euchroit. Rhombisch. Smaragdgrün. $\dot{C}u^4 \ddot{\ddot{As}} + 7 \dot{H}$. Arsenikf. 34,21, Kupferoxyd 47,09, Wasser 18,70. — Libethen in Ungarn. — Name von ευχρούς, von schöner Farbe.

Erinit. Derb. Smaragdgrün. $\dot{C}u^5 \ddot{\ddot{As}} + 2 \dot{H}$. Arsenikf. 34,75, Kupferoxyd 59,82, Wasser 5,43. — Limerik in Irland. — Name von Erin, dem alten Namen von Irland.

Tirolit (Kupferschaum). Strahlig — blättrig. Apfel — spangrün. In Ammoniak mit Hinterlassung von kohlens. Kalk aufl. $(\dot{C}u^5 \ddot{\ddot{As}} + 10 \dot{H}) + \dot{C}a \ddot{C}$. Arsenikf. 25,36, Kupferoxyd 43,67, Wasser 19,82, Kohlens. Kalk 11,14. — Falkenstein in Tyrol.

Chalkophyllit (Kupferglimmer). Hexagonal. Dünne, tafelförmige Krystalle, spaltbar basisch vollkommen. Smaragd — spangrün.

$\dot{C}u^6 \ddot{\ddot{As}} + 12 \dot{H}$. Arsenikf. 24,9, Kupferoxyd 51,7, Wasser

23,4. — Cornwallis, Ural. — Name von χαλκός, Kupfer, und φύλλον, Blatt.

  Lirokonit (Linsenerz). Klinorhombisch. Himmelblau. Arsenilf. 26,59, Kupferoxyd 36,61, Thonerde 11,87, Wasser 24,93. — Cornwallis. Name von λειρός, bleich, und κονία, Staub (Strich).

  Abichit (Strahlerz). Klinorhombisch. Strahlige Massen. Dunkel spangrün ins Himmelblaue. $\overset{\cdot\cdot\cdot}{Cu}{}^6 \overset{\cdot\cdot\cdot}{As} + 3 \overset{\cdot\cdot}{H}$. Arsenilf. 30,30, Kupferoxyd 62,59, Wasser 7,11. Cornwallis*). Name nach dem Mineralogen Abich.

  Andere seltene wasserhaltige Kupferarseniate sind: der **Trichalcit** aus Sibirien, der **Konichalcit** aus Andalusien, der **Cornwallit** aus Cornwallis, der **Chenevixit** (mit 25 pr. Ct. $\overset{\cdot\cdot\cdot}{Fe}$) und der **Bayldonit** (mit 30 pr. Ct. $\overset{\cdot\cdot}{Pb}$) ebendaher.

  Eine sehr seltene Verbindung von Kupferoxyd und Manganoxyd $\overset{\cdot\cdot}{Cu}{}^3 \overset{\cdot\cdot\cdot}{Mn}{}^2$ ist der **Crednerit** (nach dem sächsischen Mineralogen Credner) von Friedrichsrode in Thüringen und ein vanadins. Kupferoxyd mit Kalkerde und Wasser, der **Volborthit** (nach dem russischen Mineralogen Volborth) ebendaher.

Dioptas.

  KSystem: hexagonal. Stf. Rhomboeder von 126° 17'. Spltb. primitiv. B. muschlig — uneben. Pellucid. Glasglanz. Smaragdgrün. H. 5. G. 3,4. Unschmelzbar. Mit Säuren gelatinirend. $\overset{\cdot\cdot}{Cu}{}^3 \overset{\cdot\cdot\cdot\cdot}{Si}{}^2 + 3 \overset{\cdot\cdot}{H}$. Kieselerde 38,76, Kupferoxyd 49,92, Wasser 11,32. — In Krystallen, Stf. und hexag. Prisma. Die Krystallreihe ist interessant durch das Erscheinen von Rhomboedern in abnormer Stellung.

  Kirgisensteppe in Sibirien. — Name von διόπτομαι, durchsehen.

Chrysokoll. Kieselmalachit.

  Amorph. Br. muschlig, eben. An den Kanten durchscheinend. Wenig wachsglänzend. Himmelblau, spangrün. H. 3. G. 2,1. Unschmelzbar. Von Säuren mit Ausscheidung von Kieselerde zerlegt, ohne zu gelatiniren. $\overset{\cdot\cdot}{Cu}{}^3 \overset{\cdot\cdot\cdot\cdot}{Si}{}^2 + 6 \overset{\cdot\cdot}{H}$. Kieselerde 34,82, Kupferoxyd 44,83, Wasser 20,35.

  Häufig mit Opal und Malachit gemengt. — Moldawa im Banat, Sibirien, Neu Jersey, Saalfeld, Harz ꝛc. — Der Name von χρυσόκολλα, Goldleth, ein dazu gebrauchter Kupferoder.

  Das sog. Kupferpecherz von Turinsk im Ural ist ein Gemeng von Chrysokoll und Limonit.

---

  *) Der sog. **Condurrit** ist ein Gemenge von Rothkupfererz, arsenichter Säure und metallischem Arsenik. Cornwallis.

Der **Asperolith** Hermann's aus Tagilsk ist $\dot{C}u^3 \ddot{S}i^2 + 9 \dot{H}$ (27 pr. Ct. Wasser.

Atakamit.

KrSystem: rhombisch. Es finden sich rhomb. Prismen von 67° 40′ mit einem brachydiag. Doma von 105° 40′. Spltb. brachydiagonal vollkommen. Durchscheinend. Glasglanz. Lauchgrün, schwärzlichgrün. H. 3,5. G. 4,2. V. d. L. für sich die Flamme ausgezeichnet schön blau färbend und leicht reducirbar. Cu Cl + 3 Cu $\dot{H}$. Chlor 16,61, Kupfer 14,86, Kupferoxyd 55,85, Wasser 12,68. — Strahlig, dicht.

Chili und Wüste Atakama in Peru. Vesuv.

Nahestehend der Tallingit v. Cornwallis und der Percylit (bleihaltig) von Sonora in Mexiko.

Kupfersulphuride und Kupfersulphurid-Verbindungen.

Chalkosin. Kupferglanz. Kupferglaserz.

KrSystem: rhombisch. Stf. Rhombenpyr. 79° 41′; 126° 54′; 125° 22′. Spltb. prismatisch unvollkommen (119° 35′). Br. muschlig — uneben. Schwärzlich bleigrau — stahlgrau. Strich schwarz. H. 2,5. Milde. G. 5,6. V. d. L. schmelzbar = 2, auf Kohle mit Kochen und Spritzen in der äußern Flamme, in der innern sogleich erstarrend. Mit Soda ein Kupferkorn und Hepar gebend. $\dot{C}u$. Schwefel 20,14, Kupfer 79,86. Vorwaltende Form ist ein sechsseitiges Prisma von 119° 35′ (2 Stktw.) und 120° 12′ 30″ (4 Stktw.). Zwillinge mit der Fläche des Prisma's von 119° 35′ als Zusammensetzungsfl. — Derb.

Auf Lagern und Gängen in Cornwallis, Nassau — Siegen, Kupferberg in Schlesien, Frankenberg in Hessen, im Mannsfeldischen in bituminösen Mergelschiefer eingesprengt (Kupferschiefer), Schweden, Norwegen, Sibirien, Massachusetts (Nordamerika). — Der Name von χαλκός, Kupfer.

Nach Breithaupt kommt Cu auch hexagonal vor, **Cuprein**, häufig zu Freiberg in Sachsen, Schmiedeberg in Schlesien, Ungarn, Cornwallis ꝛc.

Nahestehend ist der **Digenit** (von διγενής, von zweifachem Geschlecht) = $\dot{C}u \dot{C}u^4$. Von Sangerhausen und aus Chile.

Ein anderes Sulphuret, der **Covellin** (Kupferindig) ist $\ddot{C}u$. Schwefel 33,5, Kupfer 66,5. Findet sich sparsam, indigblau, fettartig schimmernd, derb und in rundlichen Massen zu Hausbaden in Württemberg, Leogang im Salzburg'schen, Vesuv, Chile, in großer Menge auf der Insel Kawau in Australien. — Name nach dem neapolitanischen Mineralogen Covelli.

Formation des Fahlerzes. Krystallisation tesseral, geneigt hemiedrisch. $\dot{R}^4 \ddot{\ddot{R}} + 2 \dot{R} \ddot{R}$. $\dot{R}$ = Schwefeleisen, Schwefelzink, Schwefelquecksilber, $\dot{R}$ = Schwefelkupfer, Schwefelsilber, $\ddot{\ddot{R}}$ = Schwefelarsenik, Schwefelantimon. Nach Rammelsberg sind die Fahlerze eine Gruppe isomorpher Mischungen $\dot{R}^4 \ddot{\ddot{R}}$. Es gehören hierher

a. Tennantit. Arsenikfahlerz.

Stf. Tetraeder. Br. uneben — muschlig. Stahlgrau. Strich graulichschwarz, zuweilen mit einem Stich ins Röthliche. H. 3,5. Spröde. G. 4,5. V. d. L. z. Thl. verknisternd, schmelzbar = 1,5 mit geringem Aufwallen und Entwicklung von Arsenikrauch zu einer stahlgrauen magnetischen Schlacke. Von Salpeters. zersetzt Von Kalilauge wird Schwefelarsenik ausgezogen, welcher beim Neutralisiren der Lauge in citrongelben Flocken gefällt wird. Oefters ist ein Theil des Schwefelarseniks durch Schwefelantimon vertreten. Anal. einer Var. von Redruth in Cornwallis von Rammelsberg: Schwefel 26,61, Arsenik 19,03, Kupfer 51,62, Eisen 1,95.

In Krystallen, Tetraeder, Trigondodekaeder, Rhombendodekaeder, derb, eingesprengt.

Freiberg in Sachsen, Schwatz in Tyrol, Kremnitz in Ungarn, Martirch im Elsaß, im Mannsfeldischen ꝛc. — Tennantit nach dem Chemiker Smithson Tennant, dem Entdecker des Osmium und Iridium.

b. Tetraedrit. Antimonialfahlerz.

Kllisation wie bei a. Eisenschwarz. Spröde. G. 4,9 — 5. Schmilzt leicht mit Entwickelung von starkem Antimonrauch, gewöhnlich auch etwas Arsenikgeruch verbreitend. Von Kalilauge wird vorzugsweise Schwefelantimon ausgezogen, welches beim Neutralisiren der Lauge gelbroth oder bräunlichroth gefällt wird. Anal. einer Var. aus dem Dillenburgischen von H. Rose: Schwefel 25,03, Antimon 25,27, Arsenik 2,26, Kupfer 38,42, Eisen 1,52, Zink 6,85, Silber 0,83. In Krystallen wie a. und derb.

Kapnik in Ungarn, Klausthal am Harz, Wolfach im Fürstenbergischen, Toskana, Mexiko ꝛc.

c. Polytelit. Silberfahlerz.

Kllisation wie bei a. Lichte stahlgrau. Spröde. G. 5. V. d. L. leicht mit Antimonrauch schmelzend, durch Behandlung mit Soda und Borax ein Silberkorn gebend. Die salpeters. Aufl. giebt mit Salzs. ein starkes Präc. von Chlorsilber, mit Ammoniak in Ueberschuß eine lasurblaue Flüssigkeit. Es ist gegen b. in dieser Species ein größerer oder geringerer Theil des Kupfers durch Silber vertreten. Anal. einer Var. von Freiberg von H. Rose: Schwefel 21,17, Antimon 24,63, Kupfer 14,81, Silber 31,29, Eisen 5,98, Zink 0,99. Krystallisirt und derb.

Wolfach im Fürstenbergischen, Freiberg in Sachsen, Kremnitz in Ungarn, Peru 2c. — Polytelit von πολυτελής, kostbar.

Das sog. lichte Weißgiltigerz von Freiberg enthält nach Rammelsberg nur 5,8 pr. Ct. Silber und 0,32 Kupfer, dagegen 38 pr. Ct. Blei, welche er als wesentlich ansieht. Es ist $\overset{*}{K}^4 \overset{**}{Sb}$.

d. Spaniolith. Quecksilberfahlerz.

Eisenschwarz. Strich dunkelrothbraun. G. 5,1. Mit Soda im Kolben Quecksilber gebend, übrigens wie b. sich verhaltend. Anal. einer Var. von Rotterbach in Ungarn von Scheidthauer: Schwefel 23,70, Antimon 18,50, Arsenik 4,10, Kupfer 35,87, Quecksilber 7,52, Eisen 5,05, Zink 1,02, Quarzsand 1,82. In einer Var. von Poratsch in Ungarn fand Hauer 16,69 pr. Ct. Quecksilber.

Selten, Sal bi Castello in Toskana, Ungarn zu Kotterbach und Poratsch, Gant bei Landeck in Tyrol. — Der Name von σπάνιος, selten, und λίθος, Stein.

Kobalthaltiges Fahlerz (mit 3—4 pr. Ct. Co) kommt vor zu Raulsdorf in Bayern und im würtembergischen Schwarzwald. Der Stylotyp v. Copiapo in Chile ist $\overset{*}{K}^3 \overset{**}{Sb}$ mit 28 pr. Ct. Kupfer und 8 pr. Ct. Silber (bildet eine chem. Formation mit dem Bournonit).

Chalkopyrit. Kupferkies.

Krystallsystem: quadratisch. St. Quadratpyr. von 109° 53′ und 108° 40′. Spltb. wenig deutlich. Br. muschlig — uneben. Messinggelb, öfters angelaufen. Strich grünlichschwarz. H. 3,5. Wenig spröde. G. 4,3. V. d. L. schmelzbar = 2 unter Entwicklung von schweflichter Säure zu einer magnetischen Kugel. Von Salpeters. zersetzt, auf Eisen und Kupfer reagirend. $\overset{*}{Cu}\ \overset{**}{Fe}$. Schwefel 34,89, Eisen 30,52, Kupfer 34,59. — Krystalle selten deutlich, derb. Die Stammf. oft hemiedrisch als Sphenoeder.

Auf Gängen und Lagern in ältern und jüngern Formationen in Sachsen, Thüringen, am Harz, Mannsfeld, Baden, Cornwallis, Irland, Schweden 2c. Sehr verbreitet. Chalkopyrit von χαλκός, Kupfer, und πυρίτης, in der Bedeutung Eisenkies.

Der Barnhardtit von Barnhardts Land in NKarolina ist $\overset{*}{Cu}^2 \overset{**}{Fe}$. Schwefel 30,43, Kupfer 48,27, Eisen 21,30. Dahin gehört der Homichlin, speisgelb, binnen 24 Stunden goldgelb anlaufend.

Bornit. Buntkupfererz.

Krstystem: tesseral. Stf. Hexaeder. Spltb. oktaedr. Spuren. Br. muschlig — uneben. Kupferroth ins Gelbe, bunt anlaufend. Strich schwarz. H. 3. Milde. G. 5. Chem. wie Kupferkies, $\overset{\cdot}{C}u^5 \overset{\cdot\cdot}{F}e$. Schwefel 25,77, Kupfer 63,36, Eisen 10,86. (Manche dieser Erze sind $\overset{\cdot}{C}u^3 \overset{\cdot\cdot}{F}o$, $\overset{\cdot}{C}u^3 \overset{\cdot\cdot}{F}e^2$). Sehr selten in Krystallen, gewöhnlich derb.

Redruth in Cornwallis, Freiberg, Saalfeld und Kammsdorf, Orawitza im Banat, Fahlun in Schweden, Sibirien ıc. Der Name nach dem österreichischen Metallurgen J. v. Born († 1791).

Dem Bornit ähnlich ist der **Castellit** aus Mexiko, enthält 4½ pr. Ct. Silber.

Der **Energit** Breithaupt's, rhombische Krst. metallglänzend, eisenschwarz, ist nach Plattner $\overset{\cdot}{C}u^3 \overset{\cdot\cdot}{A}s$ = Schwefel 32,6, Arsenik 19,1, Kupfer 48,3. In großen Massen zu St. Franzisko in den Cordilleren von Peru. — Der Name von ἐναργής, deutlich, in Betreff der Spaltbarkeit.

Der **Dufrenoysit** v. Binnenthal in der Schweiz ist $\overset{\cdot}{C}u^2 \overset{\cdot\cdot}{A}s$.

Sehr selten sind folgende Species:

Chalkostibit (Kupferantimonglanz). Rhombisch. Bleigrau ins Eisenschwarze. $\overset{\cdot}{C}u \overset{\cdot\cdot}{S}b$. Schwefel 25,08, Antimon 50,26, Kupfer 24,66. Wolfsberg am Harz, Guadix in Granada. Name von χαλκός, Kupfer und στίβι, Antimon.

Wittichit (Kupferwismutherz). Büschelförmig zusammengehäufte Prismen. Lichte bleigrau ins Stahlgraue. Wesentlich $\overset{\cdot}{C}u^3 \overset{\cdot\cdot}{B}i$. Schwefel 19,50, Wismuth 42,08, Kupfer 38,42. Wittichen im Fürstenbergischen. Der **Emplektit** (Tannenit) v. Schwarzenberg in Sachsen ist $\overset{\cdot}{C}u \overset{\cdot\cdot}{B}i$, der **Klaprothit** von Wittichen im Fürstenbergischen ist $\overset{\cdot}{C}u^3 \overset{\cdot\cdot}{B}i^2$.

Stannin (Zinnkies). Tesseral. Stahlgrau ins Messinggelbe. $\left.\begin{array}{l}\overset{\cdot\cdot}{F}e^2\\\overset{\cdot\cdot}{Z}n^2\end{array}\right\} \overset{\cdot\cdot}{S}n + \overset{\cdot}{C}u^2 \overset{\cdot\cdot}{S}n$. Anal. von Rubernatsch: Schwefel 29,64, Zinn 25,55, Kupfer 29,39, Eisen 12,44, Zink 1,77. Cornwallis, Zinnwald im Erzgebirge. Name von stannum, Zinn.

Berzelin (Selenkupfer). Derb. Silberweiß. Geschmei=

big. V. d. L. mit Selenrauch reducirbar. Cu^2 Se. Selen. 38,46, Kupfer 61,54. Skrikerum in Schweden. Benannt nach Berzelius.

Der Crookesit Nordenskiölds, dicht, bleigrau, ist **Thalliumhaltiges** Selenkupfer mit 17 pr. Ct. Thallium. Findet sich zu Skrikerum.

Domeykit (**Arsenikkupfer**). Metallglänzend weiß. Spröde. Cu^3 As. Arsenik 28,36, Kupfer 71,65. Coquimbo und Cosiapo in Chili und Mexiko. Name nach dem amerikanischen Chemiker Domeyko.

Der **Algodonit** von Algodones in Chile ist Cu^6 As, mit 83,5 Kupfer.

Der **Withneyit** von Houghton in Michigan ist Cu^6 As, mit 88 pr. Ct. Kupfer.

XV. Ordnung. Uran.

V. d. L. geben die Min. dieser Ordn. mit Phosphorsalz im Oxydationsfeuer ein gelbes, im Reductionsfeuer schön grünes Glas. Die salpetersaure Aufl. giebt mit Aetzammoniak ein gelbes Präc. von Uranoxyd-Ammoniak, in kohlensaurem Ammoniak löslich. (Vergl. Chalkolith.)

Nasturan. Uranpecherz.

Derb, amorph. Br. flachmuschlig — uneben. Undurchsichtig. Metallähnlicher Fettglanz. Pechschwarz, graulichschwarz. Pulver grünlichschwarz. H. 5,5. Spröde. G. 6,5. V. d. L. unschmelzbar. Wahrscheinlich $\dot{U}\ddot{U}$. Sauerstoff 15,21, Uran 84,79. Gewöhnlich mit Kieselerde, Eisenoxyd, Kalkerde, auch Vanadinoxyd c. verunreinigt.

Im Urgebirge zu Johanngeorgenstadt, Annaberg, Marienberg in Sachsen, Joachimsthal in Böhmen, Cornwallis. — Klaproth entdeckte 1787 in diesem Mineral das Uran. — Außer zu chem. Präparaten in der Porcellanmalerei für schwarze Farben gebraucht. — Nasturan von ναστός, dicht und wegen des Gehalts an Uran (nach dem Uranus).

Sehr selten kommt damit Uranoxyd, **Uranocker**, $\ddot{U}$, als schwefelgelbe erdige Substanz vor.

Chalkolith.

Krystem: quadratisch. Stf. — Quadratpyr. 95° 46'; 143° 2'. Spltb. basisch sehr vollkommen. Pellucid. Glas —

Perlmutterglanz. Smaragd — grasgrün. H. 2,5. G. 3,6. L. b. L. im Kolben Wasser gebend. In der Pincette schmelzbar = 2,5, die Flamme bläulichgrün färbend. In Salpeters. leicht aufl. Aetzammoniak giebt ein bläulichgrünes Präc. und eine blaue (kupferhaltige) Flüssigkeit. Von Kalilauge wird Phosphors. ausgezogen. $\dot{Cu}^2 \ddot{\overset{..}{P}} + \overset{..}{\bar{U}}{}^4 \ddot{\overset{..}{P}} + 16 \dot{H}$. Phosphors. 15,15, Uranoxyd 61,14, Kupferoxyd 8,42, Wasser 15,29. Die Krystalle meistens tafelförmig, als dünne quadrat. Blätter.

Johanngeorgenstadt, Schneeberg, Eibenstock in Sachsen, Redruth in Cornwallis, Weisendorf in der Oberpfalz. Der Name von χαλκός, Kupfer, und λιθός, Stein.

Uranit.

Die Krystallis. ist der des Chalkolith sehr ähnlich, nach Descloizeaux aber rhombisch. Citrongelb, schwefelgelb. H. 2. G. 3,19. V. b. L. schmelzbar = 2, sonst wie Nasturan. Von Kalilauge wird Phosphors. ausgezogen. $\dot{Ca}^3 \ddot{\overset{..}{P}} + \overset{..}{\bar{U}}{}^4 \ddot{\overset{..}{P}} + 24 \dot{H}$. Nach der Analyse von Pisani: Phosphors. 14,6, Uranoxyd 59,0, Kalk 5,8, Wasser 21,2. In Blättern und blättrigen Partien, seltener als Chalkolith, bei Autun und Limoges in Frankreich.

Sehr selten sind:

Johannit. Klinorhombisch. Schön grasgrün. Wasserhaltiges schwefelsaures Uranoxyd und Kupferoxyd. Joachimsthal in Böhmen. — Benannt nach dem Erzherzog Johann von Oesterreich.

Liebigit. Ein grünes Mineral von Adrianopel, kohlens. Uranoxydul mit kohlens. Kalk und Wasser. — Der Name nach dem Chemiker Liebig.

Uranophan (n. Websky) v. Kupferberg in Schlesien ist ein wasserhaltiges Uranoxydsilicat, ein ähnliches ist der Uranotil v. Wölsendorf in der Oberpfalz. (Boricky).

Das sog. Gummierz und der Eliasit bestehen aus unreinem Uranoxydhydrat.

XVI. Ordnung. Wismuth.

Die Mineralien dieser Ordn. sind v. b. L. für sich oder mit Soda reducirbar und geben einen z. Thl. orangegelben, leicht flüchtigen Beschlag. In einer offenen Glasröhre geschmolzen, umgiebt sich der Regulus mit geschmolzenem Oxyd, welches in der Hitze braun, nach dem Erkalten gelb ist. Mit Schwefel und dann

mit Jodkalium zusammengeschmolzen geben die Wismutherze auf
Kohle einen ⅓ Thl. hoch gelbrothen Beschlag. Die concentr. sal=
peters. Aufl. giebt mit Wasser ein weißes Präc.

Gediegen Wismuth.

KUsystem: hexagonal. Stf. Rhomboeder von $87° 40'$. Schlttw.
nach G. Rose (isomorph. mit As, Sb ꝛc.). Spltb. basisch vollkom=
men und nach dem Rhomboeder von $69° 28'$. Br. uneben. Me=
tallglanz. Röthlich silberweiß, gewöhnlich graulich, röthlich und
bläulich angelaufen. H. 2,5. Sehr milde. G. 9,8. V. d. L.
schmelzbar = 1, die Kugel bleibt ziemlich lange weich, allmählig
verdampfend und die Kohle gelb beschlagend. Bi. Öfters mit
Arsenik verunreinigt. — Krystalle selten deutlich, körnig, blättrig,
federartig, eingesprengt.

Auf Gängen im Urgebirge, im sächsischen Erzgebirge zu Johanngeorgen=
stadt, Annaberg, Altenberg, Schneeberg ꝛc., zu Wittichen im Schwarzwald,
Bieber in Hessen, Steyermark, Schweden, Norwegen ꝛc.

Es ist das vorzüglichste Wismutherz und man gewinnt das Metall
durch Aussaigern in geneigten Röhren, welche erhitzt werden, wo dann das
Wismuth von dem Gestein abfließt und in eisernen, mit Kohlenstaub ge=
füllten Schaalen gesammelt wird. — Das Wismuth dient zu verschiedenen
Legirungen mit Zinn und Blei, welche z. Thl. sehr leichtflüssig sind, daher
zum Abklatschen gebraucht werden, als Schnellloth zu Sicherheitsventilen
für Dampfkessel ꝛc. — Das basische Chlorwismuth dient als weiße Schminke.
— Das Wismuth wird zuerst 1520 von Agricola unter den Metallen an=
geführt. — Sachsen producirt jährlich gegen 100 Ctnr.

Bismuthin. Wismuthglanz.

KUsystem: rhombisch. Es finden sich rhombische Prismen
von ohngefähr $91° 30'$. Spltb. brachydiagonal und basisch deut=
lich. Br. unvollkommen muschlig. Lichte bleigrau ins Stahlgraue,
auch ins Zinnweiße. H. 2. Milde. G. 6,54. V. d. L. schmelz=
bar. = 1 mit Kochen und Spritzen und reducirbar. In Sal=
peters. mit Ausscheidung von Schwefel aufl. Bi. Schwefel 18,75,
Wismuth 81,25. — Krystalle meistens spießig und nadelförmig,
strahlige Particen, derb.

Nicht häufig. Im Erzgebirge zu Johanngeorgenstadt, zu Joachims=
thal in Böhmen, Riddarhyttan in Schweden, Cornwallis ꝛc.

Selten und in geringer Menge kommen vor:

Wismuthocker. Wismuthoxyd. Bi. Erdig, strohgelb.
Mit gediegen Wismuth vorkommend.

Karelinit (n. b. Entdecker Karelin), bleigrau, in einer Richtung vollkommen spaltbar. Bi S + $\bar{\bar{\text{B}}}$i. Sawodinsk am Altai.

Der **Alloklas** v. Drawicza in Ungarn ist eine Verbindung von Schwefel, Arsenik, Wismuth (30 pr. Ct.), Kobalt (10 pr. Ct.) und Eisen.

Eulytin (**Wismuthblende**). Tesseral. Tetraeder. Braun, ins Gelbe. Gelatinirend. Anal. von Kersten: Kieselerde 22,23, Wismuthoxyd 69,38, Phosphors. 3,31, Eisenoxyd 2,40, Manganoxyd 0,30, Flußsäure und Wasser 1,01. — Schneeberg in Sachsen. Der Name von εὔλυτος, leicht löslich.

Tetradymit. Rhomboedrisch. Spltb. basisch sehr vollkommen. Sehr lichte bleigrau. Bi Te³. Tellur 48,06, Wismuth 51,94. Färbt concentr. Schwefels. bei gelindem Erhitzen sehr schön roth. — Schemnitz, Retzbanya, Virginien, San José in Brasilien. Letzteres Joséit enthält nach Damour 79 pr. Ct. Wismuth.

Der **Cosalit** aus Mexiko ist n. Genth 2 Pb + $\bar{\bar{\text{B}}}$i, der **Montanit** aus Californien ist nach demselben wasserhaltiges tellursaures Wismuthoxyd.

Außerdem kommt Wismuth vor im Wittichit, Belonit, Chiviatit, Kobellit, Saynit. S. b. Ordn. Kupfer, Blei und Nickel.

XVII. Ordnung. Zinn.

Kassiterit. Zinnstein.

Krsystem: quadratisch. Stf. Quadratpyr. 121° 40′; 87° 7′. Spltb. prismatisch und diagonalprismatisch unvollkommen. Br. unvollkommen muschlig — uneben. An dünnen Kanten durchscheinend. Diamantglanz, auf dem Bruche fettartig. Braun und gelblich, graulich. H. 6,5. G. 6,8—7. V. b. L. in der Pincette unschmelzbar. Auf der Kohle mit Cyankalium leicht rebucirbar. Von Säuren nicht angegriffen. Su. Sauerstoff 21,88, Zinn 78,62.

Krystalle, häufig die Stf. mit den beiden quadrat. Prismen gewöhnlich hemitropisch nach einem Schnitte parallel mit den Scheitelkanten der Stf. Fig. 57. Derb. — Selten fasrig (Kornisch Zinnerz, Holzzinn).

Im Urgebirge, vorz. im Erzgebirge zu Zinnwald, Schlackenwalde, Ehrenfriedersdorf, Altenberg ꝛc., in Cornwallis, St. Leonhard in Frankreich, Malacca, Siam, Sumatra, China, Mexico, Brasilien ꝛc. 3. Thl. im aufgeschwemmten Lande. Kassiterit von κασσιτερος, Zinn. — Zur Gewinnung des Zinns (der Zinnstein ist das einzige Zinnerz, aus welchem Zinn gewonnen wird) wird das gepochte und geschlemmte Erz zuerst in Flammöfen geröstet, um das beibrechende Schwefeleisen, Arsenikkies ꝛc. mürber und leichter zu machen, dann abermals gepocht und geschlemmt und der Schlich mit Schlackenzusatz und Kohle im Schachtofen reducirt. Das so erhaltene, noch unreine Zinn wird in Platten gegossen und dann noch der Saigerung unterworfen. Das reine Zinn fließt zuerst ab, weniger reines bei fortgesetztem Erhitzen Letzteres wird noch dadurch gereinigt, daß man es in einem eisernen Gefäße eine Zeitlang im Flusse erhält, nach dem Wegnehmen der Oxydhecke schöpft man das Zinn aus und gießt es in Formen. Blockzinn. — Das reinste Zinn ist Malacca-Zinn.

Der Gebrauch des Zinns ist bekannt. Es dient zu mancherlei Legirungen, mit Kupfer zum Kanonengut und zur Glockenspeise, mit Blei zum Schnellloth, mit Quecksilber zum Spiegelamalgam; zum Verzinnen ꝛc.

Die jährliche Zinnproduction Englands beträgt gegen 279,000 Centner, Sachsen liefert 3000 Ctr., Böhmen 1000. — Auf Sumatra, Malacca, Banka ꝛc. werden jährlich über 23,500 Ctr. gewonnen. Nach Hermann kommt **gediegen Zinn** als Seltenheit in kleinen Körnern im sibirischen Goldsande vor.

XVIII. Ordnung. Blei.

Die Min. dieser Ordn. sind vollkommen oder theilweise in Salpeters. aufl. Die nicht zu saure Aufl. giebt mit Schwefels. ein weißes v. d. L. leicht zu Blei reducirbares Präc. Viele Verbindungen sind mit Soda reducirbar. Alle geben einen grünlichgelben Beschlag der Kohle.

Gediegenes Blei kommt nur äußerst selten in der Natur vor. Man hat es in kleinen Partien mit Galenit zu Zomelahuacan in Vera Cruz gefunden, zu Bogoslowsk im Ural, Carthagena in Murcia, am Obern See in Nordamerika, in Schweden, auf Madeira. Auch die Bleioxyde kommen nur sehr sparsam vor. Das **rothe Bleioxyd** $\overline{Pb}$ Mennig, findet sich zuweilen mit andern Bleierzen am Schlangenberg in Sibirien, zu Badenweiler in Baden, Eifel ꝛc. Bleisuperoxyd $\overline{\overline{Pb}}$, scheint der Plattnerit, ein schwarzes Mineral von Leadhills, zu sein. Dagegen finden sich zahlreiche Bleioxy=Verbindungen.

Das wichtigste Bleierz aber ist das Schwefelblei, der Galenit oder Bleiglanz, und von den Oxydverbindungen das kohlensaure Bleioxyd, Weißbleierz. Aus dem Bleiglanz wird das Blei entweder durch die Röst- oder Niederschlagarbeit gewonnen. Bei der erstern wird das Erz geröstet und dann mit Kohlen in Schachtöfen niedergeschmolzen. Das durch das Rösten gebildete Bleioxyd und schwefelsaure Bleioxyd wirken auf den unzersetzten Bleiglanz und es wird Blei unter Bildung von schweflichter Säure abgeschieden.

Theilweise wird aber wieder Schwefelblei, der Bleistein, gebildet, welcher neuerdings geröstet wird und in Arbeit kommt.

Bei der Niederschlagbarkeit wird der Bleiglanz mit granulirtem Roheisen und Frischschlacke geschmolzen, wobei Schwefeleisen gebildet und Blei ausgeschieden wird. Das so erhaltene Blei heißt Werkblei. Wenn es silberhaltig ist, so wird es abgetrieben (s. Silber) und dann die Glätte mit Kohlen in einem Schachtofen reducirt.

Die Verwendung des metallischen Blei's zu Röhren, Flintenkugeln, Schrot ꝛc. ist bekannt. Es dient ferner für die Bleikammern in den Schwefelsäurefabriken, zum Dachdecken ꝛc., mit Antimon und Wißmuth legirt zu Typen. Das gelbe Oryd (Massicot, Bleiglätte) wird in der Glasfabrikation für Krystall= und Flintglas gebraucht, zu Glasuren ꝛc. Mehrere Bleisalze (vorzügl. das kohlens. Bleioxyd, Bleiweiß) dienen als Malerfarbe, zu Reagentien, in der Medicin ꝛc.

England producirt jährlich über 1 Mill. Ctr. Blei, Spanien 500,000 Ctr., Preußen 128,800 und 15,000 Glätte, Oesterreich 93,000 und 21,600 Glätte, Frankreich 41,890 und 10,500 Glätte. Belgien 23,500 Blei, Schweden 5000, Hannover 87.000 und Sachsen 10,000. Die Produktion von Nord-Amerika mag gegen 500,000 Ctr. betragen.

Bleioxyd=Verbindungen.

Glanz nichtmetallisch. V. d. L. mit Soda reducirbar. In viel Kalilauge auflöslich.

Cerussit. Weißbleierz. Bleicarbonat.

KSystem: rhombisch. Stf. Rhombenpyr. 92° 18'; 130°; 108° 31'. Spltb prismatisch ziemlich deutlich und brachydiagonal domatisch unter 110° 42'. Br. muschlig. Pellucid. Diamantglanz, auf dem Bruche zum Fettglanz. Weiß, graulich. H. 3,5. Spröde. G. 6,5. V. d. L. stark verknisternd, leicht schmelzbar = 1 und reducirbar. In Salpeters. mit Brausen aufl. Pb C. Kohlens. 16,47, Bleioxyd 83,53. — In den Kll.=Comb. häufig das Doma von 108° 14' vorwaltend, auch das Prisma der Stf. mit 117° 14', Hemitropien, Zwillinge und Drillinge wie beim Aragonit, mit welchem das Min. zu einer chem. Formation gehört. Die Krystalle oft nadelförmig; derb, körnig, dicht und erdig; letztere Var. öfters mit Thon, Eisenoxyd ꝛc. verunreinigt (Bleierde).

Auf Gängen im Ur= und Uebergangsgebirge, auch auf Lagern in Flötzkalk, ausgezeichnet im Erzgebirge (Freiberg, Johanngeorgenstadt, Mies, Przibram), Harz (Klausthal. Zellerfeld), England, Schottland, Sibirien ꝛc. Cerussit von cerussa, Bleiweiß.

Der Iglesiasit (Zinkbleispath) von Monte Poni bei Iglesias in Sardinien enthält 7 pr. Ct. kohlens. Zinkoxyd, das Uebrige kohlens. Bleioxyd.

Anglesit. Bleivitriol.

Krystsystem: rhombisch. Stf. Rhombenpyr. 89° 38′; 128° 48′; 112° 40′. Spaltb. domatisch unter 76° 17′. — Br. muschlig — uneben. Pellucid. Diamantglanz. Weiß, graulich ꝛc. H. 3. Spröde. G. 6,4. V. d. L. verknisternd, schmelzbar = 1,5, mit Soda Hepar und ein Bleikorn gebend. In Salpeter wenig aufl. $\dot{Pb}\,\bar{S}$. Schwefels. 26,39, Bleioxyd 73,61. — Die Krystallisation ist die des schwefels. Baryts. Die vorwaltende Comb. bildet das Doma von 76° 17′ und ein Prisma von 78° 46′. Die Krystalle erscheinen daher oft als Rectangulärpyramide; derb, körnig.

Cornwallis, Wanlokhead, und Leadhills in Schottland, Zellerfeld, Wolfach ꝛc. Der Name von Anglesea in Schottland.

Hier schließen sich als Seltenheiten an:

Lanarkit. Klinorhombisch. $\dot{Pb}\,\bar{C} + \dot{Pb}\,\bar{S}$. Kohlens. Bleioxyd 47, schwefels. Bleioxyd 53. Leadhills in Schottland. Der Name von der Grafschaft Lanark in Schottland.

Leadhillit. Rhombisch. $3\,\dot{Pb}\,\bar{C} + \dot{Pb}\,\bar{S}$. Kohlens. Bleioxyd 72,6, schwefels. Bleioxyd 27,4. Leadhills. Dieselbe Mischung kommt auch hexagonal (rhomboedrisch) vor, Susannit, v. d. Grube Susanna zu Leadhills.

Caledonit. Rhombisch. $\dot{Cu}\,\bar{C} + 2\,\dot{Pb}\,\bar{C} + 3\,\dot{Pb}\,\bar{S}$. Schwefels. Bleioxyd 55,8, kohlens. Bleioxyd 32,8, kohlens. Kupferoxyd 11,4. Dunkel spangrün. — Leadhills. Der Name von Caledonia, dem römischen Namen eines Theils von Schottland.

Linarit (Kupferbleispath). Klinorhombisch. $\dot{Pb}\,\bar{S} + \dot{Cu}\,\ddot{H}$. Schwefelsaures Bleioxyd 75,71, Kupferoxyd 19,80, Wasser 4,49. Dunkel lasurblau. — Leadhills, Ural und Linares in Spanien, woher der Name.

Formation des **Pyromorphits.** Hierher aus der I. Klasse der Apatit.) $R\,\ddot{R} + 3\,\dot{R}^3\,\ddot{\ddot{R}}$. Als R kommen vor: Blei und Calcium. Als $\ddot{R}$ Chlor und Fluor, als $\dot{R}$ Bleioxyd und Kalkerde, als $\ddot{\ddot{R}}$ Phosphorsäure und Arseniksäure.

a. **Pyromorphit.** Grün- und Braunbleierz z. größten Thl.

Krystsystem: hexagonal. Stf. Hexagonpyr. 142° 12′ 36″; 80° 44′. Spltb. primitiv undeutlich. Br. muschlig — uneben. Pellucid. Fettglanz — Diamantglanz. In lichten Abänderungen von Grün und Braun. H. 3,5. G. 7. V. d. L. schmelzbar = 1,5, aus dem Schmelzflusse krystallisirend und für sich auf Kohle nicht reducirbar. Mit Soda ein Bleikorn gebend. In Salpeters. leicht aufl. $Pb\,Cl + 3\,\dot{P}b^3\,\ddot{\ddot{P}}$. Phosphors. 15,79, Bleioxyd 73,91, Chlor 2,62, Blei 7,68. — Vorwaltende Form hexag. Prisma. Krystalle oft nadelförmig, die Prismen zuweilen hohl, stänglich, derb.

Ausgez. zu Przibram und Bleistadt in Böhmen, Holsgrund in Baden, Zellerfeld am Harz, Huelgoet in Frankreich, Cornwallis ꝛc. Der Name von πῦρ, Feuer, und μορφή, Gestalt, wegen des Krystallisirens aus dem Schmelzfluß.

b. **Mimetesit.** Arseniksaures Bleioxyd.

Krystallisation wie bei a. (Randbltw. 80° 58'). Pellucid. Fettglanz. Gelblichgrün, graulichgrün, bräunlich, gelb. H. 3. G. 7,2. V. d. L. in der Pincette schmelzbar = 1 und in der äußern Flamme krystallisirend. Auf Kohle mit Arsenikrauch reducirbar. In Salpeters. aufl. $Pb\,Cl + 3\,\dot{P}b^3\,\ddot{\ddot{As}}$. Arseniks. 23,22, Bleioxyd 67,44, Chlor 2,37, Blei 6,97. Vorwalt. Form das hexag. Prisma. In Krystallen und derb, nierförmig, traubig ꝛc.

Johanngeorgenstadt im Erzgebirge, Cornwallis, Zacatecas. — Name von μιμητής, Nachahmer, in Bezug auf die Aehnlichkeit mit der vorhergehenden Species.

Sehr selten sind:

c. **Polysphärit.** Kuglig und traubig. Braun, graulich. $\left.\begin{array}{l}Pb\,Cl \\ Ca\,F\end{array}\right\} + 3 \left.\begin{array}{l}\dot{P}b^3 \\ \dot{C}a^3\end{array}\right\}\ddot{\ddot{P}}$. Nach Kersten: Chlorblei 10,84, Fluorcalcium 1,09, phosphors. Bleioxyd 77,01, phosphors. Kalk 11,05. — Grube Sonnenwirbel bei Freiberg. Name von πολύ, viel, und σφαῖρα, Kugel.

d. **Hedyphan.** Graulichweiß. $Pb\,Cl + \left\{\begin{array}{l}\dot{P}b^3\,\ddot{\ddot{As}} \\ \dot{C}a^3\,\ddot{\ddot{P}}\end{array}\right.$. Nach Kersten: Chlorblei 10,29, arseniks. Bleioxyd 60,10, arseniks. Kalk 12,90, phosphors. Kalk 15,51. — Langbanshyttan in Schweden. — Name von ἡδυφανής, lieblich glänzend.

Der Bindheimit von Nertschinsk in Sibirien ist $\dot{P}b^3\,\ddot{\ddot{Sb}} + 4\,\dot{H}$.

Krokoit. Rothbleierz.

Krystsystem: Klinorhombisch. Eif. Hendyoeder. 93° 44'; 124°. Spltb. nach den Seitenfl. deutlich. Br. muschlig — uneben. Pellucid. Diamantglanz. Morgenroth, hyazinthroth. Strich orange=

gelb. H. 3. Milde. G. 6,1. V. d. L. mit Soda reducirbar, die Flüsse chromgrün färbend. Wird das Pulver mit concentrirter Salzs. gekocht und Weingeist zugesetzt, so erhält man beim Concentriren unter Ausscheidung von Chlorblei eine smaragdgrüne Flüssigkeit, die beim Verdünnen mit Wasser grün bleibt (während sie sich bei Vanadinit, Aräcxen ꝛc. in Blau verändert. $\dot{P}b\,\bar{C}r$. Chromsäure 31,7, Bleioxyd 68,3. — Die Endfl. der Stf. gewöhnlich durch ein Klinodoma von 119° verdrängt; stänglich, derb.

Beresowsk in Sibirien und Conchonas do Campo in Brasilien. Der Name von $\varkappa \varrho \acute{o} \varkappa o \varsigma$, Saffran.

Zu Beresowsk kommt noch eine andere Species, der Phönicit (von $\varphi o \iota \nu \acute{\iota} \varkappa \varepsilon o \varsigma$, purpurroth), vor, welcher $\dot{P}b^3\,\bar{C}r^2$, Chroms. 23,6, Bleioxyd 76,4. Cochenillroth, im Striche ziegelroth.

Hier schließt sich ferner von demselben Fundorte der Vauquelinit an. Dunkelgrün. $2\,\dot{P}b^3\,\bar{C}r^2 + \dot{C}u^3\,\bar{C}r^2$. Chroms. 28,42, Bleioxyd 60,78, Kupferoxyd 10,80. Der Name nach dem Chemiker Vauquelin.

Beide Min. sind selten.

Stolzit. Scheelsaures Bleioxyd.

Gehört mit der folgenden Spec. zur Formation des Scheelits. Ksystem: quadratisch. Stf. Quadratpyr. 99° 43'; 131° 30'. Spltb. primitiv wenig. Br. muschlig. Pellucid. Fettglanz. Gelblich, bräunlich. H. 3. G. 8,1. V. d. L. auf Kohle schmelzbar zu einer metallisch glänzenden, krystallinischen Perle; mit Soda reducirbar. In Salpeters. mit Hinterlassung eines citrongelben Rückstandes (von Scheelsäure) aufl. $\dot{P}b\,\bar{W}$. Wolfram- oder Scheelsäure 51, Bleioxyd 49.

Selten zu Zinnwald im böhmischen Erzgebirge und in den Bleigruben v. Southampton, mit hemiedrischem Typus wie der Scheelit. Der Name nach dem ersten Bestimmer Dr. Stolz.

Wulfenit. Molybdänsaures Bleioxyd. Gelbbleierz.

Kllisation wie bei der vor. Spec. Pellucid. Fettglanz. Wachsgelb, honiggelb, pomeranzengelb. H. 3. G. 6,7. V. d. L. stark verknisternd, mit Soda auf der Kohle reducirbar. Wird das Pulver in einer Porcellanschale mit concentr. Schwefels. erhitzt und dann nach etwas Abkühlen Weingeist zugesetzt und angezündet, so färbt sich die Flüssigkeit, besonders an den Wänden der Schale, lasurblau. Wird das Pulver mit Salzs. gekocht, so nimmt die ziemlich verdünnte Aufl. beim Umrühren mit Stanniol eine blaue Farbe an. $\dot{P}b\,\dot{M}o$. Molybdänsäure 38,55, Bleioxyd 61,45. — Krystalle meistens tafelförmig durch Ausdehnung der vorkommenden bas. Fläche, blättchenförmig, derb ꝛc.

In Alpenkalk. Ausgez. zu Bleiberg und Windischkappel in Kärnthen, Rezbanya in Ungarn, Badenweiler in Baden, Partenkirchen in Oberbayern, Mexiko ꝛc. Der Name nach Hrn. Wulfen, der eine Monographie des Min. schrieb.

Zu Pamplona in Süd-Amerika kommt noch eine andere Verbindung, $Pb^3 \overline{Mo}$, vor.

Selten und in geringer Menge kommen Verbindungen von Vanadinsäure und Bleioxyd vor und gehören hierher der **Vanadinit** und **Descloizit**. Der Vanadinit zeigt Isomorph. mit **Pyromorphit** (daher Kenngott vorschlägt, die Vanadinsäure als $\overline{V}$ zu betrachten). Die Analysen geben 17 pr. Ct. Vanadinsäure, 76 pr. Ct. Bleioxyd, 2,23 pr. Ct. Chlor. Die salzsaure Lösung mit Zusatz von Weingeist concentrirt, giebt eine smaragdgrüne Flüssigkeit, die bei Zusatz von Wasser sich himmelblau färbt. — Willow in Irland, Mexiko, Beresovsk. — Der Name nach dem Gehalt an Vanadium, dieses von Vanadis, einem Beinamen der nordischen Göttin Freya. Das Vanadium wurde von del Rio (1801) und Sefström (1830) entdeckt. Der Descloizit (nach dem Mineralogen Descloizeaux benannt) hat die Mischung des Vanadinit, krystallisirt aber rhombisch. Mexiko, Böhmen.

Eine Verbindung von vanadins. Bleioxyd und Zinkoxyd ist der **Dechenit** (Aräoxen, Eusynchit) von Dahn in der Rheinpfalz und von Freiburg im Breisgau.

Cotunnit. Chlorblei.

In nabelförmigen, diamantglänzenden Krystallen von weißer Farbe. Sehr leicht schmelzbar und sublimirbar, die Flamme blau färbend, mit Soda viele Bleikörner gebend. In Salpeters. leicht aufl., die Aufl. giebt mit Silberaufl. ein starkes Präc. von Chlorsilber. $Pb\ Cl$. Chlor 26, Blei 74. Findet sich am Vesuv. — Name nach dem neapolitanischen Arzte Cotunnia.

Hier schließen sich die seltenen Min. **Mendipit, Matlockit** und **Kerasin** an. Die ersteren sind Chlorblei mit Bleioxyd und finden sich zu Mendip-Hill in Somersetshire und Matlock in Derbyshire, der Kerasin (von κέρας, Horn) ist Chlorblei mit $\overline{Pb}\ \overline{C}$ und kommt zu Matlock in Derbyshire vor.

Eine Verbindung von Chlorblei (23), Jodblei (18,7) u. Bleioxyd (47), findet sich nach Domeyko bei Paposo in Atakama in nicht unbeträchtlicher Menge.

Schwefelblei und Verbindungen des Schwefelblei's.

Metallglänzend. Mit Soda Hepar gebend und Blei oder Bleibeschlag auf der Kohle.

Galenit. Bleiglanz.

Krystallsystem: tesseral. Stf. Hexaeder. Spltb. primitiv vollkommen. Metallglanz. Bleigrau. H. 2,5. Milde. G. 7,5. V. d. L. schmelzbar = 1—1,5, nach schweflichter Säure riechend und mit Soda leicht reducirbar. Pb. Schwefel 13,3, Blei 86,7. Zuweilen etwas silber- und antimonhaltig. — Die gewöhnlichen Comb. sind die des Hexaeders und Oktaeders. Körnig, körnig strahlig, auch ins Dichte. (Bleischweif.)

Auf Gängen in Ur- und Uebergangsgebirgen, auf Lagern im Uebergangs- und Flötzkalk. Sehr verbreitet. Ausgez. Krystalle finden sich zu Clausthal und Zellerfeld am Harz, Freiberg und Johanngeorgenstadt, Mies in Böhmen, Schemnitz in Ungarn, Bleiberg, Leadhills, Derbyshire, Schweden, Norwegen ꝛc. Galenit von galena, Bleierz.

Das Schwefelblei kommt in mehreren Verhältnissen mit Schwefelantimon verbunden vor. Diese Verbindungen sind von bleigrauer — eisenschwarzer Farbe, geben v. d. L. auf Kohle Blei- und Antimonbeschlag und von Kalilauge wird beim Kochen Schwefelantimon aufgelöst und Schwefelblei bleibt als schwarzes Pulver zurück (der Antimonglanz nimmt mit Kalilauge sogleich eine ockergelbe Farbe an, was bei diesen Verb. nicht der Fall ist). Die mit Salzsäure neutralisirte Lauge fällt gelbrothe und bräunlichrothe Flocken.

Die bekannten Verbindungen dieser Art, welche sämmtlich nur in kleinen Mengen vorkommen, sind:

Zinkenit. $\overset{.}{Pb}\,\overset{...}{Sb}$. Schwefel 22,23, Antimon 41,80, Blei 35,97. Hexagonal. — Wolfsberg am Harz. Benannt nach dem hannöverschen Bergrath Zinken.

Boulangerit. $\overset{.}{Pb}{}^3\,\overset{...}{Sb}$. Schwefel 18,21, Antimon 22,93, Blei 58,69. Kurzfasrige Massen. Molières in Frankreich, Nertschinsk, Oberfahr in Sayn-Altenkirch. Benannt nach dem französischen Chemiker Boulanger. Ein $\overset{.}{Pb}{}^4\,\overset{...}{Sb}$ ist der Meneghinit v. Bottino in Toskana. Der Epiboulangerit von Altenberg in Schlesien ist nach Websky $\overset{.}{Pb}{}^3\,\overset{...}{Sb} + 3\,\overset{.}{Pb}{}^3\,\overset{...}{Sb}$.

Geokronit. $\overset{.}{Pb}{}^5\,\overset{...}{Sb}$. Schwefel 16,7, Antimon 15,7, Blei 67,6. Derb, nicht spaltbar. Manchmal ein Theil von $\overset{...}{Sb}$ durch $\overset{...}{As}$ vertreten. Sala in Schweden, Meredo in Asturien. — Name von γῆ, Erde, und κρόνος, Saturn für Blei.

Kilbrickenit. $Pb^6 \ddot{\ddot{S}}b$. Schwefel 16,26, Antimon 13,58, Blei 70,16. Blättrig, erbig. Kilbricken in Irland (daher der Name).

Jamesonit (**Plumosit**). $Pb^2 \ddot{\ddot{S}}b$. Schwefel 19,64, Antimon 29,53, Blei 50,83. Rhombisch. Stänglich, blättrig. Cornwallis, Catta franca in Brasilien, Arany=Ida in Oberungarn. — Der Name nach dem schottischen Geologen Jameson.

Plagionit. $Pb^4 \ddot{\ddot{S}}b^3$. Schwefel 21,16, Antimon 36,71, Blei 42,13. Klinorhombisch. Wolfsberg am Harz. Der Name von πλάγιος, schief.

Verbindungen von Pb u. $\ddot{\ddot{A}}s$ kommen ebenfalls mehrere vor; bei diesen wird von Kalilauge $\ddot{\ddot{A}}s$ extrahirt und aus der Lösung mit Salzsäure in citrongelben Flocken gefällt. Diese Verbindungen sind z. Th. Analoga zu denen mit $\ddot{\ddot{S}}b$, so der **Skleroklas** $Pb^2 \ddot{\ddot{A}}s$ analog dem Jamesonit; der **Arsenomelan** $Pb \ddot{\ddot{A}}s$ analog dem Zinkenit. Der **Binnit** ist $Pb^3 \ddot{\ddot{A}}s$. Diese Species kommen vor im Binnenthal in der Schweiz.

Bournonit. Schwarzspießglanzerz.

KSystem: rhombisch. Es finden sich rhombische Prismen von 93° 40' mit mehreren Domen. Spltb. nach den Diag. undeutlich. Br. muschlig — uneben. Stahlgrau — eisenschwarz. H. 2,5. Spröde. G. 5,7. V. d. L. schmelzbar (1), die Kohle weiß und grünlichgelb beschlagend und nach längerem Blasen mit Soda ein Kupferkorn gebend. Die salpeters. Aufl. giebt mit Schwefels. ein Präc. von schwefels. Bleiorb. $Pb^4 \ddot{\ddot{S}}b + Cu^2 \ddot{\ddot{S}}b$. Schwefel 19,72. Antimon 24,71, Blei 42,54, Kupfer 13,03. — Krystalle öfters in Zwillingen, die Fl. des angegebenen Prisma's als Zusammensetzungsfl., radförmig aggregirt, derb.

Kapnit und Offenbanya in Siebenbürgen, Wolfsberg, Pfaffenberg und Neudorf am Harz, Cornwallis ꝛc. Bournonit nach dem französischen Krystallographen Grafen v. Bournon.

Hier schließt sich der **Wölchit** an. Rhombisch. Schwärzlichbleigrau. Nach Schrötter: Schwefel 28,60, Antimon 16,65, Arsenit 6,04, Blei 29,90, Kupfer 17,35, Eisen 1,40. Wölch bei St. Gertraud in Kärnthen.

Belonit. Nadelerz.

Nadelförmige und schilfförmige Krystalle und derb. Spltb. in einer Richtung deutlich. Stahlgrau, öfters gelblich ꝛc. anlaufend. Strich schwärzlichgrau. H. 2. Milde. G. 6,12. V. d. L. sehr leicht schmelzbar, die Kohle weiß und schwefelgelb beschlagend.

Nach längerem Blasen mit Soda ein Kupferkorn und Bleibeschlag gebend. Die salpeters. Aufl. giebt mit Wasser ein weißes Präc., mit Schwefels. wird schwefels Bleioxyd gefällt.

$Pb^4 \ddot{B}i + \dot{C}u^2 \ddot{B}i$. Anal. von Frick: Schwefel 16,11, Wismuth 36,45, Blei 36,05, Kupfer 10,59.

In geringer Menge zu Beresovsk in Sibirien. Der Name von βελόνη, Nadel.

Hier schließt sich Setterberg's Kobellit an. Schwefelantimon 12,70, Schwefelblei 46,36, Schwefelwismuth 33,18, Schwefeleisen 4,72.

$(\dot{P}b, \dot{F}e)^3 \ddot{B}i, \ddot{S}b)$. Sehr selten. Nerike in Schweden.

Der **Chiviatit** von Chiviato in Peru ist nach Rammelsberg $(\dot{P}b, \dot{C}u)^2 \ddot{B}i^3$.

Der **Cuproplumbit** aus Chile ist $\dot{C}u \, \dot{P}b^2$, der **Alisonit** ebendaher $\dot{C}u^3 \dot{P}b$. Der **Huascolit** v. Huasco ist $\dot{P}b + 1\frac{1}{2} \dot{Z}n$.

Clausthalit. Selenblei.

Krystsystem: tesseral. Körnig blättrige Massen, auch dicht. Bleigrau, lichte. Metallglanz. H. 2,7. Milde. G. 8,5. V. d. L. verknisternd, auf der Kohle unter Verbreitung von Selengeruch verflüchtigend, ohne zu schmelzen. In Salpeters. aufl., Schwefels. fällt schwefels. Bleioxyd. Pb Se. Selen 27,3, Blei 72,7.

Bisher nur zu Tilkerode und Clausthal (woher der Name) am Harz gefunden.

Hier schließen sich, ebenfalls sehr selten, das **Selenkobaltblei**, **Selenbleikupfer** und **Selenquecksilberblei** an, welche mit dem Selenblei zu Tilkerode vorkommen.

Nagyagit. Blättererz.

Krystsystem: quadratisch. Stf. Quadratpyr. 96° 43′; 140°. Spltb. basisch sehr vollkommen. Metallglanz. Schwärzlichbleigrau. H. 1,5. Milde, in dünnen Blättchen biegsam. G. 7,0. V. d. L. auf Kohle schmelzbar $= 1$, die Flamme bläulich färbend, rauchend und die Kohle gelb beschlagend. In einer offenen Röhre Tellurrauch gebend. Mit concentr. Schwefels. gelinde erhitzt, eine braungelbe oder hyazinthfarbene Flüssigkeit gebend, die sich, mit Wasser verdünnt, sogleich entfärbt und ein graues Präc. von Tellur fällt. Nach Klaproth: Tellur 32,2, Blei 54,0, Gold 9,0, Silber 0,5, Kupfer 1,3, Schwefel 3,0. Krystalle tafelförmig, blätterförmig.

Kommt in geringer Menge zu Nagyag in Siebenbürgen vor.

Reines **Tellurblei**, **Altait**, findet sich als Seltenheit zu Sawobinski am Altai. Spltb. hexaedrisch. Zinnweiß. Tellur 38,1, Blei 61,9.

XIX. Ordnung. Zink.

Die Min. dieser Ordnung geben v. d. L. für sich oder mit Soda auf Kohle anhaltend erhitzt einen Beschlag, welcher in der Hitze gelb ist, beim Erkalten sich bleicht und, mit Kobaltaufl. befeuchtet und erhitzt, eine grüne Farbe annimmt.

Die wichtigsten Zinkerze sind das kohlensaure und kieselsaure Zinkoxyd, welche gewöhnlich **Galmey** heißen, und das Schwefelzink oder Zinkblende. Nach gehörigem Brennen und Rösten werden die pulverisirten Erze mit Kohlen und Koaks in verschlossenen Destillirgefäßen, Tiegel oder Röhren von Thon oder Gußeisen, reducirt. Durch angebrachte Röhren werden die Zinkdämpfe (das Zink ist in der Weißglühhitze flüchtig) in den Verdichtungsraum geleitet, wo das Zink in die Vorlagen tropft.

Das Zink liefert mit Kupfer die bekannte Legirung Messing. Es dient zum Dachdecken, Schiffsbeschlag und zu den galvanischen Batterieen ꝛc.

Belgien producirt jährlich gegen 900,000 Centner Zink, Preußen 780,000 Ctr., Oesterreich 40,000, England 150,000.

Zinkoxyd-Verbindungen.

Smithsonit. Zinkspath. Galmey z. Th.

Krsystem: hexagonal. Stf. Rhomboeder von 107° 40'. Spltb. primitiv. Br. uneben. Durchscheinend — undurchsichtig. Glasglanz — Perlmutterglanz. Weiß, gelblich, grünlich ꝛc. H. 5. G. 4,5. V. b. L. unschmelzbar, mit Kobaltaufl. beim Glühen schön grün. In Salzsäure mit Brausen auflösl. Zu Ç. Kohlens. 35,19, Zinkoxyd 64,81. — Krystalle selten deutlich, krystallinisch körnig, fasrig, dicht und erdig.

Im ältern und neuern Gebirge, vorz. Flötzkalk. Bleiberg und Raibel in Kärnthen, Aachen und Iserlohn, Tarnowitz in Schlesien, Miedzana, Gora in Polen, Rauschenberg bei Reichenhall, Schottland, Nertschinsk im Ural ꝛc. Smithsonit nach dem englischen Chemiker Smithson.

Zu Bleiberg und Raibel in Kärnthen findet sich noch eine andere wasserhaltige kohlensaure Verbindung, der **Hydrozinkit** (Zinkblüthe), Kohlens. 13,5. Zinkoxyd 71,4, Wasser 15,1. Der **Monheimit** ist Zn Ç + Fe Ç. Siehe die Ordnung: Eisen.

Calamin. Kieselgalmey.

Krsystem: rhombisch. Es finden sich rhombische Prismen von 104° 6', gewöhnlich mit einem brachydiag. Doma von 129° 2'. Spltb. nach den Fl. des Prisma's von 104° 6'. Br. uneben. Durchscheinend. Glas — Perlmutterglanz. Weiß, gelblich ꝛc. H. 5.

G. 3,5. Durch Erwärmen stark elektrisch. V. d. L. fast unschmelz=
bar, mit Kobaltaufl. blaue, nur stellenweise grüne, Farbe an=
nehmend. Mit Säuren gelatinirend. $2\dot{Z}n^3 \ddot{S}i + 3 \dot{H}$. Kieselerde 25,59, Zinkoxyd 66,93, Wasser 7,48. — Alle. gewöhnlich
tafelartig, stänglich, körnig ꝛc. An den Kryſtallen iſt öfters Hemi=
morphismus zu bemerken.

An denſelben Fundorten wie die vorige Species. Calamin von lapis
calaminaris, Galmey.

Der **Moresnetit** v. Altenberg bei Aachen iſt ein waſſerhaltiges Zink-
ſilicat mit 13,68 pr. Ct. Thonerde.

Hier ſchließt ſich der ziemlich ſeltene **Willemit** an, welcher $\dot{Z}n^3 \ddot{S}i$.
Kieſelerde 27,53, Zinkoxyd 72,47. Kryſtalliſirt hexagonal rhomboedriſch.
Gelatinirend. — Franklin in Neu-Jerſey, die Schweiz, Raibel in Kärn-
then, Aachen. — Der Name nach dem ehemaligen Könige der Niederlande
Wilhelm I. — Hierher gehört (mit 9 pr. Ct. Mn, Fe) der **Troostit** von
Sterling in N. Jerſey.

Der **Danalit** v. Rockport in Maſſachuſetts iſt ein eiſenhaltiges Zink-
ſilicat mit 14 pr. Ct. Berillerde (Cooke).

Gahnit. Automolith.

Krſyſtem: teſſeral. Stf. Oktaeder. Spltb. primitiv. Br.
muſchlig. An den Kanten durchſcheinend. Glasglanz zum Fett=
glanz. Dunkel lauchgrün. H. 7,5. G. 4,2—4,4. V. d. L. un=
veränderlich. Von Säuren nicht angegriffen. Das feine Pulver
mit saurem ſchwefels. Kali geſchmolzen und in Waſſer gelöſt, giebt
mit Aetzammoniak in Ueberſchuß ein Präc. Wird dieſes filtrirt,
ſo giebt Schwefelammonium im Filtrat ein weißes Präc. von
Schwefelzink.

$\left.\begin{array}{c}\dot{Z}n\\\dot{M}g\end{array}\right\} \bar{A}l$. Analyſe einer Var. von Fahlun von Abich: Thon=
erde 55,14, Zinkoxyd 30,02, Talkerde 5,25, Eiſenoxydul 5,85,
Kieſelerde 3,84.

Fahlun und Stor-Tuna in Schweden, Neu-Jerſey, Querbach in
Schleſien. — Der Name nach dem ſchwediſchen Chemiker Gahn. — Gehört
zur chem. Formation des Spinells. Ebenſo der **Kreittonit** von Boden-
mais in Bayern $(\dot{Z}n, \dot{F}e, \dot{M}g)(\bar{A}l\bar{F}e)$, der **Dysluit** von Sterling in N. Jerſey $(\dot{Z}n, \dot{F}e, \dot{M}n)(\bar{A}l\bar{F}e)$ und der **Franklinit** von
Franklin in Neu-Jerſey, welcher $(\dot{Z}n, \dot{F}e, \dot{M}n)(\bar{F}e, \bar{M}n)$.

Außer diesen kommen noch in geringer Menge vor:

Goslarit (Zinkvitriol), isomorph mit Bittersalz. Farblos, weiß. $\dot{Z}n\,\bar{\bar{S}} + 7\,\overset{..}{H}$. Schwefelsäure 27,97, Zinkoxyd 28,09, Wasser 43,94. In Wasser aufl. Rammelsberg bei Goslar, Fahlun, Schemnitz ꝛc.

Köttigit, wesentlich arsenik. Zinkoxyd mit 23 pr. Ct. Wasser. Schneeberg. Eine ähnliche Verbindung mit 4½ pr. Ct. Wasser (isomorph mit Olivenit) ist der **Adamin** v. Chanarcillo in Chili.

Zinkit (Horoklas). Morgenroth, blutroth, durchscheinend. Im reinsten Zustande aus Zinkoxyd bestehend, gewöhnlich mit Manganoxyd gemengt. — Franklin. Zuweilen in ansehnlichen Massen.

Schwefelzink und Schwefelzink-Verbindungen.

Sphalerit. Zinkblende.

KRsystem: tesseral. Stf. Rhombendodekaeder. Spltb. primitiv sehr vollkommen. Pellucid. Diamantglanz. Grün, gelb, roth, braun und schwarz in mancherlei Abänderungen. Strich gelblichweiß — braun. H. 3,5. G. 4. V. d. L. meistens unschmelzbar, mit Soda Zinkrauch und Hepar gebend. In concentr. Salpetersäure mit Ausscheidung von Schwefel aufl. $\dot{Z}n$. Schwefel 33, Zink 67. Die strahlige Blende von Przibram enthält 1,5 Cadmium. — In Krystallen, geneigtflächig hemiedrisch, Rhombendodekaeder, Oktaeder, Tetraeder, Trigondodekaeder, selten auch Trapezdodekaeder, Würfel in mannigfaltigen Combin. Häufig Hemitropieen, Drehungsfl. die Oktaederfl., derb, körnig, strahlig, selten dicht.

Im ältern Gebirge, sehr verbreitet. Ausgez. Var. kommen vor zu Schemnitz, Felsöbanya, Kapnik ꝛc in Ungarn, Freiberg in Sachsen, Andreasberg am Harz. Nassau, Derbyshire und Cumberland, Bodenmais in Bayern, Raibel in Kärnthen ꝛc. Sphalerit von σφαλερός, betrügerisch.

———

Selten und in geringer Menge kommen vor:

Marmatit. Blättrig, schwarz. In Salzs. mit Entwicklung von Schwefelwasserstoff aufl. $\dot{F}e + 3\,\dot{Z}n$. Schwefelzink 77,1. Schwefeleisen 22,9. Marmato in der Provinz Popayan und Botino in Toskana. Aehnliche Verbindungen sind: der **Christophit** v. Breitenbrunn in Sachsen und der **Nahtit** v. Dultown in Tennessee, der letztere mit 14 pr. Ct. Kupfer.

Volzit. Als Ueberzug, schmutzig blaßroth, gelblich. In Salzs. aufl. 4 Żn + Żn. Schwefelzink 82,77, Zinkoxyd 17,23. Rosiers im Depart. Puy de Dome, Joachimsthal. — Der Name nach dem französischen Minenchef Volz.

Selenquecksilberzink findet sich nach Del Rio zu Culebras in Mexiko.

XX. Ordnung. Cadmium.

Greenockit. Schwefelcadmium.

Krystem: hexagonal. Stf. Hexagonpyr. von $139°\,38'\,31''$ und $87°\,13'\,44''$. Spltb. hexagonal prismatisch und basisch Pellucid. Diamantglanz. Honig — orangegelb. Strich röthlichorangegelb. H. 4. G. 4,9. V. b. L. mit Soda auf Kohle einen braunrothen Ring von Cadmiumoxyd gebend. In Salzs. mit Entwicklung von Schwefelwasserstoff aufl. Cd. Cadmium 77,60, Schwefel 22,40. — In Krystallen, Comb. mehrerer Hexagonpyr.

Bis jetzt nur zu Bishopton in Renfrewshire in Schottland gefunden. Der Name nach Lord Greenock. — Das Cadmium kommt außerdem in geringen Mengen in den Zinkerzen vor und wurde 1817 fast gleichzeitig von Herrmann und Stromeyer entdeckt.

XXI. Ordnung. Nickel.

Die Mineralien dieser Ordnung sind in Salpeters. oder Salpetersalzs. aufl. Mit Salpetersalzsäure anhaltend gekocht und dann mit Aetzammoniak in Ueberschuß versetzt, erhält man eine sapphirblaue Flüssigkeit, in welcher Kalilauge ein apfelgrünes, v. b. L. mit Soda zu magnetischem Nickel reducirbares Präc. hervorbringt*).

Das vorzüglichste Nickelerz ist der Arsenitnickel oder Rothnickelkies. Zur Darstellung des Nickels wird das gepochte Erz mit Schwefel und Pottasche zusammengeschmolzen, es bildet sich Schwefelarsenit, welcher mit dem entstandenen Schwefelkalium, verbunden mit Wasser, ausgelaugt wird. Das rückständige Schwefelnickel wird in einem Gemische von Schwefel- und

---

*) Mit Borax zeigen die Nickelerze v. b. L. häufig einen Kobaltgehalt.

Salpetersäure aufgelöst, das Nickeloxyd mit Pottasche als kohlensaure Verbindung gefällt und dann mit Kohle in heftigem Feuer reducirt. — Der norddeutsche Bund producirt 6500 Ctr. Nickelerze, Oesterreich 1800, Belgien 900, Frankreich 650 ꝛc.

Durch Zusammenschmelzen von Nickel, Kupfer und Zink erhält man das Argentan, Pakfong oder Neusilber. — Das Nickel wurde 1751 von Kronstedt im Rothnickelkies entdeckt.

Millerit. Haarkies.

KUsystem: hexagonal. Haarförmige Krystalle. Messinggelb. H. 3. G. 5,27. V. d. L. auf Kohle zu einer schwarzen magnetischen Kugel schmelzbar. In Salpetersalzsäure aufl. Die Aufl. reagirt auf Schwefels. und Nickeloxyd. $\dot{\text{Ni}}$. Schwefel 35,54, Nickel 64,46.

Selten. Johanngeorgenstadt, Oberlahr in Altenkirchen, Joachimsthal und St. Austle in Cornwallis. — Der Name nach dem englischen Mineralogen Miller.

Von Schwefelnickel-Verbindungen kommen sehr selten vor:

Saynit (Nickelwismuthglanz). Tesseral, lichte stahlgrau; die concentr. salpeters. Aufl. wird mit Wasser weiß gefällt. Schwefel 38,5, Nickel 40,6, Wismuth 14,1, Fe, Cu ꝛc. Das Nickel auch theilweise durch Kobalt vertreten. Grünau in der Grafschaft Sayn-Altenkirch.

Pentlandit (Eisennickelkies). Tombackbraun. $\dot{\text{Ni}}$ + 2 $\dot{\text{Fe}}$. Schwefel 36,54, Eisen 41,07, Nickel 22,39. Lillehammer in Norwegen. Scheint zur Formation des Pyrrhotin zu gehören.

Linnéit (Siegenit), tesseral, Oktaeder, röthlich silberweiß. H. 5,5. G. 4,9. V. d. L. mit Entwicklung von schweflichter Säure zu einer im Innern broncegelben Kugel schmelzend. In Salpetersäure vollkommen auflöslich. $\dot{\text{Ni}} \ddot{\text{Ni}}$ mit $\dot{\text{Co}} \ddot{\text{Co}}$. Eine Var. von Müsen bei Siegen gab nach den Anal. von Ebbinghaus: Schwefel 42,30, Nickel 42,64, Kobalt 11,00, Eisen 4,69. Müsen, Finksburg in Maryland, Missouri.

Formation des Nickelglanzes.

a. Gersdorffit. Nickelarsenikglanz.

KUsystem: tesseral. Etf. Hexaeder. Spltb. primitiv vollkommen. Lichte blaugrau, dem Zinnweißen sich nähernd. H. 5,5.

Spröde. G. 6,1. V. b. L. auf Kohle mit Arsenikrauch schmelzbar = 2 zu einer magnetischen Masse. In Salpeters. mit Ausscheidung von Schwefel zu einer grünen Flüssigkeit aufl.

$Ni^2 \begin{cases} As^3 \\ S^3 \end{cases}$. Meine Anal. einer Var. von Lichtenberg gab: Schwefel 14,00, Arsenik 45,34, Nickel 37,34, Eisen 2,50. — Gewöhnliche Comb. Oktaeder mit den Flächen des Pentagondodekaeders. Derb. Ziemlich selten.

Loos in Schweden, Kamsdorf, Sparnberg und Lichtenberg bei Steben, Schladming in Steyermark. — Benannt nach dem österreichischen Hofrath Gersdorff.

b. **Ullmannit. Nickelantimonglanz.**

Krystallisation wie a. Bleigrau ins Stahlgraue. H. 5. G. 6,4. V. b. L. mit Antimonrauch zur magnetischen Kugel schmelzend. In Salpeters. mit Ausscheidung von Schwefel und Antimonoxyd zur grünlichen Flüssigkeit aufl.

$Ni^2 \begin{cases} Sb^3 \\ S^3 \end{cases}$. Anal. einer Var. v. Landskrone im Siegen'schen v. H. Rose: Schwefel 15,98, Antimon 55,76, Nickel 27,36. — Krcomb. wie bei a, derb.

Sayn-Altenkirch, Landskrone im Siegen'schen, Harz. Benannt nach dem churhessischen Mineralogen Ullmann.

Ein Mittelglied zwischen Gersdorffit und Ullmannit ist der **Korynit** v. Olsa in Kärnthen.

Verbindungen des Nickels mit Arsenik.

Nickelin. Rothnickelkies. Kupfernickel.

Krystallsystem: hexagonal. Hexagonale Prismen selten. Gewöhnlich derb. Br. uneben — muschlig. Lichte kupferroth, bräunlich anlaufend. Pulver bräunlichschwarz. H. 5,5. Spröde. G. 7,7. V. b. L. starken Arsenikrauch entwickelnd, dann schmelzbar = 2 zu einer nicht magnetischen Kugel. In Salpeters. zu einer lichtgrünen Flüssigkeit aufl. Ni As. Arsenik 56,44, Nickel 43,56.

Im Urgebirge zu Schneeberg, Annaberg, Freiberg ꝛc. in Sachsen, Joachimsthal in Böhmen, Schladming in Steyermark, Riechelsdorf und Bieber in Hessen, Wittichen und Wolfach in Baden, Harz, Cornwallis ꝛc.

Chloanthit. Weißnickelkies.

Krystallsystem: tesseral. Br. uneben. Zinnweiß. H. 5,5. G. 7,1. Chem. wie die vorige Spec. $Ni As^2$. Arsenik 72,15, Nickel 27,85. (Zur Formation des Smaltin gehörend.)

Schneeberg, Schladming in Steyermark, Kammsdorf bei Saalfeld. Oefters ist ein Theil des Nickels durch Eisen und Kobalt vertreten. Der Name von χλοανθής, grün ausschlagend.

Der **Chatamit** v. Chatam in Connecticut u. v. Andreasberg ist wesentlich Ni As² + 2 Fe As².

Sehr selten ist der **Breithauptit** (Antimonnickel). Lichte kupferroth ins Violette. Ni Sb. Antimon 67,46, Nickel 32,54. — Andreasberg am Harz. (Gehört zur Formation des Nickelin.) Der Name nach dem sächs. Mineralogen Breithaupt.

Nach Genth kommt in Stanislaus-Mine in Californien Tellurnickel vor, welches er **Melonit** nennt.

Ebenfalls selten und in geringer Menge kommt der **Annabergit** vor, mit dem Erythrin eine chemische Formation bildend. Meistens als erbige, apfelgrüne Substanz. Ni³ $\ddot{\text{As}}$ + 8 $\dot{\text{H}}$. Arseniksäure 38,4, Nickeloxyd 37,6, Wasser 24,8. Annaberg am Harz, Saalfeld, Riechelsdorf ꝛc.

Der **Pyromelin** ist ein unreiner Nickelvitriol. Lichtenberg im Bayreutischen. Zu Riechelsdorf findet sich Nickelvitriol von der Formel Ni $\bar{\text{S}}$ + 6 $\dot{\text{H}}$.

Der sogen. **Nickelsmaragd** von Texas ist Ni³ $\bar{\bar{\text{C}}}$ + 6 $\dot{\text{H}}$. Kohlensäure 11,76, Nickeloxyd 58,37, Wasser 28,87. Daselbst kommt auch Ni $\dot{\text{H}}$² vor. Auf Chromit.

Ein Nickeloxydsilicat mit Talkerde und Wasser ist der **Nickelgymnit** v. Texas und der **Rewdanskit** vom Ural.

Der **Konarit** v. Röttis in Sachsen ist wesentlich: Kiesel 43,6, Nickeloxyd 35,8, Wasser 11,1. Hieher der **Röttisit**.

XXII. Ordnung. Kobalt.

Die Min. dieser Ordnung ertheilen v. b. L. dem Borax und Phosphorsalz eine schöne sapphirblaue Farbe. Die salpeters. Aufl. ist meistens rosenroth und giebt, stark verdünnt mit Kali und Wasserglasaufl., ein himmelblaues Präc. oder färbt sich himmelblau.

Die Darstellung des Kobaltmetalls ist der des Nickels ähnlich, die wichtigste Anwendung der Kobalterze betrifft aber die Bereitung der Smalte. Dazu werden vorzüglich Speißkobalt oder Glanzkobalt anfangs geröstet und der so erhaltene Safflor oder Zaffer dann mit Quarz und Pottasche zu Glas zusammengeschmolzen, welches eine schöne blaue Farbe besitzt. Das Glas wird noch flüssig mit eisernen Löffeln geschöpft und in Wasser gegossen, um es rissig und zerreiblich zu machen, dann gemalen und geschlemmt. Die farbreichern Theile heißen Farbe, die ärmern Eschel.

Dieses blaue Glaspulver dient als Malerfarbe, zum Färben des Papiers ꝛc.

Durch Erhitzen eines Gemenges von Thonerdehydrat, Kobaltoxydhydrat oder phosphorsaurem Kobaltoxyd erhält man ebenfalls eine schöne blaue Farbe (Thénard's Blau), durch Erhitzen von Zinkoxyd mit ähnlichen Kobaltpräparaten eine grüne Farbe (das Rinnmann'sche Grün), wovon besonders erstere in der Porcellanmalerei gebraucht wird. — Die Bereitung der Smalte kennt man schon vom 16. Jahrhundert an. Das Metall wurde zuerst von dem schwed. Chem. Brandt 1733 dargestellt.

Die meisten Erze liefern: Sachsen 8200 Centner, Böhmen 4000, Hessen 2000 und Norwegen 2600.

Erythrin. Kobaltblüthe.

Kristsystem: klinorhombisch. Stf. Hendyoeder: $130^\circ\ 10'$; $121^\circ\ 13'$. Spltb. klinodiagonal vollkommen. Pellucid. Glasglanz — Perlmutterglanz auf den Spaltfl. Karmesin — cochenille — pfirsichblüthroth. Strich pfirsichblüthroth. H. 1,5. Milde. G. $2,9-3,1$. V. d. L. im Kolben Wasser gebend, auf Kohle sehr leicht mit Arsenikrauch zur grauen Metallkugel schmelzend. In Salzs. leicht zur rosenrothen Flüssigkeit aufl. $Co^3\ \ddot{A}s + 8\ \dot{H} =$ Arsenils. 38,25, Kobaltoxyd 37,35, Wasser 23,90. Oefters ein Theil Co durch Ni vertreten. — Vorwaltende Form: schiefes rectanguläres Prisma strahlig, erdig.

Mit andern Kobalterzen zu Saalfeld in Thüringen, Schneeberg in Sachsen, Riechelsdorf in Hessen, Joachimsthal, Wittichen ꝛc. Manchmal mit arsenichter Säure gemengt. — Der Name von ἐρυθρός, roth.

Asbolan. Erdkobalt.

Erdige Massen, traubig, nierförmig ꝛc. Matt, auf dem Striche fettglänzend. Schwärzlich, braun, gelb ꝛc. Weich. G. 2,24. V. b. L. im Kolben Wasser gebend, theils schmelzbar, theils unschmelzbar. In Salzs. mit Chlorentwicklung zur rothen Flüssigkeit aufl. $Co\ Mn^2 + 4\ \dot{H}$. Meistens unrein. Die Anal. einer schwarzen Var. von Rammsdorf bei Saalfeld von Rammelsberg gab: Manganoxydul 40,05, Sauerstoff 9,47, Kobaltoxyd 19,45, Kupferoxyd 4,35, Eisenoxyd 4,56, Baryt 0,50, Kali 0,37, Wasser 21,24.

An denselben Fundorten wie die vorige Species. — Asbolan von ἀσβόλη, Ruß. — Der **Rabbionit** enthält 5 pr. Ct. Co, 45 Fe, 14 Cu, Mn, Mn. Nischne-Tagilsk.

Sehr selten kommt der **Bieberit** (Kobaltvitriol) vor. Rosenroth. In Wasser aufl. Nach Winkelblech: Schwefelsäure 29,05, Kobaltoxyd 19,90, Wasser 46,83, Talkerde 3,86. — Bieber im Hanau'schen.

Smaltin. Speiskobalt. Kobaltkies.

Krystem: tesseral. Stf. Hexaeder. Spltb. primitiv in Spuren. Br. uneben. Zinnweiß — lichte stahlgrau, grau anlaufend. H. 5,5. Spröde. G. 6,4—6,6. V. d. L. starken Arsenikrauch entwickelnd, zuletzt schmelzend zu einer magnetischen Perle. In Salpeters. mit Ausscheidung von arsenichter Säure aufl. Salzs. Baryt giebt ein Präcipitat, welches sich in Salmiaklösung leicht auflöst. Co As^2. Arsenik 71,81, Kobalt 28,19. — Vorwaltende Comb. Würfel und Oktaeder, derb, gestrickt, staubenförmig ꝛc.

Auf Gängen im Urgebirge, vorzügl. im sächs. Erzgebirge, zu Riechelsdorf in Hessen, Bieber im Hanau'schen, Sayn und Siegen, Schladming, Cornwallis ꝛc.

Eine zu derselben Formation gehörende Species ist der **Safflorit** (Eisenkobaltkies), in welchem ein großer Theil des Kobalts durch Eisen vertreten ist. Kommt zu Schneeberg vor.

Eine andere Verbind. Co As^3 kommt zu Skutterud in Norwegen vor. Enthält Arsenik 79,26, Kobalt 20,74.

Kobaltin. Glanzkobalt.

Krystem: tesseral. Stf. Hexaeder. Spltb. hexaedrisch sehr deutlich. Br. unvollkommen muschlig – uneben. Lebhafter Metallglanz. Röthlich silberweiß. Strich graulichschwarz. H. 5,5. Spröde. G. 6,3. V. d. L. mit Arsenikrauch zu einer magnetischen Kugel schmelzend. In Salpeters. mit Ausscheidung von arsenichter Säure zu einer schön rothen Flüssigkeit aufl., worin salzs. Baryt ein starkes Präc. hervorbringt, welches in Salmiaklösung unlöslich oder nur z. Thl. gelöst wird. Co As^2 + Co S^2. Schwefel 19,14, Arsenik 45,00, Kobalt 35,86. Gewöhnlich in ausgebildeten Krystallen, Comb. von Hexaeder, Oktaeder und Pentagondodekaeder, letztere vorherrschend Fig. 22.

Auf Lagern im Urgebirge zu Tunaberg und Halanbo in Schweden und Skutterud in Norwegen, Querbach in Schlesien, Siegen.

Hier schließt sich der **Glaukodot** v. Huasco in Chili und Hataussö in Schweden an, welcher rhombisch krystallis. und isomorph mit Arsenopyrit. Der **Danait** ist ein Glaukodot mit geringem Kobaltgehalt

Ein **Schwefelkobalt**, **Synpoorit** Co = Schwefel 34,78, Kobalt 65,22, soll bei Raiportanah in Hindostan vorkommen. Der **Carollit** von Caroll in Maryland ist nach Smith und Brush $Cu\ Co$ (ein Kupferkobaltlinnéit) = Schwefel 41,4, Kobalt 39,1, Kupfer 20,5.

XXIII. Ordnung. Eisen.

Die Mineralien dieser Ordn. wirken nach dem Schmelzen oder anhaltenden Glühen im Reduktionsfeuer auf die Magnetnadel. Mit Borax geben sie im Oxydationsfeuer ein dunkelrothes Glas, welches beim Abkühlen gelblich wird, im Reductionsfeuer ein bouteillengrünes, welches sich beim Erkalten bleicht.

Die wichtigsten Eisenerze, welche zur Darstellung des Eisens benützt werden, sind: Magneteisenerz, Roth- und Brauneisenerz, Eisenspath oder Spatheisenstein, Thoneisenstein. Diese Erze werden mit Zuschlägen (Kalkstein, Quarz, Thon) und Kohlen oder Koals lagenweise in den Hochofen eingetragen und verschmolzen. Die Zuschläge werden angewendet, um die Bergart, welche den Eisenerzen beigemengt ist, in eine schmelzbare Schlacke zu verwandeln, wodurch auch die Erze in innigere Berührung mit den Kohlen gebracht und reducirt werden.

Das Eisen geht aber während der Reduction eine Verbindung mit dem Kohlenstoff der Kohlen ein und man erhält daher durch dieses Schmelzen im Hochofen Kohlenstoffeisen, welches Roheisen oder Gußeisen heißt, leichtflüssig ist und entweder zum Gusse in Formen geleitet oder in Floße oder Gänze geformt wird.

Man erhält zwei Arten von Roheisen, das weiße und das graue. Das erstere enthält mehr chemisch gebundenen Kohlenstoff als das letztere, welches aber mehr Kohlenstoff als Graphit beigemengt enthält.

Um Schmiede- oder Stabeisen zu erhalten, wird das Roheisen, vorzüglich das weiße, in die Frischarbeit genommen oder gefrischt. Das Frischen besteht vorzüglich darin, den Kohlenstoff, Silicium, Schwefel, Phosphor ꝛc. des Roheisens durch Oxydation theils zu verflüchtigen, theils in der sog. Frischschlacke abzusondern.

Es geschieht dieses durch Schmelzen unter Zusatz von Eisenhammerschlag und basischem Eisenoxydulsilicat (Gaarschlacke) auf Heerden oder in Flammöfen, wo die gehörig zugeführte Luft die Verbrennung des Kohlenstoffs ꝛc. vermittelt. Das entkohlte Eisen bildet einen körnigen Klumpen, welcher zur Auspressung der Schlacke unter dem Hammer geschlagen und dann in Stäbe gestreckt wird. Der Gebrauch des Eisens, als Gußeisen, Schmiedeeisen und Stahl (Eisen mit $1/100$ Kohlenstoff) ist bekannt.

Die Production an Roheisen auf der ganzen Erde kann auf 185 bis 190 Millionen Centner veranschlagt werden. Auf den Kopf der Bevölkerung kommt folgender Eisenverbrauch: in England 77 Kilogramm, in

Belgien 50 Kilog., in der nordamerik. Union 46, Frankreich 34, norddeutscher Bund 30, Schweden 26, süddeutsche Staaten 16, Oesterreich 10, Spanien 7, Italien 6,5, Rußland 3.

Gediegen Eisen.

Kstsystem: tesseral. Stf. Oktaeder. Br. hackig, manches jedoch ist ausgezeichnet hexaedr. spltb. Lichte stahlgrau, bräunlich und schwärzlich angelaufen. H. 5,5. Geschmeidig und dehnbar. G. 7,5 — 7,8. Stark magnetisch. Unschmelzb. In Salzs. leicht aufl. Durch Aetzen einer angeschliffenen Fläche mit Salpetersäure entstehen regelmäßige Zeichnungen, Dreiecke ꝛc., die sog. Widmanstätt'schen Figuren. Fe. Enthält gewöhnlich 4 — 16 pr. Ct. Nickel, auch Spuren von Kobalt, Chrom und Schwefel. — In mannigfaltig gebogenen, ästigen, löchrigen Massen, welche öfters Chrysolith einschließen. Außerdem eingesprengt in den Meteorsteinen. Diese bestehen aus rundlichen oder unförmlichen Massen mit abgerundeten Kanten und Ecken, zeigen im Innern eine aschgraue oder graulichweiße Farbe und sind mit einer schwarzen, geflossenen Rinde umgeben. Das spec. Gew. der Hauptmasse ist 3,43 — 3,7. Die Meteorsteine sind Gemenge von Silicaten: Chrysolith, Augit- und Feldspathähnlichen Verbindungen; Chromeisen, gediegen Eisen, Magneteisen, Schwefeleisen ꝛc. Die durch die Analyse darin gefundenen Elemente machen ¼ der bekannten aus. Nach Wöhler ist einiges gediegenes Eisen passiv und reducirt kein Kupfer aus einer neutralen Kupfervitriollösung. Wenn es aber unter der Lösung mit gewöhnlichem Eisen berührt oder die Lösung mit einem Tropfen Säure versetzt wird, so reducirt es. So das Pallas'sche Eisen, das von Braunau, Bohumilitz ꝛc.

Fast alles gediegen Eisen wird als meteorischen Ursprungs angesehen, wozu mehrere Umstände berechtigen. Man findet es nämlich meistens nur auf der Oberfläche der Erde in Massen, welche zu dem umgebenden Boden in keiner, eine terrestrische Bildung anzeigenden, Beziehung stehen; es kommt fast in allen Meteorsteinen eingesprengt vor und die 71 Pfund schwere Masse von gediegen Eisen von Agram in Croatien, welche im Wiener Kabinet aufbewahrt wird, wurde 1751 am 26. Mai Abends gegen 6 Uhr unter starkem Krachen als Bruchstück einer Feuerkugel vom Himmel fallend beobachtet. Ebenso die 1847 am 14. Juli gefallenen Massen von Braunau in Schlesien von 42 Pfd. und 30 Pfd. u. a.

Die merkwürdigsten Meteoreisenmassen sind: die von Pallas bei Krasnojarsk am Jenisey gefundene von 1400 Pfd., eine in Mexiko von 20 — 30 Centnern, eine bei Olumba in Peru von 300 Centnern, am Bache Bendego in Brasilien eine Masse von 140 Centnern, am Red-River in Nord-Amerika eine von 30 Centnern, zu Bohumilitz in Böhmen eine von 103 Pfunden ꝛc.

Nur in sehr geringer Menge, in Körnern und eingesprengt, ist geb. Eisen tellurischen Ursprungs vorgekommen, zu Mühlhausen in Thüringen in Pyrit, in Smaland in Schweden, Canaan in Connecticut, in manchen Basalten.

Der Fall der Meteorsteine ist sehr häufig beobachtet worden. Man hat Angaben darüber bis 500 v. Chr.

Bei Verona fielen 1672 zwei Meteorsteine von 200—300 Pfd., in Thüringen 1581 ein Stein von 39 Pfd. Bei Aigle in Frankreich fielen 1803 am 26. April gegen 2000 Steine, bei Jochnow im Gouvern. Emolensk 1807 am 13. Mai ein Stein von 160 Pfd. In Bayern fielen Steine im Eichstädtschen 1785 am 19. Februar, bei Eggenfelden 1803 am 13. December, im Mindelthale am 25. December 1846 ein Stein von $14\frac{1}{4}$ Pfd. und zu Krähenberg in der Pfalz am 5. Mai 1869 ein Stein von $31\frac{1}{2}$ Pfd. — Die Meteorsteine kommen gewöhnlich mit Lichterscheinung und Explosion zur Erde und man hat sie häufig noch heiß auf dem Boden gefunden. — Sie werden als kosmische Körper angesehen. — Die größte Sammlung von Meteoriten ist die Kaiserliche in Wien mit 136 Steinen und Eisenmassen von verschiedenen Fundorten.

Eisenoxyde und Eisenoxyd-Verbindungen.

Magnetit. Magneteisenerz.

Krystsystem: tesseral. Stf. Oktaeder. Spltb. primitiv, manchmal deutlich. Br. uneben — muschlig. Eisenschwarz ins Stahlgraue. Strich schwarz. H. 6. G. 4,9—5,2. Sehr magnetisch, öfters polarisch. V. d. L. sehr schwer schmelzbar. In concentrirter Salzs. auflöst. $\overset{..}{Fe}\overset{..}{Fe}$. Eisenoxyd 69, Eisenoxydul 31. — Oktaeder und Rhombendodekaeder, die Fläche nach der langen Diagonale gestreift, vorwaltend; derb, körnig 2c. Gehört zur chem. Formation des Spinells.

In Urfelsarten, oft in ungeheuren Massen, wie in Skandinavien zu Arendal, Egersund, Dannemora, Taberg 2c. und im Ural zu Nischne-Tagilsk. In schönen Krystallen zu Traversella im Piemontesischen, Pfitsch und Greiner in Tyrol, Kraubat in Steyermark 2c. Die Eisengruben bei Dannemora sind seit dem Jahre 1481 bekannt. Die Gruben sind so groß und weit, daß man in die eine gar nicht hinunterzusteigen braucht, um die Menschen unten trotz der Tiefe arbeiten zu sehen. Es werden jährlich 300,000 Ctr. Erze gewonnen.

Der **Magnoferrit** vom Vesuv ist nach Rammelsberg $\overset{..}{Mg}\overset{..}{Fe}$, mit $\overset{..}{Fe}$ gemengt. $\overset{..}{Mg}\overset{..}{Fe} = 80\,\overset{..}{Fe}\, 20\,\overset{..}{Mg}$. Wenn kein eingemengtes Eisenoxyd angenommen wird, ist die Mischung $\overset{..}{Mg}^3\overset{..}{Fe}^4$ und hat ein Analogon an manchem Magnetit.

Der **Titanmagnetit** von Meiches im Vogelsgebirg ist nach Knop

$\overset{..}{Fe}$ $\begin{cases}\overset{..}{Fe}\,\overset{..}{Ti}\ \text{mit}\ 25\ \text{pr. Ct. Titanoxyd. Der \textbf{Jakobsit} (Damour) vom}\\ \overset{..}{Fe}\ \text{Jakobsberg in Schweden ist wesentlich}\ \overset{..}{Mn}\,\overset{..}{Fe}.\end{cases}$

Hämatit. Rotheisenerz. Eisenglanz. Eisenglimmer.

Krystsystem: hexagonal. Stf. Rhomboeder von 86°. Spltb.

primitiv in Spuren. Br. muschlig — uneben. Eisenschwarz — stahlgrau, Pulver kirschroth. H. 6. G. 4,8—5,3. V. d. L. im Reduktionsfeuer schwarz und magnetisch werdend. Sehr schwer schmelzbar. In conc. Salzs. auflösl. $\overset{..}{\text{Fe}}$. Sauerstoff 30, Eisen 70. — Häufig krystallisirt, Comb. mehrerer Rhomboeder und einer hexag. Pyr., derb, körnig und häufig fasrig mit nierförmiger, traubiger und stalaktitischer Gestalt. Dicht und erdig (rother Eisenocker). Zuweilen in lose verbundenen Schuppen, Rotheisenrahm. — Öfters mit Quarz und Thon gemengt; rother Thoneisenstein.

Sehr verbreitet. Ausgez. Var. finden sich auf Elba, zu Framont in Lothringen, Altenberg in Sachsen, Fichtelgebirge, Schweden, Norwegen, Vesuv ꝛc. Hämatit von $\alpha\iota\mu\alpha$, Blut.

Bildet als Eisenglimmerschiefer eine Felsart in Minas Geraes.

Goethit. Nadeleisenerz. Lepidokrokit.

Krsystem: rhombisch. Stf. Rhombenpyr. 126° 18'; 121° 5'; 83° 48'. Es finden sich rhomb. Prismen von 94° 53' und ein anderes von 130° 40'. Spltb. brachydiagonal vollkommen. Unvollkommener Diamantglanz. Durchscheinend mit hyazinthrother Farbe — undurchsichtig und in Masse schwärzlichbraun. Strich ockergelb. H. 5. G. 4,2. V. d. L. im Kolben Wasser gebend, das geglühte Pulver ist roth. Schwer schmelzbar und magnetisch werdend. In Salzs. auflösl. $\overset{..}{\text{Fe}}\overset{..}{\text{H}}$. Wasser 10, Eisenoxyd 90. — Krystalle nadelförmig, schuppig, strahlig, derb in Formen von tess. Eisenkies und aus diesem entstanden.

Findet sich ausgez. zu Eiserfeld und Hollertszug auf dem Westerwald, im Zweibrück'schen, Böhmen, Ungarn, Ural ꝛc. Benannt nach Goethe.

Hier schließt sich der Stilpnosiderit oder das Pecheisenerz an, wahrscheinlich Goethit im amorphen Zustande.

Limonit. Brauneisenerz. Brauneisenstein.

Krystallisation unbekannt. Fasrige Massen, dicht in mannigfaltiger Gestalt, traubig, stalaktitisch, zapfenförmig ꝛc. Glanz seidenartig, unvollkommen fettartig. Undurchsichtig. Braun. Strich ockergelb. H. 5. G. 3,6—4,2. Chem. sich verhaltend wie die vorige Species. $\overset{..}{\text{Fe}}{}^2\overset{..}{\text{H}}{}^3$. Wasser 14,44, Eisenoxyd 85,56. — Oft mit 10—40 pr. Ct. Thon verunreinigt, besonders der dichte und concentr. schaalige.

Es gehören hierher der gelbe Thoneisenstein, die Eisenniere, das Bohnerz und die Gelberde.

Die sog. Sumpferze, Wiesenerze und Raseneisensteine sind Gemenge von Limonit, Thon und Sand, Manganoxydhydrat, phosphorsaurem Eisenoxyd und phosphorsaurem Kalk.

Der Limonit ist sehr verbreitet. Er findet sich auf Gängen im ältern Gebirg, ausgez. im Erzgebirge, Saalfeld und Kammsdorf in Thüringen, Amberg, Naila, Klausthal am Harz, Eisenerz in Steyermark, Cornwallis, Schottland ꝛc. Limonit von Limus, Sumpf (Sumpferz).

Das Bohnerz in Sandstein und Flötzkalk zu Wasseralfingen und Aalen in Würtemberg, Eichstädt, Bodenwöhr, Sonthofen ꝛc.

Der sogen. Raseneisenstein bildet sich noch täglich und findet sich im Alluvium oft in mächtigen Lagern in der Lausitz, Niederschlesien, Mecklenburg, Polen ꝛc.

Der **Xanthosiderit** von Ilmenau in Thüringen, fasrig, schön gelb, ist nach Schmid $\overline{Fe}\,\dot{H}^3$. Eisenoxyd 81,64, Wasser 18,36. — Name von ξανθός, gelb, und σίδηρος, Eisen.

Der **Hydrohämatit** (Turgit) Breithaupt's scheint $\overline{Fe}^2\,\dot{H}$ zu sein = $\overline{Fe}$ 94,67 $\dot{H}$ 5,33. Braun, mit rothem Strich. Hof am Fichtelgebirg, Horhausen, Ural.

Siderit. Eisenspath. Spatheisenstein.

Krsystem: hexagonal. Stf. Rhomboeder von 107°. Spltb. primitiv vollkommen. Br. muschlig — uneben. Durchscheinend — undurchsichtig. Glasglanz, auch perlmutterartig. Weiß, gelb, roth ꝛc. H. 4. G. 3,6. 3,9. V. b. L. stark verknisternd, wird schnell schwarz und magnetisch. In Salzs. mit Brausen in der Wärme aufl. $\dot{Fe}\,\ddot{C}$. Kohlensäure 37,93, Eisenoxydul 62,07. Gewöhnlich mit kleinen Mengen von kohlens. Kalk, Talkerde, Manganoxydul gemengt. — In Krystallen, Stammform und derb, strahlig, fasrig; letztere Var. meist mit kugliger, nierförmig. Oberfläche (Sphärosiderit).

Im Ur- und Uebergangsgebirg und im Flötzkalk, oft in ungeheuern Massen, wie zu Eisenerz in Steyermark. Schöne Var. kommen vor zu Neudorf im Bernburgischen, Iberg und Klausthal am Harz, Siegen, Hüttenberg in Kärnthen, Freiberg, zellig porös zu Eulenloch in Oberfranken ꝛc. Der Sphärosiderit findet sich (in Basalt) zu Steinheim bei Hanau, zu Bodenmais ꝛc. Siderit von σίδηρος, Eisen.

Hier schließen sich von sehr ähnlicher Krystallisation und Habitus an:

Mesitin. Rhomboeder von 107° 18'. $\dot{Fe}\,\ddot{C} + \dot{Mg}\,\ddot{C}$; $\dot{Fe}\,\ddot{C}$ 58 $\dot{Mg}\,\ddot{C}$ 42. Flachau im Salzburg'schen (Pistomesit), Tinzen in Graubündten, Traversella*) (öfters mit $\dot{Mg}\,\ddot{C}$ gemengt). Name von μεσίτης, Vermittler (Mittelglied).

Ankerit. Rhomboeder von 106° 12'. $\dot{Fe}\,\ddot{C} + \dot{Ca}\,\ddot{C}$; $\dot{Fe}\,\ddot{C}$ 53,7 $\dot{Ca}\,\ddot{C}$ 46,3 (mit Dolomit gemengt) am Rathhausberg bei Gastein u. a. mehreren

---

*) Das Min. muß wohl auch zu Traversella vorkommen, denn daß sich Stromeyer bei einer so einfachen Analyse im Eisenoxydulgehalt um 11 pr Ct. (gegen die Anal. von Fritzsche, der statt 35 nur 24 $\dot{Fe}$ angiebt) geirrt haben sollte, ist nicht anzunehmen.

Orten in Steyermark. — Benannt nach dem steyermärkischen Professor Anker.

Oligonit. Rhomboeder von 107° 3'. $\overline{Fe}\ \overline{\overline{C}} + \overline{Mn}\ \overline{\overline{C}}$; $\overline{Fe}\ \overline{\overline{C}}$ 50,17 $\overline{Mn}\ \overline{\overline{C}}$ 49,83, gewöhnlich $\overline{Fe}\ \overline{\overline{C}}$ gemengt. Ehrenfriedersdorf im sächs. Erzgebirge. Der Name von ὀλίγος, wenig, wegen geringerem spec. G. (3,71) als mancher Siberit (3,9).

Monheimit. Rhomboeder von 107°,7'. $\overline{Fe}\ \overline{\overline{C}} + \overline{Zn}\ \overline{\overline{C}}$; $\overline{Fe}\ \overline{\overline{C}}$ 48,12 $\overline{Zn}\ \overline{\overline{C}}$ 51,88, gewöhnlich mit $\overline{Zn}\ \overline{\overline{C}}$ gemengt; Altenberg bei Aachen. — Benannt nach dem Chemiker Monheim, der diese Verbindung zuerst untersucht hat.

Melanterit. Eisenvitriol.

Krystsystem: klinorhombisch. Stf. Hendyoeder 82° 21'; 99° 22' 48''. Spltb. nach der Endfl. deutlich. Br. flachmuschlig — uneben. Pellucid. Glasglanz. Spangrün. H. 2. G. 1,9. Geschmack herbzusammenziehend. V. d. L. im Kolben Wasser gebend, unvollkommen zu einer magnetischen Masse schmelzend. In Wasser leicht aufl., mit salzs. Baryt auf Schwefels. reagirend. $\overline{Fe}\ \overline{\overline{S}} + 7\ \overset{\cdot\cdot}{H}$. Schwefels. 28,8, Eisenoxybul 25,9, Wasser 45,3. — An der Luft verwitternd.

In der Natur meistens als Effloresenz durch Zersetzung von Eisenkiesen. Rammelsberg am Harz, Silberberg bei Bodenmais, Tschermig in Böhmen, Herrengrund in Ungarn, Insel Milo ꝛc. — Findet mannigfaltige techn. Anwendung in der Färberei ꝛc., zur Bereitung der Dinte, des Berlinerblau's, der Schwefelsäure ꝛc. — Melanterit nach dem bei Plinius vorkommenden Namen Melanteria.

Nach Volger soll an der Windgalle im Kanton Uri ein Eisenvitriol von der Form des Epsomit vorkommen. Er nennt ihn Tauriscit.

Selten vorkommende Eisenoxydsulphate mit Wasser sind:

Coquimbit; hexagonal, in Wasser löslich. $\overline{\overline{Fe}}\ \overline{S}^3 + 9\ \overset{\cdot\cdot}{H}$. Schwefels. 42,72, Eisenoxyd 28,48, Wasser 28,80. Coquimbo in Chili. **Copiapit** $\overline{\overline{Fe}}^{\,2}\ \overline{S}^6 + 12\ \overset{\cdot\cdot}{H}$ von Copiapo in Chili, **Stypticit** $\overline{\overline{Fe}}\ \overline{S}^2 + 10\ \overset{\cdot\cdot}{H}$ ebendaher. Ferner der Fibroferrit, Apatelit, Glockerit, Pastreit, Karphosiderit, Raimondit, Vettkoit und mancher Pissophan.

Dergleichen Sulphate mit einem Kaligehalt sind: Der Voltait und der Jarosit; mit einem Gehalt an Talkerde und Kalk der Botryogen und (mit 2 pr. St. Zinkoxyd) der Römerit.

Vivianit. Eisenblau.

Krystsystem: klinorhombisch. Stf. Hendyoeder: 111° 6'; 118° 50'. Spltb. klinodiagonal sehr vollkommen. Durchscheinend. Glas

— metallähnlicher Perlmutterglanz. Indigblau, smalteblau. Strich lichte smalteblau. H. 1,5. G. 2,7. V. b. L. im Kolben Wasser gebend. Schmelzbar = 1,5 zu einer magnetischen Kugel. In Salzs. leicht aufl. Von Kalilauge wird Phosphorsäure ausgezogen, die mit Essigsäure neutral. Aufl. giebt mit Silberaufl. ein eiergelbes Präc. Anal. von Rammelsberg: Phosphors. 28,6, Eisenoxydul 34,5, Eisenoxyd 11,9, Wasser 27,5. (Ursprünglich wahrscheinlich $\dot{Fe}^3 \ddot{P}$ + 8 $\dot{H}$, weiß, zur Formation des Erythrin gehörend). Die Krystalle gewöhnlich klinorectanguläre Prismen, nadelförmig ꝛc.

Bobenmais in Bayern, St. Agnes in Cornwallis, Siebenbürgen, Grönland ꝛc. Benannt nach dem englischen Mineralogen Vivian.

Seltner vorkommende Phosphate von Eisenoxydul und Eisenoxyd mit Wasser sind der Anglarit, Kraurit (Dufrenit), Delvaurit, Diadochit, Kakoxen, Globosit, Beraunit, Boricit und Melanchlor. Mit Thonphosphat der Childrenit, mit Bleiphosphat der Dernbachit.

Triphylin.

Krystsystem: rhomb. Gewöhnl. derb, nach 4 Richtung. (zwei unter 94°) spltb. Fettgl. Durchschein. Grünlichgrau, das Pulver graulichweiß. H. 5. G. 3,6. V. b. L. ruhig schmelzbar = 2 zu einer magnetischen Perle. In Salzs. aufl. Wird die Aufl. mit Zusatz von Salpetersäure abgedampft und dann Weingeist darüber angezündet, so brennt dieser, besonders zum Kochen erhitzt, mit schöner purpurrother Flamme. $3 \left. \begin{array}{l} \dot{Fe}^3 \\ \dot{Mn}^3 \end{array} \right\} \ddot{P} + \dot{L}^3 \ddot{P}$. Anal. von Oesten: Phosphors. 44,19, Eisenoxydul 38,21, Manganoxydul 5,63, Lithion 7,69, Talkerde 2,39....

Findet sich nesterweise im Quarz ꝛc. zu Rabenstein bei Bobenmais. Ein ähnliches Mineral mit mehr Mn zu Norwich in Massachusetts.

Lievrit. Ilvait.

Krystsystem: rhombisch. Stf. Rhombenpyr. 138° 26'; 107° 34'; 77° 49'. Spltb. unvollkommen nach den Diagonalen der Basis. Br. muschlig — uneben. Undurchsichtig. Metallähnlicher Fettglanz. Bräunlichschwarz. Pulver schwarz. H. 5,5. G. 4,1. V. b. L. sich etwas aufblähend, dann ruhig schmelzend = 2,5 zu einer schwarzen magnetischen Perle. Mit Salzs. gelatinirend.

$\ddot{K}^2 \ddot{Si} + 3 \left\{ \begin{array}{l} \ddot{Ca}^3 \ddot{Si} \\ \ddot{Fe}^3 \ddot{Si} \end{array} \right.$ Kieselerde 28,98, Eisenoxydul 33,06, Eisenoxyd 24,56, Kalkerde 13,40. — In den Comb. sind rhomb.

Prismen von 111° 12' (Basis der Stf.) und 107° 44' herrschend, die Krystalle stark vertical gestreift. Stänglich, derb.

Ausgezeichnet auf Elba, zu Skeen in Norwegen, Kupferberg in Schlesien, Sibirien ꝛc. Anschließend der Webskit aus Ungarn, von Säuren nur unvollkommen zersetzt.

Der Thuringit aus der Gegend von Saalfeld in Thüringen hat die Mischung $\text{Fe}^4 \ddot{\text{Si}} + \left.\begin{array}{c}\dot{\text{Fe}}^2\\ \ddot{\text{Al}}^2\end{array}\right\} \ddot{\text{Si}} + 4 \overset{..}{\text{H}}$. Gelatinirt.

Fayalit. Eisenchrysolith.

Gewöhnlich in blättrigen Massen. Undurchsichtig. Schwach metallisch glänzend. Dunkelbraun, bräunlich — graulichschwarz. Magnetisch, nach Fischer von eingemengtem Magnetit. H. 4. G. 4,1. V. d. L. leicht schmelzbar. Mit Salzs. gelatinirend. $\dot{\text{Fe}}^3 \ddot{\text{Si}}$. Kieselerde 30, Eisenoxydul 70.

Findet sich auf den Azoren, Insel Fayal, und zu Slavearrab in Irland.

Der **Grunerit** = $\dot{\text{Fe}}^3 \ddot{\text{Si}}^2$ ist wenig gekannt. Als Fundort ist Collobrières angegeben.

Pyrosmalith.

Krystsystem: hexagonal. Gewöhnlich in hexagonalen Prismen und Tafeln, und derb. Spltb. basisch vollkommen. Br. uneben. Wenig durchscheinend — undurchsichtig. Glas — Perlmutterglanz. Gelblichbraun ins Grünliche und Gräuliche. H. 4. G. 3,0. V. d. L. schmelzbar = 2 zu einer magnetischen Perle. Von Salpeters. mit Ausscheidung von Kieselerde zersetzt. Die Aufl. giebt mit Silberaufl. ein Präc. von Chlorsilber. Kieselerde 35,85, Eisenoxydul 21,81, Manganoxydul 21,14, basisches Eisenchlorid 14,09, Kalkerde 1,21, Wasser 5,89.

Findet sich zu Nordmarken in Wermeland. Name von πῦρ, Feuer, und ὀσμή, Geruch, weil er beim Erhitzen einen sauren Geruch verbreitet.

Andere wasserhaltige Eisensilicate von beschränktem Vorkommen (meistens durch Salzsäure zersetzbar) sind: **Cronstedtit** b. Przibram in Böhmen, **Sideroschisolith** aus Brasilien, **Thraulit** und **Jollyt** von Bodenmais, **Hisingerit**, **Gillingit**, **Ecotiolit**, **Neotokit**, **Stratopäit**, **Wittingit**, **Ekmannit**, sämmtlich aus Schweden, **Chloropal**, **Pinguit**, **Chamoisit**, **Stilpnomelan**, **Chalcodit**, **Chlorophäit**, **Melanolith**, **Voigtit**, **Glaukonit**.

Von Säuren nicht zersetzbar sind der **Krokydolith** von Lavendel — schwärzlichblauer Farbe vom Kap, Grönland, Golling im Salzburgischen und der **Seladonit** von seladon- und dunkelolivengrüner Farbe von Verona und Cypern. Der Krokodolith enthält außer dem Eisensilicat 7 pr. Ct. Natrum. Der Name von $Κροκός$, Faden, und $λίθος$, Stein.

Der Seladonit (Grünerde) enthält 6 pr. Ct. Kali und 2 pr. Ct. Natrum. Wird als Malerfarbe gebraucht.

Skorodit.

Kllsystem: rhombisch. Stf. Rhombenpyr. 114° 34'; 103° 5'; 110° 58'. Spltb. brachydiagonal in Spuren. Br. muschlig — uneben. Pellucid. Glasglanz. Lauchgrün, grünlichblau. Strich grünlichweiß. H. 3,5. G. 3,2. V. d. L. schmelzbar = 2 mit Arsenikrauch. In Salzs. leicht aufl. Das Pulver färbt sich mit Kalilauge schnell röthlichbraun und es wird Arseniksäure extrahirt. $\overline{Fe}\ \overline{As} + 4\ \overset{..}{H}$. Arseniksäure 49,84, Eisenoxyd 34,59, Wasser 15,57. — In kleinen Krystallen, Stf. mit einem rhomb. Prisma von 119° 2' ɾc. und derb.

Brasilien, Cornwallis, Schwarzenberg in Sachsen, Vauloy, Depart. Haute-Vienne. Zu Nertschinsk sinterartig amorph.

Der Name von $σκόροδον$, Knoblauch, wegen des Geruchs v. d. L.

Pharmakosiderit. Würfelerz.

Kllsystem: tesseral. Stf. Hexaeder. Spltb. primitiv unvollkommen. Br. muschlig — uneben. Pellucid. Glasglanz zum Fettglanz. Oliven — pistaziengrün, bräunlich. Chemisch wie die vorige Species. $\overline{Fe}^4\ \overline{As} + 15\ \overset{..}{H}$, Arseniks. 43, Eisenoxyd 40, Wasser 17. — In kleinen Krystallen, Stf.

Redruth in Cornwallis, Graul in Sachsen, Kahl im Spessart.

Eine nur sparsam vorkommende amorphe neuere Bildung ist der **Pittizit** (Eisensinter), Arseniksäure 30,34, Eisenoxyd 41,23, Wasser 28,43. Enthält immer auch etwas Schwefelsäure und findet sich von bräunlichrother, röthlich- und gelblichbrauner Farbe — weiß. Mehrere Gruben in Sachsen, Rathhausberg in Gastein. Der Name von $πιττίζω$, dem Pech ähnlich sein.

Eine wasserhaltige Verbindung von Arseniksäure, Eisenoxyd und Kalkerde ist der **Arsenosiderit** von Romanèche bei Maçon und arseniks. Eisenoxyd-Bleioxyd der **Carminit** (Carminspath) und mit einem Gehalt an Schwefelsäure der **Beudantit** von Horhausen im Sayn'schen.

Chromit. Chromeisenerz.

Kllsystem: tesseral. Stf. Oktaeder. Br. unvollkommen muschlig — uneben. Metallglanz, zum Fettglanz geneigt. Eisenschwarz, pechschwarz. Strich gelblichbraun. H. 5,5. G. 4,4. Auf die Magnetnadel wirkend. Mit den Flüssen v. d. L. chromgrüne Gläser gebend. Von Säuren nur wenig angegriffen. Mit Kalihydrat geschmolzen, beim Auslaugen mit Wasser eine gelblichgrüne oder gelbe Aufl. gebend. Wird diese mit Salpetersäure neutralisirt, so bringt salpeters. Quecksilberoxydul ein rothes Präc. hervor, welches beim Glühen grünes Chromoxyd zurückläßt.

$\left.\begin{array}{l}\dot{Fe}\\ \dot{Mg}\end{array}\right\}\begin{array}{l}\bar{\bar{Cr}}\\ \bar{\bar{Al}}\end{array}.$ Anal. einer Var. von Baltimore von Abich: Chromoxyd 60,04, Eisenoxydul 20,13, Talkerde 7,45, Thonerde 11,85. Nach Moberg ist ein Theil des Chroms auch als Oxydul $\dot{Cr}$ enthalten*). — Krystalle selten, Stf. meistens derb.

Baltimore, Dep. du Var in Frankreich, Kraubat in Steyermark. Silberberg in Schlesien, Schottland, Negroponte, Neu-Jersey.

Vauquelin entdeckte in diesem Mineral 1797 das Chrom. Das grüne Chromoxyd dient als Malerfarbe, in der Porcellan- und Glasmalerei. Auch das chromsaure Bleioxyd (Chromgelb) und das basischchromsaure Bleioxyd (Chromroth) werden als Malerfarben gebraucht. (Der Chromit mit dem Magnetit ꝛc. zur chemischen Formation des Spinells.)

Wolfram.

Krsystem: rhombisch. Man findet rhomb. Prismen von 101° 45'. Spltb. brachydiagonal vollkommen. Br. uneben. Metallähnlicher Diamantglanz. Graulich — bräunlichschwarz zum Eisenschwarzen. Strich röthlichbraun — schwärzlichbraun. H. 5,5. G. 7,2. V. d. L. schmelzbar = 2,5 zu einer auf der Oberfläche mit prismatischen Krystallen bedeckten Kugel, welche magnetisch ist. Mit Phosphorsalz im Reductionsfeuer ein dunkelrothes Glas gebend. Wird das feine Pulver mit Phosphorsäure zur Syrupdicke eingekocht, dann die Masse mit Wasser gelöst und die Lösung ziemlich stark verdünnt, so nimmt sie mit Eisenpulver geschüttelt eine schön blaue Farbe an.

$\left.\begin{array}{l}\dot{Fe}\\ \dot{Mn}\end{array}\right\}\bar{\bar{W}}.$ Analyse einer Var. von Harzgerode von Rammelsberg: Wolframsäure 75,56, Eisenoxydul 20,17, Manganoxydul 3,54. Der Manganoxydulgehalt steigt zuweilen bis 20 pr. Ct.**) und verringert sich der Gehalt an $\dot{Fe}$ bis zu 9 pr. Ct. In Krystallen,

---

*) Damit ist ein neues Gränzglied des Spinells $\dot{Cr}\bar{\bar{Cr}}$ angekündigt.

**) Der Hübnerit v. Enterprise in Nevada und der Blumit (Megabasit) v. Sadisdorf in Sachsen sind wesentlich $\dot{Mn}\bar{\bar{W}}$.

welche meist wie klinorhombisch erscheinen, da Pyramiden und Domen nur zur Hälfte vorkommen, und derben krystallinischen Massen.

Auf den Zinnerzlagerstätten des Erzgebirges und von Cornwallis, am Harz, zu St. Leonhard in Frankreich, Odontschelon ꝛc. Wolfram soll von Wolfrig stammen, welches bei den Bergleuten soviel als fressend, da das Wolframerz den Zinngehalt beim Zinnschmelzen verringere.

Niobit. (Columbit z. Thl.).

KRSystem: rhombisch, nach G. Rose isomorph mit Wolfram. Metallglanz, auf dem Bruch zum Fettglanz. Eisenschwarz. Pulver schwarz. H. 6. G. 6,6—7. V. d. L. für sich unveränderlich. Mit Kalihydrat geschmolzen und mit Wasser ausgelaugt giebt die Lösung, mit Salzsäure neutralisirt, ein weißes Präc., welches sich mit Ueberschuß von concentr. Salzsäure und Stanniol gekocht smalteblau färbt, auf Zusatz von Wasser aber farblos wird und keine blaue Lösung giebt. Wesentlich Niob= und Tantalsaures Eisenoxydul mit etwas Mn und Sn. $\genfrac{}{}{0pt}{}{Fe}{Mn}\Big\{\genfrac{}{}{0pt}{}{\ddot{Nb}}{\ddot{Ta}}$. Die Metallsäuren betragen gegen 83 pr. Ct. mit 30 und mehr pr. Ct. Tantalsäure. — Rhombische und rectanguläre Prismen und Zwillinge nach einem Doma zusammengesetzt. Bodenmais in Bayern. Haddam in N.=A. Der Niobit ist ein Mittelglied zwischen den folgenden Species: Dianit und Tantalit.

Dianit. (Columbit z. Thl.)

Isomorph mit Niobit. Eisenschwarz, das Pulver rothbraun, auch grau. Sp. G. 5,36—5,8. Wie der vorige mit Kalihydrat ꝛc. behandelt, wird die mit concentr. Salzsäure und Stanniol gekochte Metallsäure auch smalteblau gefärbt, löst sich aber auf Zusatz von Wasser zu einer klaren sapphirblauen Flüssigkeit auf. Wesentlich $\genfrac{}{}{0pt}{}{Fe}{Mn}\Big\{\ddot{N}$ ohne oder mit wenig Tantalsäure. Grönland, Boden=mais, Limoges ꝛc.

Tantalit.

KRSystem: rhombisch. Stf. Rhombenpyr. 126°; 112° 30′; 91° 42′. Gewöhnlich in Prismen von 122° 53′. Spltb. un=vollkommen nach den Diagonalen und bas. Unvollkommener Metallglanz. Undurchsichtig. H. 6—6,5. G. 7—8. Eisenschwarz, Strich braun. Unschmelzbar. $\dot{R}\ddot{Ta}$, wesentlich tantalsaures Eisen=oxydul und Manganoxydul. Mit Kalihydrat geschmolzen und mit

Waffer ausgelaugt, wird durch Neutralifiren der Lauge die Tantalſäure in weißen Flocken gefällt. Sie nimmt mit verdünnter Schwefelſ. und Zink in Berührung gebracht, verhältnißmäßig gegen Niobſäure nur eine ſchwach ſmalteblaue Farbe an, verhält ſich ſonſt wie die Säure des Niobit. Kimito und Tamela in Finnland, Finbo und Brobbbo in Schweden.

Menakan. Titaneiſen.

Kriſyſtem: hexagonal. Stf. Rhomboeder von 86°. Iſomorph mit Rotheiſenerz. Br. muſchlig — uneben. Metallglanz. Stahlgrau — eiſenſchwarz. Strich ſchwarz. H. 6. G. 4,7—4,8. Schwach magnetiſch. V. d. L. unſchmelzbar, mit Phosphorſalz im Reductionsfeuer ein dunkelrothes Glas gebend. Wird das feine Pulver mit concentr. Salzſäure gekocht, filtrirt und dann die Aufl. anhaltend mit Stanniol gekocht, ſo nimmt die Flüſſigkeit eine ſchöne violette Farbe an. $\left.\begin{array}{l}\bar{T}i \\ \bar{F}e\end{array}\right\}$ Titanſesquioxyd und Eiſenoxyd, als iſomorph, in wechſelnden Mengen. Der Gehalt des Titanſesquioxyds von 13—53 pr. Ct. Die meiſten Anal. nähern ſich $\bar{F} + \bar{T}$, indeſſen ſcheinen auch andere Verhältniſſe vorzukommen und neue Unterſuchungen müſſen erweiſen, ob ſie die Aufſtellung von Species zulaſſen.

Es gehören hierher: Kibbelophan von Gaſtein, Crichtonit von Oiſans in Dauphiné, Hyſtatit von Arendal, Ilmenit vom Ilmenſee in Sibirien, Menakan von Egerſund, Baſanomelan aus der Schweiz, Iſerin von der Iſerwieſe in Böhmen. Die meiſten Var. kommen derb vor. Außer den genannten Fundorten findet ſich das Mineral noch im Speſſart, Tyrol, Preußen, Kirchenſtaat ꝛc.

Manches Titaneiſen, ein ſog. Ilmenit aus Norwegen, kann durch den magnetiſchen Strich magnetiſirt werden und ſteht zwiſchen Eiſen und Stahl in Beziehung der leichten Magnetiſirbarkeit und des dauerhaften Magnetismus.

Verbindungen von Manganoxyd und Eiſenoxyd kommen ſelten zu Sterling in Maſſachuſetts und zu Neukirch (Neukirchl) im Elſaß vor.

Eiſenſulphuride und Eiſenſulphurid-Verbindungen.

Pyrit. Teſſeraler Eiſenkies. Schwefelkies.

Kriſyſtem: teſſeral. Stf. Hexaeder. Spltb. primitiv, ſelten deutlich. Br. muſchlig — uneben Metallglanz. Speißgelb, ins Meſſinggelbe. Pulver dunkel grünlichgrau ins Schwarze. H. 6,5. Spröde. G. 4,9—5,1. V. d. L. ſchmelzbar = 2 zu einer grauen, auf der Oberfläche krystallinischen und magnetischen Kugel. Im Orybationsfeuer nach schweflichter Säure riechend. Von Salzsäure wenig angegriffen, von Salpeters. zersetzt. Fe. Schwefel 53,33, Eisen 46,67. — In den Kllcomb. oft das Pentagondodekaeder vorkommend, Diakisdodekaeder, Oktaeder. — Derb, strahlig. Öfters an der Luft verwitternd zu Eisenvitriol. — Sehr verbreitet.

Ausgez. Var. finden sich auf Elba, St. Gotthardt, Harz, Sachsen, Ungarn (Felsobanya, Schemnitz ꝛc.), Norwegen, Nord-Amerika ꝛc. Wird auf Schwefel benützt. S. Schwefel. Pyrit von πυρίτης, bei den Alten für Eisenerz, auch Kupfererz.

Markasit. Rhombischer Eisenkies. Speerkies. Kammkies.

Kllsystem: rhombisch. Stf. Rhombenpyr. 115° 2'; 89° 1' 24"; 126° 26'. Spltb. prismatisch. Br. uneben. Speißgelb. Pulver dunkel grünlichgrau. H. 6,5. G. 4,7—4,9. Sonst wie die vorige Species. — Die Krystalle erscheinen gewöhnlich als rhomb. Prismen von 106° 2' mit der basischen Fl. und mit Domen, und in Zwillings-, Drillings- und Vierlingsbildungen, wobei die Fl. des Prisma's die Zusammensetzungsfl. ist. Daraus entstehen dann hahnenkammartige, speerförmige, gekerbte Aggregate. — Findet sich viel weniger häufig als die vorige Species. — Hierher der *Kyrosit* und wahrscheinlich auch der *Lonchibit Breithaupts*. — Der Name Markasit vom alten marcasita für den Schwefelkies.

Teplitz und Altsattel in Böhmen, Freiberg, Derbyshire, Andreasberg am Harz ꝛc.

Durch Oxydation entsteht häufig aus Pyrit und Markasit Eisenvitriol (Melanterit) $\overset{..}{Fe} \overset{..}{S} + 7 \overset{..}{H}$, da diese Eisensulphurete aber Fe S² sind, so wird dabei freie Schwefelsäure ausgeschieden.

Pyrrhotin. Magnetkies.

Kllsystem: hexagonal. Stf. Hexagonpyr. 126° 50'; 127°. Spltb. basisch ziemlich vollkommen. Br. uneben — muschlig. Metallglanz. Broncegelb, tombakbraun anlaufend. Pulver gräulichschwarz. H. 4—4,3. Spröde. G. 4,5—4,7. Auf die Magnetnadel wirkend. V. d. L. den vorigen Spec. ähnlich. In Salzsäure großentheils mit Entwicklung von Schwefelwasserstoff aufl. $\overset{..}{Fe}^5 \overset{...}{Fe}$ nach G. Rose. Schwefel 39,5, Eisen 60,5. — Krystalle sehr selten, meistens derb.

Bodenmais in Bayern, Baréges in Frankreich, Cornwallis, Harz, Freiberg, Schweden, Norwegen, Ural ꝛc. — Pyrrhotin von πυρρότης, röthlich.

Ein Schwefeleisen — $\overset{..}{Fe}$ kommt krustenartig als schwarze erdige Masse am Vesuv vor, Fe (Troilit) in einigen Meteorsteinen.

Selten und wenig gekannt sind die Verbindungen von Schwefeleisen Fe und Schwefelantimon Sb, welche man **Berthierit** genannt hat. Sie sind stahlgrau — broncefarben und schmelzen leicht mit Antimonrauch zur schwarzen magnetischen Schlacke. Mit Salzs. entwickeln sie Schwefelwasserstoff. Chazelles in Auvergne, Freiberg, Arany-Idka in Oberungarn (Fe Sb). Der Name nach dem französischen Chemiker Berthier.

Arsenopyrit. Arsenikkies. Prismatischer Arsenikkies.

Krystem: rhombisch. Es finden sich rhombische Prismen von 111° 12', gewöhnlich mit einem brachydiagonalen Doma von 146° 28'. Spltb. nach den Seitenfl. ziemlich deutlich. Br. uneben. Metallglanz. Silberweiß ins Zinnweiße und Stahlgraue, öfters graulich und gelblich angelaufen. Pulver graulichschwarz. H. 5,5. Spröde. G. 6,2. V. d. L. starken Arsenikrauch verbreitend, dann schmelzbar = 2 zu einer schwarzen, nach längerem Blasen magnetischen Kugel. Von conc. Salpeters. zersetzt. Fe S^2 + Fe As^2. Schwefel 19,60, Arsenik 46,08, Eisen 34,32. Zuweilen silberhaltig. — In Krystallen und derb, stänglich.

Auf Gängen in Urfelsarten. Sehr verbreitet, Freiberg und andere Gruben im Erzgebirge. Harz, Steyermark, Siebenbürgen, Cornwallis 2c. — Wird auf Arsenik benutzt. S. Arsenik.

Löllingit. Glanzarsenikkies. Axotomer Arsenikkies.

Krystem: rhombisch. Es finden sich rhombische Prismen von 122° 26' mit einem makrodiag. Doma von 51° 20'. Spltb. basisch vollkommen. Metallglanz. Silberweiß. H. 5,5. G. 7,3. V. d. L. wie die vorige Spec., aber nur unvollkommen und schwer auf der Oberfläche schmelzend. In Salpeters. mit Ausscheidung von arsenichter Säure aufl. Fe As^2. Arsenik 72,84, Eisen 27,16. — In Krystallen, derb und eingesprengt. (Vergl. Chatamit.)

Reichenstein in Schlesien, Hüttenberg und Löling in Kärnthen, Fossum in Norwegen. Das Mineral von Reichenstein ist nach Karsten und Scheerer $Fe^4 As^3$.

XXIV. Ordnung. Mangan.

Die Mineralien dieser Ordnung ertheilen v. d. L. dem Boraxglase im Oxydationsfeuer eine amethystrothe Farbe, welche (bei geringem Zusatz der Probe) im Reductionsfeuer gebleicht werden kann. Mit Phosphorsäure zur Syrupdicke eingekocht geben sie entweder unmittelbar eine schön violettrothe (in Wasser mit gleicher Farbe lösliche) Masse, oder es erscheint diese Farbe, wenn Salpeterſäure zugeſetzt wird. Im erſten Falle iſt Manganoxyd oder Hyperoxyd, im letzteren Mangan oder Manganoxydul angezeigt.

Die wichtigſten Manganerze ſind der Pyroluſit, Manganit und Pſilomelan. Sie finden mannigfaltige Anwendung zur Erzeugung des Chlors, zum Entfärben eiſenhaltiger Gläſer, indem ſie, in gehöriger Menge zugeſetzt, durch ihren Sauerſtoff das grün färbende Eiſenoxydul in nicht färbendes Eiſenoxyd verwandeln, zum Färben des Glaſes (amethyſtroth) bei größerem Zuſatz, zur Bereitung des Sauerſtoffs ꝛc. Zu Ilefeld am Harz werden jährlich an 3500 Ctr. Manganerze gewonnen.

Das Mangan wurde durch die Verſuche von Pott 1740, Kaim und Winterl 1770 und Scheele und Bergmann 1774 als ein eigenthümliches Metall erkannt und von Gahn zuerſt dargeſtellt. Es iſt nur ſehr ſchwer rein darzuſtellen, graulichweiß und ſtark metallglänzend, äußerſt ſtrengflüſſig und oxydirt ſich ſchnell an der Luft, zu einem ſchwarzen Pulver zerfallend.

Pyroluſit. Graubraunſteinerz z. Thl.
Krſyſtem: rhombiſch. Man findet rhomb. Prismen von 93° 40'. Spltb. unvollkommen. Br. uneben, faſrig. Metallglanz. Eiſenſchwarz. Strich ſchwarz. H. 2,5. G. 4,8—5. V. d. L. unſchmelzbar, im Kolben kein oder nur Spuren von Waſſer gebend. In Salzſ. mit Chlorentwicklung aufl. M̅n̅. Sauerſtoff 37,21, Mangan 62,79. — Gewöhnlich in ſtänglichen, ſtrahligen und faſrigen Aggregaten.

In großen Mengen zu Oehrenſtock und Ilmenau in Thüringen, Triebau in Mähren, Cornwallis, Devonſhire, Sachſen, Ungarn ꝛc. Pyroluſit von πῦρ, Feuer, und λούω, waſchen, weil er eiſenhaltige Gläſer im Feuer entfärbt.

Der Polianit Breithaupts hat dieſelbe Miſchung und Kryſtalliſation, ſeine Härte iſt aber 6,5—7. Schneeberg, Johanngeorgenſtadt. Breithaupt hält den Pyroluſit für zerſetzten Polianit. Der Name von πολιάνος, grau.

Selten und in geringer Menge kommen vor:

Hausmannit. Kryſtalliſirt in Quadratpyr. von 117° 54' Randkntw. Unvollkommener Metallglanz. Bräunlichſchwarz, Strich röthlichbraun. H. 5,5. G. 4,856. Mn + M̅n̅. Manganoxyd 69, Manganoxydul 31. In Kryſtallen und derb, körnig. Ilefeld am Harz. — Der Name nach dem Mineralogen Hausmann.

Braunit. Kryſtalliſirt in Quadratpyr. von 108° 39' Randkntw. Unvollkommener Metallglanz. Bräunlichſchwarz, Strich etwas ins Bräunliche. H. 6,5. M̅n̅. Sauerſtoff 30,77, Mangan 69,23. — In Kryſtallen und derb.

Elgersburg in Thüringen, Ilmenau, Wunsiedel. Der Name nach dem Kammerrath Braun in Gotha.

Manganit.

Kristallsystem: rhombisch. Stf. Rhombenpyr. von 130° 49'; 120° 54'; 80° 22'. Spltb. brachydiagonal vollkommen. Br. uneben. Metallglanz. Stahlgrau — eisenschwarz. Strich dunkel röthlichbraun. H. 3,5. Spröde. G. 4,335. V. d. L. im Kolben Wasser gebend, sonst wie Pyrolusit. Mn. H. Manganoxyd 89,65, Wasser 10,35. — Die Krystalle kurz prismatisch, Prismen von 99° 40' und 103° 24'; stänglich, strahlig ꝛc.

Hierher ein Theil des sogenannten Wad oder Braunsteinschaum, erdiger Manganit. Elgersburg und Ilmenau in Thüringen, Kammsdorf und Ilefeld am Harz, Eibenstock und Schwarzenberg in Sachsen, Eiserfeld auf dem Westerwald, Cornwallis ꝛc.

Ein dem Brucit analoges Manganoxydulhydrat $\dot{M}n\ \ddot{H}$ ist der **Pyrochroit** von Pajsberg in Schweden.

Sehr selten ist das Manganhyperoxydhydrat oder der **Groroilits**, wohin auch ein Theil des sog. Wad. gehört. Findet sich in löchrigen Stücken, bräunlichschwarz von hell chocoladefarbenem Pulver zu Grorei, Depart. de la Mayenne, zu Biedessos und Cautern in Graubündten.

Psilomelan.

Amorph. Von traubigen, staudenförmigen, nierförmigen Gestalten. Br. flachmuschlig — uneben. Schimmernd metallähnlich. Bläulich — grauschwarz, schwärzlichgrau. Strich schwarz. H. 5,5. Spröde. G. 4,1. V. d. L. im Kolben Wasser gebend, sonst wie Pyrolusit. Mancher reagirt nach dem Glühen alkalisch, der meiste giebt in der salzs. Aufl. mit Schwefels. ein Präc. von schwefels.

Baryt. $\left.\begin{array}{l}\dot{M}n \\ \dot{B}a \\ \dot{K}a\end{array}\right\} \ddot{M}n^2 + \ddot{H}$. Die meisten Anal. geben: Manganhyperoxyd und Manganoxydul 78—90, Baryterde 0—16, Kali (für die Baryterde eintretend) 0—5,6, Wasser 3—6 pr. Ct.

Häufig zu Schneeberg, Johanngeorgenstadt, Ehrenfriedersdorf im Erzgebirge, Horhausen in Siegen, Ilefeld, Ilmenau ꝛc. — Der Name von ψιλός, kahl, und μέλας, schwarz.

Hier schließt sich das Kupfermanganerz von Kammsdorf und Schlackenwald an und gehört vielleicht zum Psilomelan; es hat dieselbe Formel, aber mit 2 $\ddot{H}$ und enthält 5—14 pr. Ct. Kupferoxyd. Ist auch physi. dem Psilomelan sehr ähnlich, nur weicher.

Dialogit. Manganspath.

Krsystem: hexagonal. Stf. Rhomboeder von 106° 51'—107°. Spltb. primitiv. Br. uneben. Durchscheinend. Glasglanz, perlmutterartig. Rosenroth — röthlichweiß. H. 4. G. 3,5. V. d. L. unschmelzbar, schwarz werdend oder grünlichgrau. In Salzs. bei Einwirkung der Wärme mit Brausen aufl. $\dot{M}n\ddot{C}$. Kohlensäure 38,22, Manganoxydul 61,78. Gewöhnlich eisen- und kalthaltig. — In Krystallen, Stf. und körnig, dicht.

Schöne Var. zu Freiberg, Kapnik in Ungarn, Nagyag und Offenbanya in Siebenbürgen, Vieille in den Pyrenäen. — Der Name von διαλογή, Auswahl.

Triplit, Zwieselit und Hureaulit sind eisenhaltige Manganphosphate, aus welchen Kalilauge Phosphorsäure extrahirt. Die ersten beiden sind wasserfrei und enthalten Fluor, der Triplit von Schlaggenwald und von Limoges 8 und 7 pr. Ct. Fluor und 30—32 pr. Ct. Mn; der Zwieselit von Zwiesel im bayerischen Wald enthält nur 18,6 Mn, dafür 31,6 Fe und 6 F; der Hureaulit von Hureaux bei Limoges enthält 12—18 pr. Ct. Wasser und eine ähnliche Verbindung, der Heterosit, 6 pr. Ct. Wasser und 0,92 Fluor. Der Fauserit v. Herrengrund in Ungarn ist Manganvitriol mit 16 pr. Ct. Wasser; der Chondroarsenit v. Pajsberg in Schweden ist arseniksaures Manganoxydul mit 7 pr. Ct. Wasser. Der Sussexit v. Sussex in New-Jersey, ist nach Brush borsaures Manganoxydul (40 pr. Ct.), mit Magnesia (17) und Wasser 9,6.

Rhodonit. Rother Mangankiesel.

Krsystem: klinorhombisch und mit Augit isomorph. (Nach Descloizeaux klinorhomboidisch.) Derbe Massen, unter 92° 16' spltb. Br. uneben, splittrig. Wenig durchscheinend. Glas — Perlmutterglanz. Rosenroth, pfirsichblüthroth. Pulver röthlichweiß. H. 5,5. G. 3,6. V. d. L. schmelzbar = 3 zu einem, in der innern Flamme durchscheinenden, röthlichen, in der äußern schwärzlichen Glase. Den Flüssen Manganfarbe ertheilend. Von Salzs. nicht merklich angegriffen. $\dot{M}n^3 \ddot{S}i^2$. Kieselerde 46,41, Manganoxydul 53,59.

Langbanshyttan in Schweden, Neu-Jersey, Kapnik, Harz, Klatharinenburg in Sibirien ꝛc. — Wird zu Belegplatten, Dosendeckeln ꝛc. geschliffen. — Rhodonit von Godor, Rose. — Hieher gehört der Pajsbergit von Pajsberg in Schweden.

Nach Hermann kommt zu Sterling und Cummington in Massachusetts auch ein Manganamphibol, Cummingtonit, Hermannit vor, spaltbar unter 123° 30'. Descloizeaux rechnet ihn zum Rhodonit.

Andere, selten vorkommende Mangansilicate sind der **Bustamit** von Puebla in Mexiko, der **Manganchrysolith** (**Tephroit**) von Franklin und Neu-Jersey (gelatinirt), und der **Fowlerit** von Franklin in Neu-Jersey (mit 5 pr. Ct. Zinkoxyd).

Wasserhaltige Mangansilicate sind der **schwarze Mangankiesel** v. Klapperud in Dalekarlien, der **Stübelit** von der Insel Lipari, der **Hydrotephroit** v. Pajsberg in Schweden und der **Klipsteinit** v. Herbornseelbach bei Dillenburg.

Eine sehr eigenthümliche Mischung hat der seltene **Helvin** von Schwarzenberg im Erzgebirge, Ural und Finnland. Er besteht aus einem Silicat von Mangan- und Eisenoxydul und Berillerde, in Verbindung mit Schwefelmangan (14 pr. Ct.). Krystallisirt in Tetraedern von wachs- und honiggelber Farbe, entwickelt mit Salzs. Schwefelwasserstoff und gelatinirt. — Der Name von ἥλιος, sonnengelb.

Alabandin. Manganglanz. Manganblende.

Krsystem: tesseral. Stf. Hexaeder. Spltp. primitiv. Br. uneben. Undurchsichtig. Metallglanz. Eisenschwarz — dunkelstahlgrau. Strich lauchgrün, dunkel-pistaziengrün. H. 4. Etwas milde. G. 4. V. d. L. schmelzbar = 3 zu einer schwarzen Schlacke. In Salzs. mit Entwicklung von Schwefelwasserstoff aufl. Mn S. Schwefel 36,7, Mangan 63,3. — Krystalle selten, körnige und derbe Massen.

Nagyag in Siebenbürgen, Alabanda in Kleinasien (daher der Name), Gersdorf in Sachsen, Brasilien.

Hauerit.

Krsystem: tesseral, isomorph mit Pyrit. Spltb. hexaedrisch. H. 4. G. 3,46. Bräunlichschwarz, Strich bräunlichroth. Metallähnlicher Glanz, fast undurchsichtig. V. b. L. giebt er im Kolben viel Schwefel und zeigt dann lichte grünen Strich. In concentr. Salzs. auflöslich, in verdünnter wenig. Mn. Schwefel 53,69, Mangan 46,31. Altsohl in Ungarn. — Der Name nach dem österreichischen Mineralogen v. Hauer.

XXV. Ordnung. Cerium.

Die Mineralien dieser Ordnung geben v. b. L. mit Borax im Oxydationsfeuer ein dunkel gelbes oder rothes Glas, welches sich beim Erkalten fast ganz bleicht und emailartig geflattert werden kann. In Salzs. sind sie z. Thl. aufl. Die nicht zu saure Aufl. giebt mit Kleesäure ein weißes, käsiges Präc., welches beim Glühen ziegelfarben wird und sich wie Ceroxyd verhält.

Das Ceroxyd wurde 1803 gleichzeitig von Klaproth, Hisinger und Berzelius entdeckt. Die Untersuchungen von Moiander 1839 und 1842 haben aber gezeigt, daß in dem bisherigen Ceroxyd noch die Oxyde zweier andern Metalle, des Lanthan's und Didym's enthalten seien. Da noch keine sichern Scheidungsmittel dieser Oxyde bekannt sind, so sind sämmtliche Analysen der cerhaltigen Mineralien als unvollkommen anzusehen. Diese Mineralien sind auch meistens äußerst selten. Das noch am häufigsten vorkommende ist der

Cerit.

Krystsystem: hexagonal, meistens derb, feinkörnig — dicht. Br. uneben, splittrig. Wenig durchscheinend — undurchsichtig. Schimmernd, wenig fettartig glänzend. Schmutzig pfirsich-blüthroth. Pulver graulichweiß. H. 5,5. G. 5. V. d. L. unschmelzbar, eine lichte, schmutzig-gelbe Farbe annehmend. Im Kolben Wasser gebend. In Salzs. leicht mit Ausscheidung gelatinöser Kieselerde aufl. Die Aufl. giebt mit Aetzammoniak ein weißes, flockiges Präc., welches in viel Kleesäure unauflöslich ist. Ein ähnliches Präc. von Thonerde und Eisenoxyd löst sich in Kleesäure auf. Kieselerde 20, Ceroxydul 56, Lanthan- und Didymoxyd 8, Wasser 5, Fe, Ca. — Name nach dem Cerium von der Ceres.

Findet sich zu Ribbarhyttan in Schweden.

Sehr selten und chemisch nur unvollkommen gekannt ist der

Allanit. Klinorhombisch. Isomorph mit Epidot (Pistazit). Pechschwarz, grünlichschwarz, leicht schmelzbar, gelatinirend. Kieselerde 35, Thonerde 15, Eisenoxydul 15, Ceroxydul und Lanthanoxyd 21, Kalkerde 12 (dafür im Orthit z. Thl. Yttererde). Nach Scheerer gehören hierher der Cerin und Orthit, wovon jedoch der Cerin von Säuren nicht zerlegt wird. Nach dem Glühen verhalten sich aber alle gleich und werden nicht mehr von Säuren zerlegt. — Jotum-Fjeld und Snarum in Norwegen, Iglorsoit in Grönland, Schweden, Ural. Auch im Plauenschen Grunde bei Dresden. — Der Name Allanit nach dem schottischen Mineralogen

Allan. Zum Allanit gehören der **Pyrorthit** v. Fahlun, der **Uralorthit** vom Ural und der **Bagrationit** von Achmatowsk.

Anschließende Cersilicate sind der **Bodenit** und **Muromontit** von Marienberg in Sachsen, der **Tschewkinit** vom Ilmengebirge im Ural (mit 20 pr. Ct. Titansäure), der **Mosandrit** und **Tritomit** aus Norwegen.

Eine phosphorsaure Verbindung von Cer- und Lanthanoxyd ist der **Monazit** (Edwarsit, Eremit, Mengit) vom Ural und aus Nord-Amerika mit 32 pr. Ct. Thorerde (n. Hermann), der **Kryptolith** von Arendal und der **Churchit** aus Cornwallis. Eine kohlensaure Verbindung dieser Art mit Fluorcalcium (10 pr. Ct.) ist der **Parisit** aus den Smaragdgruben von Musso in Neu-Granada und der **Lanthanit** aus Schweden und Nord-Amerika.

Der **Aeschynit** von Miask im Ural ist wesentlich niobtitansaures Ceroxyd.

Fluorcerium ist zu Finbo in Schweden vorgekommen.

Anhang.

Formeln zur Berechnung der Kryſtalle.

Die Kryſtallberechnungen geſchehen am einfachſten mit Anwendung der ſphäriſchen Trigonometrie. In den meiſten Fällen hat man es nur mit rechtwinklichen ſphäriſchen Dreiecken zu thun und die dafür geltenden Formeln finden manche Abkürzung, da mit Rückſicht auf die Kryſtallſchnitte öfters Winkel von 60^0, 30^0, und 45^0 in die Rechnung kommen und $\cos 60^0 = \sin 30^0 = \frac{1}{2}$; $\tang 45^0 = 1$.

I. Das Rhomboeder.

1) Gegeben der halbe Schtlktw.*) $= \alpha$, geſucht die Neigung der Scheitelkante zur Axe $= c$
$$\cos c = \cot \alpha . \cot 60^0.$$

2) Gegeben der halbe Schtlktw. $= \alpha$, geſucht die Neigung der Fläche zur Axe $= a$
$$\cos a = \frac{\cos \alpha}{\sin 60^0}.$$

3) Gegeben die Neigung der Schtlkt. zur Axe $= c$, geſucht der Schtlktw. $= \alpha$
$$\cot \tfrac{1}{2} \alpha = \cos c . \tang 60^0.$$

4) Gegeben die Neigung der Fläche zur Axe $= a$, geſucht der Schtlktw. $= \alpha$
$$\cos \tfrac{1}{2} \alpha = \cos a . \sin 60^0.$$

5) Gegeben der halbe Schtlktw. $= \alpha$, geſucht der ebene Winkel am Scheitel $= b$
$$\cos \tfrac{1}{2} b = \frac{\cos 60^0}{\sin \alpha}.$$

---

*) Hier wie bei den Pyramiden iſt Schtlktw. $=$ Scheitelkantenwinkel und Randktw. $=$ Randkantenwinkel.

6) Um die Axenlänge in Beziehung auf die aus der Mitte der Randkante auf die Axe gefällten Normale = 1 zu bestimmen, berechnet man den Winkel c dieser Normale mit der vom Scheitel auf sie gezogenen Linie. tang c giebt die halbe Axenlänge. Es sei die Neigung der Fläche zur Axe = a, so ist

$$\text{tang } c = \cot a \cdot \cos 30^\circ.$$

II. Die Hexagonpyramide.

1) Gegeben der halbe Randkttw. = α, gesucht der Schtlkttw. = β

$$\cos \tfrac{1}{2} \beta = \tfrac{1}{2} \sin \alpha.$$

2) Gegeben der halbe Schtlkttw. = β, gesucht der Randkttw. = α

$$\sin \tfrac{1}{2} \alpha = 2 \cdot \cos \beta.$$

3) Gegeben der halbe Schtlkttw. = α, gesucht die Neigung der Fläche zur Axe = a

$$\cos a = 2 \cos \alpha.$$

4) Gegeben die Neigung der Fläche zur Axe = a, gesucht der Schtlkttw. = α

$$\cos \tfrac{1}{2} \alpha = \tfrac{1}{2} \cos a.$$

5) Gegeben der halbe Schtlkttw. = α, gesucht die Neigung der Schtlk. zur Axe = c

$$\cos c = \cot \alpha \cdot \cot 30^\circ.$$

6) Gegeben die Neigung der Schtlk. zur Axe = c, gesucht der Schtlkttw. = α

$$\cot \tfrac{1}{2} \alpha = \cos c \cdot \text{tang } 30^\circ.$$

7) Gegeben der halbe Schtlkttw. = α, gesucht der ebene Winkel am Scheitel = b

$$\cos \tfrac{1}{2} b = \frac{\cos 30^\circ}{\sin \alpha}.$$

8) Gegeben der halbe Randkttw. = α, gesucht der ebene Winkel am Rand = c

$$\cot c = \cos \alpha \cdot \cot 60^\circ.$$

9) Zur Bestimmung der halben Axenlänge in Beziehung auf die halbe Diagonale der Basis = 1 dient der halbe Winkel zweier an der Basis zusammenstoßender Scheitelkt. = a, dessen tang die verlangte Axenlänge. Wenn der halbe Randkttw. = α, so ist

$$\text{tang } a = \text{tang } \alpha \cdot \sin 60^\circ.$$

III. Das Skalenoeder.

Es sei der Winkel an der kürzern Scheitelkt. = x, an den längeren = y, an den Randkt. = z.

1) Gegeben x und y, gesucht z
$$\sin \tfrac{1}{2} z = \cos \tfrac{1}{2} x + \cos \tfrac{1}{2} y.$$
2) Gegeben x und z, gesucht y
$$\cos \tfrac{1}{2} y = \sin \tfrac{1}{2} z - \cos \tfrac{1}{2} x.$$
3) Gegeben y und z, gesucht x
$$\cos \tfrac{1}{2} x = \sin \tfrac{1}{2} z - \cos \tfrac{1}{2} y \quad \text{(Naumann)}.$$

IV. Die Quadratpyramide.

1) Gegeben der halbe Randkttw. = α, gesucht der Schtlktw. = β
$$\cos \tfrac{1}{2} \beta = \cos 45^0 . \sin \alpha.$$
2) Gegeben der halbe Schtlktw. = β, gesucht der Randkttw. = α
$$\sin \tfrac{1}{2} \alpha = \frac{\cos \beta}{\cos 45^0}.$$
3) Gegeben die Neigung der Fläche zur Axe = a, gesucht der Schtlktw. = α
$$\cos \tfrac{1}{2} \alpha = \cos a . \sin 45^0.$$
4) Gegeben die Neigung der Schtlk. zur Axe = c, gesucht der Schtlktw. = α
$$\cot \tfrac{1}{2} \alpha = \cos c.$$
5) Gegeben der halbe Schtlktw. = α, gesucht die Neigung der Fläche zur Axe = a
$$\cos a = \frac{\cos \alpha}{\sin 45^0}.$$
6) Gegeben der halbe Schtlktw. = α, gesucht die Neigung der Schtlk. zur Axe = c
$$\cos c = \cot \alpha.$$
7) Gegeben der halbe Schtlktw. = α, gesucht der ebene Winkel am Scheitel = b
$$\cos \tfrac{1}{2} b = \frac{\cos 45^0}{\sin \alpha}.$$
8) Gegeben der halbe Randkttw. = α, gesucht der ebene Winkel am Rand = c
$$\cot c = \cos \alpha.$$
9) Um die halbe Axenlänge = a gegen die halbe Diagonale der Basis = 1 zu bestimmen, berechnet man die Neigung der Schtlk. zu dieser Diagonale oder den Winkel A, dessen Tangente die verlangte Axenlänge. Wenn der halbe Randkttw. = α, so ist
$$\tan A = \tan \alpha . \sin 45^0.$$

V. Das Dioktaeder.

Zur Berechnung der Dioktaeder sind 2 Kantenwinkel erforderlich. Sind die halben Schtlktw. an den schärfern Kanten $= \alpha$ und an den stumpfern $= \beta$, so berechnet man die Neigung der schärfern Schtlkte. zur Axe $= b$ aus den drei Winkeln des sphär. Dreiecks α, β und $\gamma = 45°$ nach der bekannten Formel

$$\cos \tfrac{1}{2} b = \sqrt{\frac{\cos(S - \alpha)\cos(S - \gamma)}{\sin \alpha . \sin \gamma}},$$

wo $S = \tfrac{1}{2}(\alpha + \beta + \gamma)$.

Den erhaltenen Winkel b zieht man von 90 ab und hat dann im rechtwinkl. sphär. Dreieck

$90° - b = a$; $\beta =$ der halbe Schtlktw. an der schärferen Schtlkte. Der Randktw. sei $= \alpha$, so ist

$$\cos \tfrac{1}{2} \alpha = \cos a . \sin \beta.$$

In andern Fällen wird ähnlich verfahren.

VI. Die Rhombenpyramide.

1) Gegeben der halbe Randktw. $= \alpha$ und der halbe spitze ebene Winkel der Basis $= b$, gesucht der Neigw. der Fl. an den längern (schärfern) Schtlktn. $= \beta$

$$\cos \tfrac{1}{2} \beta = \cos b . \sin \alpha.$$

Um den Winkel an den kürzeren Schtlkt. zu finden, ist der halbe stumpfe Winkel der Basis als b in Rechnung zu bringen.

2) Gegeben einer der halben Schtlktw. $= \beta$ und einer der entsprechenden halben Winkel der Basis $= b$, gesucht der Randktw. $= \alpha$

$$\sin \tfrac{1}{2} \alpha = \frac{\cos \beta}{\cos b}.$$

Die schärferen (längeren) Schtllt. fallen immer in den spitzen Winkel der Basis, die stumpferen Schtllt. in den stumpfen W. d. B.

3) Gegeben der halbe Randktw. $= \alpha$ und der halbe spitze Winkel der Basis $= b$, gesucht die Neigung der schärfern Schtllte. zur Makrodiagonale $= a$

$$\tang a = \tang \alpha . \sin b.$$

Für die Neigung der stumpfen Schtlkt. zur Brachodiagonale wird der halbe stumpfe Winkel der Basis in Rechnung gebracht.

4) Gegeben die Neigung der schärfern Schtlkt. zur Axe $= a$ und ebenso die der stumpferen $= b$ (oder die Neigung der entspre-

chenden Domen), gesucht die Schtlktw. an den schärferen Kanten $= \beta$ und an den stumpferen $= \alpha$

$$\cot \tfrac{1}{2} \beta = \cot b . \sin a;\ \cot \tfrac{1}{2} \alpha = \cot a . \sin b.$$

5) Gegeben der halbe Randktw. $= \alpha$ und die Neigung der schärfern Schtlkt. zur Basis $= a$, gesucht der Winkel an den schärferen Schtlkt. $= \beta$

$$\sin \tfrac{1}{2} \beta = \frac{\cos \alpha}{\cos a}.$$

Bei gegeb. Neigung der stumpferen Schtlkt. zur Basis ist die Rechnung für den Winkel der Fl. an diesen Kanten dieselbe.

6) Gegeben der halbe Randktw. $= \alpha$ und der halbe spitze Winkel der Basis $= b$, gesucht der ebene Winkel der Pyramiden=fläche zwischen der schärfern Schtlkte. und Randkte. $= c$

$$\cot c = \cot b . \cos \alpha.$$

Für den Flächenwinkel zwischen der stumpferen Schtlkte. und Randkte. wird der halbe stumpfe W. d. Bas. in Rechnung gebracht.

7) Zur Bestimmung der Dimensionen berechnet man die Neig. der schärfern Schtlkt. zur Makrodiagonale (nach 3). Für die halbe Makrodiagonale $b = 1$ ist die tang des berechneten Winkels die halbe Hauptaxe $= a$. Die Tangente des halben spitzen Winkels der Basis bestimmt die halbe Brachydiagonale $= c$.

VII. Das Hendyoeder.

1) Gegeben der halbe vordere Seitenkantenwinkel $= \beta$ und die Neigung der Endfl. zur Seitenfl. $= \alpha$, gesucht die Neigung der Klinobiagonale oder der Endfl. zur Axe $= a$

$$\cos a = \frac{\cos \alpha}{\sin \beta}.$$

2) Gegeben die Neig. der Endfl. zur Axe $= a$ und der halbe vordere Seitenkantenwinkel $= \beta$, gesucht die Neig. der Endfl. zur Seitenfl. $= \alpha$

$$\cos \alpha = \cos a . \sin \beta.$$

3) Gegeben der halbe Seitenktw. an der Orthobiagonale $= \alpha$ und die Neigung der Endfl. zur Seitenfl. $= \beta$, gesucht der spitze ebene Winkel der Seitenfl. $= o$

$$\cos o = \tan g\, \alpha \cot \beta.$$

4) Gegeben der halbe Seitenktw. an der Orthobiag. $= \alpha$ und die Neigung der Endfl. zur Seitenfl. $= \beta$, gesucht der ebene Winkel der Endfläche an der Orthobiagonale $= a$

$$\sin \tfrac{1}{2} a = \frac{\sin \alpha}{\sin \beta}.$$

5) Die Dimensionen bestimmt man durch Angabe des Verhältnisses der halben Hauptaxe = a zur halben im klinobiagonalen Hauptschnitt liegenden Diagonale des horizontalen Schnittes = b, welche = 1 gesetzt wird und zur halben zweiten Diagonale dieses Schnittes.

a ist die Tangente des Winkels der Endfl. mit der Diagonale b und c die Tangente des halben vorderen Seitenkantenwinkels.

VIII. Klinorhomboidische Gestalten.

Diese können nur mit Anwendung der Formeln für schiefwinklige sphärische Dreiecke berechnet werden.

Eine sehr brauchbare Formel für die Berechnung des Winkels λ im Rhomboid Fig. 83, wenn γ und β gegeben, ist die von Kupffer mitgetheilte

$$\tang \lambda = \frac{2.\sin \beta . \sin \gamma}{\sin \beta - \gamma}.$$

IX. Die tesseralen Gestalten.

Die tesseralen Gestalten können mit den vorhergehenden Formeln leicht berechnet werden, denn es gelten an ihnen für alle dreiflächigen einkantigen Ecken die Formeln für das Rhomboeder (I.), für alle 4fl. einkantigen Ecken mit gleicher Flächenneigung zur Eckenaxe die Formeln für die Quadratpyramide (IV.), für alle 4fl. Ecken mit abwechselnd gleichen Kanten die Formeln für die Rhombenpyramide (VI.), für 6fl. Ecken, je nachdem ihre Kanten gleich oder nur abwechselnd gleich, die Formeln für die Hexagonpyramide (II.) oder für das Skalenoeder (III.) u. s. w. Einige Beispiele mögen dieses zeigen.

1) Am Triakisoktaeder sei der Winkel an den längeren Kanten a gegeben und gesucht der Winkel an den kürzeren Kanten b. Man ziehe von a den Oktaederwinkel (109° 28′ 16″) ab, halbire den Rest und ziehe den erhaltenen Winkel von 90° ab, so erhält man die Neigung der Fläche zur trigonalen Axe = a, woraus nach Formel 4 beim Rhomboeder (I.) der verlangte Winkel an den Kanten b berechnet wird. Ist der Winkel an letztern Kanten gegeben, so verfährt man umgekehrt, um den Winkel der Kanten a zu finden ꝛc.

2) Am Tetrakishexaeder sei der Winkel an den längeren Kanten a gegeben und gesucht der Winkel an den kürzeren Kanten b. Man zieht vom gegebenen Winkel 90° ab, halbirt den Rest und berechnet (diesen als halben Randkantenwinkel genommen) nach

Formel 1) IV. ben Winkel der Kanten b. — Der umgekehrte Fall versteht sich, ebenso die Berechnung der ebenen Winkel mit Formel 7) und 8) IV.

3) Am Trapezoeder sei gegeben der Winkel an den längeren Kanten a, gesucht der an den Kanten b. Man berechne nach Formel 5) IV. die Neigung der Fl. zur Axe = a. Da die trigonale Axe dieser Gestalt, wie am Oktaeder, die Hauptaxe unter 54° 44′ 8″ schneidet, so ist die Neig. der Trapeze zur trigonalen Axe = 180° — (54° 44′ 8″ + a). Aus dem so bestimmten Neigungswinkel wird der Winkel an den Kanten b nach Formel 4) I. berechnet.

4) Am Pentagondodekaeder sei der Winkel an den einzelnen Kanten a gegeben = r und gesucht der Winkel an den Kanten b. Man findet das Supplement von b = α aus der Formel
$$\cos \alpha = \tfrac{1}{2} \sin r.$$

5) Am Trigondodekaeder sei gegeben der Winkel an den längeren Kanten a, gesucht der an den Kanten b. Man zieht von dem gegebenen Winkel den Tetraederwinkel (70° 31′ 44″) ab, halbirt den Rest und berechnet mit dessen Complement = a (Neig. d. Fl. zur trigonalen Axe), den verlangten Winkel nach Formel 4) I.

Zum Schlusse möge noch die Berechnung der Ableitungscoefficienten für die Naumann'schen Zeichen angeführt werden. Diese Zeichen sind analog denen des quadrat. Systems. Für das Oktaeder gilt O, für das Rhombendodekaeder ∞ O, für das Hexaeder ∞ O ∞.

Das Triakisoktaeder ist m O. m > 1. Ist der halbe Winkel an den längeren Kanten = a gegeben, so ist, wie in Formel 9) IV., tang A = m gesucht.
$$\tan A = \tan a \cdot \sin 45°.$$

Um aus dem Ableit.=Coeffic. m den Winkel der Fl. an den längeren Kanten = 2 a zu finden, sucht man für m, als Tangente genommen, den zugehörigen Winkel A und hat dann
$$\cot a = \cot A \cdot \sin 45°.$$

Es kommen vor $\tfrac{3}{2}$ O, 2 O, 3 O.

Das Trapezoeder ist m O m. m > 1. Gegeben der halbe Winkel an den längeren Kanten = a, gesucht m = tang B
$$\cos B = \cot a.$$

Gewöhnliche Varietäten sind 2 O 2, 3 O 3.

Das **Tetrakishexaeder** ist ∞ O n. n > 1. Gegeben der Winkel an den längeren Kanten = C. Es sei $v = \dfrac{C - 90°}{2}$, so ist cot v = n.

Gewöhnliche Var. sind ∞ O $\tfrac{3}{2}$, ∞ O 2, ∞ O 3.

Das **Hexakisoktaeder** ist m O n. m und n > 1. Gegeben der Winkel an der mittleren und kürzesten Kante B und C. Es sei a = $\tfrac{1}{2}$ C; b = $\tfrac{1}{2}$ B. Man berechne $\sin A = \dfrac{\cos a}{\sin b}$, so ist tang (A + 45°) = n.

Um m zu finden, setzt man den berechneten Winkel A + 45° + B', den halben Kantenwinkel B = a, so ist
$$\tan A' = \tan a. \quad \sin B' = m.$$

Die gewöhnlichen Var. sind 3 O $\tfrac{3}{2}$, 4 O 2, 5 O $\tfrac{5}{2}$.

Um aus dem Zeichen den Winkel der Fl. an den mittleren Kanten B zu finden, so ist $\tfrac{1}{2}$ B = a; m = tang A; n = tang B' und
$$\cot a = \cot A. \sin B'.$$

Um den Neigungswinkel der Fläche an den kürzesten Kanten C zu finden, hat man zu n, als Tangente genommen, den zugehörigen Winkel aufzusuchen und davon 45° abzuziehen. Das Compl. des Restes = A und der halbe Winkel = b an den mittleren Kanten B, so ist
$$\cos \tfrac{1}{2} C = \cos A. \sin b.$$

Für diese Rechnung kommen die Formeln für die Rhombenpyramide in Anwendung.

Vergl. meine Schrift „**Zur Berechnung der Krystalle**", München, 1867. (Joseph Lindauer'sche Buchhandlung, K. Schöpping.)

Register.

Abichit 210.
Achat 142.
Adamin 230.
Aebelforfit 158.
Aegirin 160.
Aeschynit 256.
Agalmatolith 174.
Alanthit 201.
Aknit 160.
Alabandin 254.
Alabaster 133.
Alalit 158.
Alaun 133.
Alaunstein 134.
Alaunschiefer 173.
Albit 151.
Algerit 149.
Algobonit 215.
Alisonit 227.
Allanit 255.
Allochroit 145.
Alloklas 218.
Allophan 171.
Almandin 144.
Alstonit 124.
Altait 227.
Aluminit 134.
Alunit 134.
Amalgam 204.
Amazonenstein 151.
Amblygonit 136.
Amethyst 140.
Amiant 161.
Amphibol 160. 161.
Amphodelit 150.
Amphithälit 137.
Analcim 167.
Anatas 193.
Anbalusit 155.
Anbesin 152.

Anglarit 243.
Anglesit 221.
Anhybrit 130.
Ankerit 241.
Annabergit 234.
Anorthit 150.
Antbophyllit 162.
Anthracit 117.
Anthralonit 125.
Antigorit 176.
Antimon, gediegen 188.
Antimonblende 190.
Antimonfahlerz 212.
Antimonglanz 189.
Antimonit 189.
Antimonnickel 234.
Antimonoxyd 189.
Antimonsilber 204.
Antimonsilberblende 202.
Antrimolit 166.
Apatelit 242.
Apatit 135.
Aphanit 161.
Aphrodit 176.
Aphrosiberit 171.
Apjohnit 133.
Apophyllit 174.
Aquamarin 157.
Aräoxen 224.
Aragonit 123.
Arfvedfonit 161.
Argentit 201.
Argillit 172.
Arkansit 193.
Arkfutit 120.
Arquerit 204.
Arsenik, gediegen 186.
Arsenikfahlerz 212.
Arsenikglanz 187.
Arsenikkies 230.

Arsenikkupfer 215.
Arseniksaures Bleioxyd 222.
Arsenit 188.
Arsenomelan 226.
Arsenopyrit 230.
Arsenosiderit 215.
Arsensilberblende 202.
Asbest 161.
Asbolan 235.
Aspasiolith 149.
Asperolith 211.
Asphalt 118.
Aspidolith 155.
Astrophyllit 155.
Atakamit 211.
Atheriastit 149.
Atlasit 207.
Auerbachit 165.
Augit 159.
Aurichalcit 207.
Automolit 229.
Avanturin 141.
Axinit 179.
Azurit 207.

Bagrationit 256.
Baikalit 158.
Baltimorit 176.
Bamlit 156.
Baranbit 137.
Barnhardtit 213.
Barsowit 148.
Baryt 129.
Barytocalcit 124.
Barythamotom 168.
Basalt 150.
Basanomelan 248.
Bastit 176.
Batrachit 164.

Bauxit 185.
Baylbonit 210.
Beaumontit 169.
Beauxit 185.
Belonit 226.
Beraunit 243.
Bergholz 162.
Bergkalk 126.
Bergkork 161.
Bergkrystall 140.
Beryll 157.
Bergmilch 125.
Berlinit 137.
Bernstein 118.
Berthierit 250.
Berzelin 214.
Berzelit 188.
Beudantit 245.
Bieberit 236.
Bildstein 174.
Bimsstein 152.
Bindheimit 222.
Binnit 226.
Biotit 154.
Bismutbin 217.
Bittersalz 131.
Bitterspath 127.
Bituminöses Holz 118.
Blättererz 227.
Blei, gediegen 219.
Bleiglanz 225.
Bleivitriol 221.
Blödit 132.
Blumit 246.
Bobenit 256.
Bohnerz 241.
Boltonit 163.
Bolus 173.
Boracit 135.
Borax 135.
Boridit 243.
Bornit 214.
Borocalcit 135.
Boronatrocalcit 135.
Borsäure 137.
Botryogen 242.
Botryolith 175.
Boulangerit 225.
Bournonit 226.
Bragit 192.
Branderz 199.
Brandschiefer 173.
Braunbleierz 221.

Brauneisenerz 240.
Braunit 251.
Braunkohle 118.
Braunspath 127.
Braunsteinschaum 252.
Breithauptit 234.
Brewicit 165.
Brewsterit 169.
Brochantit 208.
Bromargyrit 204.
Brongniardit 203.
Brongniartin 131.
Broncit 162.
Brookit 193.
Brucit 185.
Brushit 135.
Buchholzit 156.
Buntkupfererz 214.
Buratit 207.
Bustamit 254.
Bytownit 150.

Cadmium 231.
Calamin 228.
Calaverit 196.
Calcit 121.
Caledonit 221.
Cancrinit 148.
Carbonat 115.
Carminit 245.
Carminspath 245.
Carnallit 122.
Carrolit 237.
Castellit 214.
Cavolinit 145.
Cerin 255.
Cerit 255.
Cerussit 220.
Cervantit 189.
Chabasit 167.
Chalcedon 141.
Chalkanthit 208.
Chalkobit 244.
Chalkolith 215.
Chalkophyllit 209.
Chalkopyrit 213.
Chalkosin 211.
Chalkostibit 214.
Chamoisit 214.
Chatamit 234.
Chenevixit 210.
Chiastolith 156.

Childrenit 243.
Chiolith 120.
Chiviatit 227.
Chloanthit 233.
Chlorastrolith 167.
Chlorblei 224.
Chlorit 170.
Chloritschiefer 170.
Chloritoid 171.
Chloropal 244.
Chlorophäit 244.
Chlorophan zum Fluorit.
Chlorospinell 154.
Chlorsilber 204.
Chobneffit 120.
Chondroarsenit 253.
Chondrobit 178.
Chonikrit 171.
Christophit 230.
Chromeisenerz 245.
Chromit 245.
Chromocker 194.
Chrysoberill 184.
Chrysokoll 210.
Chrysolith 163.
Chrysopras 142.
Chrysotil 176.
Churchit 256.
Cimolit 174.
Clausthalit 227.
Clintonit 171.
Cölestin 130.
Columbit 217.
Condurrit 210.
Cooleit 171.
Copiapit 242.
Coquimbit 242.
Cordierit 149.
Cornwallit 210.
Cosalit 218.
Cotunnit 224.
Couzeranit 149.
Covellin 211.
Crednerit 210.
Crichtonit 248.
Crookesit 215.
Cronstedtit 244.
Cummingtonit 253.
Cuprein 211.
Cuprit 206.
Cuproplumbit 227.
Cymophan 184.
Cyanit 156.

— 267 —

Danait 237.
Danalit 229.
Danburit 179.
Datolith 178.
Davyn 148.
Dechenit 224.
Delessit 171.
Delvauxit 213.
Dermatin 176.
Dernbachit 213.
Descloizit 224.
Desmin 169.
Diabochit 213.
Diallage 159.
Dialogit 253.
Diamant 115.
Dianit 247.
Diaspor 185.
Dichroit 149.
Digenit 211.
Diopsid 155.
Dioptas 210.
Diorit 161.
Diploit 150.
Dipyr 149.
Distrasit 204.
Disterrit 171.
Disthen 156.
Dolerit 150.
Dolomit 127.
Domeykit 215.
Dufrenoysit 214.
Dufrenit 213.
Dunit 164.
Dysklasit 175.
Dysluit 229.

Edingtonit 169.
Edwarsit 256.
Egeran zum Vesuvian.
Eklit 209.
Eis 154.
Eisen, gediegen 235.
Eisenblau 242.
Eisenchrysolith 244.
Eisenglanz 239.
Eisenkies 248. 249.
Eisenkiesel 141.
Eisenkobaltkies 236.
Eisennickelkies 232.
Eisenspath 241.
Eisensinter 215.
Eisenstaßfurtit 135.

Eisenvitriol 242.
Eklogit 161.
Ekmannit 244.
Eläolith 148.
Eliasit 216.
Embolit 204.
Emplektit 214.
Enargit 214.
Encelabit 194.
Enstatit 162.
Epiboulangerit 225.
Epichlorit 171.
Epidot 146.
Epistilbit 169.
Epsomit 131.
Erdkobalt 235.
Erdöl 118.
Erdpech 118.
Eremit 256.
Erinit 209.
Erbsyit 150.
Erythrin 235.
Euchroit 209.
Eudialyt 180.
Eudnophit 167.
Eukairit 205.
Euklas 157.
Eulytin 218.
Eurit 151.
Eusynchit 221.
Euxenit 192.
Evansit 137.

Fahlerz 212.
Fahlunit 149.
Faroelith 166.
Faujasit 168.
Fauserit 253.
Fayalit 164. 244.
Feldspath 150.
Felsobanyit 134.
Fergusonit 192.
Feuerstein 141.
Fibroferrit 242.
Fibrolith 156.
Fluorcerium 256.
Flußspath 120.
Fowlerit 251.
Franklinit 229.
Frieslebenit 203.

Gabbro 150. 159.
Gadolinit 164.
Gahnit 229.

Galactit 166.
Galenit 225.
Galmei 228.
Gaylussit 128.
Geartsutit 120.
Gehlenit 148.
Gelbbleierz 223.
Geokronit 225.
Gersdorffit 232.
Gibbsit 185.
Gigantolith 149.
Gillingit 214.
Gismondin 168.
Glagerit 174.
Glanzarsenikkies 250.
Glanzkobalt 236.
Glaserit 130.
Glaserz 201.
Glauberit 131.
Glaubersalz 131.
Glaukodot 237.
Glaukolith 149.
Glaukonit 244.
Glimmer 154.
Glimmerschiefer 140.
Globosit 213.
Glockerit 212.
Gmelinit 168.
Gneuß 140.
Göthit 240.
Gold, gediegen 194.
Goldamalgam 196.
Goslarit 230.
Granat 143.
Granit 140.
Graphit 116.
Graubraunsteinerz 251.
Graupießglanzerz 189.
Grauwackenkalkstein 126.
Greenockit 231.
Greenovit 194.
Grobkalk 126.
Groopit 167.
Groroilith 252.
Großular 144.
Grunerit 244.
Grünbleierz 221.
Grünerde 215.
Guarinit 194.
Gilmbelit 174.
Gummierz 216.
Gymnit 176.
Gyps 132.

Haarlies 232.
Hagemannit 120.
Hämatit 239.
Haidingerit 188.
Halbopal 143.
Halloysit 172.
Haloirichit 133.
Harmotom 168.
Harringtonit 166.
Hauerit 254.
Hausmannit 251.
Haupn 181.
Haydenit 168.
Hebetin - Willemit.
Hedenbergit 160.
Hedyphan 222.
Heliotrop 142.
Helvin 254.
Hercinit 183.
Hermannit 253.
Herschelit 168.
Hessit 205.
Hessonit 144.
Heterosit 253.
Heulandit 169.
Hisingerit 211.
Holmesit 171.
Homichlin 213.
Holzopal 143.
Holzstein 141.
Hornblei = Chlorblei.
Hornblende 161.
Hornblendefels 161.
Hornblendeschiefer 161.
Hornsilber 204.
Hornstein 141.
Horoklas 230.
Huaskolit 227.
Hübnerit 246.
Humboldtilith 148.
Humit 178.
Hureaulith 253.
Hyalit 143.
Hyalophan 152.
Hyazinth 164.
Hydrargillit 185.
Hydroboracit 135.
Hydrohämatit 241.
Hydrodolomit 129.
Hydromagnesit 128.
Hydromagnocalcit 129.
Hydrophan 143.
Hydrophit 176.

Hydrotalkit 181.
Hydrotephroit 254.
Hydrozinkit 228.
Hypersthen 162.
Hystatit 248.

Jacksonit 167.
Jade 160.
Jakobsit 239.
Jalpait 201.
Jamesonit 226.
Jarosit 242.
Jaspis 141.
Jaspopal 143.
Jbrialin 199.
Jefferisit 171.
Jeffersonit 160.
Iglesiasit 220.
Ilmenit 248.
Ilvait 243.
Jobit 204.
Johannit 216.
Jollyt 211.
Joseit 218.
Jridosmin 197.
Iserin 218.
Ittnerit 181.
Jurakalk 126.
Jvaarit 194.

Kämmererit 171.
Kainit 131.
Kakoxen 243.
Kalait 137.
Kalialaun 133.
Kalicin 128.
Kalisalpeter 122.
Kaltharmotom 168.
Kalksinter, Kalktuff 127.
Kalkspath, Kalkstein 124.
Kalomel 200.
Kammlies 249.
Kauelstein 144.
Kaolin 172.
Karelinit 218.
Karneol 141.
Karphosiderit 212.
Kassiterit 218.
Kastor 153.
Kataplelit 176.
Katzenauge 140.
Keilhauit 194.
Kerargyr 204.

Kerasin 221.
Kerolith 176.
Kibdelophan 248.
Kieselgalmei 228.
Kieselmalachit 210.
Kieselsinter 141.
Kieselschiefer 141.
Kilbrickenit 226.
Klaprothit 214.
Klinochlor 171.
Klipsteinit 254.
Kobaltblüthe 235.
Kobaltfahlerz 213.
Kobaltin 236.
Kobaltkies 236.
Kobaltvitriol 236.
Kobellit 227.
Köttigit 230.
Kohlenblende 117.
Kohlenkalkstein 126.
Kokkolith 158.
Kollyrit 174.
Konichalcit 210.
Konarit 234.
Korund 152.
Koronit 233.
Kraurit 243.
Kreide 126.
Kreittonit 229.
Kremersit 122.
Krisuvigit 208.
Krokoit 222.
Krokydolith 244.
Kryolith 120.
Kryptolit 256.
Kupfer, gediegen 205.
Kupferantimonglanz 214.
Kupferbleispath 221.
Kupferglanz 211.
Kupferglimmer 209.
Kupferindig 211.
Kupferkies 213.
Kupferlasur 207.
Kupfermanganerz 252.
Kupfernickel 233.
Kupferoxyd 207.
Kupferpecherz 210.
Kupferschaum 209.
Kupferschwärze 207.
Kupfervitriol 208.
Kupferwismuterz 211.
Kupferit 162.

Kyanit - Cyanit.
Kyrosit 249.

Labrador 149.
Lanarkit 221.
Langit 208.
Lanthanit 256.
Larderellit 138.
Lasurit 151.
Lasurstein 151.
Laurit 195.
Lawrowit 158.
Lazulith 136.
Leadhillit 221.
Lebererz 199.
Lecontit 131.
Lehrbachit = Selenqued= silberblei.
Lepidokrokit 240.
Lepidolith 177.
Lepidomelan 155.
Lepolith 150.
Lettsomit 208.
Leucit 150.
Leukophan 157.
Levyn 168.
Lherzolith 161.
Lias 126.
Liebethenit 208.
Liebigit 216.
Lievrit 243.
Linnonit 240.
Linarit 221.
Linnéit 232.
Linseit 150.
Linsenerz 210.
Liparit 120.
Lirokonit 210.
Lithionglimmer 177.
Lithionit 177.
Lithionturmalin 180.
Lithographischer Stein 126.
Lölingit 250.
Löweit 132.
Loganit 171.
Lonchidit 249.
Lüneburgit 138.
Lunnit 208.

Magnesit 127.
Magneteisenerz, Magnetit 239.

Magnetkies 249.
Magnoferrit 239.
Malachit 207.
Malakolith 155.
Manganamphibol 253.
Manganblende 254.
Manganchrysolith 251.
Mandelstein 173.
Manganepidot 117.
Manganglanz 251.
Manganit 252.
Mangankiesel, rother 253.
Mangankiesel, schwarzer 251.
Manganocalcit 123.
Manganspath 253.
Marekanit 152.
Margarit 155.
Markasit 249.
Marmatit 230.
Marmor 125.
Mascagnin 131.
Masonit 171.
Matlokit 221.
Meerschaum 175.
Megabasit 216.
Mejonit 147.
Melanchlor 243.
Melanit 115.
Melanochroit - Phönicit.
Melanolith 211.
Melanterit 212.
Melonit 231.
Menakan 218.
Meneivit 221.
Meneghinit 225.
Mengit 256.
Menilit 143.
Mennig 219.
Mergel 125.
Merkur 199.
Mesitin 211.
Mesolith 166.
Metabrushit 135.
Metachlorit 171.
Metaxit 176.
Meteorchrysolith 164.
Meteorsteine 235.
Michaelit 186.
Millerit 232.
Mimetesit 222.
Mirabilit 131.

Mizzonit 148.
Molybdänglanz 191.
Molybdänn 191.
Molybdänocker 191.
Monazit 256.
Mondstein 151.
Monheimit 228, 212.
Monradit 176.
Monrolith 156.
Montanit 218.
Monticellit 161.
Mordenit 169.
Moresnetit 229.
Mosandrit 256.
Muriacit 139.
Muromontit 256.
Muscovit 154.
Muschelkalk 126.
Mussit 158.
Myargyrit 203.
Myforin 208.

Nadeleisenerz 240.
Nadelerz 226.
Nagyagit 227.
Nakrit 174.
Naphta 118.
Nasturan 215.
Natrolith 165.
Natronspodumen 152.
Natrumsalpeter 122.
Naumannit 205.
Nemalit 185.
Neotokit 211.
Nephelin 148.
Nephrit 160.
Newjanskit 197.
Nickelantimonglanz 233.
Nickelarsenikglanz 232.
Nickelgymnit 234.
Nickelin 233.
Nickelsmaragd 234.
Nickelvitriol 234.
Nickelswismuthglanz 232.
Niobit 217.
Nitratin 122.
Nosin 181.
Nuttalit 149.

Obsidian 152.
Okenit 175.
Oligoklas 152.

Oligonit 242.
Olivenit 209.
Olivin 163.
Onkosin 174.
Onyx 142.
Oolith 126.
Opal 142.
Operment 187.
Orangit 176.
Ornithit 135.
Orthit 255.
Orthoklas 150.
Osmelit 175.
Osteolith 135.

Pachnolith 120.
Pajesbergit 253.
Palladium, gediegen 198.
Paragonit 155.
Parastilbit 169.
Parisit 256.
Pastreit 242.
Pecheisenerz 240.
Pechstein 152.
Pektolith 174.
Pencatit 129.
Pennin 171.
Pentlandit 232.
Percylit 211.
Peridot-Chrysolith.
Perillin 152.
Perlstein 152.
Peroweskit 194.
Petalit 153.
Pettkoit 242.
Petzit 196.
Phakolith 168.
Pharmakolith 188.
Pharmakosiderit 245.
Phenakit 157.
Phillipsit 168.
Phlogopit 155.
Phönicit 223.
Pholerit 174.
Phosphorit 135.
Phosphorocalcit 205.
Picotit 183.
Pickeringit 133.
Piemontit 147.
Pikranalcim 167.
Pikrolith 175.
Pikropharmakolith 188.
Pikrophyll 176.

Pikrosmin 176.
Pinguit 244.
Pinit 149.
Pissophan 134.
Pistazit 146.
Pistomesit 241.
Pittizit 215.
Plagionit 226.
Planerit 137.
Platin 197.
Plattnerit 219.
Platiniridium 196.
Pleonast 183.
Plumosit 226.
Polianit 251.
Pollux 153.
Polyargit 150.
Polybasit 203.
Polyhalit 132.
Polykras 194.
Polymignit 194.
Polysphärit 222.
Polytelit 212.
Porcellanerde 172.
Porcellanit 181.
Porphyr 151.
Prasem 140.
Praseolith 149.
Predazzit 129.
Prehnit 169.
Proustit 202.
Psilomelan 252.
Puhnalit 166.
Pyknit 175.
Pyrargyrit 202.
Pyrit 218.
Pyrochlor 192.
Pyrochroit 252.
Pyrolusit 251.
Pyromelin 234.
Pyromorphit 221.
Pyrop 145.
Pyrophyllit 174.
Pyrosklerit 171.
Pyrosmalith 244.
Pyrostibit 190.
Pyrorthit 256.
Pyroxen 158.
Pyrrhotin 219.

Quarz 139.
Quecksilber, gediegen 199.

Quecksilberfahlerz 213.
Quecksilberhornerz-Calomel.

Rabbionit 236.
Rabiolith 165.
Rahtit 230.
Raimondit 242.
Ranbanit 185.
Raseneisenstein 240.
Realgar 187.
Rewdanskit 234.
Rhodizit 135.
Rhodonit 253.
Richterit 160.
Ripidolith 170.
Römerit 242.
Röttisit 234.
Rogenstein 125.
Rosenquarz 140.
Rosin 150.
Romëin 189.
Rothbleierz 222.
Rotheisenerz 239.
Rothgiltigerz 202.
Rothkupfererz 208.
Rothnickelkies 233.
Rothspießglanzerz 190.
Rubellit 180.
Rubin 182.
Rubinbalais 183.
Rubinspinell 183.
Rutil 193.

Safflorit 236.
Salit 155.
Salmiak 121.
Samarskit 192.
Samoit 172.
Sapphir 182.
Sarkolith 146. 148.
Sassolin 137.
Saussurit 150.
Saynit 232.
Scheelit 191.
Schieferspath 125.
Schieferthon 173.
Schilfglaserz 203.
Schillerspath 176.
Schorlomit 194.
Schrifterz 196.
Schwarzkohlen 117.
Schwefel 119.

Schwefelcadmium 231.
Schwefelkies 248.
Schwefelkobalt 237.
Schwerspath 129.
Schwimmstein 141.
Scotiolit 244.
Seladonit 244.
Selenblei 227.
Selenbleikupfer 227.
Selenkupfer 244.
Selenquecksilber 200.
Selenquecksilberblei 200.
Selenquecksilberzink 200. 231.
Senarmontit 189.
Sepiolith 175.
Serpentin 175.
Seybertit 171.
Siberit = Rubellit.
Siderit 241.
Siderosschisolith 244.
Siegenit 232.
Silber, gediegen 200.
Silberfahlerz 212.
Sillimanit 156.
Simonyit 132.
Sismondin 171.
Skapolith 149.
Skleroklas 226.
Skolezit 165.
Skolopsit 181.
Skorodit 215.
Smaltin 236.
Smaragd 156.
Smirgel 182.
Smithsonit 228.
Soba 128.
Sobalith 180.
Sobalumen 133.
Sonnenstein 151.
Spadait 176.
Spaniolith 213.
Spatheisenstein 241.
Speckstein 163.
Speerkies 249.
Speiskobalt 236.
Spessartin 145.
Sphalerit 230.
Sphärosiderit 241.
Sphärit 137.
Sphen 193.
Sphenoklas 158.
Spinell 182.

Spodumen 153.
Sprödglaserz 202.
Staffelit 135.
Stannin 214.
Staßfurthit 138.
Staurolith 155.
Steatit 162.
Steinkohlen 117.
Steinmark 173.
Steinsalz 121.
Stellit 175.
Stephanit 202.
Sternbergit 203.
Stiblith 189.
Stilbit 169.
Stilpnomelan 211.
Stilpnosiderit 240.
Stinkstein 125.
Stolzit 223.
Strahlerz 210.
Stratopäit 244.
Stroganovit 149.
Stromeverit 201.
Strontianit 123.
Struvit 137.
Stübelit 254.
Stylotyp 213.
Süßwasserkalk 126.
Sumpferz 240.
Sussexit 253.
Svanbergit 136.
Svenit 150. 161.
Swepoorit 237.
Sylvanit 196.
Sylvin 122.
Szajbelyit 138.

Tabergit 171.
Tachydrit 122.
Tagilith 209.
Tallingit 211.
Talk 162.
Talkschiefer 163.
Tannenit 214.
Tantalit 247.
Tarnowitzit 123.
Tauriscit 242.
Tellur, gediegen 190.
Tellurblei 227.
Tellursilber 205.
Tellurwismuth 218.
Tennantit 212.

Tenorit 207.
Tephroit 161. 254.
Tetradymit 218.
Tetraedrit 212.
Thenardit 130.
Thermonatrit 128.
Thomsenolit 120.
Thomsonit 166.
Thon 172.
Thonschiefer 155. 173.
Thorit 176.
Thraulit 244.
Thrombolith 209.
Thuringit 244.
Tiemannit 200.
Tinkal 138.
Tirolit 209.
Titaneisen 248.
Titanmagnetit 239.
Titanit 193.
Topas 177.
Topfstein 163.
Trachyt 151.
Tremolit 160.
Trichalcit 210.
Tridymit 139.
Triphan 153.
Triphylin 243.
Trippel 141.
Tripplit 253.
Tritomit 256.
Troilit 249.
Trolleit 137.
Trona 128.
Troostit 229.
Tschermigit 133.
Tschewkinit 256.
Türkis 137.
Tungstein 191.
Turgit 241.
Turmalin 179.
Tyrit 192.

Uebergangskalk 126.
Ulexit 138.
Ullmannit 233.
Uralorthit 256.
Uranit 216.
Uranocker 215.
Uranophan 216.
Uranotil 216.
Uranpecherz 215.

Urao 125.
Urkalk 125.
Uwarowit 115.

Valentinit 189.
Vanadinit 224.
Vauquelinit 223.
Vermiculit 171.
Vesuvian 146.
Villarsit 176.
Vivianit 242.
Völknerit 181.
Voigtit 171. 244.
Volborthit 210.
Volgerit 189.
Voltait 133. 242.
Voltzit 231.

Wad 252.
Wagnerit 136.
Wacke 173.
Wallerde 173.
Wavellit 136.
Websterit 134.
Wehrlit 244.
Weißbleierz 220.
Weißgiltigerz 213.
Weißnickelkies 233.

Weißspießglanzerz 159.
Weißstein 151.
Wernerit 148.
Wetzschiefer 173.
Willemit 229.
Williamsit 175.
Wilsonit 119.
Wismuth, gediegen 217.
Wismuthblende 218.
Wismuthglanz 217.
Wismuthocker 217.
Wismuthsilber 205.
Witherit 121.
Withneyit 215.
Wittichit 211.
Wittingit 244.
Wöhlerit 165.
Wölchit 226.
Wörthit 156.
Wolchonskoit 191.
Wolfram 246.
Wolframsäure 192.
Wollastonit 158.
Würfelerz 215.
Wulfenit 223.

Xanthokon 203.
Xanthosiderit 211.
Xenolith 156.

Xenotim 136.
Xilochlor 174.
Xonaltit 175.
Xylotil 162.

Yttrocerit 121.
Yttertantal 192.
Yttrotitanit 194.

Zeagonit 168.
Zechstein 126.
Zeilanit 183.
Zeichnenschiefer 173.
Zeugit 135.
Ziegelerz 206.
Zinkbleispath 220.
Zinkblende 230.
Zinkblüthe 228.
Zinkenit 225.
Zinkit 230.
Zinkspath 228.
Zinkvitriol 230.
Zinn, gediegen 219.
Zinnkies 214.
Zinnober 199.
Zinnstein 218.
Zirkon 164.
Zoisit 147.
Zwieselit 253.

Tab. I.

Tab. II.

Tab. III

Tab. N.

Fig. 92.

Fig. 88.

Fig. 91.

Fig. 94.

Fig. 95.

www.ingramcontent.com/pod-product-compliance
Lightning Source LLC
Chambersburg PA
CBHW032105230426
43672CB00009B/1644